本书是国家自然科学基金青年项目"地震高风险区聚落农户避灾准备行为决策及其驱动机制研究（41801221）"阶段性成果

灾害风险管理
与韧性防灾体系建设

DISASTER RISK MANAGEMENT
AND CONSTRUCTION OF RESILIENT
DISASTER PREVENTION SYSTEM

徐定德　薛凯竟　刘邵权　等　著

U0234661

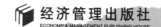

经济管理出版社
ECONOMY & MANAGEMENT PUBLISHING HOUSE

图书在版编目（CIP）数据

灾害风险管理与韧性防灾体系建设 / 徐定德等著 . —北京：经济管理出版社，2023.12
ISBN 978-7-5096-9529-6

Ⅰ.①灾…　Ⅱ.①徐…　Ⅲ.①灾害管理—风险管理—研究　Ⅳ.①X4

中国国家版本馆 CIP 数据核字（2024）第 010202 号

策划编辑：杨　雪
责任编辑：杨　雪
责任印制：许　艳
责任校对：蔡晓臻

出版发行：经济管理出版社
　　　　　（北京市海淀区北蜂窝 8 号中雅大厦 A 座 11 层　100038）
网　　　址：www. E-mp. com. cn
电　　　话：（010）51915602
印　　　刷：北京晨旭印刷厂
经　　　销：新华书店
开　　　本：787mm×1092mm /16
印　　　张：24
字　　　数：555 千字
版　　　次：2024 年 2 月第 1 版　　2024 年 2 月第 1 次印刷
书　　　号：ISBN 978-7-5096-9529-6
定　　　价：98.00 元

· 版权所有　翻印必究 ·

凡购本社图书，如有印装错误，由本社发行部负责调换。

联系地址：北京市海淀区北蜂窝 8 号中雅大厦 11 层

电话：（010）68022974　　邮编：100038

本书撰写人员

徐定德　薛凯竟　刘邵权　周文凤　马致兴

何　佳　卿　晨　张枫琬　郭仕利　邓　鑫

宋嘉豪　庄林妹　吴姣姣　杨　雪　汪　为

包雪玲　陈娇艳　张童朝　李芬妮　王　智

序 言

　　人类是自然演化的产物，人类的历史是一部适应自然、利用自然、改造自然又不断与自然灾害抗争的历史。中国是一个山地大国、人口大国、农村农业大国，受地质、地貌、气候变化和人类自身活动的影响，其自然灾害类型多，发生频率高，灾情严重，灾区分布广，给人民生命和财产安全造成了巨大威胁。山区作为自然灾害的重灾区，又曾是全国贫困的集中区、深度区和脱贫的难点区与攻坚区。现在虽然已取得全面脱贫的历史性胜利，但不可否认，在自然灾害严重的地区，一些山区聚落和农户仍有陷入"脱贫—受灾—再次贫困"怪圈的危险。从现实情况看，即使很多农户知道其面临着自然灾害风险的威胁，但其避灾准备仍不充分，抗灾能力弱、灾后重建难的问题依然在地震重灾区广泛存在。比如，据本书作者对汶川和芦山地震4个重灾区县327户农户的调查发现，面对地震及其引发的次生灾害的威胁，仅有24.77%的农户有避灾准备，且其方案相对单一，难以应对复杂的灾情。在此背景下，探究在乡村振兴的过程中提高避灾、抗灾能力具有十分重要的战略意义和实践价值。

　　徐定德博士及其团队的新作《灾害风险管理与韧性防灾体系建设》正是一本为上述需求应运而生的专著，是探讨如何提升灾害威胁区聚落与农户避灾准备与生计能力的力作。该书首先从村落和农户两个层面深入剖析村落和农户避灾准备行为特征，揭示研究区域内灾害的空间分布规律，并进行系统的评估。进而，该书在国家自然科学基金青年项目的支持下，获取第一手微观调查数据，综合运用防护激励理论、地方依恋理论、同群效应理论等，系统揭示了农户生计、灾害风险认知、风险沟通、同群效应等对农户避灾准备的影响及其作用机制。在此基础上，又进一步拓展研究范畴，将影响农户避灾准备的几个核心因素，农户生计、灾害风险认知、风险沟通与同群效应独立拓展为单独的篇章，阐明其形成机理及内部各核心要素间的相关关系。最后，该书从区域应急管理体系建设、农户可持续生计的保障、灾害信息的传递和有效的沟通等层面出发，就村落和农户灾害风险认知和避灾准备能力的提升提出了一系列的建议，并进一步指出了未来的研究方向。

我认为，该书具有特殊的学术贡献：第一，系统性与专业性的有机结合。避灾减灾抗灾是一门专业性很强的学问，过去基本上是在自然科学理论与技术框架下研究，且多是从相对单一的视角去探究农户避灾准备行为决策及其影响因素，而该书却围绕如何提升居民避灾准备能力这一核心问题，系统考察农户生计、灾害风险认知、风险沟通与同群效应、山区聚落、社会组织与行为等社会—经济—自然综合过程与协调。该书不仅注重几大核心变量对农户避灾准备行为决策的单一影响，更关注其几大核心变量之间的交互作用对农户避灾行为决策的互动效应，更加适应现代避灾减灾与生计安全的要求。第二，理论探索与实践紧密结合。该书是作者多年在典型灾区深入考察、调查、访贫问苦、多方交流、有切身体会又有理论思考，集研究团队智慧写成的。因此，书中言之有物，说之有据，在研究内容的广度和深度上有系统性的拓展，可信度高。该书揭示出的影响路径不仅可为农户避灾准备不充分问题的破解提供新思路，还可为推进灾害威胁区农户韧性防灾能力的提升和灾害风险管理政策的合理制定提供科学依据和决策参考。

徐定德博士是一位有创新精神和能力、刻苦耕耘的青年学者，他勇于探索、敢于开拓、扎根基层、视野开阔，既善于发现问题、剖析问题，又能以新理论、新方法、新技术进行分析，提出解决方案，并形成新的学术成果，难能可贵。故乐意为本专著作序。我相信，其研究团队是一批奋战在科研第一线的朝气蓬勃的骨干，更大的成果会不断出现，我对他们赋予厚望。在此新作付梓之际，希望徐博士及团队不忘初心、再接再厉，为祖国的生态安全、防灾避灾和振兴"三农"做出更大的贡献。

陈国阶

2023 年 8 月 28 日于成都

目 录

第 一 章

引 言

第一节 研究背景

第一，自然灾害频发山区，其灾害风险管理是国家应急管理重大战略的重要组成部分，关乎脱贫攻坚是否稳得住和乡村能否振兴的成败。

自然灾害指的是自然环境产生的变化超出人类的控制和承受能力，对人类社会经济产生危害和损失的事件(刘恩来，2015)，主要包括地球物理灾害(如地震、火山等)和天气或气候引发的灾害(如洪水、风暴、滑坡等)两个类型。近年来，随着全球气候变化和地壳运动的加剧，加之人类活动范围和强度的增大，各类自然灾害发生的频次以及危害程度都有显著的升高，对全球经济社会发展造成了深远影响。据 The Internal Displacement Monitoring Centre (IDMC) 和 Swiss Re Institute 统计，2019 年近 1900 次自然灾害导致 140 个国家和地区 2490 万人流离失所，造成经济损失约 1370 亿美元(Anzellini et al.，2020)，并且报告显示不论是受灾影响人数还是造成的经济损失，亚洲都属于最严重的地区。其中，我国是世界上自然灾害损失最严重的少数国家之一。特别是进入 20 世纪 90 年代以来，自然灾害造成的经济损失显著上升，严重影响我国经济发展和社会安定(高庆华和苏桂武，2001)。据我国应急管理部统计，21 世纪以来，我国平均每年因自然灾害造成的直接经济损失超过 3000 亿元，每年因约有 3 亿人次受灾(马红丽，2020)。同时，我国也是一个灾害频发的国家。据统计，2010—2018 年，我国自然灾害受灾人次累计约 24.40 亿人次，直接经济损失约 35204 亿元。其中，累计发生 5 级以上地震 129 次，滑坡、泥石流等地质灾害 117299 起(国家统计局，2019)。事实上，我国 50% 的国土面积位于地震高烈度(地震烈度 Ⅶ 度以上)区域(宗边，2016；国务院办公厅，2007)。而且，除了地震之外，近年来我国发生的地质灾害整体呈现出逐年波动，但总体上升的趋势。

不得不提的是，受地质地貌影响，山区自古是自然灾害多发频发的区域，而四川作为世界有名的地震灾害大省，其损失更加惨重(周侃等，2019)。据国家统计局统计，2004—2020 年，中国 5 级及以上地震共发生 212 次，共造成 55.99 万人伤亡，直接经济损失 1.15 万亿元。其中，2008 年的"5·12"汶川地震和 2013 年的"4·20"芦山地震是 7 级以上大地震，伤亡人数约 45 万，直接经济损失高达 9000 多亿元。实际上，大地震除了直接对居民的生命和财产安全造成冲击外，地震之后的一系列次生灾害(如滑坡、泥石流等)还会产生多米诺骨牌效应的连锁反应(余瀚等，2014)，使灾害规模和损失不断扩大，灾害过程不断延长。同时，大型自然灾害造成的损失会远超居民自身承受能力，尤其是对于自然资源禀赋差的聚落农户来说，更是如此(王晟哲，2016)。2022 年中央一号文件提出"坚决守住不发生规模性返贫底线"，明确了现阶段巩固拓展脱贫攻坚成果的底线任务。当前，中国已经实现贫困人口全面小康，然而，一些脱贫后的农户并不稳定，易受自然灾害的影响，一些聚落农户甚至陷入"脱贫—受灾—再次贫困"的怪圈。比如，统计发现，西部部分山区贫困人口因为自然灾害，其平均返贫率为 15%～25%，个别地方甚至高达 30%～50%。在此背景下，如何增强自然灾害威胁区，尤其是地震这种大型自然灾害威胁区农户防灾减灾能力就显得至关重要(陈烨烽等，2017)。然而，从学术界已有研究来看，还少有学者关注中国地震重灾区农户的灾害风险管理与应对策略。

第二，在山区特殊的自然和人文环境背景下，如何提升组织和个人应对灾害风险意识和能力，发展可持续生计是一个值得思考的问题。

我国是典型的多山国家，2/3 以上的国土被丘陵和山地覆盖，近一半的人口生活在山区(钟祥浩等，2000)。山地蕴含的高差能量使其地域广泛发育着山洪、泥石流、滑坡、崩塌等山地典型的自然灾害(崔鹏，2014)。这些自然灾害启动快、隐蔽强、分布散但破坏强，严重影响了当地居民的生产和生活(高庆华和苏桂武，2001)。同时，山地灾害具有链式传递性和群发性的特征(陈勇等，2013)。正因如此，即使一般的灾害(如地震、洪水等)发生在山区时，其造成的后果可能难以预测且越发严重。有研究表明，山地灾害所诱发的次生灾害损失远大于原生灾害(徐梦珍等，2012)。也就是说，山区特殊的自然环境使其地区承受着既多且重的灾害压力。例如，若山地区域受到地震的影响，一方面，地震本身会威胁到当地居民的财产和生命安全；另一方面，地震能量的链式传递(尤其是在降雨的共同作用下)还可能进一步引发滑坡、泥石流、堰塞湖溃坝等各种次生灾害，更会加重其居民受到的威胁(陈勇等，2013)。

山区特殊的环境本底可以解释多种灾害发育的自然背景，而山区脆弱的社会、经济环境则会大大增加居民受到自然灾害影响的可能性。山区，尤其是山区农村，由于地理位置、自然条件等因素，其居民在社会、经济等方面处于弱势地位(陈勇等，2002)。山区农村社会中，青年男性更多选择外出务工，而留在山区生活的更多是老人、妇女和儿童，这些人群恰恰是面对灾害风险较易受到威胁，自我保护意识和能力也较弱的人群(陈勇等，2013)。另外，山区特殊的自然条件使其在资源利用、公共设施等方面受到诸多约束，其经济发展也普遍落后于平原地区。而经济基础的不足，一方面会减少其在防灾避灾方面的投资；另一方面会增加其面对灾害风险的脆弱性。总结而言，在山区，尤其是山区农村地区，其居民存在着人口弱势、防灾意识不足、经济基础薄弱等诸多现实情况，因而也面临更严峻的自然灾害的威胁(陈勇和谭燕，2014)。所以，灾害环境下的人地关系，即自然灾害对居民的影响及居民对灾害的反应，不仅受到灾害这类自然环境的影响，而且应该与居民的社会、经济、心理等多方面因素密切相关。

在山区多灾威胁背景下，如何协调其中的人地关系，使居民能够主动去应灾防灾，而不是完全借管理者之手，是一个值得思考的问题。正如之前所述，山区灾害环境严峻是由于自然和人文环境双重因素导致的。所以，一方面需要加强山区自然灾害的防治工程。另一方面从山区居民入手，改变目前他们对于灾害风险"不可为"或"不能为"的态度。而后者，是本书更加关注的课题。探索自然环境、社会—经济以及社会—心理因素与群众采取防灾减灾措施的积极性与行动力的关系，能够提高山区居民的应灾能力，增强山区社会与灾害风险共存的弹性与韧性，最终促进构建和谐的、可持续的山区聚落人地关系。

第三，灾害防治的社会—人文和公众参与转向趋势明显，并且逐渐成为国际社会和学术界关注的热点。

自然灾害之所以成为"灾害"，主要是相对于人类而言的，没有人类地区的自然灾害可以说是一种自然现象。在此认识下，学者对于灾害风险的研究视角逐渐转向灾害风险下的社会反应和应对分析，研究对象逐渐由"灾害本身"向"灾害造成的影响"转变，侧重探索承灾体在灾害过程中的脆弱性问题以及其如何应对和预防的问题（贺帅等，2014）。

近年来，国际学术界十分重视灾害风险认知、风险管理相关的研究，国际减灾会议将其定为未来灾害研究的五个重要领域之一。虽然学者可以通过探究灾害形成机理、监测环境要素变化等科学评估灾害风险，但是这些科学知识和技术手段仅局限于少部分科研专家以及政策制定者，而普通居民对灾害风险的认识依据是个人社会经济条件、自我经验、直观感觉、所获得的信息等（Slovic，2016）。一方面，居民并非纯粹理性个体，其对灾害风险的认识带有主观色彩，这就表明个体对所面临的灾害风险的理解与真实灾害风险情况难免存在差距；另一方面，即使是客观正确的灾害风险信息通过自上而下的方式向居民传递，居民的理解与信息设计者的目的也不尽完全相同。另外，也有研究表明，个体对于灾害风险认知的形成和应对又受到潜在外部真实灾害风险、实际灾害造成的损伤、价值观、对管理机构的信任、人口统计学因素以及社会经济特征等方面的影响（苏筠等，2009）。但居民如何理解灾害风险却是其主动应灾防灾的重要前提，也是灾害环境中人地关系的重要内容（王兴中等，1988）。故在自然灾害风险管理中纳入"自下而上"的研究视角就十分有必要。已有研究表明，不同居民对风险的认知不同，可能会带来不同的短期和长期行为反应（应对策略），这表明居民风险认知情况与其应灾防灾行为具有密切关系（Bubeck et al.，2012）。此外，灾害风险沟通能够为管理者提供以灾区居民为对象的灾害风险管理具体抓手，在塑造个体风险认知和改变其行为响应方面的作用也不可忽视（李小敏，2014）。然而，哪些信息采何种渠道、何种方式会影响居民应灾行为是一个值得探讨的问题。特别地，在山区，脆弱的社会、经济环境是居民易受灾害影响的重要前提。因此，在自然—社会—经济背景下，何种沟通策略可以有效改变个体对灾害的认知水平，进而最终影响到其防灾减灾的行为响应是值得进一步探索的问题。

另外，政府和公众在灾害风险管理的整个过程中起着重要且互补的效用。2020年10月13日，第31个国际减灾日主题定为"提高灾害风险治理能力"，着重强调"政府主导、社会参与"的灾害风险治理机制，表明政府治理和公众参与是灾害风险管理的两大途径（林洁，2020）。政府是灾害风险管理的主导者、规划者、推广者和组织者，践行对灾害风险管理的主体和协调作用，能够"集中力量办大事"，高效、快速地对灾害风险管理的整体布局进行安排与落实。然而，仅依靠政府的力量，在灾害应急管理中政府发挥的作用是有限的。联合国《2015—2030年仙台减轻灾害风险框架》将推动个人、家庭及社区采取防灾行动作为灾害风险管理的必要途径，表明灾害风险管理需要所有相关利益方共同对灾害风险采取主动的行为响应。公众是风险管理措施的最终接受者，也是自然灾害应急管理中灾害预警、减少危害，维护公共利益的内在保证(潘孝榜和徐艳晴，2013)。总结而言，政府从宏观的角度对灾害风险进行治理，而公众则是要从自身微观的角度对灾害风险进行切实的响应。至于管理者所推行的政策和措施是否真正起了预设的作用，一方面要取决于公众是否积极主动响应，另一方面要取决于措施本身是否真正有效。因此，灾害风险的管理不能脱离公众本身的沟通偏好、认知特点以及行为规律。故从公众的视角，探究其应对灾害的行为响应全过程，对于灾害风险管理的最终落实具有重大意义。

综上所述，鉴于我国面临地震、滑坡、泥石流等多种灾害威胁、山区应灾挑战严峻以及学术界"自下而上"的研究趋势，以风险沟通为起点，以风险认知为核心，以响应行为为目的，立足于农户自身的客观条件即其生计状况，探求灾害威胁背景下，山区居民应对灾害的行为响应和生计策略，对于提高山区居民的应灾能力，增强山区社会与灾害风险共存的弹性与韧性，最终促进构建多灾环境下可持续的山区聚落人地关系具有重要意义。

第二节　研究意义

一、理论意义

第一，生计资本是农户灾害风险管理中的基本保障，研究针对地震灾害威胁与贫困交织地区农户的生计策略行为，是从可持续生计角度对灾害风险管理领域相关研究的重要补充。同时，研究经历过大地震的山区居民在社会—经济—心理—自然背景下，以"风险沟通→风险认知→行为响应"为主线，尝试对风险沟通、认知以及行为响应进行耦合，以探究居民面临灾害风险时的行为决策及其驱动机制，可以弥补之前研究对风险沟通环节缺乏关注的不足。

第二，从"自下而上"的角度为山区灾害研究提供独特的视角。一方面，灾害防治的社会—人文和公众参与转向趋势明显，并且逐渐成为国际社会和学术界关注的热点。另一方面，居民个体对所面临的灾害风险的理解与真实灾害风险情况难免存在差距。而且，在风险沟通中，居民对信息的理解与信息设计者的目的也不尽完全一致。不论是从学术趋势还是从现实背景上而言，在自然灾害风险管理中以行为个体为对象，进行"自下而上"的研究以对"自上而下"的管理体制提供另一参考视角是十分必要的。

第三，弥补行为地理学研究中关于灾害这种环境本底研究的不足。在行为地理学中，目前的研究主要集中于消费行为、通勤行为、认知地图等方面(柴彦威和塔娜，2011)，多关注居民的城市空间行为。而对于受灾害威胁的农村地区，居民的行为决策与所处环境的交互关系研究相对缺乏，本书探索了灾害背景下农户的可持续生计和应灾响应机理，能够弥补之前研究在此方面的不足。

二、现实意义

第一，研究立足于农户生计状况，通过衡量农户应对灾害的自身能力，从生计风险出发考虑灾害冲击下农户的适应和调整行为，一方面更符合农户生计的多样化发展实际；另一方面也有利于找出阻碍农户生计发展的障碍因子，从而能给政府政策的制定和实施带来一些有益的启示，也为实现山区农户可持续发展赋予现实意义。

第二，研究风险沟通尽管不能弥补公共服务、技术和政策上的差距，但此研究以风险沟通为抓手，影响居民对风险的认知，最终有助于风险相关行为的持续改变。研究地震灾区居民灾害风险沟通以何种方式、在哪种程度上影响灾害风险认知和响应行为，可以减少灾害风险沟通时的模糊性，明确灾害风险沟通时的策略，为减灾宣教提供针对性建议，以期实现有效地沟通。

第三，研究灾区居民灾害风险认知，可以真实展现山区居民灾害风险认知的水平和特点，一方面可以检验管理者风险沟通的效果是否达到了预设的目标；另一方面通过居民风险认知与其应灾响应的关系，可以为灾害管理提供切实的落脚点，而不仅仅局限于防灾意识的提高，最终有助于促使居民积极主动地采取应灾行为，提高山区居民的主动应灾能力。

第四，在社会—经济—心理—自然背景下，本书以多种防灾行为响应为落脚点，通过路径方程刻画各个因素对不同农户防灾行为响应的作用路径，研究结果有助于管理者理解灾区农户面对灾害风险时的不同行为响应的因果链条差异，区分有效、无效、低效、高效作用因素，进一步可以有根据地从社会、经济、心理、自然、风险沟通、风险认知等角度采取相应的有效策略，最终有助于提高山区社会与灾害风险共存的弹性与韧性，促进灾害风险背景下可持续的山区聚落人地关系的构建。

第三节　研究内容

聚焦地震灾害高风险区农村聚落，充分考虑区域地震灾害裂度分区、受灾损失程度及经济发展水平，本书研究的核心在于如何提升灾害威胁区农户避灾准备行为决策，揭示农户生计、居民风险沟通、灾害风险认知、防灾意向与行为决策间的作用机制与效应。因此，本书主要包含四大板块，分别是避灾准备篇、农户生计篇、灾害风险认知篇和风险沟通与同群效应篇。其中，避灾准备篇主要探讨农户避灾准备特征及其驱动机制，另外三个篇章则分别从农户生计、灾害风险认知和风险沟通与同群效应三个角度揭示其现状及形成机理。之所以这样安排是因为农户生计、灾害风险认知和风险沟通与同群效应是影响农户避灾准备的核心因素，厘清这些因素的现状及与避灾准备的关系对于灾害风险管理和韧性防灾体系的建设具有重要的意义。具体而言，本书一共有七章，各个章节涉及的主要内容如下：

第一章为引言，主要介绍研究背景、研究意义、研究内容及研究的创新性和前沿性。

第二章为研究区域与数据来源，主要介绍四川省地质灾害现状、数据抽样过程、样本数据空间分布特征和详细的调查过程。

第三章为避灾准备篇，包含八节，第一节引言主要介绍本章的核心内容，第二节从村落和农户两个层面分别介绍避灾准备总体特征，第三至第八节分别从生计、风险沟通、社区韧性、培训、灾害知识等多重视角出发，探讨农户生计、风险沟通和灾害风险认知、地方依恋和效能、社区韧性、培训、灾害知识对农户避灾准备的影响及其作用机制。

第四章为农户生计篇，包含五节，第一节为该章研究内容的介绍，第二至第五节分别探讨生计风险与生计资本、生计风险与生计策略、生计韧性与生计策略、生计压力与生计适应性的相关关系。之所以这样安排是因为生计风险、生计资本、生计韧性、生计策略是可持续生计的核心概念。

第五章为灾害风险认知篇，包含六节，第一节为该章研究内容的介绍，第二至第六节分别探讨灾害风险认知过程，金融准备、灾害经历、媒体传播、灾害经历，社会网络、信任，风险沟通与灾害风险认知的关系。该章内容的核心实际是厘清灾害信息产生、信息传递和信息质量等核心要素对农户灾害风险认知的影响机理。

第六章为风险沟通与同群效应篇，包含六节，第一节为该章研究内容的介绍，第二至第六节分别探讨灾害信息传递特征、专业人士和能人对普通民众避灾决策同群效应的影响、风险沟通+认知与防灾意向关系分析、风险沟通+认知+防灾意向与行为响应关系分析。该章实际上是第五章灾害风险感知的进一步拓展，从信息源和信息传播时间节点剖析灾害信息传递特征，区分专业人士、能人和普通民众避灾准备决策差异，并探讨专业人士和意见领袖对普通民众避灾准备决策的影响。

第七章为结论、启示与研究展望，包含三节，第一节是对全书结论进行总结，第二节进一步从个人、家庭和村落角度提出研究启示，第三节则是提出研究不足与展望。

第四节　研究的创新性和前沿性

防灾减灾是全球治理的重大使命。即使中国已经实现全面建成小康社会，因灾致贫仍是全面建成小康社会后防止返贫必须拿下的"硬骨头"。党的二十大把筑牢国家安全人民防线放在突出地位，明确指出要提高防灾、减灾、救灾能力。然而，从现实情况看，即使大部分农户知道其面临自然灾害风险冲击，但其避灾准备仍不充分。研究依托国家自然科学基金青年项目"地震高风险区聚落农户避灾准备行为决策及其驱动机制研究"，面向世界研究前沿，针对四川省灾多、灾频、灾重的现状，构建地震灾害风险管理理论，明晰地震灾害风险防范方法，厘清"户—村—乡—县"避灾能力提升路径。与当前国内外同类研究、同类技术综合比较，成果的创新性、先进性主要体现在以下四方面：

（一）首次系统地研究了地震重灾区灾害风险管理理论

自2012年来，本书课题组在深入剖析西南地震重灾区灾害风险管理现状及存在的问题基础上，以农户避灾准备能力提升、灾害风险沟通、农户生计韧性等亟待解决的科学问题为导向，首次系统地开展了地震重灾区灾害风险管理理论研究，本着"自下而上展开调查，自上而下搭建体系"思路（见图1-1），构建地震重灾区灾害风险管理框架，明晰基本方法，厘清提升路径。研究不仅对筑牢安全防线、提升地震灾害防灾减灾能力有重大的理论意义，也可为其他灾种和灾害风险管理相关政策优化提供理论参考依据。本书的理论—实践流程如图1-1所示。

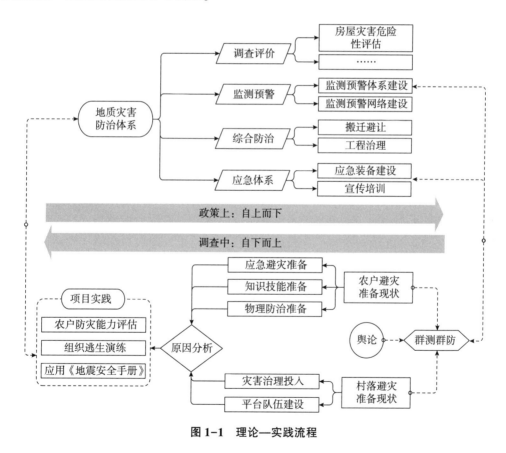

图1-1 理论—实践流程

（二）开展了地震重灾区农户避灾准备研究

提前做出有效避灾准备成为减少生命财产损失的关键环节，尤其是随着地震灾害发生频率不断增大，增强社区韧性防灾能力和提高农户避灾准备逐渐成为应对灾害风险的有效手段。为此，本书从微观尺度对地震重灾区避灾准备现状及其驱动机制进行深入探讨。

一是建立了生计韧性防灾体系。研究建立了农户层面的生计韧性理论体系和村落层面的韧性防灾体系（Resilient Disaster Prevention System）。首先，生计作为农村农户生存的基本需求。面对不确定未来，生计韧性可能是增强农户生计和推动其可持续发展的最优方式。区别于现有研究，本书创新性地将防灾减灾能力引入生计韧性（Livelihood Resilience）理论体系，即生计韧性包括缓冲能力、自组织能力、学习能力和防灾减灾能力。其次，已有对社区韧性防灾能力体系建设的研究多集中在社区的物质建设和财政建设方面，如改善基础设施或多样化生计策略。然而，中国作为发展中国家，偏远欠发达地区人口规模较大且居住分散，在考虑经济性条件下，借鉴发达国家的社区韧性防灾能力对居民避灾准备的影响效果一般，亟须结合我国地震重灾区灾害威胁区实际情况，建立社区韧性防灾体系。

二是地震重灾区农户避灾准备驱动机制研究。提升避灾准备的关键在于理顺其驱动机制。研究构建个体认知—农户能力—避灾准备行为选择分析框架，并耦合心理学"同群效应"，构建分层线性/非线性计量经济模型探究农户生计、个体认知、农户能力及聚落尺度"同群效应"对避灾准备行为选择的具体作用机制。

（三）开展了灾害风险沟通研究

信息沟通是影响农户避灾准备重要的因素，不仅可以直接影响农户避灾准备，还可通过改变农户灾害风险认知间接影响其避灾准备。随着技术的进步和科技的发展，网络与各种通信工具的出现为信息沟通提供了便利条件，地震信息可以迅速传播扩散。

一是地震重灾区农户获取灾害信息研究。不同灾害信息源获得的信息呈现不同特点。农户的灾害信息获取行为贯穿于整个周期各个阶段。显然，仅聚焦某一种信息渠道或某一时点是远远不够的。本书从灾害信息获取时间和渠道两个维度切入，首次系统剖析灾害发生时间链条上农户灾害信息获取渠道特征。结果发现农户在灾害发生前、决定撤离时、灾害最严重时、灾害结束后返家前和灾害结束后返家时，信息获取渠道、信息获取频率与各渠道获取的信息质量均存在显著差异；在灾害信息获取时间链条上，居民获取信息的频率呈现递增趋势，但其增长率呈现波动状态。这些研究结果对地震灾害威胁区信息渠道体系建设具有重要的启示意义。

二是地震重灾区农户灾害风险感知研究。灾害风险感知是指农户对灾害风险的心理评估，是测量公众心理恐慌的指标。随着社会文化理论的引入，防灾减灾领域从重视如何通过工程手段减轻灾害，转变为思考如何通过提高农户灾害风险感知能力去减轻灾害风险。本书构建了农户灾害风险感知过程的理论模型，从农户灾害风险的可能性、威胁性、自我效能及应对效能四个维度综合测度农户灾害风险感知水平，系统分析农户地震灾害知识技能、灾害风险感知、防灾减灾意识、购买保险意愿、避灾搬迁意愿的作用机制。研究结果为梳理地震重灾区风险感知与防灾准备关系，优化韧性防灾体系建设相关政策制定提供参考依据。

（四）精准优化地震灾害风险管理工具

如何构建一个完备、高效的韧性防灾体系对于乡村振兴有着重要意义。研究侧重微观尺度，从开发农户防灾能力评分表、搭建生计韧性评估体系和设计多层级防灾管理响应机制进行深入探讨。

一是开发农户防灾能力评分表。因为灾种与各地经济文化等的差异，学术界缺乏权威的自然灾害防灾能力测度体系。如何构建一个完备、高效的韧性防灾体系，补齐灾害防治的"短板"，对于乡村振兴有着重要意义，是灾区民众和政府乃至整个社会关注的话题。本书从农户客观能力、避灾准备情况和灾害风险认知三个角度出发，细分维度构建农户防灾能力评分表，为全面、系统、科学的评分提供切实可行的方案。

二是设计多层级防灾管理响应机制。自然灾害管理主要是在各个主要环节上建立行政管理系统，通过系统的有机运行实现有效管理。研究梳理自然灾害十大管理系统和六大工作机制，在调查评价、监测预警、综合防治和应急体系四方面评估农户和村庄避灾准备现状。从县—乡—村三级设立监测预警机构，自下而上构建"农户群测群防—乡镇协调联动—区县统筹兼顾"的多层级防灾管理响应机制（见图1-2）。

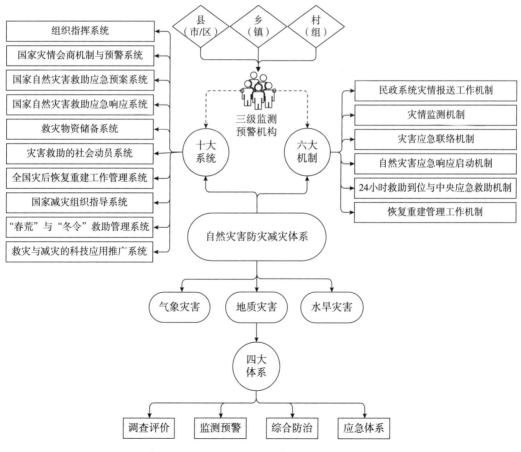

图1-2 多层级防灾管理响应机制

综上所述，研究成果在学科交叉、视角选取、系统性和研究方法等方面独具特色，创新性、先进性集中体现在：第一，研究思路新颖。研究横跨微观、中观、宏观尺度，集成管理学、地理学等学科的思路和方法，为成果创新提供坚实的学科交叉和方法综合集成基础。第二，研究体系全面。研究以地震重灾区农户为研究对象，自下而上展开调查，自上而下搭建生计韧性防灾体系，开发农户防灾能力评分表，设计多层级防灾管理响应机制，精准优化了地震重灾区灾害风险管理工具，为国内其他灾害多发区韧性防灾体系建设提供重要理论参考。第三，研究方法创新。本书运用 PLS-SEM 和内生性与扩展回归模型等方法，弥补普通定性与定量研究方法中核心变量与因变量互为因果和样本选择偏误问题，避免研究结论和政策建议与实际偏离。第四，研究见解独到。本书率先厘清地震重灾区村落与农户避灾准备特征，首次耦合心理学"同群效应"探索其避灾准备提升路径，有侧重地研究农户防灾能力、灾害全链条过程中信息获取、生计韧性体系建设等问题，丰富和拓展了灾害风险管理研究视野。

第 二 章

研究区域与数据来源

第一节 研究区域概况

四川省位于中国西南，地形以丘陵和山地为主，山地丘陵面积约占总面积的90%。四川是中国一个典型的多灾频发省份，且受灾情况十分严重，是全国自然灾害最多和影响最严重的省份之一（罗成德和罗利群，2003）。据统计，2008—2018年，四川省累计发生5级以上地震19次，共计伤亡人数约46万人，直接经济损失8568亿元，分别占全国的12.34%、95.04%和83.13%；累计发生滑坡、泥石流等地质灾害18518起，共计伤亡人数1390人，直接经济损失80亿元，分别占全国的11.99%、16.45%和13.6%（国家统计局，2019）。其中，发生于2008年的四川省"5·12"汶川大地震（里氏8级）和2013年的"4·20"芦山大地震（里氏7级）给当地居民带来了巨大的人员伤亡和经济损失（Xu et al.，2020b），这也是四川省地震造成的人员伤亡和损失会占如此高比重的原因之一。

四川省东部为盆地，西部为高山峡谷，西北部为高原。尤其是四川盆地与青藏高原过渡的川西高山峡谷地带，因为地壳抬升，高低悬殊，地质构造复杂，存在多条地质断裂带（包括龙门山断裂带、鲜水河断裂带以及安宁河断裂带等），因此地震活动极为频繁。依据地震加速度峰值数据，研究得到四川省地震灾害动峰值加速度分布图（见图2-1），以此反映省内受地震灾害威胁严重程度的客观自然背景。如图2-1所示，四川省地震风险整体呈现"东低西高"的分布格局，特别是在断裂带（如龙门山断裂带、鲜水河断裂带以及安宁河断裂带等）附近地震风险尤为突出。

频繁的地壳活动，又会导致区域岩石破碎，加之省内典型的亚热带季风性湿润气候和多山的地形特征，进而会加剧滑坡、崩塌、泥石流等地质灾害的发生。研究进一步采用四川省地质灾害隐患点数据，并以此测度市级尺度上的灾害集聚度指数，最终刻画了市级尺度上的四川省地质灾害集聚分布特征（见图2-2）。需要说明的是，研究之所以采用市级单元，主要有以下两点考虑。其一，考虑到地质灾害与区域小地形关系紧密，而受整个四川省的大地形影响较弱的特点，在省级尺度上刻画灾害的分布特征效果并不明显。事实上，研究以省级自然单元进行了探索性的分析，分布结果确实显示与以市级单元无明显差别，但结果的清晰程度不如此方法。其二，若以县级为最小单元，虽能体现出小区域地形对地质灾害的影响的特点，然而，四川省地质灾害的分布特征又不甚明显。研究需要探索整个四川省灾害分布情况，故最终确定以市级为尺度对四川省的灾害集聚分布进行展示。并且，仅以各市地质灾害点的数量来刻画分布特征忽略了不同地区的面积大小因素，未能反映实际地质灾害造成的威胁状况，故研究构建灾害集聚度指数来控制面积因素的影响。具体操作如下：

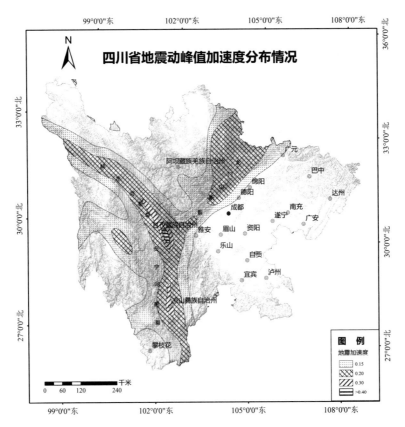

图 2-1　四川省地震动峰值加速度分布情况

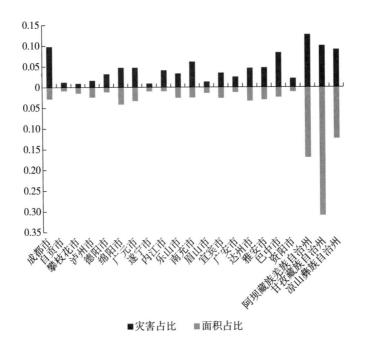

图 2-2　四川省各市面积与灾害隐患点全省占比情况

(1)以市级区域为单元,统计各市的面积和地质灾害威胁点数量,统计结果如表2-1和图2-2所示。由统计结果可以发现,灾害隐患点的数量与各区域的面积有紧密关联。这也反映了在刻画四川省整个地质灾害隐患点的分布情况时,需要控制面积对灾害隐患点的影响,这也表明研究设计以灾害集聚度指数来描述市级尺度上的四川省地质灾害集聚分布特征具有合理性。

表2-1 四川省各市面积与灾害点数量

市名	面积(平方千米)	灾害点数量(个)
成都市	14486.10	3778
绵阳市	20420.00	1848
攀枝花市	7550.34	350
泸州市	12306.70	646
德阳市	5963.92	1231
自贡市	4419.04	459
广元市	16403.00	1855
遂宁市	5355.47	359
内江市	5425.32	1570
乐山市	12877.20	1302
南充市	12536.60	2382
眉山市	7218.91	541
宜宾市	13376.50	1346
广安市	6363.18	983
达州市	16616.50	1791
雅安市	15280.00	1837
巴中市	12327.90	3250
资阳市	5786.58	846
阿坝藏族羌族自治州	84291.50	4911
甘孜藏族自治州	153663.00	3881
凉山彝族自治州	61389.20	3523

(2)计算灾害集聚度指数。借鉴人口集聚度指数的计算方式(曹洪华等,2008;刘睿文等,2010),研究设计了灾害集聚度的计算方式[具体可见公式(2-1)],并采用此方法计算得到四川省各市的地质灾害集聚度情况。

$$DDC_i = \frac{DC_i/SC_i}{DP/SP} \tag{2-1}$$

公式(2-1)中，DDC_i表示 i 市的灾害集聚度指标；DC_i表示 i 市的地质灾害隐患点数量；SC_i表示 i 市面积；DP 表示整个四川省的地质灾害隐患点数量；SP 表示四川省的面积。

(3)采用自然间断法将计算得到的地质灾害集聚度划分五个等级，并进一步对四川省地质灾害的分布情况进行描述分析(见图2-3)。

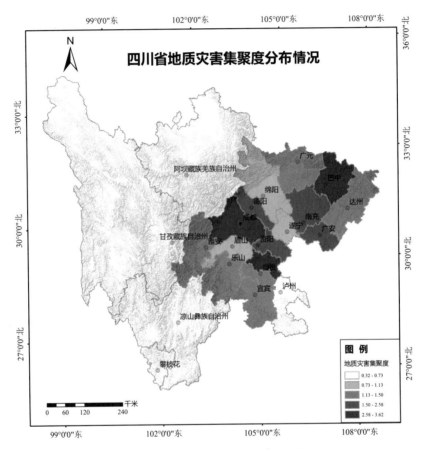

图2-3 四川省地质灾害集聚度分布情况

由图2-3可知，四川省地质灾害隐患点集聚情况呈现"东密西疏"的格局，这表明四川省东部各市单位面积下的地质灾害点的数量要普遍高于西部各市。这与四川省地震灾害的分布情况恰好相反，在成都平原、川东北、川南的等低海拔市区地质灾害反而比较集聚。一方面是因为，与以大尺度的地质条件为主因的地震灾害风险不同，地质灾害除了受到局部小地形等自然因素的影响。另一方面，对比四川省地质灾害的集聚度分布与省内人口的空间分布格局(杨成凤等，2014)，研究发现两者之间存在耦合性，这也表明相较于地震灾害而言，地质灾害更容易受到人类活动影响的特点。另外，对比图2-2与图2-3，研究发现虽然一些地区(如甘孜藏族自治州、阿坝藏族羌族自治州、凉山彝族自治州等)存在大量的地质灾害隐患点。然而，这些地区的地质灾害集聚度指标处于最低等级，表明相较于四川省的其他地区，这些地区的地质灾害隐患点总量大而分布疏散的特点。

综合以上地震风险分布格局和地质灾害集聚度分布情况(见图 2-4)，研究发现在自然背景方面，"广元—绵阳—德阳—成都—雅安"一线不仅地震风险较高，地质灾害隐患点的集聚效应也较为凸显，表明这些地区多灾共同发育，且面临灾害威胁严重的特点。在现实背景下，发生于 2008 年的四川省"5·12"汶川大地震(里氏 8 级)和 2013 年的"4·20"芦山大地震(里氏 7 级)是四川省近年来最为严重的两次地震灾害，且其重灾区与上述的多灾风险区域多有重合。故不论从自然背景还是从现实意义而言，鉴于多灾威胁环境中地震以及地质灾害带来的不可忽视的影响，且汶川地震重灾区和芦山地震重灾区均处于龙门山断裂带处，地震和地质灾害发生极为频繁，具有多灾并存并且频发的特征，故本书选取汶川大地震和芦山大地震重灾山区作为受多灾威胁的四川省的代表性研究区域。值得注意的是，通过调研发现，威胁研究区居民的灾害类型主要包括地震、崩塌、滑坡、泥石流、山洪以及不稳定斜坡六种，故本书所指的灾害指的是这六种类型灾害的总称。

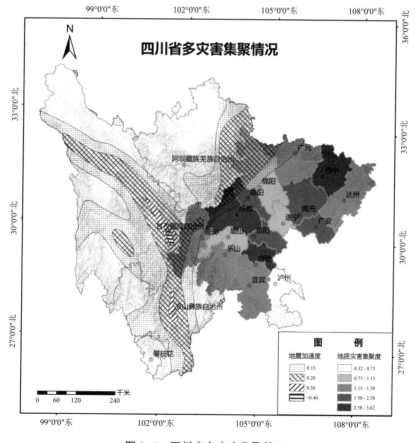

图 2-4 四川省多灾害集聚情况

第二节　数据抽样过程

本书所用的数据系国家自然科学基金青年项目(地震高风险区聚落农户避灾准备行为决策及其驱动机制研究，编号：41801221)的综合研究成果。具体来讲，本书采用的数据主要包含以下三方面：

其一，样本农户数据。农户样本数据主要来自2019年7月在汶川大地震和芦山大地震重灾山区所做的问卷调研，调研内容涉及农户可持续生计、灾害风险认知、避灾行为响应、村落韧性防灾体系建设以及居民家庭位置的坐标等方面情况，每份问卷与农户面对面访谈一个半小时左右。为了保障调研选取样本的典型性和代表性，研究采用先分层抽样，再等概率随机抽样的方法确定调研样本。首先，一方面，考虑到研究样本区县应该分别来自汶川地震和芦山地震的受灾区；另一方面，已有研究表明居民对灾害风险的认识和防灾行为响应会受到家庭及社会经济因素的影响(Teo et al.，2018)，故同一个受灾区应该选取至少两个经济发展有显著差异的区县。综合以上两点考虑，本书研究从10个汶川大地震重灾区县(分别为汶川县、茂县、北川县、安县、平武县、绵竹市、什邡市、都江堰市、彭州市、青川县共10个区县)中选择了北川县(经济发展水平较低)和彭州市(经济发展水平较高)作为样本区县，从6个芦山大地震重灾区县(分别为芦山县、雨城区、天全县、名山区、荥经县、宝兴县共6个区县)中选择了宝兴县(经济发展水平较低)和芦山县(经济发展水平较高)作为样本区县。其次，根据区县内部经济发展水平差异、距离区县中心距离和受灾严重情况尤其是受威胁群众数量情况，每个样本区县随机选择2个样本乡镇，共得到8个乡镇(见图2-5)。然后，根据乡镇内村落受威胁群众数量、经济发展水平差异和距离乡镇中心距离等指标将每个样本乡镇内的村落分为两类，然后从每类村落中随机选取1个作为样本村落，得到16个村落。最后，据农户花名册按照随机数表从每个样本村落中随机抽取15~23户农户作为样本农户。依据上述流程，共获得4区县、8乡镇、16村、327份(见表2-2)有效农户调查问卷，满足95%的置信度以及10%的允许误差的样本容量要求，同时样本容量远大于三倍的研究设计的自变量数量。这表明无论是对研究对象的代表性，还是回归模型估计的基本要求，研究所获得数据均得以有效支持(调研过程见图2-6、图2-7)。

其二，样本村落和社区数据。对于所选样本村落，调研过程中还从村干部处获得了社区和村落的社会经济、基础设施投资及灾害治理情况如村内撤离路线指示牌(见图2-8)、农户家内防灾明白卡(见图2-9)、民政救灾设施(见图2-10)和因地震造成的房屋损坏情况(见图2-11)等。

其三，灾害威胁点等自然环境数据。研究采用了样本区县的地理位置和地质灾害点相关信息(包含灾害点位置、灾害点数量等)，并由此进一步获得灾害点分布特征以及与样本居民空间距离等信息。

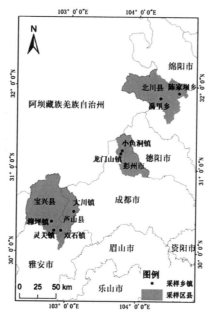

图2-5 样本区县和样本乡镇区位

表2-2 样本村落及问卷数量

受灾区	区县	乡镇	村	受灾害威胁户数（户）	因灾害死亡人数（人）	问卷数量（份）
汶川地震重灾区	北川	禹里	登高村	18	3	19
			石纽村	2	0	15
		陈家坝	金鼓村	37	0	19
			老场村	94	42	16
	彭州	龙门山	九峰村	300	0	19
			团山村	104	38	21
		小鱼洞	杨坪村	53	0	19
			大湾村	40	8	23
芦山地震重灾区	芦山	大川	杨开村	27	0	20
			快乐村	6	0	22
		双石	双河村	83	0	21
			西川村	20	0	21
	宝兴	灵关	大沟村	22	1	23
			大渔村	21	0	23
		穆坪	新宝村	240	4	23
			新光村	78	2	23
共计				1145	98	327

图 2-6　调研员访谈中(a)

图 2-7　调研员访谈中(b)

图 2-8　村内撤离路线指示牌

图 2-9　农户家内防灾明白卡

图 2-10　民政救灾设施

图 2-11　因地震造成的房屋损坏

资料来源：本书笔者调研期间拍摄。本章余同。

第三节　空间分布特征

如上所述，研究分别在汶川大地震重灾区中选择了北川县和彭州市作为样本区县，在芦山大地震重灾区中选择了宝兴县和芦山县作为样本区县。另外，研究运用样本区县灾害的位置点信息并结合地区地形，采用 ArcGIS 标准差椭圆分析以及平均最近邻指数（ANN），定量分析和刻画了样本区县的灾害点分布特征。

首先，整体而言，4 个样本区县境内均多以山地为主，且泥石流、滑坡等多种灾害点的分布格局与地形阴影密切相关（见图 2-12、图 2-13）。区县内的灾害点主要分布于地势存在变化的区域，而较少分布于地势平坦地区。其次，样本区县灾害点的分布具有明显的方向性。研究采用标准差椭圆分析，对 4 样本区县的灾害点在空间上的聚集分布方向进行判断。标准差椭圆可以反映灾害点分布的中心趋势、离散趋势以及方向趋势等空间特征（苏巧梅等，2020）。其中，椭圆的长半轴表示的是数据分布的方向，短半轴表示的是数据分布的范围，长短半轴的值差距越大，表示数据的方向性越明显；反之，如果长短半轴越接近，表示方向性越不明显。处理结果发现，汶川地震重灾区北川县的灾害大致呈现"东南—西北"延展分布（椭圆方向角度为北偏西 71.08°）。但相较于其他 3 个样本区县，北川县的标准差椭圆曲率最低（曲率值 0.29），表明灾害点分布在南北方向上也存在一定的趋势，且分布范围较广；彭州市的灾害分布总体表现为"南—北"延展分布（椭圆方向角度为北偏东 12.20°），且标准差椭圆的曲率值为 0.53，表明灾害点分布具有较为明显的方向性和集中趋势。值得注意的是，在龙门山附近，灾害点的分布呈现出明显的沿山脉走向分布；芦山县的灾害分布总体表现为"西南—东北"延展分布（椭圆方向角度为北偏东 21.24°），且标准差椭圆的曲率在 4 个样本县中最大（曲率值为 0.78），表明灾害点分布的方向性和集中趋势均极为明显；宝兴县的灾害分布基本呈现"南—北"延展分布（椭圆方向角度为北偏西 10.43°），标准差椭圆的曲率值为 0.59，表明灾害点分布具有较为明显的方向性和集中趋势。样本区县灾害点分布的标准差椭圆的方向角和曲率如表 2-3 所示。

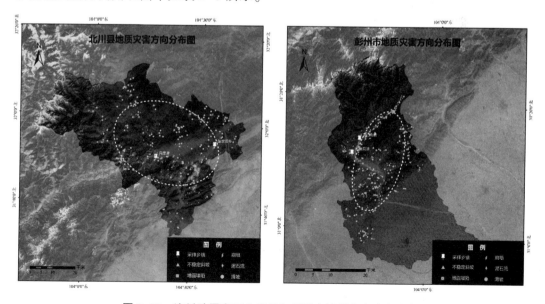

图 2-12　汶川地震灾区北川县和彭州市地质灾害方向分布

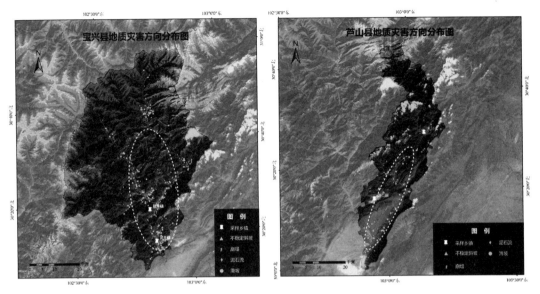

图 2-13　芦山地震灾区宝兴县和芦山县地质灾害方向分布

表 2-3　样本区县灾害点分布的标准差椭圆参数

灾区	汶川地震重灾区		芦山地震重灾区	
样本区县	北川县	彭州市	芦山县	宝兴县
灾害点数量	320	398	103	148
方向角度	北偏西 71.08°	北偏东 12.20°	北偏东 21.24°	北偏西 10.43°
曲率值	0.29	0.53	0.78	0.59

其次，样本区县灾害点的分布具有明显的聚集性。研究采用 ArcGIS 的平均最近邻指数，对样本区县的灾害点在空间上的聚集性进行定量判断。最近邻分析法是基于空间距离的方法，将离得最近的点对的观察平均距离与随机分布模式下的预期最邻近距离进行比较，用其比值（即平均最近邻指数）来判断空间位置点的空间聚集或分散性（苏巧梅等，2020；王劲峰，2006）。其中，若观察平均距离大于预期平均距离，即 ANN>1，则表示地理点属于离散分布格局；反之，若观测平均距离小于预期平均距离，即 ANN<1，则表示地理点属于聚集分布格局（程林等，2015）。在此基础上可以用 Z 检验进行平均值差异分析，若 Z 值得分绝对值大于 2.58，表明地理点的分布格局存在显著效应（P<0.01）。对于本书灾害点而言，第一，研究将各灾害的地理坐标点根据其经纬度以高斯投影 3°分带方法进行地理坐标的投影转换；第二，采用 ArcGIS 的平均最近邻方法来计算样本区县灾害点分布的平均最近邻指数（计算结果可见表 2-4）。最终计算的结果显示，所有样本区县的灾害点的 ANN 指数均小于 1，且 Z 值得分的绝对值均显著大于 2.58，表明在样本区县灾害点分布呈现出显著的集聚格局。

表 2-4 样本区县灾害点平均最近邻指数

灾区	汶川地震重灾区		芦山地震重灾区	
样本县	北川县	彭州市	芦山县	宝兴县
灾害点数量	320	398	103	148
ANN	0.62	0.57	0.63	0.42
Z 得分	-12.94	-16.27	-7.22	-20.84
P 值	0.00	0.00	0.00	0.00

综上所述，研究在样本区县尺度上分析了各区县灾害点的分布格局，结果显示所有样本区县的灾害点空间分布具有显著的方向和集聚效应，多种灾害交错分布表现出灾害的群发特征，这些灾害点的分布特征与区域的地形地貌条件存在着耦合特征（苏巧梅等，2020）。同时，研究选择的乡镇周边均存在着多种类型、数量较多的灾害点，表明样本农户确有面临着多种灾害威胁的风险。

第四节　调查过程

一、调研选题

为确定调研选题，研究团队在文献梳理的基础上，结合自身实际情况，按照需求性原则、新颖性原则和可行性原则，首先确定了灾害风险管理这一调研领域。考虑到四川是一个地震灾害大省，进一步聚焦地震灾害这一调研主题，并对农户风险沟通、灾害风险认知和避灾准备行为决策的特征及相关关系进行探讨。最终确定了调研选题——"风险沟通、灾害风险认知与农户避灾准备行为决策：基于汶川和芦山地震重灾区的调查报告"。调研选题现场如图 2-14 所示。

图 2-14 调研选题现场

二、样本选择与问卷设计

(一)样本选择

调研采用分层等概率随机抽样的方法获取样本数据。详细情况请见本章第二节数据抽样过程。即首先从汶川大地震、芦山大地震的 16 个重灾区县中根据经济发展水平的不同抽取了 4 个样本区县,即北川县、彭州市、宝兴县、芦山县(其中彭州市、芦山县经济发展水平相对较高;北川县、宝兴县经济发展水平相对较低)。其次,得到样本区县之后,在每个样本区县中随机抽取 2 个样本乡镇,得到 8 个样本乡镇。再次,从每个样本乡镇随机抽取 2 个样本村,共计 16 个村。最后,据农户花名册按照随机数表从每个样本村落中随机抽取 15~23 户农户作为样本农户,最终共获得 4 区县 8 乡镇 16 村 327 份有效农户调查问卷。

(二)问卷设计

为了实现调研的设定目标,研究团队需要获得"个体—农户—聚落"嵌套式数据。基于此设计了问卷,涉及农户风险沟通测度问卷,户主灾害风险认知测度问卷,农户能力及避灾准备行为测度问卷,村干部调查问卷及部分区域领导访谈问卷。与研究内容对应,本次调查中灾害风险认知通过 5 级李克特量表测量;避灾准备主要借鉴相关研究的设定,从避灾物品准备(如食物、饮用水等)、结构升级(如房屋加固)、灾害知识学习(如信息获取、参加逃生演练等)、家庭应急计划(如搬迁)、购买灾害保险五方面选取指标对其进行测量;村干部及部分区域领导访谈问卷主要关注村落防灾减灾体系建设、公共物品投资、劳动力资源及经济发展水平等情况,分别设计具体的指标对其进行测量。问卷设计现场如图 2-15 和图 2-16 所示。

图 2-15　问卷设计现场(一)

图 2-16　问卷设计现场(二)

三、预调研

(一)访问员培训

本次调研要求访问员具备良好的听说读写能力和文字理解能力。为了达到更好的效果，研究团队对访问员开展系统的调研培训，统一口径，确保调研数据的质量。

在培训过程中，除了向访问员讲清楚其职业道德，以及舞弊行为对调查研究的危害程度之外，研究团队还向访问员界定了舞弊行为的认定原则，以及告知对舞弊行为的处罚办法。访问员务必杜绝自行填答问卷、故意访问非样本指定的被访者、故意遗漏大量题目不进行提问等舞弊行为。

督导过程中，队长主要采取了三种方式：利用回访问卷进行回访核查、让访问员向被访者要电话号码进行抽样检查、访问员与被访者拍照。

(二) 预调研

考虑到调查问卷(含认知量表)的区域适用性，本次调研在预调研阶段采用深度访谈/小组焦点访谈等质性分析方法对风险沟通、灾害风险认知与农户避灾准备行为决策等主要核心问题进行提炼归纳，为下一步访谈提纲与各类调查问卷的制作与修订提供导向性依据。

为更好地发现问题，帮助访问员掌握调研流程，本次调研选取了都江堰进行预调研。基于方便和有效性考虑，选取了 30 个类似正式调查对象的被访者，对其进行问卷访问。在预调研的过程中，访问员既要负责访谈，更重要的是要观察问卷及调查过程中需要改进的地方。最后，根据预调研过程中所反馈出来的问题，对问卷和访谈提纲进行修改。

预调研现场如图 2-17 和图 2-18 所示。

图 2-17 预调研现场 (一)   图 2-18 预调研现场 (二)

四、实地调研

团队成员前往汶川大地震和芦山大地震重灾区进行实地入户调研，调研方式为一对一，面对面访谈。流程包括实地调研、问卷存档和数据录入。

第一，实地调研。实地调研流程包括：

（1）前站人员提前联系各县和各乡镇的对接人，做好准备工作；

（2）调研组抵达样本村；

（3）组长和村干部沟通，尽快安排好访问地点和访谈对象；

（4）访问员进行一对一、面对面访谈；

（5）访问完后在现场进行快速自查，确定没有问题后向农户表示感谢，给予相关物资作为补贴，并让农户填写补贴登记表；

（6）当组员都步入正轨后，组长开始对村干部进行访谈填写村问卷；

（7）回到住所后，开会讨论每个人今天遇到的问题并统一解决；

（8）各访问员之间进行二次互查，确保调查数据质量；

（9）队员互查没有问题后，组长对全部问卷进行检查并上报。

值得注意的是，如果在自查或互查过程中发现了问题，重新梳理上下逻辑后发现无法解决的问题，则调研员及时电话回访进行补充回答。

第二，问卷存档。

第三，数据录入。包括获得个体、家庭、聚落三层信息的嵌套数据。

正式实地调研现场如图2-19至图2-22所示。

图2-19　正式实地调研现场（一）

图2-20　正式实地调研现场（二）

图2-21　正式实地调研现场（三）

图2-22　正式实地调研现场（四）

五、数据清洗

研究团队进行数据清洗，若发现问题，必要时对农户进行回访，确保数据质量。数据清洗现场如图 2-23 和图 2-24 所示。

图 2-23　数据清洗现场(一)　　　　　　　　图 2-24　数据清洗现场(二)

六、数据分析

本次数据处理将经济学、灾害学和社会学相关理论结合，致力于探究农户灾害信息获取渠道的差异；农户从不同渠道获取信息的频率及获取信息的质量的特征；农户在灾害发生前、中、后三个阶段的避灾准备；灾害对农户从不同渠道获取信息的影响；不同渠道的信息对农户避灾准备行为决策的影响和农户灾害风险沟通与避灾准备决策相关关系。主要使用描述性统计分析、相关系数分析和二元 Logit 回归模型。

第 三 章

避灾准备篇

第一节 引 言

本节内容主要是围绕避灾准备的农户个体认知、社会资源供给、社区灾害管理的三个方面，研究分析了影响居民避灾准备的主要因素。第二节从村落和农户两个层面剖析了当前避灾准备特征，发现村落韧性防灾体系建设不足，农户韧性防灾能力有限，农户灾害风险防范意识不强，普遍抱有"大灾跑不脱，小灾无大碍"的侥幸心理。第三节将居民避灾准备措施引入可持续生计框架，从居民的生计资本的整体视角去探究其对居民撤离意愿和搬迁意愿的作用机制，发现农户生计资本是影响其撤离和搬迁意愿的重要驱动因素。第四节尝试从农户风险沟通的内容偏好、渠道选择、沟通频率及沟通形式四方面分别测度其风险沟通特征，并以可能性、威胁性、自我效能及应对效能认知四个维度分别测度其对灾害风险认知的水平，最后使用计量经济模型探索多灾威胁背景下农户风险沟通、风险认知以及不同情景下的避灾搬迁决策的作用链条。第五节基于地方依恋理论和防护激励理论，研究提出一个新的理论分析框架，旨在探索地方依恋对居民撤离和搬迁意愿的作用机制，并进一步检验感知效能的中介作用。结果发现对于生活在地震威胁区的居民来说，选择正确的风险应对行为可以有效减轻家庭生命和财产损失。第六节深入分析了社区韧性防灾能力与居民避灾准备特征，并构建 Tobit 回归模型探索社区韧性防灾能力与居民避灾准备间的相关关系。随着各类灾害发生的频率不断增大，增强社区韧性防灾能力和提高居民避灾准备逐渐成为应对灾害风险和提高居民生活福祉的有效手段。第七节基于中国地震高发农村聚落的调查数据，利用 Probit 模型和泊松模型，评估培训改善了农户采用地震避灾准备行为的可能性。培训改善了农户采用地震避灾准备行为的程度。第八节，利用中国汶川和芦山地震 327 户农户调查数据，分析了居民的灾害知识特征及地震发生前、中、后居民的避灾行为特征，并分别构建二元 Logit 模型和无序多分类 Logistic 回归模型探究了灾害知识对不同时段居民避灾行为的影响。

第二节 避灾准备总体特征

一、村落避灾准备现状

村落韧性防灾体系建设不足，农户韧性防灾能力有限。调研发现，村落农户灾害风险防范意识不强，普遍抱有"大灾跑不脱，小灾无大碍"的侥幸心理。具体而言：

第一，村落缺乏灾害应急管理专员。虽然中国建立了县—乡—村群测群防体系，但村落灾害监测员往往是兼职，因为基层工作任务重等原因，疏忽对短期没有检查的安全工作的重视，农户对村里群测群防体系建设认知度也不高。

第二，部分村落防灾减灾工作流于形式，重视程度不高。调研发现，部分村落应急疏散方案落实不到位，应急疏散预案制定粗糙，逃生线路标识不明确；与之对应的是30%的农户不了解应急避难场所位置，40%的农户从未参加过灾害逃生演练。同时，灾害科普宣传方式缺乏创新，农户对于宣传资料走马观花；村落宣传文化栏关于应急防灾知识宣传内容较少，农户对于灾害知识一知半解。

第三，村落对防灾减灾工作投入不足，缺乏合理有效措施。调研结果显示，所调查村落近五年年灾害治理投资均值只有110万元左右，村落群测群防投资年均值也只有15万元左右，且各村之间投资规模的差异较大，可能导致最后防灾减灾的效果也不一致。同样对于灾害防治的人员规模，平均每个村有114人可以帮助全村防治灾害，但同样每个村投入人员的比例相差很大，对防灾减灾工作的资金投入较少。且村落防治灾害的主要措施为设置警示牌、传递预警信息(81.25%和93.75%)，少有村落采取房屋加固、搬迁农户等实际行动(房屋加固和搬迁农户的采用比例均为37.5%)(见表3-1)。

表3-1 村落避灾准备特征

变量	均值	标准差
灾害投资	549.69	643.17
防治规模	114.06	273.83
灾害损失	562.93	1210.64
群策群防	76.56	182.29
伤亡人数	6.13	13.42

第四，村落应急管理队伍和平台建设滞后。调研发现，村落群测群防队员构成多为留守老人，学习能力较弱，培训效果较差，同时由于身体状况不佳，导致巡查监测质量不高；此外，基层的多灾种综合监测预警技术推广应用滞后，仍然以人防为主，工作强度大，耗时耗力。

二、农户避灾准备现状

(一)总体防灾减灾意识有待加强

从已有研究来看，学术界多从保障居民生命安全的角度出发来测度居民避灾准备。比如，询问居民是否准备有应急物品(如手电筒、收音机、纯净水)、是否购买灾害相关保险、是否制订有逃生计划等。面对地震这种致灾性极强的灾害，家庭的避灾准备(如准备应急箱)能在一定程度上保障居民人身安全，但是对于家庭灾后重建的帮助有限。

如何构建一个完备、高效的韧性防灾体系，补齐灾害防治的短板，对于乡村振兴有着重要意义，是灾区民众和政府，乃至整个社会关注的话题。

本节从应急避灾准备、知识技能准备及物理避灾准备三个维度测度防灾准备行为。

对于应急避灾准备，就所调研农户而言，仅部分农户拥有有效应急避灾准备措施，如购买自然灾害保险和提前准备避灾物品等，约为42%。其中，准备了应急避灾物品的农户约为25%，购买了自然灾害保险的农户约为27%。针对农户的应急避灾物资准备，大多农户选择准备水和食品等物资（23%和22%），少有农户准备收音机、急救物资和灭火器（分别为2%，6%和6%）等。对于预防措施，大多农户愿意采取预防措施以防止因遭受灾害导致的生命财产损失，约为75%。对于知识技能准备，大多农户或家庭成员有相当知识储备，约为63%。其中，大多农户或家庭成员有自主学习意识，约为62%。且大多农户都有知识的获取渠道，91%的农户都能获取到防灾避灾知识。针对获取知识的具体途径，大多农户通过新闻媒体和纸质地震科普资料了解灾害相关的知识。同时也有一些农户参与了逃生演练，约为55%。但是仅有较少的农户参与过灾害的相关培训，约为45%。对于物理防灾准备，大多样本农户都有一些预防，约为59%。对于房屋加固，约56%的农户对房屋进行加固以降低灾害带来的损失。同时，也有约63%的样本农户会对重要物品专门放置，以防灾害发生后带来物品遗失或损坏。总体而言，约有55%的农户采取了部分或全部避灾准备措施（见表3-2）。

表3-2 地震避灾准备行为的测度

维度	总维度均值	维度均值	变量	测度指标	均值	标准差
应急避灾准备		0.42	应急物品	您家平时是否准备有灾害应急物品？（0＝否，1＝是）	0.25	0.43
			自然灾害保险	您家是否有购买自然灾害保险？（0＝否，1＝是）	0.27	0.45
			预防措施	您家是否采取了预防措施？（0＝否，1＝是）	0.75	0.43
知识技能准备	0.55	0.63	自主学习	家里人平时会有意识的去学习防灾减灾基础知识吗？（0＝否，1＝是）	0.62	0.49
			知识获取渠道	是否有获取灾害知识的途径？（0＝否，1＝是）	0.91	0.29
			培训	您家是否有人参加过灾害相关知识培训？（0＝否，1＝是）	0.45	0.50
物理防灾准备		0.59	逃生演练	您家是否有人参加过村里组织的灾害逃生演练？（0＝否；1＝是）	0.55	0.50
			房屋加固	家中的房屋是否加固？（0＝否，1＝是）	0.56	0.50
			重要物品放置	您家是否有将重要的物品放在安全的地方？（0＝否，1＝是）	0.63	0.48

（二）普通民众与专业人士避灾准备行为存在显著差异

普通民众和专业人士在应急避灾准备上存在显著差异，具体体现在应急物品准备和防灾减灾预防措施上存在显著差异，而在是否购买自然灾害保险上无显著差异。具体而言，55.88%的专业人士有应急物品准备，比普通民众高34.72%；94.12%的专业人士有应急物品准备，比普通民众高21.08%。而只有29.41%的专业人士购买了自然灾害保险，与普通民众相差无几，可能是因为当地农户灾害风险意识不强，加上险种保额较低，影响了农户的投保积极性。

由表3-3可知，就应急物品准备的种类而言，在灾害发生前，普通民众和专业人士在水、食品、应急灯、急救箱和手册、重要文件和现金、衣服六个具体物品种类的准备上存在显著差异；在灾害发生后，则出现了在收音机、灭火器、特殊用品（如药）的显著差异；且灾害发生后的均值、标准差、差异显著性相比灾害发生前都有明显的增加，说明灾害的发生会促使农户进行避灾物品准备，增强农户对于灾害的危机意识。

表 3-3　灾害发生前后，普通民众和专业人士避灾准备物品差异

变量	灾害发生前		灾害发生后		灾害发生前差异显著性	灾害发生后差异显著性
	均值	标准差	均值	标准差		
水	0.08	0.27	0.23	0.42	−0.144 ***	−0.331 ***
食品	0.09	0.28	0.21	0.41	−0.134 ***	−0.286 ***
应急灯	0.04	0.20	0.17	0.38	−0.116 ***	−0.301 ***
收音机	0.00	0.00	0.02	0.13	0.000	−0.045 *
急救箱和手册	0.01	0.08	0.06	0.23	−0.059 ***	−0.198 ***
灭火器	0.01	0.08	0.06	0.23	0.007	−0.136 ***
特殊用品（如药）	0.02	0.13	0.11	0.32	0.020	−0.136 **
重要文件和现金	0.01	0.11	0.08	0.27	−0.052 ***	−0.210 ***
衣服	0.04	0.19	0.16	0.36	−0.090 ***	−0.351 ***

注：*** 表示在1%水平上显著，** 表示在5%水平上显著，* 表示在10%水平上显著。

普通民众和专业人士在知识技能准备上存在显著差异，体现在自主学习、培训和逃生演练上存在显著差异，而在知识获取渠道上无显著差异。具体而言，91.18%的专业人士参加自主学习，比普通民众高32.82%；85.29%的专业人士会参加防灾技能培训，比普通民众高44.68%；88.24%的专业人士会参加村里组织的逃生演练，比普通民众高36.7%；而拥有知识获取渠道的专业人士占比达到97.06%，普通民众占比同样高达88.05%，差异并不显著，可能是因为调研地均为地震主震区或其波及区域，当地村委会就地震灾害知识提供充足的获取渠道，以保证大多数民众都能获取相关知识。

由表3-4可知，虽然两类群体在是否拥有知识获取途径上无显著差异，但其包含的纸质地震科普资料和地震部门网站两个具体途径上存在显著差异，主要体现在专业人士与普通民众的均值差异，可能是因为专业人士拥有更好的教育背景和检索技能，能够利用互联网获取地震部门网站的信息，获取纸质地震资料的订购途径。

表3-4 普通民众和专业人士知识技能准备差异

知识获取途径	民众总体		普通民众均值	专业人士均值	差异显著性
	均值	方差			
新闻媒体	0.80	0.40	0.80	0.79	0.005
纸质地震科普资料	0.41	0.49	0.39	0.62	−0.232 ***
地震部门网站	0.06	0.25	0.05	0.21	−0.158 ***
学校教育	0.15	0.35	0.14	0.18	−0.033
微信/微博	0.29	0.45	0.29	0.29	−0.004
无渠道	0.09	0.29	0.10	0.06	0.037
政府宣传	0.12	0.32	0.11	0.18	−0.064

注：*** 表示在1%水平上显著，** 表示在5%水平上显著，* 表示在10%水平上显著。

普通民众和专业人士在物理防灾准备上差异不显著，其中房屋加固与重要物品放置两项指标均不显著（见表3-5）。有58.82%的专业人士对房屋进行了加固，仅比普通民众比例高出2.51%，可能是因为有效的房屋加固费用较高，而地震高风险区的农户经济能力并不强，限制了农户对房屋进行加固的行为。有58.82%的专业人士习惯将重要物品放置于安全地方，比普通民众比例低4.32%，可能是因为农户的财产保护意识普遍较高。

表3-5 普通民众和专业人士避灾准备差异

类别	变量	普通民众		专业人士		差异显著性
		均值	标准差	均值	标准差	
应急避灾准备	应急物品	0.21	0.41	0.56	0.50	0.000 ***
	自然灾害保险	0.27	0.45	0.29	0.46	0.794
	预防措施	0.73	0.44	0.94	0.24	0.007 ***
知识技能准备	自主学习	0.58	0.49	0.91	0.29	0.000 ***
	知识获取渠道	0.88	0.32	0.97	0.17	0.112
	培训	0.41	0.49	0.85	0.36	0.000 ***
	逃生演练	0.52	0.50	0.88	0.33	0.000 ***
物理防灾准备	房屋加固	0.56	0.50	0.59	0.50	0.780
	重要物品放置	0.63	0.48	0.59	0.50	0.622

类别	变量	普通民众		专业人士		差异显著性
		均值	标准差	均值	标准差	
应急避灾准备		0.41	0.28	0.60	0.29	0.0002 ***
知识技能准备		0.60	0.31	0.90	0.22	0.0000 ***
物理防灾准备		0.60	0.35	0.59	0.31	0.8845
总体避灾准备		0.53	0.23	0.70	0.20	0.0001 ***

注：注：*** 表示在1%水平上显著，** 表示在5%水平上显著，* 表示在10%水平上显著。

第三节　生计与避灾准备

一、引言

近年来，世界各地持续不断地受到自然灾害的影响，给人类的生命财产安全造成了巨大的威胁和损失（Lo et al.，2015）。其中，地震波及范围广、危害性大，是损失最严重的自然灾害之一（Doyle et al.，2018；Spittal et al.，2008）。20 世纪以来，全球地震频发，造成了 20 多万人死亡（Jaiswal et al.，2011），其中，中国是伤亡最严重的地区之一。比如，为世人所熟知的有 2007 年的云南普洱地震、2008 年的汶川地震、2010 年的青海玉树地震及 2012 年的芦山地震。而在中国广大地震威胁区中，四川是地震发生频率最高、受灾最严重的省份之一。据统计，自 2008 年以来，四川就发生了 3 次 7 级以上的大地震，且均损失严重（Xu et al.，2019c）。比如，2008 年的汶川地震就造成超过 6.8 万人死亡，直接损失上千亿元人民币（Wang，2008）。

中国是一个山地大国，70%的山丘区聚落居住着 45%的人口（Peng et al.，2019a，b）。受地质地貌影响，广大的山丘区除了是地质灾害和自然灾害的频发区。例如，2008 年的汶川地震使得区域内贫困发生率由灾前的 11.7%上升到 34.9%，居民脱贫后的返贫率更是达到 30%（Shan et al.，2017；Zhang et al.，2012）。中国广大山区聚落灾害风险管理已经成为其能否巩固脱贫攻坚成果的关键，亟须开展相关研究。然而，从学术界已有研究来看，还少有学者关注中国广大地震灾区居民的灾害风险管理。

面对灾害冲击，有效的避灾准备能够减轻灾害对个人和家庭的冲击（Lindell，2013；Paton et al.，2010）。比如，Godschalk 等（2009）对美国的研究发现，避灾准备每增加 1 美元投入，可以在未来灾害来临时减少 3.65 美元损失；据美国联邦紧急事务管理署估计，通过自然灾害管理项目，每年可以节省超过 10 亿美元的资金（Fraser et al.，2006）。

在已有的避灾准备中，有效的撤离和合理的搬迁是最能保证居民生命和财产安全的措施。撤离意愿是指居民在灾害发生时是否愿意暂时迁移到较安全的地方，而搬迁意愿是指居民是否愿意永久离开现居地，搬到另一个地方居住。搬迁可以快速提高居民生活水平，减少灾害频发带来的直接损失，而撤离能够使居民快速离开危险区，脱离当前存在的危险。

撤离和搬迁是居民减弱灾害冲击的有效手段。故而，灾害威胁区居民避灾准备及其驱动机制一直是学术界和政界关注的热点（Guo et al.，2014）。然而，从已有文献来看，学术界多关注政府对地震灾区居民撤离搬迁的政策安排（He & Zhou，2013；Pomeroy et al.，2006），少有学者从居民视角出发，关注其避灾意愿/行为及其背后的决策机制，尤其是综合考虑撤离和搬迁意愿/行为。

许多实证研究表明，居民的生计资本是缓解外部冲击，防止居民因为外部冲击尤其是灾害冲击而陷入贫困的重要手段之一（Xu et al.，2015）。然而，在居民撤离和搬迁意愿/行为的有限研究中，学者多关注个人特征（如年龄、性别、受教育程度等）（Bubeck et al.，2012；Sun & Han，2018）、家庭特征（如家中劳动力数、家庭收入水平、家庭禀赋）（Adeola，2009；Bukvic et al.，2017；Zhang et al.，2012）和灾害风险认知（Stein et al.2013；Lazo et al.2015；Tahsin，2014）等对其避灾准备的影响，少有研究系统的从可持续生计视角出发，关注居民的可持续生计与其撤离和搬迁意愿的相关关系。同时，虽然已有的研究或多或少会涉及居民的生计资本，然而由于学者所处的经济文化环境的不同，关于生计资本与居民撤离和搬迁意愿的相关关系，不同的研究有不同的结果。比如，Cong et al.（2018）发现金融资本与居民搬迁意愿显著负向相关，而 Xu et al.（2017）却发现金融资本与搬迁意愿显著正向相关；刘呈庆等（2015），Whitehead et al.（2000）等发现人力资本与搬迁意愿呈负相关关系，而谢晖（2008），Hoffmann & Muttarak（2017）等却发现人力资本与搬迁意愿显著正向相关。广大地震灾害威胁区居民生计资本与其撤离和搬迁意愿间存在什么样的相关关系，亟须进一步探索。

基于此，本研究利用四川省汶川地震和芦山地震重灾区 327 户居民实地调查数据，系统分析了居民生计资本和撤离意愿、搬迁意愿特征，并构建计量经济模型探究了居民生计资本与居民撤离和搬迁意愿间的相关关系，以期为地震重灾区灾害风险管理和韧性防灾体系的建设提供政策及经验启示。本研究拟解决以下两个问题：

（1）地震重灾区居民生计资本、撤离意愿和搬迁意愿各具有什么样的特征？

（2）地震重灾区居民生计资本与撤离意愿和搬迁意愿间存在怎样的相关关系？

二、理论分析和研究假设

关于贫困与生计的研究，一直是学术界和政界的热点。生计资本是指居民维持生计和从事生产的基本手段或主要方式，主要包括资产、行动和取得资产和行动的权利（Guo et al.，2019a，b；潘晓坤和罗蓉，2018）。针对居民生计能力的提升和扶贫攻坚的实践，学术界建立了大量的理论分析框架（Wang et al.，2019）。其中，被学术界和政界广泛应用的框架是 2000 年由英国发展署提出的可持续生计分析框架（SL 框架），该框架将农户的生计资本分为人力资本、自然资本、物质资本、社会资本和金融资本。本书也是在可持续生计分析框架的指导下来设计农户生计资本指标体系，探索农户生计资本与其撤离和搬迁意愿间的相关关系。

人力资本包括知识、技能和劳动能力（Xu et al.，2015）。居民人力资本与居民撤离搬迁意愿之间的关系可能存在不确定性。具体而言，一方面，居民受教育程度越高，防灾减灾知识越多，疏散搬迁意愿越强；家庭劳动力的数量越多，获得更高家庭收入以及搬迁或撤离的可能性就越大。另一方面，知识渊博的人可能会事先在备灾方面投入更多，以减轻未来的灾害损失，这预示着对撤离和搬迁存在负面影响。因此，农户人力资本与居民疏散搬迁意愿相关系数的走向和大小取决于以上两方面哪个作用更强。然而，在中国快速城市化和工业化的背景下，许多劳动力外出谋生（如打工或个体经营），在获得高工资后选择在城市买房（Xu et al.，2015，2017a）。基于此，研究作出如下假设：

H1：人力资本与居民撤离和搬迁意愿间存在正向显著相关关系。

自然资本指人们为了生存所利用的土地、水和生物资源，包括可再生资源和不可再生资源（Guo et al.，2014）。撤离是指当灾害发生时，居民短时间离家到安全的地方避难（例如，居民去政府指定的避难所），等灾害结束后返回家中。因此，撤离将在某种程度上不受自然资本的限制。但是，搬迁一般是指居民从居住地永久迁离到其他地方居住（Xu et al.，2020b）。考虑到地震灾害的威胁，如果居民可以搬家，他们一般选择在没有地震灾害威胁的地方买房。搬迁居民普遍搬离原居住地，面临耕作半径扩大、家庭农业收入得不到保障、家庭日常开支增加等挑战。基于此，研究作出如下假设：

H2：自然资本与居民搬迁意愿存在显著负向相关关系，与撤离意愿相关关系并不显著。

物质资本是指农户用于生产和生活的公共设施和物资设备。其中，房屋是表征物质资本最重要的指标之一。然而，由于房屋一般具有不可移动性，且农村居民为了"面子"和子女婚嫁的考虑，会将家庭大量的财力用于房屋的投资（Xu et al.，2015）。故而，对房产投资越高的居民一般越不愿意搬迁。同时，趋于对地震这种灾害低频性和未知性的感知，对家的依恋及对家庭值钱财产的保护（许多研究表明，地震灾害发生时盗窃犯罪次数会增加），家庭值钱物品越多，居民撤离意愿越不强烈。基于此，研究作出如下假设：

H3：物质资本与居民撤离和搬迁意愿间均存在负向显著相关关系。

社会资本是指人们为了追求生计目标所利用的社会资源，如所参加的社会组织和社会关系网络等。先前的研究表明，社会资本在疏散和搬迁决策中的作用尚未达成共识。一方面，居民可以利用社会关系网络获取灾害相关信息，并能在灾害发生的各个环节（如灾前预警、灾后互助)互帮互助（Airriess et al.，2008）。从这个角度看，农户社会资本对居民的撤离和搬迁意愿具有显著的正向影响。另一方面，那些社会资本较高的人不太可能撤离和搬迁，因为他们帮助邻居(Horney et al.，2010)并错误估计了灾难的严重程度(Xu et al.，2019a)。从这个角度看，农户社会资本对居民的撤离和搬迁意愿有显著的负向影响。然而，同一地区(如村庄)农户社会网络同质化程度高，贫困地区农户拥有的资源(如金融资本)相对有限(Xu et al.，2018b)。因此，中国广大地震灾区的农户社会资本可能更多地用于灾害信息传递和小规模互助，这可能会对居民的撤离和搬迁意愿产生积极影响。基于此，研究作出如下假设：

H4：居民社会资本与其撤离和搬迁意愿存在正向显著相关关系。

金融资本主要是指可支配的现金，包括居民的现金收入、通过各种渠道借款的资金和政府的各种补贴和救助等(Xu et al.，2015)。农户金融资本与居民撤离和搬迁意愿的相关性与人力资本的相关性相似，可能并不统一。一般而言，一方面，居民金融资本越高，其面对外部风险冲击的能力越强(Xu et al.，2018b)。当金融资本到一定程度的时候，居民可以实现有效的搬迁(如在没有灾害的城市买房)。另一方面，农户的金融资本越高，越能投入防灾备灾，从而削弱了居民的疏散和搬迁意愿。然而，在当前的中国背景下，本书更倾向于做出如下假设：

H5：居民金融资本与其撤离和搬迁意愿均存在正向显著相关关系。

三、研究方法

(一)模型变量的选择与定义

本研究的目标是从居民可持续生计视角出发，探索居民生计资本与其撤离和搬迁意愿间的相关关系。要实现此目标，需要对一些关键变量进行测度。

1. 居民撤离意愿和搬迁意愿的测度

居民的撤离和搬迁意愿是连续性变量。本节主要通过回答以下两个问题来衡量居民的撤离和搬迁意愿。可能的反应是：1 = 强烈不愿意，2 = 不愿意，3 = 一般，4 = 愿意，5 = 强烈愿意。

Y1：当同村有人撤离时，居民是否有撤离意愿？

Y2：当同村有人搬迁时，居民是否有搬迁意愿？

2. 居民生计资本的测度

居民生计资本的测度主要参考英国国际发展署可持续生计分析框架，将农户生计资本分为人力资本、自然资本、物质资本、社会资本和金融资本五类，并分别设置细小指标对五类生计资本进行测量。其中，五类生计资本具体测度指标的选取主要参考 Guo et al.(2014)、Keshavarz et al.(2017)、Peng et al.(2018)、Yang & Tang(2008)等的研究。最后，参考 Xu et al.(2018b)、Peng et al.(2019)等的研究，使用熵值法对表3-6中的指标进行处理，得到各个指标的权重及五类生计资本的综合得分。与主观测量方法(如分析层次结构过程、德尔福方法等)相比，熵方法的测量结果更客观。熵法主要用于测量变量的分散程度：即变量熵越小，变量的分散程度越大。因此，该指数对综合评估产生了更深的影响。最后，获得了五种生计资本的综合得分的权重(见表3-6)。

表3-6 农户生计资本测度指标体系

资本	变量	变量描述和定义	均值	方差	权重
人力资本	劳动力	农户劳动力人数(个)	4.94	44.61	0.027
	受教育程度	户主受教育年限(年)	1.46	13.25	0.090
	技能	家中技术人员人数(个)	2.15	19.41	0.063
自然资本	土地	农户耕地面积(亩)	5.61	50.65	0.011
	土地质量	您家耕地质量如何(1=非常差；5=非常好)	1.64	15.00	0.127
物质资本	房屋	房屋所有权现值(万元)	81.60	739.44	0.075
	资产	除房屋外的其他固定资产现值(万元)	9.84	89.15	0.085
社会资本	协会	您家已加入的协会数目(个)	0.31	2.83	0.198
	公职人员	您家有多少名乡镇干部或其他公职人员(个)	2.99	27.14	0.130
	亲戚	春节期间您家走亲访友户数(户)	10.50	95.14	0.071
金融资本	储蓄	您是否存款(0=没有；1=有)	0.91	8.27	0.082
	收入	您家平均年收入(元)	32722.83	295974.70	0.041

注：SD=标准差；1亩土地≈0.667公顷；1美元=6.19元。

3. 控制变量的测度

为了检验关注变量的稳健性，参考 Xu et al. (2018b)等的研究，本研究也加入了一些可能影响居民撤离和搬迁意愿的其他因素作为模型的控制变量。其中，主要包括被访者个体特征(如年龄、性别、受教育程度等)、家庭特征(如居住年限、房屋材料等)和灾害风险认知(可能性、担忧)等。

(二)模型

由于研究的因变量是采用1-5式李克特量表进行测度的变量，可以近似地看作一个连续性变量，故而研究拟采用多元线性回归对模型进行估计。模型简单表达式如下：

$$Y_{1i} = \alpha_0 + \alpha_1 \times HC_i + \alpha_2 \times NC_i + \alpha_3 \times PC_i + \alpha_4 \times SC_i + \alpha_5 \times FC_i + \alpha_6 \times GE_i + \alpha_7 \times AGE_i + \alpha_8 \times EDU_i +$$
$$\alpha_9 \times EXP_i + \alpha_{10} \times RES_i + \alpha_{11} \times STR_i + \alpha_{12} \times POS_i + \alpha_{13} \times SEV_i + \varepsilon_i$$

$$Y_{2i} = \beta_0 + \beta_1 \times HC_i + \beta_2 \times NC_i + \beta_3 \times PC_i + \beta_4 \times SC_i + \beta_5 \times FC_i + \beta_6 \times GE_i + \beta_7 \times AGE_i + \beta_8 \times EDU_i +$$
$$\beta_9 \times EXP_i + \beta_{10} \times RES_i + \beta_{11} \times STR_i + \beta_{12} \times POS_i + \beta_{13} \times SEV_i + \sigma_i$$

式中，Y_1和Y_2分别指居民的撤离和搬迁意愿；HC_i，NC_i，PC_i，SC_i和FC_i是模型的核心自变量，分别表示居民的人力资本、自然资本、物质资本、社会资本和金融资本；GE_i，AGE_i，EDU_i，EXP_i，RES_i，STR_i，POS_i和SEV_i是模型的控制变量，分别代表性别、年龄、受教育程度、经验、居住、结构、可能性和严重性；$\alpha_0 \sim \alpha_{13}$和$\beta_0 \sim \beta_{13}$分别表示模型的待估参数，$\varepsilon_i$和$\sigma_i$为模型残差项。整个研究模型的估计采用Stata.11实现。

四、研究结果

(一) 变量描述性统计

1. 生计资本特征

图3-1 显示的是农户生计资本雷达图。如图3-1 所示, 广大地震灾害威胁区居民生计资本以人力资本和社会资本为主, 得分相对较高, 分别为 10.70 分和 9.44 分。物质资本和金融资本得分相对较低, 分别为 5.25 分和 6.69 分。

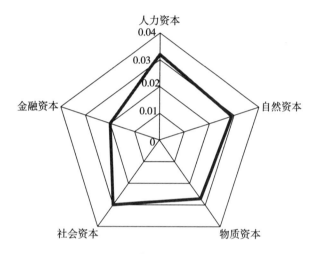

图 3-1 居民生计资本分布

2. 撤离意愿和搬迁意愿特征

图3-2 显示了居民撤离和搬迁意愿的分布情况。如图3-2 所示, 面对地震灾害的威胁, 居民撤离意愿和搬迁意愿都很强烈, 不愿撤离和不愿搬迁的居民所占比例均相对较少。具体而言, 当看到村内其他人撤离和搬迁, 分别有 93% 和 78% 的居民愿意撤离和搬迁, 分别有 4% 和 17% 的居民不愿意撤离和搬迁。

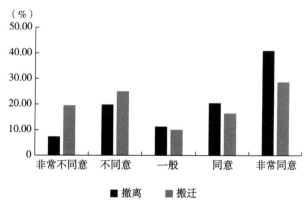

图 3-2 居民撤离、搬迁意愿分布

3. 其他控制变量特征

表 3-7 给出了模型中自变量的定义和描述性统计。就居民个人特征而言，46%的受访者为女性，平均年龄 53.44 岁，平均受教育年限 6.29 年，居住在本地的平均时间为 41.71 年。在房屋使用材料上，钢筋混凝土结构占比 48%（157 户），其余材料占比为 50%（170 户）。

表 3-7　模型中变量的定义和描述性统计

变量	测量	均值	标准差
人力资本	农户人力资本得分（1-100）	10.70	0.03
自然资本	农户自然资本得分（1-100）	8.90	0.06
物质资本	农户物质资本得分（1-100）	5.25	0.02
社会资本	农户社会资本得分（1-100）	9.44	0.04
金融资本	农户金融资本得分（1-100）	6.69	0.02
性别	被访者性别（0=女性，1=男性）	0.46	0.50
年龄	被访者年龄（岁）	53.44	13.40
受教育程度	受教育年限（岁）	6.29	3.70
经历	你感受到自己所经历的灾难的严重性[a]	4.56	0.76
居住时间	你在这个村庄和这个家庭住了多久（年）	41.71	19.78
房屋结构	建筑物是否为钢筋混凝土结构（0=否，1=是）	0.48	0.50
可能性	你总觉得灾难会在未来的某一天降临[a]	3.08	1.32
严重性	你们关心地震、泥石流、山体滑坡等自然灾害对村庄和家庭的影响[a]	4.19	1.12

注：a：采用李克特 5 级量表测度，其中 1 代表非常不愿意，2 代表不愿意，3 代表一般，4 代表愿意，5 代表非常愿意。

（二）模型结果

表 3-8 显示的是居民生计资本与撤离和搬迁意愿的回归结果。其中，模型 1 是只纳入五类生计资本与居民撤离意愿相关关系的一般估计结果，模型 2 是在模型 1 的基础上加入控制变量后的结果。模型 3 是只纳入五类生计资本与居民搬迁意愿相关关系的得分结果，模型 4 是在模型 3 的基础上加入控制变量后的结果。从各个模型的整体显著性检验统计量可知，所有模型均至少在 0.1 水平上显著，表明可以进行后续分析。模型 1 和模型 3 中的因变量在 5.1%的范围内可以用自变量解释，加入相关控制变量（模型 2、模型 4）后，拟合优度提高到 7.7%和 8.1%左右（具体数值见表 3-8 中的 R^2）。因此，模型 2 和模型 4 的结果被用于后续分析。

表 3-8 居民生计资本与撤离意愿回归结果

变量	撤离意愿		搬迁意愿	
	模型 1	模型 2	模型 3	模型 4
人力资本	2.758	2.255	3.015	3.389
	(2.047)	(2.191)	(3.200)	(3.417)
自然资本	-2.157*	-2.173*	0.321	0.226
	(0.818)	(0.829)	(1.279)	(1.293)
物质资本	-7.204**	-6.535*	-15.439***	-15.294**
	(2.441)	(2.503)	(3.817)	(3.904)
社会资本	0.026	0.271	0.287	-0.015
	(1.135)	(1.167)	(1.775)	(1.820)
金融资本	-1.287	-0.914	3.346	3.315
	(2.302)	(2.373)	(3.600)	(3.701)
性别		-0.086		-0.048
		(0.105)		(0.164)
年龄		-0.004		-0.004
		(0.005)		(0.007)
受教育程度		-0.009		-0.016
		(0.017)		(0.026)
经历		0.068		0.255
		(0.064)		(0.100)
居住时间		-0.002		0.001
		(0.003)		(0.005)
房屋结构		-0.044		-0.253
		(0.102)		(0.159)
可能性		-0.001		0.012
		(0.038)		(0060)
严重性		0.084		-0.016
		(0.045)		(0.070)
F	3.478**	2.003*	3.454**	2.129*
R^2	0.051	0.077	0.051	0.081
Observations	327	327	327	327

注：括号内为稳健标准误差；*** 表示在1%水平上显著，** 表示在5%水平上显著，* 表示在10%水平上显著。

　　如模型2所示，尽管五种生计资本类型与居民疏散意愿呈负相关，但回归系数并不显著。同时，大多数控制变量(如年龄、受教育程度、经历、居住时间、房屋结构和严重性)与居民疏散意愿没有显著相关。此外，性别与居民疏散意愿呈负相关，面对地震灾害威胁时，女性比男性更愿意疏散。可能性与居民疏散意愿呈正相关；地震发生的感知概率越高，居民撤离意愿越强。具体来看，在其他固定条件下，可能性每增加1个单位，居民撤离意愿增加0.103个单位。

如模型4所示，只有物质资本与居民搬迁意愿呈负相关。人力资本和自然资本与居民迁移意愿呈负相关，但不显著。社会资本和金融资本与居民搬迁意愿呈正相关，但不显著。特别是在其他条件固定的情况下，农户物质资本每增加1个单位，居民搬迁意愿下降13.033个单位（模型4）。有趣的是，所有控制变量加在一起与居民搬迁意愿没有显著关联。

五、讨论

本研究利用汶川地震和芦山地震极重灾区居民调查数据，实证分析了居民生计资本与其撤离和搬迁意愿的相关关系。相比于已有研究，本研究的边际贡献在于：一是将居民避灾准备措施引入可持续生计框架，从居民的生计资本的整体视角去探究其对居民撤离意愿和搬迁意愿的作用机制，这对于从居民能力视角去理解居民行为决策具有重要的理论意义；二是本研究采用熵值法对居民生计资本的综合指标进行测量，客观的测度方法使得研究结果具有更强的可行性；三是研究选取了中国四川地震灾害和贫困双重交织的典型区域居民作为研究对象，研究结果可以为广大地震灾区韧性防灾体系的建设提供参考依据。

本研究研究结果与已有研究存在着一些异同，具体而言：居民的生计资本是其撤离和搬迁意愿的重要影响因素。①与研究假设 H1 不一致，本书发现人力资本与居民撤离和搬迁意愿相关关系虽为正但并不显著。然而，与谢晖（2008）、Thomas et al.（2018）以及 Hoffmann & Muttarak（2017）等的研究结果不一致，他/她们发现人力资本与避灾准备呈显著的正相关关系。可能的原因在于本书研究区域为地震和贫困双重交叉的区域，居民的教育水平、技能等都相对较低，因此人力资本对居民的撤离和搬迁意愿的作用有限。②与研究假设 H2 不一致，居民自然资本与撤离搬迁意愿呈负相关，但不显著。究其原因，可能是农业收入在家庭总收入中的比重越来越低（Xu et al.，2017a）。因此，以土地为主的自然资本与居民撤离搬迁意愿呈负相关，但不显著。③与假设 H3 一致，居民物质资本与搬迁意愿呈负相关；同时，物质资本与居民疏散意愿呈负相关，但不显著。出现这种情况的原因可能是撤离和搬迁之间的区别。撤离只是暂时离开地震灾害，撤离者在震后返回家园，不会面临从物质资本迁移的问题。一方面，房子不能搬；另一方面，搬到一个新的居住地可能会导致购买或重建新房子的费用。因此，面对地震灾害，虽然居民会担心家庭物质资本的损失，但物质资本只是与搬迁意愿负相关。④与假设 H4 不一致的是，本研究发现居民的社会资本与疏散搬迁意愿之间没有相关性。然而，这与 Binder et al.（2015）以及 Zhang et al.（2012）等的结果不一致，世界卫生组织发现社会资本与避灾准备之间存在正相关关系。一个可能的原因是，地震发生速度快，破坏力大，以至于汶川、芦山地震给灾区居民留下了不可磨灭的印象。因此，当地震发生时，灾区居民的疏散和搬迁意愿很高，但其意愿受到社会资本的影响有限。⑤与研究假设H5不一致，本节发现居民金融资本与其撤离和搬迁意愿并无显著相关关系，与Cong et al.（2018）、Zhang et al.（2012）等的研究结果不一致，他/她们发现居民金融资本与其避灾准备呈正向显著关系。可能的原因在于对于中国广大山区地震威胁区农户来说，家庭收入能力相对较低，从各种正规渠道和非正规渠道获得金融资本的能力也较弱。故而，对于这类特定群体而言，金融资本与其撤离和搬迁意愿间的相关关系并不显著。

有意思的是，对于地震这种巨大的自然灾害，表征居民个人、家庭社会经济特征和风险感知的所有控制变量与居民撤离和搬迁意愿相关关系均不显著。这与很多同类研究存在差异。比如，Condliffe & Fiorentino（2014）、Hisali et al.（2011）、Petrolia et al.（2013）等发现户主年龄、受教育程度、灾害经历、家庭房屋结构、居民风险认知等控制变量或多或少均与居民撤离、搬迁意愿存在显著相关关系。可能的原因在于：本研究研究区域是地震和贫困的双重交织区，汶川地震和芦山地震造成的巨大伤亡给居民留下了深刻的印象，故而当地震发生时，居民的个人特征、家庭特征和风险认知与其撤离和搬迁意愿的相关关系并不显著。

有趣的是，考虑到地震是巨大的灾害，所有代表居民个人和家庭特征和风险感知的控制变量都与居民的搬迁意愿无关。这与许多类似的研究不一致。例如，Henry & Jacques（2013）、Hisali et al.（2011）发现，户主年龄、教育程度、灾害情况、家庭结构、居民风险感知和其他控制变量或多或少与居民搬迁意愿密切相关。可能的原因如下：研究区既包含地震风险，也包含贫困。汶川地震和芦山地震造成的巨大人员伤亡给居民造成了深重的影响。因此，地震发生时，居民的个人特征、家庭特征、风险感知和搬迁意愿之间的相关性并不显著。

此外，本研究还存在一定的不足。比如，本书只探讨了汶川地震和芦山地震极重灾区居民撤离和搬迁意愿及其驱动因素，研究结果是否适用于其他地震灾区还需要进一步探讨。同时，本研究只是对地震这种灾害类型进行研究，其他自然灾害类型是否适用也需要进行进一步研究。此外，自地震发生以来，许多有能力的家庭已经搬出，留下了相对脆弱的群体（如老年人）。这可能导致此项研究的结果出现一些偏差。未来的研究可以考虑跟踪这些有能力的家庭谁已经定居在城市，做出更好的决定。此外，农民的生计资本和搬迁/疏散意愿并非一成不变，然而，本研究仅使用2019年的静态时间截止数据来探讨农民生活资本与搬迁/疏散意愿之间的相关性，未来的研究可以进一步利用动态面板数据来探索上述两者之间的动态关系。

六、结论

本研究利用四川省汶川地震和芦山地震重灾区327户居民调查数据，研究分析了居民生计资本、撤离意愿和搬迁意愿特征，并构建多元线性回归（OLS）探索了居民生计资本与撤离意愿和搬迁意愿的相关关系。结论主要包括：

第一，地震重灾区居民的生计资本主要以人力资本和社会资本为主。面临地震灾害威胁，居民具有强烈的撤离和搬迁意愿，同时不愿搬迁的群体远远多于不愿撤离的群体。其中，40.98%和28.75%的居民强烈愿意撤离和搬迁，7.34%和19.57%的居民强烈不愿意撤离和搬迁。

第二，农村居民生计资本与居民撤离意愿没有显著关系。平均来说，只有物质资本与居民搬迁意愿有显著的负相关性：生计资本中的物质资本量越大，居民的搬迁意愿就越弱。

第四节　风险沟通、灾害风险认知与避灾准备

一、引言

近年来，各类频发的自然灾害对全球经济社会发展造成了广泛而深远的影响（Xu et al.，2019a）。据统计，2019 年近 1900 次自然灾害导致 140 个国家和地区 2490 万人流离失所，造成经济损失约 1370 亿美元（Anzellini et al.，2020；Fan & Bevere，2020）。中国是世界上受自然灾害威胁最严重的国家之一（刘毅和杨宇，2012）。据统计，仅 2019 年，中国全年各种自然灾害共造成 1.38 亿人次受灾，909 人死亡失踪，直接经济损失 3270.9 亿元；其中，累计发生 5 级以上地震 13 次，滑坡、泥石流等地质灾害 6181 起（Bureau，2019）。同时，由于各类自然灾害之间存在链式反应，灾区居民往往受到不止一种灾害的威胁，更多的是多种灾害混合交织（刘文方等，2006；Yin et al.，2009）。例如，2008 年 5 月 12 日发生于中国四川的汶川大地震诱发了非常严重的崩塌、滑坡等次生灾害，进而形成了许多极具威胁的堰塞湖。然而，目前学术界关于灾害风险管理的研究多以单类灾害（如地震、洪水等）为对象（Damm et al.，2013；Lindell et al.，2009；Siegrist et al.，2005），缺乏对地震、滑坡、山洪等多灾并存情况的研究，故探索如何在多灾威胁背景下进行有效的风险管理是一个重复的现实问题。

许多学者的研究结果表明，居民的避灾搬迁是其减弱灾害威胁的有效手段之一（Godschalk et al.，2009；Lindell，2013）。正因如此，居民避灾搬迁的驱动机制受到众多学者的关注。目前学者较多将避灾搬迁笼统地归结为同一种避灾决策，并未对其进一步的划分（Adeola，2009；Bukvic et al.，2015；Burnside et al.，2007）。然而，居民做出是否搬迁的决策，是基于对当前情景的认识和判断。在研究居民搬迁决策的驱动机制方面，不能忽略情景因素的重要性。政府和社会是目前防灾减灾公共项目的主要利益攸关方（Özerdem & Jacoby）。那么，可以分别从社会和政府角度，来探讨个体在社会关系推

动情境下和政府主导情境下的避灾决策的驱动机制存在的差异。

此外，已有研究主要从居民的个体特征、家庭特征、灾害经历特征以及风险认知水平等角度，探究其与避灾搬迁决策的关系（Bukvic and Smith，2015；John et al.，2001）。其中，对于风险认知，学者们较多探讨的是人们对灾害事件本身的感受，如灾害风险的可能性、影响性、严重性、可控性、恐惧性等角度（Miceli et al.，2008；Palm，1998；Scolobig et al.，2012）。然而，因为灾害风险管理最终落点是减少灾害风险，这种测度维度不能将居民风险认知与应对的行为紧密结合起来。已有学者在传统风险感知的基础上，另外进行处理评估（自我效能和应对效能），测度个体对灾害风险能够获得缓解程度的评价（Babcicky & Seebauer，2017；Grothmann & Reusswig，2006）。故仍需综合从这两方面对居民灾害风险认知水平进行测度，以期将灾害风险认知与个人适应性行动更紧密地连接起来。

对于风险沟通的研究，一方面，目前为数不多的研究主要通过理论分析，提出灾害风险沟通的策略，少有用定量手段对风险沟通进行探讨（Covello et al.，1986；Netten & van Someren，2011；Wiegman & Gutteling，1995），但何种灾害风险沟通策略能够有效影响个体对灾害风险的认知水平，并进而影响其防灾决策的具体作用机制并未探明。另一方面，农户在灾害风险沟通中，也有可能并没有形成完整的认知水平，但在各种灾害相关信息的传播作用下，同样会导致其产生避灾搬迁决策（Faulkner & Ball，2007）。故仍需以风险沟通为起点，将其与个体的风险认知及避灾行为决策联系起来，为具体沟通策略的制定提供有益参考。

基于此，本研究以中国典型的多灾频发省份四川省汶川和芦山地震灾区为例，选取受地震、滑坡、山洪等多灾害影响的山区农村居民为研究对象，尝试从农户风险沟通的内容偏好、渠道选择、沟通频率以及沟通形式特征四个方面分别测度其风险沟通的特征，并以可能性、威胁性、自我效能以及应对效能认知四个维度分别测度其对灾害风险认知的水平，进一步地，使用计量经济模型探索多灾威胁背景下农户风险沟通、风险认知以及不同条件下的避灾搬迁决策的作用链条，在丰富相关研究的同时以期为政府制定防灾减灾措施提供参考。

二、变量设置与研究方法

（一）变量选择与定义

1. 因变量

本研究关注的因变量为农户避灾搬迁决策，如前所述，研究从社会关系和政府主导推动两个角度分别对农户的避灾搬迁决策进行测度。具体来讲，社会关系推动以"面临灾害威胁，如果村里和您关系好的都搬走了，您是否会搬走？（1＝不会；2＝不确定；3＝会）"词条来测度；政府主导推动以"面临灾害威胁，如果政府给一定补贴，您是否会搬走？（1＝不会；2＝不确定；3＝会）"词条来测度。

2. 核心变量

首先，对于农户灾害风险沟通的测度，本研究参考美国国家科学院对风险沟通的界定（Covello et al.，2001），对本研究所涉及的风险沟通做出如下定义：风险沟通是个体、群体以及机构之间交换信息和看法的相互作用过程；这一过程涉及多侧面的风险性质及其相关信息，它不仅直接传递与风险有关的信息，也包括表达对风险事件的关注、意见以及相应的反应，或者发布国家或机构在风险管理方面的法规和措施等。总之，风险沟通的核心内容一方面在于风险信息，另一方面在于沟通者的关注和反映。其次，根据研究区样本农户的实际特点（如样本农户整体年龄偏大、受教育程度偏低、在本村居住时间偏长等），并参考 Knocke & Kolivras（2007）、钟景鼐（2009）、李明（2011）、Boer et al.（2014）、Tourenq et al.（2017）等的研究对风险沟通研究的测度方法，本书主要从风险沟通的内容、渠道、频率以及形式四方面对样本居民的风险沟通特征进行测度。值得注意的是，对于沟通渠道，研究分别测度了接收信息和反馈信息的沟通渠道特征。然而，由于样本农户更多的是接收信息的一方，极少进行实质性的反馈信息，故风险沟通其余方面的均主要测度对接收信息特征的测度。具体的测度词条如表 3-9 所示。

表 3-9 农户灾害风险沟通测度词条

维度	说明	词条
沟通内容	灾害风险管理信息	您平时对政府和媒体发布的灾害风险管理信息，如灾害分布、预防等很感兴趣[a]
	亲友对于灾害的态度和反应	您平时非常关注周边亲友对于灾害的态度和反应[a]
	防灾减灾知识和技能	您平时十分注重自己防灾减灾知识和技能的学习和积累[a]
沟通渠道	接收信息—政府	您平时会从政府（电话或者短信）获得灾害相关信息[b]
	接收信息—亲友	您平时会从亲友获得灾害相关信息[b]
	接收信息—综合媒体	您平时会从媒体（综合）获得灾害相关信息[b]
	接收信息—无渠道	您平时没有渠道获得灾害相关信息[b]
	反馈信息—政府	当您有灾害的问题的时候，您会反馈给政府（包含村委会）[b]
	反馈信息—亲友	当您有灾害的问题的时候，您会反馈给亲友[b]
	反馈信息—媒体	当您有灾害的问题的时候，您会反馈给媒体[b]
	反馈信息—无渠道	当您有灾害的问题的时候，您无渠道反馈[b]
沟通频率	频率—政府	您平时从政府获取灾害信息的频率[c]
	频率—亲友	您平时从亲友获取灾害信息的频率[c]
	频率—综合媒体	您平时从媒体（综合）获取灾害信息的频率[c]

维度	说明	词条
沟通形式	政府灾害预警	您是否收到过政府发出的灾害预警[b]
	灾害相关知识培训	您家是否有人参加过灾害相关知识培训[b]
	灾害逃生演练	您家是否有人参加过村里组织的灾害逃生演练[b]
	防灾明白卡	您家收到过政府发的防灾明白卡[b]
	灾害相关知识宣传	您家是否收看到过灾害相关知识宣传(如宣传单)[b]
	地质灾害警示牌	村子里灾害点附近是否有地质灾害警示牌[b]
	灾害监测员	村子里是否有指定的灾害监测员[b]

注：a：采用李克特5级量表测度，其中1代表完全不同意，5代表完全同意；b：0代表否，1代表是；c：采用李克特5级量表测度，其中1代表从来没有，5代表经常。

其次，对于农户灾害风险认知的测度，如前所述，本节探索的灾害风险感知包含对灾害风险事件本身和其能够获得缓解程度两方面的知觉评价。参考已有研究对灾害风险感知的测度方法（Grothmann and Reusswig, 2006；Miceli and Sotgiu, 2008；Palm, 1998），并结合所获得的调查问卷的数据特点，本研究主要从居民对灾害发生的可能性、威胁性、自我效能以及应对效能四方面设计词条对广义灾害风险感知进行测度。其中，可能性和威胁性评价代表居民对灾害风险事件本身的评价，自我效能和应对效能代表居民对灾害风险能够获得缓解程度的评价。值得注意的是，经过测试后，反应效能测度的设计并没有达到相应的内部一致性标准。因此，仅选取最能反映该维度所代表意义的一个词条来表征居民对灾害风险的应对效能的评估。具体测度词条内容如表3-10所示。

表3-10　居民灾害风险感知测度词条

编码	维度	词条[a]	均值	标准差
P1	可能性	在接下来10年，您家附近可能会发生灾害	2.83	1.12
P2		您总感觉灾害在将来某一天就会来临	3.08	1.32
P3		最近这几年灾害发生的征兆越来越明显	3.17	1.35
T1	威胁性	未来10年内，若发生灾害，您家的住房和土地可能受灾	3.84	1.14
T2		未来10年内，若发生灾害会影响到您及家人的生命	3.35	1.31
T3		如果发生灾害，生活物品供给可能会被中断	3.24	1.42
SE1	自我效能	当灾害发生时，您了解疏散撤离路线	4.17	1.16
SE2		您了解村里的应急避难点位置	4.00	1.23
SE3		您了解村里相应的防灾减灾预防措施	3.28	1.30
CE	应对效能	灾害的发生虽然不可控，但你们可以做一些预防措施(如群测群防)减少损失	4.27	0.80

注：a：所有词条均采用李克特5级量表测度，其中1代表完全不同意，5代表完全同意。

具体测度流程如下：

第一步，对表征居民灾害风险认知的各个词条进行内部一致性检验。检验结果显示，灾害发生可能性、威胁性、自我效能、对应的 Cronbach α 值均大于 0.60（分别为 0.69、0.63、0.66），表明研究设计的词条具有较好的内部一致性。

第二步，使用因子分析法对灾害风险感知词条进行降维处理，得到灾害发生可能性、威胁性、自我效能和应对效能四个维度。其中，因子分析对应的 Kaiser-Meyer-Olkin 值为 0.71，Bartlett 球形检验的 P 值为 0.000<0.001，四个维度累积方差贡献率为 66.29%，表明因子分析的结果是合理的（见表 3-11）。

表 3-11　旋转后各风险感知分量的分量矩阵

编码	成分			
	可能性	威胁性	自我效能	应对效能
P1	0.67	0.33	-0.05	-0.16
P2	0.83	0.10	-0.20	-0.08
P3	0.75	0.08	-0.04	0.25
T1	0.43	0.56	0.13	-0.23
T2	0.38	0.69	0.12	-0.23
T3	0.03	0.81	-0.15	0.27
SE1	-0.14	0.21	0.73	-0.04
SE2	-0.09	-0.04	0.78	0.17
SE3	0.01	-0.13	0.77	0.00
CE	0.01	-0.01	0.13	0.90
特征值	2.04	1.84	1.64	1.11
方差贡献率	20.36%	18.41%	16.39%	11.13%
累计方差贡献率	20.36%	38.77%	55.16%	66.29%
Cronbach α	0.69	0.63	0.66	—

第三步，采用 min-max 标准化方法，将通过因子分析得到的四个维度得分进行百分制转换，数据标准化公式可见公式（3-1）。最终，得到四个维度的风险认知评价得分情况。

$$X_{ij}^{s} = \frac{x_{ij} - \min(x_{ij})}{\max(x_{ij}) - \min(x_{ij})} \times 100 \tag{3-1}$$

公式（3-1）中，X_{ij}^{s} 是原始数据 x_{ij} 标准化处理之后得到的居民 i 的灾害风险感知的 j 维度的百分制得分，x_{ij} 表示居民 i 的灾害风险感知的 j 维度的因子综合得分，$\min(x_{ij})$ 表示居民灾害风险感知 j 维度因子综合得分的最小值，$\max(x_{ij})$ 表示居民灾害风险感知 j 维度因子综合得分的最大值，其中 $i(i=1, 2, \cdots, 327)$ 代表样本居民个体，$j(j=1, 2, 3, 4)$ 表示灾害风险感知的四个维度。

3. 控制变量

参考 Devilliers & Maharaj（1994）、Salvati et al.（2014）、Xu & Qing, et al.（2020b）等

研究对控制变量的设置，本书从农户的个人特征、家庭特征、社区特征及灾害经历特征四方面选取可能影响居民灾害风险认知的变量作为本研究的控制变量。其中，个人特征用受访者的性别、年龄、受教育程度来表征；家庭特征以受访者家庭具有技能人数、家庭住址、家庭年收入描述；社区特征从所在社区灾害防治状况和社区内受灾害威胁人数来解释；灾害经历特征则以受访者经历灾害的次数和对所经历灾害严重性程度的评价来体现。模型变量的定义及数据描述如表 3-12 所示。

表 3-12 研究变量设置及数据描述

变量			含义及赋值	均值	标准差
因变量	搬迁决策	社会关系下的搬迁决策	面临灾害威胁，如果村里和您关系好的都搬走了，您是否会搬走？[a]	2.61	0.763
		政府推动下的搬迁决策	面临灾害威胁，如果政府给一定补贴，您是否会搬走？[a]	2.67	0.687
核心变量	风险沟通	沟通内容	灾害风险管理信息（灾害分布、预防）[b]	4.08	1.09
			亲友对于灾害的态度和反应[b]	4.05	0.96
			防灾减灾知识和技能[b]	3.67	1.23
		沟通渠道	接收信息—政府[c]	0.71	0.45
			接收信息—亲友[c]	0.60	0.49
			接收信息—综合媒体[c]	0.78	0.42
			接收信息—无渠道[c]	0.02	0.13
			反馈信息—政府[c]	0.65	0.48
			反馈信息—亲友[c]	0.30	0.46
			反馈信息—媒体[c]	0.02	0.13
			反馈信息—无渠道[c]	0.03	0.17
		沟通频率	频率—政府[d]	3.29	1.45
			频率—亲友[d]	3.37	1.28
			频率—综合媒体[d]	4.08	1.16
		沟通形式	政府灾害预警[c]	0.59	0.49
			灾害相关知识培训[c]	0.44	0.50
			灾害逃生演练[c]	0.54	0.50
			防灾明白卡[c]	0.60	0.49
			灾害相关知识宣传[c]	0.73	0.44
			地质灾害警示牌[c]	0.89	0.31
			灾害监测员[c]	0.85	0.36
	风险认知	可能性	居民对灾害风险可能性的认知评价得分[e]	52.48	21.89
		威胁性	居民对灾害风险威胁性的感知水平认知评价得分[e]	56.30	19.73
		自我效能	居民对自己采取预防灾害风险行为能力的评价得分[e]	65.80	21.12
		应对效能	居民对采取应对措施减少灾害风险威胁有效程度的感知[e]	63.39	16.32

续表

变量			含义及赋值	均值	标准差
控制变量	个人特征	性别	被访者性别(男性=0;女性=1)	0.46	0.50
		年龄	被访者年龄(岁)	53.41	13.50
		受教育程度	被访者受教育年限(年)	6.29	3.70
	家庭特征	拥有技能人数	家中有专业技能的人数(人)	1.08	1.07
		家庭住址	家庭住址是否在灾害威胁区内?c	0.53	0.50
		家庭年收入	被访者家庭年收入(元)	66185.17	72280.03
	社区特征	社区灾害防治状况	村里采取过一些措施去防止灾害的发生/治理灾害b	3.89	1.08
		社区内受灾害威胁人数	社区内被滑坡、泥石流等灾害威胁人数(人)	212.65	247.65
	灾害经历	经历灾害次数	灾害经历次数(次)	8.80	12.04
		经历灾害的严重程度	总体而言,您觉得您经历的灾害的严重程度(1=非常不严重;5=非常严重)	4.52	0.79

注:a:采用李克特3级量表,其中1代表不会,2代表不确定,3代表会;b:采用李克特5级量表测度,其中1代表完全不同意,5代表完全同意;c:0代表否,1代表是;d:采用李克特5级量表测度,其中1代表从没有,5代表经常;e:采用百分制(0—100)。

(二)模型设置

根据本节的研究目标,即探讨农户灾害风险沟通、风险认知与其搬迁决策的关系,研究应该包含两部分内容:其一,采用OLS模型探讨农户灾害风险沟通特征与其对灾害风险认知的相关关系,这样可以初步探讨农户的灾害风险沟通特征是否会影响到其对灾害风险的认知水平,进而通过第二部分内容探索"风险沟通→风险认知→避灾搬迁"决策的作用链条;其二,采用无序Logit模型探讨农户灾害风险沟通、风险认知与其避灾搬迁决策的作用关系,实证探索农户的风险沟通特征和风险认知水平会对避灾搬迁决策产生何种影响。

1. OLS模型

本节第一部分的因变量是农户对灾害风险的认知水平,根据因变量数据类型特点,本节拟采用OLS回归,在控制部分被访者个人、家庭、社区以及灾害经历特征的基础上,探讨农户灾害风险沟通特征与其灾害风险认知水平的相关关系。构建的模型如下:

$$Y_i = \beta_{0i} + \beta_{1i} \times Control_i + \beta_{2i} \times Communication_i + \varepsilon_i \tag{3-2}$$

公式(3-2)中,Y_i表示模型因变量,具体包括可能性、威胁性、自我效能以及应对效四个指标;$Control_i$为模型控制变量,具体包含被访者个人、家庭、社区以及灾害经历特征四部分;$Communication_i$表示灾害风险沟通指标,具体包含沟通内容、渠道、频率以及形式四方面；β_{0i}、β_{1i}、β_{2i} 为模型待估参数；ε_i 为模型残差。整个模型的估计过程通过 Stata13.0 实现。

2. 无序 Logit 模型

本研究第二部分的因变量为农户避灾搬迁决策，根据因变量数据类型特点（李克特 3 级量表，其中，1＝不会，2＝不确定，3＝会），研究可采用有序或者无序 Logit 方法进行计量分析。进一步地，经平行线检验，有序 Logit 回归未通过平行线检验，且显著性小于 0.01，表明回归系数会随着分割点而发生改变，故本研究拟采用无序 Logit 回归进行第二部分的分析。同样在控制部分被访者个人、家庭、社区以及灾害经历特征的基础上，分别加入风险沟通和风险认知变量，探讨农户灾害风险沟通、风险认知与其避灾搬迁决策的相关关系。构建的模型如下：

$$\ln\left(\frac{p_i}{1 - p_i}\right) = \alpha_i + \sum_{j=1}^{k} \beta_{ij} X_{ij} + \varepsilon_i \tag{3-3}$$

公式（3-3）中，i 表示农户不会搬迁、不确定以及会搬迁三类决策；p_i 表示农户避灾搬迁决策选择 i 的概率；j 表示解释变量 X_i 的个数，X_i 具体表示农户灾害风险沟通特征/风险认知水平、个人特征、家庭特征、社区特征以及灾害经历特征五类影响因素；β_{ij} 是影响因素的系数估计值表示当其他影响因素取值保持不变时，第 j 个影响因素取值增加一个单位引起比数比自然对数值的变化量；α_i 是常数项，ε_i 为随机误差。

三、理论分析和研究假设

（一）"风险沟通→风险认知"作用路径

理论上而言，风险沟通的各个维度均会对农户灾害风险认知产生影响，但作用方向并不明确。风险沟通本质在于信息的传递，其过程涉及多种信息，包含着对灾情的介绍、灾害分布以及灾害预防等方面，不同的信息会对信息接收者产生不同的影响（Faulkner & Ball，2007）。即使是同样的信息，不同人群也会有着差异的认识（Lindell & Perry，2003）。例如，政府和媒体发布的灾情介绍，农户可能从中获取对周围灾害风险的科学认识，培养农户自我应对灾害的能力（Ickert & Stewart，2016；Terpstra et al.，2009）。相反，这也有可能会导致农户放大灾害造成的损失风险，增加其对灾害发生的可能性和威胁性，降低其对灾害风险能够获得缓解程度的认知评价。故本研究以探索性思路对农户灾害风险沟通与风险认知的相关关系进行实证分析，并作出如下假设：

H1：风险沟通的各个维度均会对农户灾害风险认知产生影响，但作用方向并不明确。

（二）"灾害风险沟通/风险认知→避灾搬迁"决策作用路径

事实上，在灾害风险沟通中，农户也有可能并没有形成完整的认知水平，但在各种灾害相关信息的传播作用下，同样会产生避灾搬迁决策，这是一种非理性行为决策。对于实证研究的结果，各个学者的研究结果并不统一。Wilmot & Mei（2004）研究发现政府官方公布的信息对居民搬迁行为有正向显著影响；Lazo et al. (2010)研究发现从家人或朋友那获得关于灾害的信息对其搬迁行为有显著影响。然而 Lazo & Waldman(2010)的研究却发现信息获取渠道与其搬迁与否不存在显著相关关系。故本研究以探索性思路对农户灾害风险沟通与行为响应动机的相关关系进行实证分析，并作出如下假设：

H2：风险沟通的各个维度均会对农户避灾搬迁决策产生影响，但作用方向并不明确。

理论上而言，居民对灾害事件本身的认知评价(可能性和威胁性认知)可能会对其避灾搬迁决策产生正向促进的结果(Miceli & Sotgiu，2008)。居民对灾害的可能性和威胁性认知越高，居民为了避免受到损失，便会倾向采取行为响应，即可能性和威胁性评价会对行为响应产生积极的影响(吴优等，2019)。另外，居民对应对灾害风险的自我效能和应对效能评价，表明了居民对灾害风险能够获得缓解程度上的认知，较高的自我效能和应对效能评价显示居民认为灾害风险更有可能采取措施获得缓解，则居民更有可能采取搬迁这种行为来躲避灾害。故研究做出如下假设：

H3：农户风险认知的 4 个维度均会对其避灾搬迁决策产生显著正向影响。

综合以上 3 个假设，研究提出的农户灾害风险沟通特征、认知水平与避灾搬迁决策的研究假设框架(见图 3-3)如下：

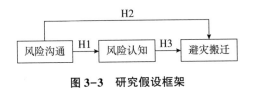

图 3-3　研究假设框架

四、研究结果

(一)描述性统计

如表 3-12 所示，对于受访者个人特征，研究样本以中年、男性为主，平均年龄 53.41 岁，女性占 46%，平均受教育程度 6.29 年。对于家庭特征，53%的样本居民认为其家在灾害威胁区内，家中有专业技能人数的均值为 1.08 人，平均家庭年收入 66185.17 元。其中，家庭年收入有很大的波动，说明样本个体之间存在很大的差异。对于社区特征，村落灾害防治情况均值为 3.89，说明大部分样本居民认为社区内是采取过一些防灾减灾措施的；社区内受灾害威胁人数均值为 212.65 人。对于灾害经历，样本居民平均经历灾害次数为 8.80 次，但是存在较大波动；经历灾害的严重程度评价均值为 4.52，说明绝大部分样本居民认为自己所经历的灾害都是较严重的。农户在社会关系和政府推动下的搬迁决策的均值分别为 2.61 和 2.67，差异不大，且均显示为偏向为同意搬迁。

同样，如表 3-12 所示，关于核心变量农户的风险沟通特征，首先，对于样本农户风险沟通的内容特征，农户对灾害风险管理信息、亲友对于灾害的态度和反应的关注度均处于较高水平（测度均值分别为4.08和4.05），而样本农户对防灾减灾知识和技能的关注度的均值处于一般水平（测度均值3.67）。其次，在沟通渠道偏好方面，就接收信息的渠道而言，将网络与媒体采用并列取最大值的方式合并为综合媒体指标，则样本农户的选择特征依次为综合媒体>政府>亲友>无渠道（测度均值分别为0.78、0.71、0.60以及0.02）。就反馈信息渠道而言，样本农户的选择特征由大到小依次是政府>亲友>无渠道>媒体（测度均值分别为0.65、0.30、0.03以及0.02）。然后，对于灾害风险的沟通频率，样本农户使用各个渠道进行沟通的频率由大到小分别是综合媒体>亲友>政府（测度均值分别为4.08、3.37以及3.29），表明农户较常使用媒体渠道获取灾害相关信息，而亲友和政府渠道的使用频率处于一般偏上水平。最后，关于灾害风险的沟通形式，样本农户日常接触到的沟通形式由多到少依次是地质灾害警示牌>灾害监测员>灾害相关知识宣传>防灾明白卡>政府灾害预警>灾害逃生演练>灾害相关知识培训（均值测度分别为0.89、0.85、0.73、0.60、0.59、0.54以及0.44）。沟通形式的熟悉程度描述性统计显示，多数农户均以多种形式在日常生活中接触过灾害风险的相关信息，且对于较为稳定的风险沟通形式（如地质灾害警示牌和灾害监测员等）更加熟悉，这在一定程度上表明农户更多是被动接受一些灾害风险沟通的形式的特点。

关于核心变量农户的风险认知水平，就样本农户关于风险灾害风险认知的测度词条而言，四个维度测度得分由高到低依次为应对效能>自我效能>威胁性认知>可能性认知（测度均值分别为4.27、3.82、3.48以及3.03）。总体来讲，相较于对灾害风险事件本身的认知评价得分，样本农户对灾害风险的应对性认知评价得分较高，表明农户更认为灾害风险能够获得有效的缓解的认知特点。

(二)结果分析

1."风险沟通→风险认知"结果分析

首先，在构建计量经济模型前，为了避免自变量间严重的多重共线性对模型结果造成的影响，研究利用方差膨胀因子（VIF）对变量进行了多重共线性检验，检验结果显示除了亲友反馈渠道与政府反馈渠道显著负相关外，所有变量的VIF均小于2，表明除了亲友反馈渠道外，其余变量之间不存在多重共线性。故排除亲友反馈渠道变量，对于该变量对模型的拟合效果参考政府反馈渠道的作用。其次，本研究构建了8个多元线性回归模型（见表3-13、表3-14）。其中，对于每一个灾害风险认知维度的模型，第一个模型均为仅纳入控制变量的估计结果，第二个模型均为纳入风险沟通变量的模型。由F检验结果可知，所有模型的整体显著性均在1%水平以下，表明以上模型中，都至少有1个自变量与因变量的相关关系显著。对比每个因变量维度的2个模型的R^2值可知，所有风险认知维度的拟合结果，均随着灾害风险沟通因素的加入，拟合优度得到了有效的提升，拟合优度提升由大到小依次为自我效能、威胁性认知、应对效能以及可能性认知。其中，自我效能的回归估计拟合结果提升最为明显（提升了24.2%）。由于加入风险沟通因素后，模型的拟合优度均有提升，故本研究均以加入风险沟通变量的模型进行后续分析。

表 3-13 农户风险沟通特征对其灾害风险可能性及威胁性认知的估计结果(标准化系数)

变量		可能性			威胁性		
		模型1	模型2	模型3	模型4	模型5	模型6
控制因素	性别	-0.096	-0.120*	-0.109*	-0.061	-0.064	-0.045
	年龄	-0.010	0.005	-0.013	-0.232***	-0.248***	-0.245***
	居住时长	0.063	0.023	0.020	0.074	0.128*	0.145**
	居住地址	0.184***	0.186***	0.146**	0.090	0.075	0.077
	社区受灾人数	0.009	0.021	0.055	0.030	-0.003	-0.015
	历灾严重程度	0.091	0.060	0.025	0.140**	0.161***	0.176***
	经历灾害次数	-0.024	-0.053	-0.045	-0.188***	-0.139**	-0.142**
主观能力	灾害知识得分	-0.018	-0.018	-0.014	-0.025	-0.070	-0.061
	承压能力	0.030	0.030	0.035	0.027	0.050	0.058
客观能力	人力资本	-0.110	-0.130*	-0.151*	-0.211***	-0.211***	-0.223***
物质机会	物质资本	-0.027	-0.007	-0.002	-0.004	-0.024	-0.039
	金融资本	-0.012	-0.042	-0.063	-0.059	-0.040	-0.040
	自然资本	-0.050	-0.033	-0.037	0.119**	0.104*	0.089
社会机会	社会资本	-0.049	-0.026	-0.024	-0.025	-0.020	-0.022
	社区灾害防治状况	-0.088	-0.083	-0.071	-0.105*	-0.089	-0.099*
风险沟通	风险管理信息		0.029	0.041		-0.087	-0.095
	亲友态度和反应		0.014	0.035		0.159***	0.177***
	防灾知识和技能		0.071	0.040		-0.061	-0.048
	接收信息—政府		0.074	0.102		-0.092	-0.108
	接收信息—亲友		0.003	-0.004		-0.001	0.012
	接收信息—综合媒体		-0.013	-0.013		0.072	0.081
	接收信息—无渠道		-0.004	-0.010		0.064	0.075
	反馈信息—政府		0.044	0.036		-0.041	-0.036
	反馈信息—媒体		-0.009	-0.021		-0.078	-0.075
	反馈信息—无渠道		0.114*	0.117*		-0.079	-0.081
	频率—政府		0.037	0.026		-0.045	-0.061
	频率—亲友		0.041	0.084		0.011	0.002
	频率—综合媒体		-0.025	-0.004		0.036	0.036
	政府灾害预警		-0.029	-0.044		0.020	0.033
	灾害逃生演练		-0.014	0.004		-0.002	-0.008
	灾害相关知识宣传		0.092	0.108*		0.004	0.004
	防灾明白卡		-0.006	-0.003		-0.047	-0.038
	地质灾害警示牌		0.006	0.017		0.141**	0.122**
	灾害监测员		-0.027	-0.020		0.127**	0.135**

变量		可能性			威胁性		
		模型1	模型2	模型3	模型4	模型5	模型6
交互项	获取信息 * 信任度—政府			0.154 *			-0.098
	获取信息 * 信任度—亲友			0.077			-0.005
	获取信息 * 信任度—媒体			0.028			0.040
	反馈信息 * 信任度—政府			-0.164 ***			0.003
	反馈信息 * 信任度—亲友			-0.019			-0.065
	反馈信息 * 信任度—媒体			-0.076			-0.025
	沟通频率 * 信任度—政府			0.051			-0.004
	沟通频率 * 信任度—亲友			0.034			0.041
	沟通频率 * 信任度—媒体			-0.005			0.113 *
N		327	327	327	327	327	327
F		2.211 ***	1.332	1.486 **	3.342 ***	2.405 ***	2.219 ***
R^2		0.096	0.146	0.196	0.139	0.235	0.267

注：*** 表示在1%水平上显著，** 表示在5%水平上显著，* 表示在10%水平上显著。

表3-14 农户风险沟通特征对其应对灾害风险的自我效能和应对效能评价的估计结果(标准化系数)

变量		自我效能		应对效能	
		模型5	模型6	模型7	模型8
控制变量	性别	-0.103 *	-0.059	0.037	0.060
	年龄	-0.049	-0.017	-0.026	0.009
	受教育程度	0.241 ***	0.129 **	0.048	-0.020
	拥有技能人数	0.109 *	0.038	-0.064	-0.054
	家庭年收入	0.038	-0.003	0.077	0.059
	家庭住址	-0.009	0.005	-0.065	-0.064
	社区内受灾威胁人数	-0.021	0.000	-0.134 **	-0.137 **
	社区灾害防治状况	0.111 **	-0.024	0.128 **	0.074
	经历灾害的严重程度	0.093 *	0.036	-0.102 *	-0.102 *
	经历灾害次数	0.027	0.027	0.112 *	0.109 *

续表

变量		自我效能		应对效能	
		模型 5	模型 6	模型 7	模型 8
核心变量	灾害风险管理信息		0.070		-0.135 **
	亲友的态度和反应		0.087 *		0.026
	防灾知识和技能		0.016		0.313 ***
	接收信息—政府		-0.056		0.061
	接收信息—亲友		-0.030		0.033
	接收信息—无渠道		-0.107 **		0.004
	接收信息—综合媒体		-0.041		-0.038
	反馈信息—政府		0.071		-0.081
	反馈信息—媒体		-0.022		0.003
	反馈信息—无渠道		-0.148 ***		0.037
	频率—政府		0.095		-0.076
	频率—亲友		0.056		-0.059
	频率—综合媒体		0.076		-0.052
	政府灾害预警		0.103 **		0.026
	灾害相关知识培训		0.033		0.024
	灾害逃生演练		0.138 **		0.026
	灾害相关知识宣传		0.082		-0.020
	防灾明白卡		0.080		-0.011
	地质灾害警示牌		0.168 ***		0.062
	灾害监测员		0.037		0.022
N		327	327	327	327
F		5.792 ***	6.484 ***	2.439 ***	1.978 ***
R^2		0.155	0.397	0.072	0.167

注：*** 表示在 1% 水平上显著，** 表示在 5% 水平上显著，* 表示在 10% 水平上显著。

对于农户灾害风险的可能性认知评价，由模型 2 的估计结果来看，仅农户无渠道反馈灾害相关信息一个指标与其对灾害风险的可能性认知正向显著相关（$P<0.1$），其余灾害风险沟通特征与灾害风险的可能性认知均无显著关系。在控制变量中，结果显示，男性、低收入、家庭住址在灾害威胁区的农户认为发生灾害的可能性更大。值得

注意的是, 回归估计的结果中, 农户家庭住址是否在灾害威胁区内, 对农户灾害风险可能性认知的作用系数最大且在 1% 水平上显著, 表明对于农户灾害风险的可能性认知, 农户家庭住址与灾害威胁区的关系这类地理因素是最重要的影响因素。

对于农户灾害风险的威胁性认知, 由模型 4 的估计结果 (见表 3-13) 来看, 沟通内容中, 关注亲友对灾害的态度和反应会显著增加农户对灾害风险的威胁性认知 (P < 0.01); 沟通形式中, 灾害警示牌 (P < 0.05) 和灾害监测员 (P < 0.01) 的沟通形式会显著增加农户对灾害风险的威胁性认知; 其余灾害风险沟通特征与灾害风险的可能性认知均无显著关系。控制变量中, 受访者年龄 (P < 0.01)、受教育程度 (P < 0.01) 以及所在社区的灾害防治情况 (P < 0.05) 均会显著负向影响农户的威胁性认知, 而经历灾害的严重程度评价 (P < 0.01) 与农户的威胁性认知正向显著相关。

对于农户灾害风险的自我效能评价, 由模型 6 的估计结果看, 无渠道获取信息 (P < 0.05) 或反馈信息 (P < 0.01) 会负向显著影响农户的自我效能评价。在风险沟通形式上, 不论是灾害警示牌 (P < 0.01)、灾害预警 (P < 0.05) 还是逃生演练 (P < 0.05), 均会显著增加农户的自我效能认知。控制变量中, 受访者的受教育程度与其应对灾害的自我效能评价显著正向相关。

对于农户对灾害风险的应对效能评价, 由模型 8 的估计结果看, 沟通内容中, 农户灾害风险管理信息的偏好 (P < 0.05) 会显著降低其对灾害风险的应对效能评价, 而对防灾减灾知识的偏好 (P < 0.01) 会显著增加应对性评价; 其余灾害风险沟通特征与灾害风险的可能性认知均无显著关系。此外, 控制变量中, 农户经历灾害的次数 (P < 0.1) 会显著正向影响农户的应对效能, 而经历灾害的严重程度 (P < 0.1) 和社区受灾害威胁人数 (P < 0.01) 的规模与农户的应对效能负向显著相关 (见表 3-14)。

总而言之, 与假设 H1 部分一致, 农户的灾害风险沟通对其风险认知具有显著影响, 这在灾害的自我效能评价中作用尤为明显, 这点在回归结果的拟合优度的提升上也能得到体现。具体而言, 农户灾害风险沟通的内容偏好、渠道选择以及沟通形式均有指标与农户对灾害风险的认知水平显著相关; 而沟通频率与认知水平无显著相关关系。这表明灾害风险沟通的要起到预设的效果关键不在于沟通的频繁程度, 而在于沟通的具体内容、形式、渠道等是否真正能把设计的信息传递给个体。

2. "灾害风险沟通/风险认知→避灾搬迁" 决策结果分析

对于第二部分内容, 本研究从社会关系下的避灾搬迁决策和政府推动下的搬迁决策两个角度, 并以不搬迁的决策为对照, 共构建了 8 个多元线性回归模型 (见表 3-15 与表 3-16)。其中, 对于每一类搬迁决策情景下的具体决策模型, 第一个模型为在控制变量的基础上纳入风险沟通变量的模型, 第二个模型为在控制变量的基础上纳入风险认知变量的模型。从回归结果可以看出, 模型结果较稳健的, 回归估计结果分析如下:

表3-15　社会关系情境下农户风险沟通、风险认知与其避灾搬迁决策关系回归结果

变量		社会关系下的避灾搬迁决策			
		中等意向		搬迁	
		模型9-1	模型10-1	模型9-2	模型10-2
控制变量	性别	-1.062	-0.794	-0.515	-0.518
	年龄	-0.013	0.000	-0.016	-0.019
	受教育程度	-0.145	-0.015	-0.027	-0.017
	拥有技能人数	-0.889**	-0.900**	-0.373**	-0.393**
	ln(家庭年收入)	1.747***	1.254***	0.248	0.357*
	家庭住址	1.305*	1.017	0.963***	0.805**
	社区内受灾威胁人数	-0.002	-0.003	-0.001	-0.001
	社区灾害防治状况	0.277	0.307	-0.177	-0.077
	经历灾害的严重程度	-0.091	0.006	0.271	0.274
	经历灾害次数	0.000	0.009	-0.004	0.003
风险沟通	灾害风险管理信息	-0.395		0.078	
	亲友的态度和反应	-0.018		0.122	
	防灾知识和技能	0.094		0.087	
	接收信息—政府	-0.070		-0.093	
	接收信息—亲友	1.693*		0.240	
	接收信息—无渠道	-17.536***		-1.085	
	接收信息—综合媒体	-0.463		-0.551	
	反馈信息—政府	1.222		0.696*	
	反馈信息—媒体	-16.482		-1.063	
	反馈信息—无渠道	0.966		-0.12	
	频率—政府	-0.307		0.124	
	频率—亲友	-0.121		-0.06	
	频率—综合媒体	0.049		0.171	
	政府灾害预警	0.962		-0.436	
	灾害相关知识培训	0.548		0.455	
	灾害逃生演练	-2.347**		-0.063	
	灾害相关知识宣传	1.442		0.164	
	防灾明白卡	-0.265		-0.362	
	地质灾害警示牌	0.452		0.343	
	灾害监测员	0.676		0.337	
风险认知	可能性		-0.025		-0.005
	威胁性		-0.012		-0.007
	自我效能		-0.024*		0.007
	应对效能		-0.034*		-0.025**
N		327	327	327	327
Nagelkerke R²		0.267	0.181	0.267	0.181

注：***表示在1%水平上显著，**表示在5%水平上显著，*表示在10%水平上显著。

表 3-16 政府推动情境下农户风险沟通、风险认知与其避灾搬迁决策关系回归结果

变量		政府推动下的搬迁决策			
		中等意向		搬迁	
		模型 11-1	模型 12-1	模型 11-2	模型 12-2
控制变量	性别	-0.336	-0.408	-0.429	-0.408
	年龄	0.030	0.039	0.003	0.003
	受教育程度	-0.092	-0.028	-0.011	0.015
	拥有技能人数	-0.605*	-0.538*	-0.428**	-0.451**
	ln(家庭年收入)	0.891**	0.785**	-0.021	0.125
	家庭住址	0.353	0.811	1.344***	1.183***
	社区内受灾威胁人数	0.001	0.001	-0.001	-0.001
	社区灾害防治状况	0.067	0.073	0.201	0.291*
	经历灾害的严重程度	-0.102	-0.112	0.301	0.331
	经历灾害次数	0.023	0.031	-0.010	0.001
风险沟通	灾害风险管理信息	-0.253		0.081	
	亲友的态度和反应	-0.369		-0.015	
	防灾知识和技能	-0.051		-0.028	
	接收信息—政府	1.418		0.149	
	接收信息—亲友	-0.343		0.205	
	接收信息—无渠道	1.751		0.012	
	接收信息—综合媒体	1.878*		-0.279	
	反馈信息—政府	-0.092		0.787*	
	反馈信息—媒体	0.959		19.495	
	反馈信息—无渠道	1.386		0.358	
	频率—政府	-0.131		0.109	
	频率—亲友	-0.061		0.066	
	频率—综合媒体	-0.189		0.013	
	政府灾害预警	-0.698		-0.017	
	灾害逃生演练	-1.091		-0.152	
	灾害相关知识宣传	0.136		0.317	
	防灾明白卡	1.854**		0.171	
	地质灾害警示牌	0.317		-0.197	
	灾害监测员	0.327		-0.275	
风险认知	可能性		-0.004		0.005
	威胁性		0.009		-0.012
	自我效能		-0.009		0.009
	应对效能		0.003		-0.022
N		327	327	327	327
Nagelkerke R²		0.307	0.206	0.307	0.206

注：*** 表示在 1% 水平上显著，** 表示在 5% 水平上显著，* 表示在 10% 水平上显著。

在社会关系推动搬迁情景下（见表3-15），首先，对于农户风险沟通与避灾搬迁决策的相关关系，由模型9-1和模型9-2可知，风险沟通中，农户获取信息的渠道和沟通形式的部分指标对其避灾搬迁决策的影响较为显著。具体而言，相较于不搬迁，从亲友渠道获取灾害相关信息对搬迁有显著的正向作用（P<0.1），即农户越多从亲友渠道获取灾害相关信息，则其更趋向于中等搬迁意向；无渠道获取的灾害相关信息（P<0.01）和灾害逃生演练（P<0.05）与搬迁显著负向相关，即无渠道获取灾害相关信息、参加过灾害逃生演练的农户，在亲友均搬走的情境下，更趋向于不搬迁；而政府反馈信息渠道（P<0.1）对农户搬迁的决策具有正向的影响趋势，即选择从政府渠道反馈灾害相关信息的农户，更倾向于搬迁决策。其次，对于农户灾害风险认知与避灾搬迁决策的相关关系，由模型10-1和模型10-2可知，相较于不搬迁，农户的自我效能（P<0.1）和应对效能（P<0.05）对其中等搬迁意向和搬迁决策具有显著负向作用，即农户的自我效能和应对效能评价越高，其越趋向于不搬迁的决策。在控制变量中，相对于不搬迁，农户家庭拥有技能的人数越少、家庭收入越高、家庭住址在灾害威胁区内的农户更倾向搬迁。

在政府推动搬迁情境下（见表3-16），首先，农户风险沟通与避灾搬迁决策的相关关系，由模型11-1和模型11-2可知，风险沟通中，农户获取信息的渠道和沟通形式的部分指标对其避灾搬迁决策的影响较为显著。具体而言，相较于不搬迁，从媒体渠道获取灾害相关信息对搬迁有显著的正向作用（P<0.1），即农户越多从媒体渠道获取灾害相关信息，则其更趋向有中等搬迁意向；选择政府渠道反馈的灾害相关信息（P<0.1）与搬迁显著正向相关，即选择政府渠道反馈灾害相关信息的农户，在政府补贴的情境下，更趋向于搬迁；沟通形式中，相比于不搬迁，防灾明白卡会显著增加农户的避灾搬迁意向。其次，对于农户灾害风险认知与避灾搬迁决策的相关关系，由模型12-1和模型12-2可知，在政府推动的情境下，灾害风险认知的作用失效，所有指标均不显著，这可能是因为政府推动下的搬迁，更多是一种政策导向，不仅由农户个人决策，故此时农户的风险认知水平的作用并不显著。在控制变量中，相对于不搬迁，农户家庭拥有技能的人数越少、家庭住址在灾害威胁区内、所在社区的采取过一些防灾减灾措施农户更倾向搬迁。

总结而言，农户风险沟通特征对其避灾搬迁决策的影响主要体现在沟通渠道和沟通形式的部分指标方面，风险认知水平对搬迁决策的影响主要表现在自我效能和应对效能维度。值得注意的是，在两类情景下的搬迁决策中，风险沟通的部分指标均起到了显著的作用，但风险认知在政府推动下的搬迁决策中作用不再显著，表明不同情境下农户对避灾搬迁的决策机制存在差异。此外，控制变量中家庭特征（如家庭拥有技能的人数、家庭收入、家庭住址）对农户在两种情景下的搬迁决策均有显著效果。

五、讨论

相较于以往研究，本研究有以下边际贡献：其一，不同于以往研究多关注地震、洪水、滑坡等单类灾害风险，本书以受多灾害威胁的农村居民群体为研究对象，并定量测度了其在多灾风险背景下的风险沟通特征和风险认知水平；其二，以往研究较少定量探讨灾害风险沟通在风险管理中的作用。本书构建计量经济模型探究了灾害风险沟通与认知的相关关系，并进一步探讨了灾害风险沟通/风险认知与农户在社会关系和政府推动两种情景下的避灾搬迁决策的相关关系，实证探究了"灾害风险沟通→风险认知→避灾搬迁"决策的作用链条。

　　虽然目前的研究承认风险沟通对风险解释和认知的作用（Eiser et al.，2012；Netten & van Someren，2011），然而少有学者实证探究沟通是如何影响风险解释和认知的。本研究定量探索了农户灾害风险沟通与其风险认知的相关关系，研究结果显示农户的灾害风险沟通对其风险认知具有显著影响，这在农户应对灾害风险的自我效能评价中作用尤为明显，与假设 H1 部分一致。这与 Terpstra et al.（2009）的研究结果部分一致，他们研究同样发现不同的沟通策略与个体对灾害风险的认知水平显著相关。然而，与 Kievik et al.（2020）的研究结果不同，本研究并未证实沟通的频率与认知的相关关系，这可能的原因是，不同于一般沟通对认知的影响，灾害风险沟通更加注重信息的真实可靠性，而不是单纯地重复不准确的信息。同时，研究结果显示农户灾害风险沟通部分指标与其避灾搬迁决策呈现显著相关关系，这主要体现在沟通渠道和沟通形式的部分指标方面。假设 H2 部分得以验证。然而，具体结果与 Wilmot & Mei（2004）、Lazo & Waldman（2010）等研究存在些许差异，Wilmot & Mci（2004）发现政府官方公布的信息对居民搬迁行为有正向显著影响，但研究发现在社会关系推动和政府推动搬迁两种情境下，具有政府官方渠道反馈灾害相关信息的农户会更加倾向于搬迁，而从政府官方渠道获取灾害相关信息并未产生显著影响。究其原因，可能是由于研究对于信息来源渠道的测度不同导致的。本研究测度的信息来源渠道指的是农户日常灾害相关信息的来源渠道，而并非指的是具体的搬迁信息来源渠道，这可能会导致本研究的结果与以往研究的结果不甚相同。此外，有趣的是，与假设 H3 恰恰相反，研究结果显示，在社会关系推动的避灾搬迁决策情境下，农户的自我效能和应对效能均与农户决定搬迁的倾向负向相关，而可能性和威胁性认知并未对其搬迁决策产生显著影响，这与吴优、杨根兰（2019）的研究结果不同。可能的原因是，本研究样本农户对自我效能和应对效能具有较高评价（测度均值分别为 4.27、3.82（1—5 分制），表明均处于较高水平），表明农户对灾害风险的可应对性认知越高，农户可能会更倾向采用一些日常防灾措施而非搬迁这种规避灾害的行为来应对灾害。这某种程度上体现了居民具体采取何种措施应对灾害风险的作用链条或许存在差异。

　　另外，本研究对于不同情境下的避灾搬迁决策作用链条进行了探索。研究结果发现在社会关系推动的搬迁决策情境下，农户分别以"风险沟通→风险认知→避灾搬迁"决策和"风险沟通→避灾搬迁"决策两条作用路径对其避灾搬迁决策进行驱动，这与 Terpstra et al.（2009）、Netten & van Someren（2011）、Eiser & Bostrom（2012）研究结果相同，他们探讨了风险沟通、认知以及避灾行为之间的相关关系。而对于政府推动的搬迁决策情景，农户仅以"风险沟通→避灾搬迁"决策一条作用链条对其避灾搬迁决策进行驱动，而风险认知在此情境下的作用失效，这与假设 H2 以及 Netten & van Someren(2011)、Eiser & Bostrom (2012)的研究结果存在不同，但与 Miceli & Sotgiu(2008)结果部分一致。Miceli & Sotgiu (2008)研究发现居民对灾害风险的认知与避灾行为之间存在失联效应，这要取决于具体的防灾行为响应类型以及背景因素。政府推动的搬迁决策情景下，农户的避灾搬迁行为更多的是一种政策导向与外部环境因素，在这种情况下，农户并非仅由自我决定搬迁与否，故与其对灾害风险的认知水平没有显著相关关系。

本研究虽在探索多灾威胁背景下农户灾害风险沟通、风险认知及其避灾搬迁决策的相关关系方面做了一些有益的尝试，然而仍有一些不足。比如，有研究表明，对管理者的信任程度是影响居民对灾害风险认知和行为决策的重要因素(Han et al.,2020；Han et al.,2017a；Terpstra,2010；Wachinger et al.,2013)，且在政府推动的情境下，信任因素理论上会显示出显著的作用效果；且在社会关系推动的情境下，社会关系因素(如社会资本、社会网络特征等)可能也会影响其避灾搬迁决策。然而本研究由于主题和篇幅所限，对这两类因素并未进行展开探讨。故在今后的研究中可探索信任和社会因素与这两类搬迁决策的相关关系。另外，本研究对主题的探索采用分步回归的方式。虽确证明了灾害风险沟通、风险认识和搬迁决策的作用链条，但较为烦琐。后续研究需要采用更为简洁的模型(如结构方程模型、路径方程等)进行改善，使文章的整体性更加凸显。

六、结论

通过前文实证分析与讨论，研究得出社会关系推动和政府推动情境下，农户灾害风险沟通、风险认知对其避灾搬迁决策的作用链条存在区别，具体结论如下：

第一，在社会关系推动避灾搬迁决策的情境下，农户分别以"风险沟通→风险认知→避灾搬迁"决策和"风险沟通→避灾搬迁"决策两条作用路径对其避灾搬迁决策进行驱动。

对于"风险沟通→风险认知→避灾搬迁"决策路径，其一，农户的灾害风险沟通对其风险认知具有显著影响。农户灾害风险沟通的内容偏好、渠道选择以及沟通形式均有指标与农户对灾害风险的认知水平显著相关；而沟通频率与认知水平无显著相关关系。具体来讲，对于可能性认知，农户无渠道反馈灾害相关信息与其对灾害风险的可能性认知正向显著相关；值得注意的是，农户家庭住址与灾害威胁区的关系这类的地理背景是影响其的最重要的因素。对于威胁性认知，关注亲友对灾害的态度和反应会显著增加农户对灾害风险的威胁性认知；灾害警示牌和灾害监测员的沟通形式会显著增加农户对灾害风险的威胁性认知。对于自我效能评价，无渠道获取信息或反馈信息会负向显著影响农户的自我效能评价。对于应对效能评价，农户灾害风险管理信息的偏好会显著降低其对灾害风险的应对效能评价，而对防灾减灾知识的偏好会显著增加应对性评价。其二，农户的灾害风险认知水平对其避灾搬迁决策具有显著影响。相较于不搬迁，农户的自我效能和应对效能对其中等搬迁意向和搬迁决策具有显著负向作用；而农户对灾害风险的可能性和威胁性认知与其避灾搬迁决策的关系并不显著。

对于"风险沟通→避灾搬迁"决策路径，农户获取信息的渠道和沟通形式的部分指标对其避灾搬迁决策的影响较为显著。具体而言，相较于不搬迁，从亲友渠道获取灾害相关信息对搬迁有显著的正向作用；无渠道获取的灾害相关信息和灾害逃生演练与搬迁显著负向相关；而政府反馈信息渠道对农户搬迁的决策具有正向的影响趋势。

第二，对于政府推动的搬迁决策情景，农户仅以"风险沟通→避灾搬迁"决策一条作用链条对其避灾搬迁决策进行驱动。

在风险沟通中，农户获取信息的渠道和沟通形式的部分指标对其避灾搬迁决策的影响较为显著，而灾害风险认知的作用失效。具体而言，相较于不搬迁，从媒体渠道获取灾害相关信息对搬迁意向有显著的负向作用；选择政府渠道反馈的灾害相关信息与搬迁显著正向相关；沟通形式中，相较于不搬迁，防灾明白卡会显著增加农户的避灾搬迁意向。在政府推动搬迁的情境下，灾害风险认知的作用失效，风险认知的所有维度与农户的搬迁决策的关系均不显著。

第五节 地方依恋、效能与避灾准备

一、引言

在理解人们对自然灾害的反应时，地方依恋无疑是一个非常重要的解释因素（Ariccio et al.，2020；Bonaiuto et al.，2016）。尽管经济和社会因素往往在行为选择中占主导地位（Grothmann & Reusswig，2006；Skoufias，2003），但越来越多文献表明，地方依恋具有许多心理益处（Ellis & Albrecht，2017；Hidalgo & Hernandez，2001），它可能会影响居民的应对行为。撤离和搬迁是人们应对灾害风险冲击最常见的两种应对行为，它们都被证明能有效减少灾害损失（Greenberg et al.，2007；Kuhl et al.，2014）。其中，撤离指将人们从危险区域紧急转移，以避免或减弱灾害冲击；正常情况下，在经过一定时间后可返回原居住地区（Perry，1979）。搬迁指人们从危险地区迁出，以避免或减少灾害的长期影响。其返回原地区的时间难以预计或根本不会再返回原居住地（Perry & Lindell，1997）。虽然撤离和搬迁在本质上存在区别，但是它们都是远离风险区域的行为，只不过一个是暂时的，另一个是永久的。从现有实证分析结果来看，学术界普遍认为远离风险区域与地方依恋之间存在显著负相关关系。比如，Lavigne et al.（2008）对居住在火山附近的印度尼西亚人的研究发现，他们对地方的依恋以文化信仰的形式解释了撤离计划的失败。Boon（2014）调查了澳大利亚农村居民在洪水灾害前后的认知，发现居民即使经历过多次洪水，也不愿意搬迁；洪灾受害者的地方依恋感越强烈，他们就越难以接受搬迁。类似地，在一项有关挪威居民面对漏油风险的行为研究中，强烈的地方感被发现与搬迁意愿呈负相关（Kaltenborn，1998）。在这些研究中，地方依恋作为一种障碍因素影响了居民应对风险的反应。

除了直接对居民的风险应对决策产生影响外，地方依恋还被认为与居民感知的风险相关。一方面，一些研究显示地方依恋与风险感知之间存在正相关关系。例如，Stain et al.（2011）以长期遭受干旱的人群为研究对象，发现人们强烈的地方感会增加其对干旱相关的忧虑。另一方面，一些研究指出地方依恋与风险感知之间存在负相关关系（Armaş，2006；Khan et al.，2020）。Bernardo（2013）将葡萄牙不同种类的风险分为不同等级，发现地方依恋有助于放大对高概率风险（危险程度小）的感知，同时削弱对低概率风险（危险程度大）的感知。这些研究结果虽然相互矛盾，但反映出地方依恋和风险感知之间的确存在紧密联系。感知的风险描述了一个人如何评估他面对威胁的可能性（Slovic，2016），而感知的效能则反映他评估自身避免受到威胁的能力（Kievik & Gutteling，2011），它们都是自然灾害应对影响因素讨论的主要内容（Becker et al.，2014；Grothmann & Reusswig，2006）。既然地方依恋与感知的风险显著相关，那么，地方依恋与感知的效能是否也存在联系呢？正如 Relph（1976）所断言的那样，如果一个人感觉置身于一个地方，他会感到安全而不是受到威胁，会感到封闭而不是暴露，会感到放松而不是紧张。按道理，安全感的产生可以来源于感知风险的降低，也可以来源于感知效能的提升。然而，到目前为止，还鲜有研究对地方依恋和感知效能间的关系进行系统分析。Twigger-Ross & Uzzell（1996）指出，当人们认为环境更易于管理并因此更容易融入自我概念时，自我效能感就可以促进场所认同感。然而，使用定量方法探索感知效能和地方依恋间关系的实证研究几乎没有，我们认为有必要填补这一空白。同时，考虑到地方依恋和风险应对行为的紧密相关关系，我们紧接着也提出一个猜想：如果地方依恋和感知效能间存在联系，那么地方依恋能不能通过感知效能进而影响居民的风险应对行为呢？进一步，对撤离和搬迁这两种不同的风险应对行为，其作用机制是一样的吗？

从现有研究来看，学术界围绕地方依恋对居民风险应对行为的影响开展了大量研究，已有研究结果揭示了地方依恋在居民停留风险区域的决定中的关键作用，但仍存在局限性。主要体现在以下三方面：①从研究区域看，以往研究多集中在欧美等传统发达国家，如美国（Payton et al.，2005）、挪威（Kaltenborn，1998）、澳大利亚（Boon，2014）等，而对发展中国家的关注较少。同时，相比于洪水泛滥区（Anacio et al.，2016；Mishra et al.，2010）、火山威胁区（Lavigne et al.，2008；Ruiz & Hernández，2014）和飓风威胁区（Chamlee-Wright & Storr，2009），已有研究对地震威胁区的关注较少。地震作为一种自然灾害，不仅本身能造成各种破坏，还能够形成灾害链，诱发各种次生灾害（Wang et al.，2013）。这些灾害的发生会不断重构灾害威胁区内居民的地方依恋。因此，对于地震这种特殊的灾种，需要开展更多的研究。②从研究内容看，尽管很多文献探讨了地方依恋和居民风险应对行为之间的相关关系，但已有研究多只关注居民的某一项行为，如避灾准备（Anton & Lawrence，2016b）、撤离（Ariccio et al.，2020）、搬迁（Xu et al.，2017c），缺乏对两项或多项风险应对行为的同时关注和比较。此外，现有研究多讨论风险感知与地方依恋和风险应对行为的关系（De Dominicis et al.，2015；Stancu et al.，2020），而对于居民风险应对行为决策中的另一个重要心理因素——感知效能的关注几乎没有。③从研究方法看，多数研究通常运用常规的回归分析（如 Logit/OLS）（Xu et al.，2017c），但考虑到变量间相互作用的复杂性，常规回归结果可能忽略了变量与变量间的隐藏关系。而结构方程模型为研究涉及的众多难以衡量的概念提供了一个概念化建模和验证的过程，可以评价多维的和相互关联的关系（Fornell & Larcker，1981；Ullman & Bentler，2003）。因此，结构方程模型的应用能帮助我们更好地分析地方依恋与应对行为之间的复杂关系。

在此背景下，本研究重点关注四川省地震多发区居民，将感知效能引入地方依恋和居民风险应对行为的研究，尝试性地构建一个新的理论分析框架，并采用偏最小二乘法（PLS-SEM）对其进行了验证，试图了解地方依恋、感知效能和两种不同风险应对行为（撤离和搬迁）间的复杂关系。为此，本研究拟解决以下问题：

第一，地震威胁区居民地方依恋、感知效能和风险应对行为具有怎样的特征？

第二，地方依恋、感知效能在地震威胁区居民灾害风险应对行为中具有怎样的作用机制？

二、理论背景

(一) 地方依恋理论

地方依恋指人们与特定地点之间一种积极的情感纽带（Shumaker & Taylor，1983），是人地关系中最重要的心理因素之一（Eyles，1985）。与此相关的还有地方依赖、地方认同、地方感等概念（Lewicka，2011），这里将此统称为地方依恋理论。针对这些概念的内涵和相互之间的包容涵盖关系，已有不少学者做了总结和辨识（Jorgensen & Stedman，2001；Scannell & Gifford，2010；Trąbka，2019）。虽然还存在不少分歧，但地方依恋通常是最受关注的（Lewicka，2010；Ruiz & Scopelliti，2010）。用定量的方法测度地方依恋受到环境心理学研究人员的青睐，学者常将地方依恋划分为不同维度，进而设计李克特量表对各个维度进行测量。其中，Williams & Vaske（2003）的经典研究认为地方依恋是一个二维构念，它有自己的潜在子构念：地方依赖和地方认同。地方依赖指地点的独特性，设施的独特性和其他产生的功能依赖性。地方认同指一个人在心理上投入一个地方时，给予这个地方的象征意义。通常，功能联结被称为地方依赖，情感联结被称为地方认同（Williams & Roggenbuck，1989）。

伴随着研究交叉的发展趋势，地方依恋更多时候被当作一种应用工具，借此揭示某些现象的发生机制。Devine-Wright & Howes（2010）发现对地方的依恋解释了支持可再生能源的居民反对建设风力发电厂的矛盾现象，因为风力发电厂的修建会对地方造成破坏。Li et al. (2010) 对卡特里娜飓风灾难撤离后的返回现象进行了研究，发现研究对象都表示他们对新奥尔良有强烈的依恋，这种对地方的依恋促使他们决定返回。此外，地方依恋还被认为促进了亲环境行为（Stedman，2002；Vaske & Kobrin，2001）、地方保护行为（Kaltenborn & Bjerke，2002；Walker & Ryan，2008）和公民活动（Lewicka，2005；Perkins et al.，1996）的发生。与此同时，地方依恋的应用范围也大大扩展，关注群体也逐渐过渡到特殊地域居民（Billig，2006）、游客（Bricker & Kerstetter，2000；Halpenny，2010）、移民（Van Ecke，2005）等。在灾害领域，学者们注意到生活在灾害风险区域的居民之所以不愿意迅速撤离或搬迁，是因为他们与灾区深厚的情感联结（Swapan & Sadeque，2020）。然而，地方依恋到底通过什么机制影响了个体的应对行为，是直接还是间接作用，对不同应对行为的作用又是如何，这些问题却少有涉及。

（二）防护激励理论

防护激励理论（PMT）由 Rogers 和 Prentice-Dunn（1997）提出，是研究人类健康行为的理论。近年来，学者们发现 PMT 似乎具有更广泛的适用性，如在自然和技术危害的领域（Grothmann & Reusswig，2006；Mulilis & Lippa，1990；Zhang et al.，2017）。PMT 为理解人类行为提供了一个完善的框架，其核心是两个过程：威胁评估和应对评估。威胁评估是指一个人的风险感知，应对评估是指一个人应对和避免被威胁伤害的能力。更具体地说，PMT 构建了应对评估的三个部分：第一部分，感知到的反应效能，即相信保护行动实际上是有效的，可以保护自己或他人免受威胁的伤害；第二部分，感知到的自我效能，是一个人对自己采取实际保护性反应能力的信心水平；第三部分，采取保护性反应的假定成本，不仅包括金钱因素，还包括时间和努力因素。此外，根据威胁和应对评估过程的结果，PMT 区分了一个人对威胁做出的两种反应，即保护性反应和非保护性反应。如果人们选择了一种保护性反应，他们首先形成了采取行动的意图，这被称为保护动机。由于一些在意图形成时并不被考虑的现实障碍，如缺乏时间、金钱或知识，保护动机并不一定会导致实际的行为。总的来说，因为引入了应对评估的概念，PMT 展现了独特的价值。而反应效能和自我效能作为应对评估中的重要子成分，也受到越来越多的关注。Kievik & Gutteling（2011）将反应效能和自我效能结合为感知效能对洪水威胁区居民的保护行为意愿进行了研究，发现感知效能与自我保护行为意愿之间存在显著相关。Mertens et al.（2018）调查了农民面对滑坡风险时的植树意愿，发现在那些不愿植树的家庭中自我效能水平低。这些研究表明，反应效能和自我效能是风险应对行为中有力的预测因子。然而，目前尚不清楚反应效能和自我效能如何单独影响应对行为，也缺少两者预测能力的比较。

三、研究模型和假设

地方依恋被认为是人们与特定地点之间的一种积极的情感纽带，其特征是希望保持与依恋对象的亲密性（Jorgensen & Stedman，2001）。正如 Fried（1963）注意到，被迫搬迁的人们正经历一个哀悼阶段，就像人们在重要人物去世时所经历的那样。不幸的是，当一个地方受到灾害威胁时，通常需要撤离/搬迁来应对这种风险（Dash & Gladwin，2007；Hunter，2005）。然而，人们可能为了避免与地方的关系中断，选择继续留在威胁地区，这也得到了大量研究的支持（Bonaiuto et al.，2016；Khan et al.，2020）。因此，研究作出如下假设：

H1：地方依赖对撤离/搬迁意愿有负向显著影响。

H2：地方认同对撤离/搬迁意愿有负向显著影响。

感知效能包括感知到的自我效能和反应效能（Kievik & Gutteling，2011），与风险感知一致，都是危险应对中心理因素的重要组成部分（Rogers & Prentice-Dunn，1997）。自我效能和反应效能的水平越高，表明个人对自己应对能力的信心越强。Newnham et al.（2017）评估了中国香港居民的自我效能和疏散障碍感，发现报告自我效能水平高的居民，撤离的感知障碍较少，更具有撤离准备的潜力。Samaddar et al.（2012）调查了孟买洪水泛滥地区居民的撤离意向，发现自我效能高的个体更倾向于撤离。一致地，Bradley et al.（2020）提出了一个气候变化引发亲环境行为的模型，发现反应效能可以预测面对环境威胁时的环境保护行为。因此，研究作出如下假设：

H3：自我效能对撤离/搬迁意愿有正向显著影响。

H4：反应效能对撤离/搬迁意愿有正向显著影响。

强烈的地方依恋被认为能促进居民的行为适应（Mertens et al.，2018）。与此同时，对地方的高度依恋也常常伴随着乐观偏见的发生（表现在人们认为消极事件不太可能在该地发生或对自己能够克服困难的高度自信），因为它保护了身份，减少了焦虑、恐惧等负面情绪（Weinstein，1984）。也就是说，地方依恋很有可能通过影响个体的感知效能，产生对自己能力的积极期望和对反应措施有效性的认可。因此，研究作出如下假设：

H5：地方依赖对自我效能有正向显著影响。

H1a：地方依赖通过影响自我效能进而对撤离/搬迁意愿有显著的正向影响。

H6：地方认同对自我效能有正向显著影响。

H2a：地方认同通过影响自我效能进而对撤离/搬迁意愿有显著的正向影响。

H7：地方依赖对反应效能有正向显著影响。

H1b：地方依赖通过影响反应效能进而对撤离/搬迁意愿有显著的正向影响。

H8：地方认同对反应效能有正向显著影响。

H2b：地方认同通过影响反应效能进而对撤离/搬迁意愿有显著的正向影响。

自我效能指一个人对自己采取实际保护性反应能力的信心水平，而反应效能指相信保护行动实际上是有效的，可以保护自己或他人免受危险的伤害。现有研究常常将它们作为危险应对行为的预测因子（Tang & Feng，2018），却很少对这两者间的关系进行探索。我们认为，一个人对自己能力的评估应该先于其对应对措施有效性的感知。因此，研究假设：

H9：自我效能对反应效能有正向显著影响。

与 Williams 和 Vaske(2003)的看法一致，研究认为人们对地点的依恋基于两个因素：地方依赖和地方认同。事实上，一个人可能会被附属于一个地方，但又不认同它(例如，一个人喜欢住在一个地方，并希望继续待在那里，但觉得这个地方不是他身份的一部分)。由于地方认同具有感觉维度，需要长时间的体验和感受才能产生与地方相关的感觉和象征意义。也就是说，地方依赖的程度和持续时间会进一步影响地方认同(见图3-4)。因此，研究作出如下假设：

H10：地方依赖对地方认同有正向显著影响。

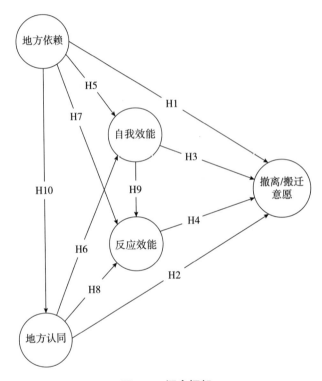

图3-4　概念框架

四、研究方法

(一) 变量测度

地方依恋的测度借鉴 Prayag & Ryan(2012)等相关研究，这些研究认为地方依赖与地方认同是平行概念，都属于地方依恋这一概念的子概念。同时，考虑到本研究的对象是中国西部山区的农户，其受教育程度普遍偏低，因此研究修改了经典研究的部分词条，以确保农户能正确理解词条的含义。

如前所述，感知效能指个人评估自身应对威胁的能力。参考已有研究对感知效能的测度方法(Grothmann & Reusswig，2006；Kievik & Gutteling，2011)，并结合所获得的调查问卷的数据特点，本研究主要从自我效能和反应效能两方面设计词条对感知效能进行测度。值得注意的是，面对灾害威胁，居民的应对措施有多种。相应地，居民对不同应对措施有效程度的感知也存在差异(Peers et al.，2021；Poussin et al.，2014)。故在反应效能的测度中，应该选择一种明确的应对方式。撤离已经被证明能够有效减弱地震灾害的冲击(Feng et al.，2020)，因此我们通过测度居民感知的撤离有效性来测度反应效能。

撤离意愿和搬迁意愿是本研究的核心因变量。根据 Xu et al.(2017c)的研究，居民的撤离/搬迁意愿会受到周围邻里和政府的影响。为了尽可能使测度的撤离/搬迁意愿更贴近于实际的撤离/搬迁意愿，本研究综合了多种情况下的居民意向，如自愿、政府强制、政府补贴等情况，总体测度了居民的撤离/搬迁意愿。

所有构造都采用李克特 5 级量表进行测量，具体条目内容如表 3-17 所示。其中，地方依恋和感知效能的条目包括非常不同意(1)、不同意(2)、一般(3)、同意(4)、非常同意(5)；撤离意愿和搬迁意愿的条目包括非常不愿(1)、不愿意(2)、一般(3)、愿意(4)、非常愿意(5)。

表 3-17 变量测度项目

构成	编码	条目	均值	标准差
地方依赖	PD1	我从来没有想过搬出村子，到其他地方居住	3.37	1.51
	PD2	我不想从这里搬走，因为我已经习惯了这里的生活方式	4.06	1.06
	PD3	虽然害怕灾害，但我还是不愿意从这搬走，因为我祖祖辈辈都在这里，我的根在这里	3.91	1.17
地方认同	PI1	在这个村子生活比在其他地方生活更能让我感到满意	4.02	1.03
	PI2	在村里比在其他地方安逸些，我想干啥就干啥，比较自在	4.41	0.81
	PI3	除非外出办事，平时我更喜欢待在村子里	4.31	0.90
自我效能	SE1	当地震灾害发生时，我了解村里的疏散撤离路线	4.19	1.15
	SE2	我了解村里的应急避难点位置	4.02	1.22
	SE3	我了解村里现有的防灾措施	3.28	1.31
反应效能	RE1	撤离能够有效地防止受伤和死亡	4.37	0.88
	RE2	如果我撤离了，我能够有效地避免受伤和死亡	4.28	0.91
	RE3	撤离能够有效地减少生理和心理痛苦	4.33	0.91
撤离意愿	EI1	面临灾害威胁，不考虑其他人，如果让我自愿撤离，我愿意撤离	3.68	1.37
	EI2	面临灾害威胁，如果村里和我关系好的都撤离了，我愿意撤离	4.55	0.86
	EI3	面临灾害威胁，如果政府强迫我撤离，我愿意撤离	4.45	0.91
	EI4	面临灾害威胁，如果政府给一定补贴，我愿意撤离	4.57	0.84

构成	编码	条目	均值	标准差
搬迁意愿	RI1	面临灾害威胁，不考虑其他人，如果让我自愿搬走，我愿意搬走	3.10	1.53
	RI2	面临灾害威胁，如果村里和我关系好的都搬走了，我愿意搬走	4.06	1.35
	RI3	面临灾害威胁，如果政府强迫我搬走，我愿意搬走	3.96	1.31
	RI4	面临灾害威胁，如果政府给一定补贴，我愿意搬走	4.15	1.26

(二) 数据分析

研究使用偏最小二乘法 (PLS) 来测试研究模型。PLS 是结构方程模型 (SEM) 的一种类型，它可以将测量模型和结构模型 (Bollen，1989) 整合在一起。测量模型检查指标和潜在构造之间的假设联系，而结构模型估计外源 (独立) 和内源 (依赖) 潜在构造之间的假设路径。此外，PLS 常被用于复杂模型的分析，适用于探索性研究 (Ringle et al.，2012)。在本研究中，我们使用 SmartPLS 3.0 软件进行 PLS 路径建模。

五、研究结果

(一) 描述性分析结果

表 3-18 显示了研究对象的基本人口统计学特征。由表 3-18 可知，54% 的受访者为男性，46% 为女性，77% 的受访者年龄大于 40 岁。受访者的受教育程度普遍偏低，只有不到 3% 的受访者拥有大学文凭，甚至有 10% 的受访者没有受教育经历。

表 3-18　人口统计学分析

变量	条目	人数	比率
性别	男性	176	53.82
	女性	151	46.18
年龄	14~17	3	0.92
	18~25	11	3.36
	26~35	17	5.20
	36~45	44	13.46
	46~60	149	45.57
	60+	103	31.50
受教育程度	文盲	34	10.40
	小学	143	43.73
	初中	114	34.86
	高中	27	8.26
	大学	9	2.75

(二)模型估计结果

1. 研究模型1：撤离意愿

(1)测量模型评估

第一，测量变量的因子载荷范围为0.637—0.925(见表3-19)，高于Joseph(2009)推荐的0.5。第二，对于每个结构，我们通过克朗巴哈系数和组合信度来测量潜变量的内部信度。克朗巴哈系数均大于0.6，组合信度均大于0.7，表明构造具有良好的内部一致性。第三，根据平均提取方差来估计测量模型的收敛效度，各潜变量的平均提取方差均大于0.5，表明构造具有良好的收敛效度。此外，区分效度显示每个构造之间的关联程度。Fornell & Larcker(1981)建议平均方差必须高于一个构造和其他构造之间共享的方差，以显示良好的区别效度。如表3-20所示，对角线值(粗体)大于其列中的值，表明模型的每个构造都是唯一的，并且不同于其他构造。

表3-19　构造有效性评估

构造	编码	载荷	克朗巴哈系数	组合信度	平均提取方差
地方依赖	PD1	0.742	0.733	0.850	0.654
	PD2	0.831			
	PD3	0.849			
地方认同	PI1	0.858	0.761	0.861	0.675
	PI2	0.745			
	PI3	0.857			
自我效能	SE1	0.835	0.670	0.816	0.597
	SE2	0.763			
	SE3	0.717			
反应效能	RE1	0.859	0.811	0.888	0.726
	RE2	0.879			
	RE3	0.818			
撤离意愿	EI1	0.637	0.845	0.897	0.690
	EI2	0.803			
	EI3	0.924			
	EI4	0.925			

表3-20　效度检验

	PD	PI	SE	RE	EI
PD	**0.809**				
PI	0.522	**0.822**			

	PD	PI	SE	RE	EI
SE	0.052	0.074	**0.773**		
RE	-0.018	0.123	0.278	**0.852**	
EI	0.023	0.057	0.213	0.303	**0.831**

（2）结构模型评估

表 3-21 显示了潜在变量之间的路径系数、本研究的研究假设和 bootstrap T 统计量。根据 Joe et al.（2011）研究，在 90% 的置信区间，可接受的 T 统计量必须大于 1.65，在 95% 的置信区间，必须大于 1.96，在 99% 的置信区间，必须大于 2.57，而在 99.90% 的置信区间下，T 统计量必须大于 3.29。由表 3-21 可知，当 T 统计量小于 1.65 时，假设被拒绝，但在 T 统计量大于 1.65 的所有行中，假设被接受。

表 3-21　研究假设情况

假设	路径	系数	标准差	T 统计量	P 值	显著水平	决定
H1	PD→EI	0.017	0.064	0.267	0.789	n. s.	拒绝
H2	PI→EI	0.006	0.072	0.081	0.936	n. s.	拒绝
H3	SE→EI	0.138	0.062	2.23	0.026	**	接受
H4	RE→EI	0.264	0.069	3.848	0.000	****	接受
H5	PD→SE	0.019	0.076	0.245	0.807	n. s.	拒绝
H6	PI→SE	0.064	0.068	0.934	0.350	n. s.	拒绝
H7	PD→RE	-0.118	0.059	1.986	0.047	**	接受
H8	PI→RE	0.165	0.062	2.641	0.008	***	接受
H9	SE→RE	0.272	0.054	5.067	0.000	****	接受
H10	PD→PI	0.522	0.049	10.646	0.000	****	接受

注：**** 表示在 0.1% 的水平上显著，*** 表示在 1% 水平上显著，** 表示在 5% 水平上显著，* 表示在 10% 水平上显著。

路径系数的方向、强度和显著性水平是检验研究假设的关键因素。从图 3-5 可以看出，地方依赖和地方认同对撤离意愿的直接影响不显著，假设 H1 和假设 H2 被拒绝。而自我效能和反应效能均对撤离意愿有正向显著影响，假设 H3 和假设 H4 得到了支持。此外，地方依赖和地方认同与自我效能间的关系不显著，假设 H5 和假设 H6 被拒绝。虽然地方依赖和地方认同与反应效能间的关系显著，但地方依赖与反应效能之间的路径系数为负，因此假设 H7 被拒绝，假设 H8 得到了支持。自我效能对反应效能有正向显著影响，同样，地方依赖对地方认同也有正向显著影响。因此假设 H9 和假设 H10 都得到了支持。

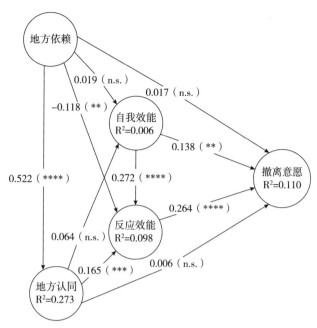

图 3-5 模型 1 结果

（3）中介分析

在文献中（W. Zhang et al.，2017；Zhao et al.，2005），感知效能常作为一个中介变量加入模型中。因此，我们认为地方依恋可以通过感知效能进而对居民的风险应对行为产生影响。所以，这一节展示了感知效能的中介作用。表 3-22 报告了自我效能和反应效能作为地方依恋和撤离意愿的中介因子时的间接效应。由表 3-22 可知，自我效能作为中介因子的路径不显著，因此假设 H1a 和假设 H2a 被拒绝。而地方依赖和地方认同都可以通过影响反应效能进而影响居民的撤离意愿，反应效能作为中介因子的假设成立。但值得注意的是，反应效能在地方依赖和撤离意愿中的中介作用为负，而在地方认同和撤离意愿中的中介作用为正，因此假设 H1b 被拒绝，假设 H2b 得到了支持。

表 3-22 中介效应评估

假设	路径	系数	标准差	T 统计量	P 值	显著水平	决定
H1a	PD→SE→EI	0.003	0.012	0.215	0.829	n. s.	拒绝
H1b	PD→RE→EI	−0.031	0.019	1.661	0.097	*	接受
H2a	PI→SE→EI	0.009	0.011	0.809	0.419	n. s.	拒绝
H2b	PI→RE→EI	0.043	0.020	2.190	0.029	**	接受

注：**** 表示在 0.1% 的水平上显著，*** 表示在 1% 水平上显著，** 表示在 5% 水平上显著，* 表示在 10% 水平上显著。

2. 研究模型 2：搬迁意愿

（1）测量模型评估

与模型 1 相似，我们首先评估了模型 2 构造的有效性（见表 3-23 和表 3-24）。第一，测量变量的因子载荷范围为 0.724—0.869，均高于 0.7。第二，每个结构的克朗巴哈系数均大于 0.6，组合信度均大于 0.8，表明构造具有良好的内部一致性。第三，各潜变量的平均提取方差均大于 0.5，表明构造具有良好的收敛效度。第四，使用 Fornell-Larcker 准则验证区分效度，提取的平均方差的平方根（对角线粗体值）大于列中的相关系数，表明模型具有良好的区别效度。

表 3-23　构造有效性评估

构造	编码	因子载荷	克朗巴哈系数	组合信度	平均提取方差
地方依赖	PD1	0.754	0.733	0.849	0.653
	PD2	0.825			
	PD3	0.843			
地方认同	PI1	0.861	0.761	0.861	0.674
	PI2	0.741			
	PI3	0.856			
自我效能	SE1	0.806	0.670	0.818	0.599
	SE2	0.747			
	SE3	0.768			
反应效能	RE1	0.864	0.811	0.888	0.726
	RE2	0.883			
	RE3	0.807			
搬迁意愿	RI1	0.724	0.846	0.896	0.684
	RI2	0.856			
	RI3	0.852			
	RI4	0.869			

表 3-24　效度检验

	PD	PI	SE	RE	RI
PD	**0.808**				
PI	0.524	**0.821**			
SE	0.06	0.082	**0.774**		
RE	-0.019	0.121	0.277	**0.852**	
RI	-0.137	-0.043	0.061	0.227	**0.827**

（2）结构模型评估

表 3-25 显示了模型 2 的估计结果。由表 3-25 可知，当 T 统计量小于 1.65 时，假设被拒绝，但在 T 统计量大于 1.65 的所有行中，假设被接受。

表 3-25　研究假设情况

假设	路径	系数	标准差	T 统计量	P 值	显著水平	决定
H1	PD→RI	-0.133	0.074	1.797	0.073	*	接受
H2	PI→RI	-0.001	0.080	0.015	0.988	n. s.	拒绝
H3	SE→RI	0.008	0.061	0.129	0.897	n. s.	拒绝
H4	RE→RI	0.223	0.069	3.219	0.001	***	接受
H5	PD→SE	0.024	0.075	0.316	0.752	n. s.	拒绝
H6	PI→SE	0.069	0.069	1.001	0.317	n. s.	拒绝
H7	PD→RE	-0.119	0.059	2.017	0.044	**	接受
H8	PI→RE	0.161	0.061	2.637	0.009	***	接受
H9	SE→RE	0.271	0.052	5.225	0.000	****	接受
H10	PD→PI	0.524	0.049	10.594	0.000	****	接受

注：**** 表示在 0.1% 的水平上显著，*** 表示在 1% 水平上显著，** 表示在 5% 水平上显著，* 表示在 10% 水平上显著。

从图 3-6 可以看出，地方依赖对搬迁意愿的直接影响显著，并且路径系数为负，表明面对灾害威胁时，居民的地方依赖越强烈，越不愿意搬迁。虽然地方认同与搬迁意愿间的关系不显著，但路径系数也为负。因此，假设 H1 得到了支持，假设 H2 被拒绝。此外，反应效能对搬迁意愿有正向显著影响，而自我效能与搬迁意愿之间的关系不显著。因此，假设 H3 被拒绝，假设 H4 得到了支持。由于模型 1 和模型 2 的前半部分相同，因此，与模型 1 的结果一致，假设 H5、假设 H6、假设 H7 被拒绝，假设 H8、假设 H9、假设 H10 得到了支持。

（3）中介分析

表 3-26 报告了自我效能和反应效能作为地方依恋和搬迁意愿的中介因子时的间接效应。由表 3-26 可知，只有"PI→RE→RI"这一条路径显著，且路径系数为 0.036。这表明反应效能在地方认同和撤离意愿中的中介作用为负，间接效应为 0.036。因此，假设 H1a、假设 H1b、假设 H2a 被拒绝，假设 H2b 得到了支持。

表 3-26　中介效应评估

假设	路径	系数	标准差	T 统计量	P 值	显著水平	决定
H1a	PD→SE→RI	0.000	0.005	0.04	0.968	n. s.	拒绝
H1b	PD→RE→RI	-0.027	0.016	1.632	0.103	n. s.	拒绝
H2a	PI→SE→RI	0.001	0.006	0.084	0.933	n. s.	拒绝
H2b	PI→RE→RI	0.036	0.018	2.038	0.042	**	接受

注：**** 表示在 0.1% 的水平上显著，*** 表示在 1% 水平上显著，** 表示在 5% 水平上显著，* 表示在 10% 水平上显著。

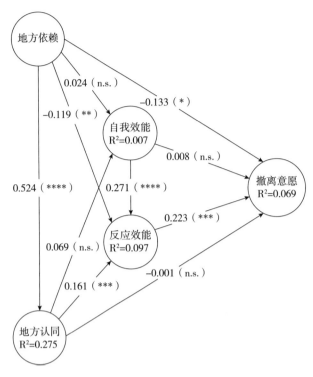

图 3-6　模型 2 结果

六、讨论

地方依恋与风险应对策略之间的关系，尤其是居民面对灾害威胁时的适应行为，是当前许多研究的热点（Bonaiuto et al.，2016；Jansen，2020）。事实上，本研究提出了一个崭新的理论分析框架，用于确定在地震灾害威胁背景下居民的地方依恋对其撤离和搬迁意愿的影响。相比于已有研究，本书主要有以下三点边际贡献：第一，结合地方依恋理论和防护激励理论，本书构建了居民地方依恋、感知效能和风险应对行为的理论分析框架，并构建了相应的指标体系；第二，研究同时关注了撤离和搬迁两种风险应对行为，并比较了地方依恋和感知效能对撤离和搬迁意愿作用的区别，为解释居民的不同风险适应行为提供了证据；第三，研究成功证明反应效能的中介作用，探讨了四川省地震威胁地区农户的地方依恋、感知效能和应对行为间的相互关系。

本研究旨在探讨地方依恋和感知效能如何结合起来预测居民的风险应对行为。同时，将居民的风险应对行为具体为撤离和搬迁，进一步探索影响居民撤离意愿和搬迁意愿的决定性因素。研究结果表明，感知效能是地方依恋对风险应对行为影响的中介因素。具体而言，在撤离意愿模型中，地方依恋没有直接影响居民的撤离意愿，但地方依恋可以通过反应效能的介导来影响撤离意愿。然而，反应效能在地方依赖对撤离意愿中的中介作用为负，而在地方认同对撤离意愿中的中介作用为正。注意到，一方面，反应效能对撤离意愿的影响是正向的，那么导致反应效能的中介作用不同向的关键在于地方依赖和地方认同到反应效能这一条路径的区别。也就是说，居民的地方依赖越强烈，其反应效能就越弱，进一步降低撤离意愿。而居民的地方认同越强烈，其反应效能就越强，进一步提高撤离意愿。另一方面，在搬迁意愿模型中，地方依赖对搬迁意愿的影响显著为负，也就是说居民的地方依赖越强烈，搬迁意愿越弱。同样，虽然地方认同对搬迁意愿的影响不显著，但是路径系数也为负。然而，在撤离意愿模型中，我们观察到地方依赖和地方认同对撤离意愿的路径系数为正。与 Ariccio et al. (2020)的想法一致，这可能是因为家庭与撤离地点之间有紧密的联系(通常只需步行几分钟)，人们可能认为家庭与撤离地点之间存在连续性而不是对立，离开家到撤离地点不会对地方依恋构成威胁。但搬迁意味着搬离居住地前往另一个地方，显然会对地方依恋造成破坏，因此呈现了这样有趣的结果。此外，与撤离意愿模型一致，在搬迁意愿模型中，地方依赖和地方认同也可以通过反应效能进而影响搬迁意愿。

近年来，中国政府已经逐渐发展具备了强大的国家备灾与救灾能力，包括强大的监测体系，能够及时发现自然灾害的发生并迅速向受灾地区调遣紧急救援物资(Q. Zhang et al.,2018)。然而，尽管国家层面备灾救灾能力很强，但省级或县级层面，尤其是贫穷的农村地区，抵御灾害风险的能力相对薄弱。在此情况下，本研究对贫困农村地区应急响应工作的开展提供了一定的启示。比如，本研究发现，农户对地方的强烈依恋是阻碍其采取正确有效应对措施的原因之一，尤其表现在对搬迁行为的接受中。这一发现肯定了研究人地关系的重要性，帮助政策制定者更好地理解和干预人们应对灾害威胁时的行为。一方面，需要继续加大宣传倡导活动，普及防灾措施的有效性，鼓励居民在紧急状况下做好自我防护，并将所学的减灾知识传递到家庭和社区。另一方面，需要充分考虑居民对地方的特殊情感，在充分尊重人与地方关系的情况下，引导农户进行完善的避灾准备，主动干预农户的灾害响应活动。

本研究还存在一定的不足，可在将来的研究中进一步完善。比如，首先，居民对撤离和搬迁有效性的感知并不相同，但本研究对反应效能的测量只包括了三个关于撤离的问题，由此构建的反应效能变量，可能并不客观准确。其次，本书只使用横截面数据探索地方依恋和居民风险应对行为之间的关系，而居民的地方依恋(如地方依赖和地方认同)可能是动态变化的(Chow & Healey, 2008；Trąbka, 2019)，需要面板数据才能更好地揭示地方依恋对居民撤离和搬迁行为的影响。最后，虽然本书采用定量的分析方法揭示了地方依恋、感知效能对居民风险应对行为的作用机制，但它不能自动获得对现实的合理解释，因此可以将定性的方法引入下一步研究，使结果的解释更具有说服力。

七、结论

本研究基于地方依恋理论和防护激励理论，结合了地方依恋、感知效能和风险应对行为，构建了一个新的理论分析框架，并采用四川省地震威胁区的数据进行了验证。主要得到以下结论：首先，地方依赖和地方认同没有直接影响居民的撤离意愿，但可以通过反应效能的介导对撤离意愿产生影响。相反，地方依赖对搬迁意愿有显著负向影响，同时，地方依赖和地方认同也可以通过反应效能对搬迁意愿产生影响。其次，自我效能和反应效能都对撤离意愿有显著正向影响。然而在搬迁意愿模型中，自我效能对搬迁意愿的作用不显著，而反应效能的作用仍然显著。也就是说，相比于反应效能，自我效能似乎不是地方依恋对居民风险应对行为影响的中介因素。这些结果有助于理解人们在面对地震灾害威胁时的风险行为选择，并证明了地方依恋在居民风险应对行为中的重要性。

第六节　社区韧性与避灾准备

一、引言

灾害是指能够对人类和人类赖以生存的环境造成破坏性影响的事物总称（Crandell，2012）。21世纪以来，灾害频繁发生，造成了人员伤亡、财产和基础设施的损失或破坏。因此，防灾工作成为国家和各级地方的首要任务（Doyle et al.，2018；UNISDR，2015；Xu et al.，2020b），各国研究者将研究重心集中在如何提高社区韧性以及居民避灾行为响应方面，从而优化灾害管理中准备、响应、恢复和缓解的周期（Cutter et al.，2014；Manyena et al.，2011；Tomio et al.，2014）。中国位于世界两大地震带（环太平洋地震带和欧亚地震带）之间，境内共有23条地震带。20世纪以来，中国共发生6级以上地震近800次，因地震造成死亡的人数占国内所有自然灾害包括洪水、山火、泥石流、滑坡等总人数的54%，超过1/2（Gao et al.，2015）。尽管目前世界各国科学水平的进步明显，但地震预报仍处于探索阶段，尚未完全掌握地震孕育发展的规律（Paton，2017）。在此背景下，越来越多的学者关注灾害易发区的社区韧性防灾能力和居民避灾准备的策略选择，旨在通过提高个人、家庭和社区韧性防灾能力，进而减少灾害造成的损失（Jagnoor，2019；Osti & Nakasu，2011）。研究社区韧性防灾能力对居民避灾行为的影响，以及居民避灾准备策略的选择，是提高家庭防灾减灾实际效应的关键。然而，学者对中国地震威胁区的社区韧性防灾体系建设关注还不够（Yong et al.，2020），尤其是对于灾害威胁极重的贫困地区居民避灾策略选择研究更加稀缺，本研究要解决的关键问题如下：

（1）地震重灾区社区韧性防灾能力和居民避灾准备具有怎样的特征？

（2）地震重灾区社区韧性防灾能力与居民避灾准备具有怎样的相关关系？

相比已有研究，本研究的边际贡献在于：一是基于社区韧性防灾能力评价体系，结合中国灾害威胁区的实际情况,利用汶川大地震和芦山大地震重灾区农户调查数据,有助于从理论和实践上提高我们对中国社区韧性防灾体系建设的认识;二是实证分析了社区韧性防灾能力与居民准备间的相关关系,能够为社区韧性防灾体系建设和灾害风险管理提供有益启示。

二、文献综述和研究假设

(一)文献综述

社区韧性能力是指长期适应灾害高发环境,具有较高预测预警和反应协调能力,能在灾害发生时不完全依赖外界救援,通过自身防灾韧性,使空间环境、社会结构等方面恢复到灾前状态的能力(Bergstrand et al. 2015;Klein et al. 2003)。社区被广泛认为是当灾害发生时,第一个受到影响并做出反应的社会单元(Aldrich,2011;Becker et al.,2012;Lim & Nakazato,2019)。故而,减少灾害风险范式逐渐重视社区韧性防灾能力的建设,以往灾害的经验教训表明,必须进一步加强备灾响应,事先采取行动,将减少灾害风险纳入社区家庭应急准备,确保有能力在各级开展有效的应对和恢复工作(Buikstra et al.,2010;Hyvärinen,2015)。根据 United Nations Office for Disaster Risk Reduction (UNDRR)所提出的仙台框架,(DRR)范式的要求不仅涉及各种学科的防灾减灾措施,也联系着社会的每一个环节。旨在解决灾害风险的三方面(灾害风险、脆弱性和能力以及危险特征),以防止产生新的风险、减少现有风险和提高社区防灾韧性(Drolet et al.,2015;Phibbs et al.,2016)。然而,学术界在如何把社区韧性防灾能力概念转化为可量化的框架方面未能达成共识。从已有研究来看,学者多从社区现有资源、文化、信息媒体和灾害管理维度去进行测度(见表3-27),割裂了居民个体对社区韧性防灾能力的促进作用(Bonanno et al.,2010)。然而,由于社区韧性研究在中国尚处于萌芽阶段,学者对中国地震灾区居民韧性防灾体系建设关注还不够(Lo & Cheung,2015),对灾区居民这一相对脆弱的群体关注得更少(Xu et al.,2020b)。因此,本书参考众多学者设计的社区韧性测量指标,充分考虑中国山地区域发展的现实情况,构建社区韧性防灾模型(见表3-27)。

表3-27 社区韧性的文献回顾

作者/时间	研究区域	灾害种类	测量指标	重要发现
Gilbert(2010)	—	—	从保护人身安全、基础设施、经济、政府服务、社会网络、环境安全划分了维度	建立了一个抗灾韧性能力框架,对比家庭与社区避灾行为响应的不同
Castleden et al. (2011)	Washington	Hurricane	强调社区韧性要素包括沟通、学习、适应、风险意识和社会资本	探讨了社区韧性防灾能力在灾害规划和公共卫生保护中的相关性

续表

作者/时间	研究区域	灾害种类	测量指标	重要发现
Chandra et al. (2011)	—	—	提供了社区韧性框架的八个要素，健康、获得机会、教育、参与、自给自足、伙伴关系、质量和效率	居民灾害经验和灾害知识学习可以提高风险沟通的效率，并积极参与社区韧性防灾体系建设
Cohen et al. (2013)	Israel	—	确定了组成社区韧性的六个因素，即领导力、集体效能、应急准备、地方依恋、社会信任和社会关系	物质、人力和社会资本水平较高的社区在应对灾害方面准备更充分，也更有效
Ayyub（2014）	世界39个已发生重大灾害地区	各类灾害	提供了一个社会评估韧性的框架，划分了以建筑、基础设施、网络和社区系统构建的韧性维度	社区可以通过降低灾害风险和迅速恢复而实现大规模节约
Fox-Lent et al. (2015)	Rockaway Peninsula	Hurricane & Flood	RM提供了一个灾害管理领域的框架（物理、信息、认知、社交）	Resilience Matrix（RM）是一种新的社区韧性评估方法，从更广泛的角度评估指标
Ostadtaghizadeh et al. (2015)	—	—	社区韧性能力变量设置包括社区教育、社区赋权、社交网络、社会资本、信息和沟通	评估地方和社区的韧性防灾能力更适合减少灾害风险和管理
Lam et al. (2017)	Hong Kong	Typhoon	信息获取、疏散策略、急救知识、财务韧性和应急物品的准备	在灾害周期的准备阶段，社区应当提供科学的避灾知识技能培训
Goulding et al. (2018)	Japan	Tsunami	划分为社区资源、信息网络、信任和互助以及社区文化四个维度	强调社区决策在重建过程中的重要性。在基于Community-based Operational Research（CBOR）干预中，需要加强韧性社区文化动态发展
Antronico et al. (2020)	Maierato（Calabria，Southern Italy）	Landslide	社区灾害风险感知、脆弱性、个人及社区灾害管理	提高社区居民对灾害管理的了解，加强风险治理以改进灾害管理，优化应急规划策略
Imesha et al. (2020)	Sri Lanka & New Zealand	—	社区文化、沟通交流、网络媒体和政策关怀四个维度	具有韧性的社区，经济发展水平发达，能够为灾后恢复提供必要保障

居民避灾准备指在灾难发生时增强社会单位能力的活动，家庭避灾准备已被视为迅速减少家庭一级损失和降低风险的一种方法（Tierney et al.，2002；Paton.，2003）。有研究指出，在备灾方面投入1美元将减少4美元潜在的损失（Godschalk et al.，2009）。然而，从已有研究来看，学术界关于避灾准备指标的测度并不统一，多从居民主观意识的

角度出发来测度居民避灾准备。比如，有的学者通过 Health Belief Model（HBM）干预人们的知觉、态度和信念等心理活动，从而改变人们的避灾行为（Haraoka et al.，2012；Inal et al.，2018）。有的研究发现提高居民社会经济地位会显著影响居民对避灾准备的态度（Masoumeh et al.，2020）。然而，居民个体特征差异显著，仅依靠居民避灾准备自我效能达到应对地震灾害的作用是有限的。面对破坏性极强的灾害，居民生命安全和财产损失暴露度增加，就需要借助国家政府统筹各类灾害风险避灾准备措施，协调多方共同参与提高防灾能力建设。回顾四川近年来三次七级大地震，学术界和政界意识到灾害风险管理要逐步从救灾向防灾转变，以居民为核心、以社区为依托、以科学知识为依靠，向居民提供更多避灾策略的选择（Joffe et al.，2019）。

此外，许多学者认为，目前居民避灾准备策略发展不平衡不充分，其中一个很大的原因是社区韧性防灾能力建设不足（Onuma et al.，2017）。从现有的研究来看，对社区韧性防灾能力体系建设的研究多集中在社区的物质建设和财政建设方面，如改善基础设施或多样化生计策略（Elliott et al.，2010；Aldrich，2015）。然而，中国作为发展中国家，偏远落后地区人口规模较大且居住分散，在考虑经济性条件下，借鉴发达国家的社区韧性防灾能力对居民避灾准备的影响效果一般（Battarra et al.，2018；Sun & Xue，2020；Zhang & Gao，2018）。故而，中国学术界亟须对地震灾害威胁区社区韧性防灾能力对居民避灾准备的影响路径展开综合研究。

在此背景下，本研究以中国四川省汶川地震和芦山地震重灾区居民为研究对象，从联系关心、资源禀赋、变革潜力、灾害管理和信息通信五个维度测量社区韧性防灾能力，从应急避灾准备、知识技能准备和物理防灾准备三个维度测量居民避灾准备，构建Tobit 模型探究社区韧性防灾能力和居民避灾准备间的相关关系，以期为社区韧性防灾体系建设和灾害风险管理提供有益启示。

（二）研究假设

面对具有强致灾性和突发性的地震灾害威胁时，居民会采取相应的避灾措施保障生命和家庭财产安全。然而，居民避灾准备的选择不仅依靠其自身掌握的知识经验，而且依赖社区韧性防灾体系提供的物质基础和信息知识（DRRP，2016）。完善的社区韧性防灾能力是提供居民避灾准备多样性的选择和增强抵御风险冲击能力的基础（Norris et al.，2007；Ainuddin et al.，2012），因此研究中国地震重灾区的社区韧性防灾能力对居民避灾准备的影响路径具有重要意义。

就社区联系关心而言，通信基础设施理论提供了一个有趣的观点，居民在社区内的社会关系越好，对社区环境的满意程度越高，在社区内居住的时间越长，参与社区的活动越多，对社区的归属感也就越强，社区在居民生活中的作用就越重要。个人的发展融入社区发展环境中，会增加居民集体效力和公共活动的参与度，促进人际互动和沟通交流。社区联系关心有利于推动居民避灾准备措施（Kim & Ball-Rokeach，2006）。一方面，社区联系关心加强，居民相互交流和共享避灾知识，从而提高灾害发生应对能力和重视房屋加固（Kim et al.，2010）。另一方面，基于中国乡村"熟人社会"，以社区成员之间的紧密联系为特征，邻里互相帮助是物理防灾水平提高的重要动力（Zheng et al.，2017）。此外，社区提供必要的防灾知识宣传，居民防灾活动的参与度越高，更加有可能为未来发生的灾害做好应急物品的准备和灾害保险的购买（Marsh & Buckle，2001）。基于此，研究提出如下假设：

H1：社区联系关心与居民总体避灾准备及其三个维度（应急避灾准备、知识技能准备、物理防灾准备）均存在正向显著相关关系。

就社区资源禀赋而言，经济实力雄厚、基础设施完善、收入结构多元的社区为居民防灾减灾提供充足的物质保障，特别是社区内脆弱性贫困家庭（Wang et al.，2015；Wu et al.，2018）。社区有资源能力根据当地灾害特征邀请专家指导社区居民学习不同灾害的防灾救灾知识，建立社区学习机制，提高居民知识技能准备水平，确保居民能够有效自主地采取应急避灾行动，并且社区给予购买灾害保险补贴，最大限度地减少生命财产损失（Chou et al.，2014；Simpson，2001；Zhou et al.，2021）。然而，也有学者指出社区资源禀赋丰富，居民认为应急物品的准备并不是迫在眉睫的事情，并且居民对社区领导者处理灾害能力的高度信任，会阻碍他们为应对灾害发生的应急避灾准备做出的努力（Han et al.，2017b；Lindell et al.，2009）。基于此，研究提出如下假设：

H2：社区资源禀赋与居民总体避灾准备及其两个维度均存在正向显著相关关系，与应急避灾准备存在负向显著相关关系。

就社区变革潜力而言，利用社区领导效率、联合社会组织机构解决现实问题等能力以适当的方式应对灾害事件，为未来可能发生的灾害做出预见措施，社区变革潜力为居民避灾准备提供坚强的组织保障（Goswick et al.，2017）。变革潜力取决于社区所拥有的物质资本和社会资本，创造繁荣和谐的社区，促使居民紧密的融入集体（Ungar，2011）。在日常生活中，社区发挥自身优势和依托科技进步，利用现代技术创新应急物品的种类和延长应急设施使用寿命，发明创造新材料、新结构的抗震房屋，通过提高物理防灾水平，降低居民灾害恐慌情绪（Comes，2016）。变革潜力强的社区，勇于改革创新，与社区合作机构协调互动，通过更加便利的信息发布、视频科普等方式，扩展居民知识技能准备的资源要素（PHEP，2019）。基于此，研究提出如下假设：

H3：社区变革潜力与居民总体避灾准备及其三个维度均存在正向显著相关关系。

就社区灾害管理而言，社区建立完善的灾害应对方案，颁布了在灾害预防、保护、缓解、应对和恢复五个领域的灾害管理核心任务，对于居民避灾准备具有重要意义（Said et al.，2011）。具体而言，社区建立地质灾害监测员巡查机制，在一定程度上为居民应急避灾准备提供预警帮助。即使灾害发生后，社区能够作为最快速的响应单位，积极展开救灾活动（Burton，2014）。社区提供避灾行为宣传教育培训，增加居民科学避灾知识和灾后心理承受能力（陆思锡等，2020；Yong et al.，2020）。社区建立灾害预防常态化响应机制，时刻提高警惕，筑牢思想防线，定期组织突发灾害应急管理的实战演练，提高居民避灾准备能力（Cutter & Derakhshan，2018）。基于此，研究提出如下假设：

H4：社区灾害管理与居民总体避灾准备及其三个维度均存在正向显著相关关系。

就社区信息通信而言,信息通信是社区韧性防灾能力的重要体现,在保护居民生命和财产安全方面,信息发布者从灾害预警、灾情报道、培养防灾能力发挥巨大作用(Houston et al.,2019)。社区居民获取信息的途径主要分为两类:一类是居民私人间口头的信息传递,其特点是传播速度快易于理解;另一类是官方媒体发布的信息,其特点是信息的可靠性高,可以科学地对居民进行灾害知识教育,灾害的预报具有权威性,便于居民做出相应的行为决策(Nah & Yamamoto,2017;Zhu et al.,2011;Xu et al.,2019a)。基于此,研究提出如下假设:

H5:社区信息通信与居民总体避灾准备及其三个维度均存在正向显著相关关系。

三、变量测度与研究方法

(一)变量测度

本研究的目标是从社区韧性防灾能力视角出发,探索社区韧性防灾能力与居民避灾准备间的相关关系。要实现此目标,需要对一些关键变量进行测度。分别如下:

1. 社区韧性防灾能力的测度

关于社区韧性防灾能力的测度,参考 Cui et al.(2018)、Pfefferbaum et al.(2013)、De Roode et al.(2019)、Takeuchi et al.(2012)等研究,在 Communities Advancing Resilience Toolkit(CART)框架指导下,本研究将社区韧性分为联系关心、资源禀赋、变革潜力、灾害管理和信息通信五个维度,其中联系关心指一个社区内的社会纽带和关心;资源禀赋指社区内可动用的资源;变革潜力指社区所具备但尚未开发的能力;灾害管理指社区应对重大灾害发生的应对能力;信息通信指居民通过社区提供的信息获得更好的帮助,并分别设置细小指标对五类社区韧性防灾能力进行测量,共 24 项指标(见表3-28)。

表3-28 社区韧性定义和描述性统计

变量维度	变量编码	变量定义[a]	Mean	SD[b]
联系关心	B1	村里的人都觉得大家属于村子,对村子有归属感	4.32	0.78
	B2	村里的人都在为使得村子的福利更好而努力奋斗	4.16	0.85
	B3	村里的人都在村子的未来发展充满希望	4.02	1.04
	B4	村里的人在平时生活中互帮互助	4.48	0.72
资源禀赋	B5	村里的领导干部是有效率有能力的人	3.86	1.08
	B6	村里自身有资源/能力去解决其面临的问题	3.42	1.17
	B7	在村里,有事大家基本知道应该去哪里、找谁帮忙处理问题	4.24	0.82
	B8	村里有专门针对小孩和家庭的帮扶措施(如项目)	3.55	1.25

变量维度	变量编码	变量定义[a]	Mean	SD[b]
变革潜力	B9	村里联合村外的一些组织/机构,一起帮助解决村里面临的问题	3.24	1.31
	B10	村里有什么问题,大家可以很好地跟村干部沟通,并一起处理	3.94	1.09
	B11	村里的问题,大家都很关心,希望能够一起解决	4.21	0.80
	B12	关于村里的问题,大家都是一起协商,沟通解决	3.96	1.03
	B13	大家会及时交流关于村子发展成功或失败的经验教训	3.50	1.12
	B14	村里采取过一些措施去防止灾害的发生/治理灾害	3.89	1.08
	B15	在灾害发生过程中,村里能够提供及时的避灾帮扶服务	3.98	0.98
	B16	村子对未来的发展有目标规划,有发展重点	3.41	1.25
灾害管理	B17	如果发生灾害,村里有相关的政策帮助大家灾后重建/灾后恢复	3.84	1.05
	B18	面对未来可能发生的灾害,村里有积极的避灾准备措施	3.92	1.00
	B19	如果灾害发生了,村里能够为大家提供信息,告诉大家怎么做	4.12	0.95
	B20	村里有系统的群测群防体系建设	3.38	1.26
	B21	村里有系统的灾害疏散/回流/搬迁计划	3.43	1.22
信息通信	B22	村里通过电话/广播/干部传达等手段告诉村民相关信息	4.13	0.99
	B23	村里的人们对政府的决策都很信任	4.28	0.88
	B24	我可以从村里获取信息来帮助我家更好地工作和生活	3.63	1.19

注:a:1=非常不同意,2=不同意,3=一般,4=同意,5=非常同意;b:SD=标准差。

2. 居民避灾准备的测度

关于避灾准备的测度,参考 Hoffmann & Muttarak(2017)、Miceli et al.(2008)、Mc-Neill et al.(2013)等研究,将避灾准备划分为应急避灾准备、知识技能准备、物理防灾准备三个维度,每个维度再分别设计词条对其进行测量(见表3-29)。其中,应急避灾准备选取的指标包括家庭是否准备有灾害应急物品、是否购买应对灾害的保险、家庭是否采取预防措施。知识技能准备选取的指标包括是否学习防灾减灾的知识、是否有获取灾害知识的途径、是否参加防灾培训、是否掌握自救互救知识。物理防灾准备选取的指标包括是否加固房屋、是否将重要物品放置在安全的地方。当家庭做出准备时,代码赋值为1,否则赋值为0。

表3-29　居民避灾准备行为定义和描述性统计

变量维度	变量编码	变量定义[a]	Mean	SD[b]
应急避灾准备	A1	您家平时是否准备有灾害应急物品	0.25	0.432
	A2	您家是否有此类保险	0.28	0.447
	A3	您是否想要为避灾减灾采取一些预防措施	0.75	0.432

变量维度	变量编码	变量定义[a]	Mean	SD[b]
知识技能准备	A4	家里人平时会有意识地去学习防灾减灾基础知识吗	0.62	0.487
	A5	是否有获取灾害知识的途径	0.89	0.313
	A6	您家是否有人参加过灾害相关知识培训	0.45	0.499
	A7	您家是否有人参加过村里组织的灾害逃生演练	0.55	0.498
物理防灾准备	A8	家中的房屋是否加固	0.57	0.496
	A9	您家是否有将重要的物品放在安全的地方	0.63	0.484

注：a：0=否，1=是；b：SD=标准差。

3. 控制变量的测度

关于控制变量的测度，参考 Beringer（2000）、Fischer（2011）、Han et al.（2017b）、Xu et al.（2020b）等研究。本研究设置影响居民避灾准备的控制变量包括被访者性别、年龄、家庭年收入、居民对灾害发生的可能性和威胁性的风险认知（见表3-30）。

表3-30 模型中变量的定义和描述性统计

变量名	变量维度	变量测度	均值	标准差
避灾准备	应急避灾准备	您家平时是否准备有灾害应急物品	0.43	0.289
		您家是否有此类保险		
		您是否想要为避灾减灾采取一些预防措施		
	知识技能准备	家里人平时会有意识的去学习防灾减灾基础知识吗	0.63	0.314
		是否有获取灾害知识的途径		
		您家是否有人参加过灾害相关知识培训		
		您家是否有人参加过村里组织的灾害逃生演练		
	物理防灾准备	家中的房屋是否加固	0.60	0.342
		您家是否有将重要的物品放在安全的地方		
	总体避灾准备	总体避灾准备得分	0.55	0.228
社区韧性	联系关心	联系关心得分	4.25	0.66
	资源禀赋	资源禀赋得分	3.77	0.78
	变革潜力	变革潜力得分	3.77	0.72
	灾害管理	灾害管理得分	3.74	0.81
	信息通信	信息通信得分	4.01	0.81
	总体社区韧性	总体社区韧性得分	3.91	0.63

变量名	变量维度	变量测度	均值	标准差
个人家庭特征	性别	性别（0＝男性，1＝女性）	0.46	0.50
	年龄	年龄（年）	53.44	13.40
	受教育程度	受教育年限（年）	6.29	3.70
	家庭年收入	家庭年收入（元）	66238	72237
	灾害可能性	灾害发生可能性感知得分	59.97	8.85
	灾害威胁性	灾害发生威胁性感知得分	60.00	8.28

注：a：SD＝标准差。

（二）研究方法

居民避灾准备策略选择是本研究的因变量，该变量为0和1之间的连续变量。根据变量的特点，本书拟采用Tobit计量模型探索社区韧性防灾能力与居民避灾准备的相关关系。模型简要介绍如下：

假设$y_i^* = \alpha'_i + \varepsilon_i$（$y_i^*$不可观测，扰动项$\varepsilon_i \mid x_i \sim N(0, \sigma^2)$）。假定截断点为$c=0$，则可以观测到Y的值如式（3-4）所示，整个样本的条件期望$E(y \mid x)$可由式（3-5）表示。

$$y_i = \begin{cases} y_i^*, & \text{若} y_i^* > 0 \\ 0, & \text{若} y_i^* \leq 0 \end{cases} \quad (3\text{-}4)$$

$$\begin{aligned} E(y|x) &= 0 \cdot P(y_i=0|x_i) + E(y_i \mid x_i; y_i>0) \cdot P(y_i>0 \mid x_i) \\ &= E(y_i \mid x_i; y_i>0) \cdot P(y_i>0 \mid x_i) \end{aligned} \quad (3\text{-}5)$$

根据上述介绍，本书设立的Tobit模型具体形式如下：

$$Tobit(y_i) = \alpha_0 + \alpha_{1i} \times DP_i + \alpha_{2i} \times RC_i + \alpha_{3i} \times Control_i + \varepsilon_i \quad (3\text{-}6)$$

公式（3-6）中，DP_i表示居民避灾准备；RC_i表示社区韧性防灾能力；α_0表示常数项；α_{1i}、α_{2i}、α_{3i}分别表示模型待估参数；$Control_i$为控制变量；ε_i表示随机扰动项。所有的数据分析处理都使用Stata 11.0。

四、结果

（一）描述性统计分析

如表3-30所示，本研究避灾准备作为二分类变量，样本均值代表了大多数居民采取避灾行为的趋势，所以均值小于0.5表明整体居民避灾行为准备不足，反之亦然。居民避灾准备总体得分一般，均值为0.55分。其中，知识技能准备均值为0.63分，表明居民在知识技能避灾准备中有强烈的学习意识；应急避灾准备均值为0.43分，表明居民在应急避灾准备方面准备不充分，尤其是在家庭平时准备应急物品和购买防灾减灾保险方面更加突出。自变量社区韧性防灾能力结果显示，总体社区韧性防灾能力得分均值为

3.91 分，表明各个社区韧性防灾能力总体水平一般。其中，联系与关心维度均值得分最高，达 4.25 分；灾害管理维度均值得分最低，仅 3.42 分；资源禀赋维度均值得分为 3.77；变革潜力维度均值得分为 3.77；信息通信维度均值得分为 4.01。就被访者个人特征而言，46% 的被访者是女性，平均年龄为 53.44 岁，平均受教育年限 6.29 年，家庭全年平均现金总收入为 66238 元。此外，被访者认为灾害发生的可能性和严重性较大，分别为 59.97% 和 60%。

(二) 模型结果

表 3-31 和表 3-32 分别显示的是模型变量间的相关系数矩阵和回归分析结果。如表 3-31 所示，模型所有变量间的相关系数均在 0.8 以下，表明模型自变量间不存在严重的多重共线性。如表 3-32 中，模型 1 和模型 2 所示的是以应急避灾准备为因变量的结果。其中，模型 1 是社区韧性防灾能力与应急避灾准备相关关系结果，模型 2 是在模型 1 的基础上纳入控制变量的结果。模型 3—模型 8 结果处理方式类似，只是模型的因变量为知识技能准备、物理防灾准备和总体避灾准备。从模型的整体显著性检验统计量可知，除了模型 5 外，其他模型的结果均在 0.01 的水平下显著。

如模型 2 所示，资源禀赋与居民应急避灾准备负向显著相关，变革潜力和灾害管理与居民应急避灾准备正向显著相关，表明资源禀赋对居民应急避灾准备有削弱作用，变革潜力和灾害管理对居民应急避灾准备有促进作用。此外，控制变量中的受教育程度、家庭年收入、灾害发生的可能性和严重性均与应急避灾准备正向显著相关。

如模型 4 所示，联系关心、灾害管理与居民知识技能准备正向显著相关，信息通信与居民知识技能准备负向显著相关，表明联系关心和灾害管理对居民知识技能准备有促进作用，信息通信对居民知识技能准备有削弱作用。此外，控制变量中的性别和年龄与居民知识技能准备负向显著相关，受教育程度和家庭年收入与居民知识技能准备正向显著相关。

如模型 6 所示，有意思的是，社区韧性防灾能力中的五个维度均与物理防灾准备没有显著相关关系。控制变量中，年龄与物理防灾准备负向显著相关，家庭收入与物理防灾准备正向显著相关，其余控制变量均与物理防灾准备无显著相关关系。

如模型 8 所示，联系关心、灾害管理与居民总体避灾准备正向显著相关，表明联系关心和灾害管理对居民总体避灾准备有促进作用。此外，控制变量中受教育程度和家庭年收入与总体避灾准备正向显著相关，其余控制变量均与总体避灾准备无显著相关关系。

表 3-31　模型核心变量的相关系数矩阵

变量	1	2	3	4	5	6	7	8	9
1. 应急避灾准备	1								
2. 知识技能避灾准备	0.311 **	1							

变量	1	2	3	4	5	6	7	8	9
3. 物理防灾准备	0.329 **	0.220 **	1						
4. 总体避灾准备	0.729 **	0.701 **	0.740 **	1					
5. 联系关心	0.172 **	0.229 **	0.038	0.198 **	1				
6. 资源禀赋	0.145 **	0.237 **	0.011	0.177 **	0.477 **	1			
7. 变革潜力	0.267 **	0.319 **	0.049	0.284 **	0.494 **	0.715 **	1		
8. 灾害管理	0.311 **	0.366 **	0.048	0.323 **	0.490 **	0.637 **	0.744 **	1	
9. 信息通信	0.205 **	0.213 **	-0.016	0.177 **	0.572 **	0.625 **	0.645 **	0.685 **	1

注：*** 表示在1%水平上显著，** 表示在5%水平上显著，* 表示在10%水平上显著。

表 3-32　社区韧性防灾与居民防灾准备的相关回归结果

变量	应急避灾准备		知识技能准备		物理防灾准备		总体避灾准备	
	模型 1	模型 2	模型 3	模型 4	模型 5	模型 6	模型 7	模型 8
联系关心	0.032	0.021	0.054 *	0.067 **	0.041	0.045	0.035	0.037 *
	(0.035)	(0.035)	(0.033)	(0.031)	(0.043)	(0.042)	(0.023)	(0.022)
资源禀赋	-0.067 *	-0.062 *	-0.014	-0.005	-0.020	-0.023	-0.031	-0.026
	(0.035)	(0.035)	(0.033)	(0.031)	(0.043)	(0.042)	(0.024)	(0.022)
变革潜力	0.072 *	0.075 *	0.065	0.026	0.043	0.032	0.053 *	0.038
	(0.043)	(0.044)	(0.041)	(0.039)	(0.053)	(0.053)	(0.029)	(0.028)
灾害管理	0.115 ***	0.110 ***	0.130 ***	0.114 ***	0.038	0.026	0.089 ***	0.078 ***
	(0.037)	(0.037)	(0.035)	(0.032)	(0.045)	(0.044)	(0.025)	(0.023)
信息通信	-0.005	0.001	-0.058 *	-0.051 *	-0.064	-0.061	-0.038 *	-0.033
	(0.035)	(0.034)	(0.032)	(0.030)	(0.042)	(0.041)	(0.023)	(0.022)
性别		0.051		-0.058 *		-0.062		-0.022
		(0.038)		(0.034)		(0.046)		(0.024)
年龄		0.002		-0.003 *		-0.004 *		-0.001
		(0.002)		(0.001)		(0.002)		(0.001)
受教育程度		0.016 ***		0.016 ***		0.002		0.010 ***
		(0.006)		(0.005)		(0.007)		(0.004)
家庭年收入		0.040 **		0.058 ***		0.073 ***		0.050 ***
		(0.019)		(0.017)		(0.023)		(0.012)
可能性		0.004 *		-0.002		0.003		0.001
		(0.002)		(0.002)		(0.003)		(0.001)
威胁性		0.004 *		0.001		0.003		0.002
		(0.002)		(0.002)		(0.003)		(0.001)
常量	-0.172	-1.318 ***	-0.054	-0.461	0.422 ***	-0.432	0.135	-0.532 **
	(0.129)	(0.341)	(0.120)	(0.298)	(0.155)	(0.410)	(0.085)	(0.214)

续表

变量	应急避灾准备		知识技能准备		物理防灾准备		总体避灾准备	
	模型 1	模型 2	模型 3	模型 4	模型 5	模型 6	模型 7	模型 8
样本量	327	327	327	327	327	327	327	327
LR chi2(χ^2)	37.44	55.46	50.43	104.54	4.18	25.44	43.44	87.52
Prob > chi2(χ^2)	0.000 ***	0.000 ***	0.000 ***	0.000 ***	0.523	0.008 ***	0.000 ***	0.000 ***
Pseudo R^2	0.119	0.176	0.199	0.413	0.011	0.064	−9.903	−20.004

注：*** 表示在1%水平上显著，** 表示在5%水平上显著，* 表示在10%水平上显著。

五、讨论

本研究利用汶川和芦山地震327户农户调查数据，研究分析了社区韧性防灾能力和居民避灾准备特征，并构建 Tobit 模型探究了两者间的相关关系。居民总体社区韧性防灾能力达到减少灾害风险范式的一般水平，在脱贫攻坚政策支持条件下，社区联系关心和信息通信两个维度得分较高。但资源禀赋、变革潜力和灾害管理三个维度得分较低。居民总体避灾准备处于中等水平，居民重视知识技能的理论学习，却轻视应急避灾准备的实践过程。社区韧性防灾能力与居民避灾准备间存在显著相关关系。其中：

研究结果与研究假设 H1 基本一致，社区联系关心得分越高，居民知识技能准备和总体避灾准备就会越完善。具体而言，社区联系关心紧密，一方面加强了灾害知识的交流分享，提高科学避灾知识的普及率；另一方面居民互助性提高，居民认为即使发生大的灾害，能够携手抵御灾害的冲击，导致社区联系关心与应急避灾准备和物理防灾准备两个维度相关关系并不显著。

结果与研究假设 H2 一致，社区资源禀赋得分越高，居民应急避灾准备就会越弱。具体而言，社区丰富的资源禀赋，一方面给予社区居民安定生活的信心，拥有较强资源支持的居民，降低了对灾害风险感知的效应；另一方面社区固然有丰富的资源禀赋优势，但未能充分发挥，防灾知识培训方式单一、疏散演练投入较少，居民对此不敏感，导致社区资源禀赋与居民总体避灾准备和其他两个维度（知识技能避灾和物理防灾准备）相关关系不显著。

结果与研究假设 H3 基本一致，社区变革潜力得分越高，居民应急避灾准备就会越强。具体而言，社区变革潜力提高，一方面社区重视应急物品储备，政府加大了灾后保险补贴力度，号召更多的居民参与投保，保障了居民财产安全；另一方面由于社区区位环境、管理者能力等因素的限制，居民未能享受到政策红利，导致社区变革潜力与居民总体避灾准备和其他两个维度相关关系不显著。

结果与研究假设 H4 一致，社区灾害管理得分越高，居民应急避灾准备、知识技能准备和总体避灾准备就会越强。具体而言，一方面居民有过至少两次大地震的灾害经历，痛苦的遭遇使得幸存居民更加重视避灾行为的响应；另一方面灾后新建房屋的抗风险能力水平大幅度提升，降低了居民在灾害风险认知水平上的担忧性，进而居民减少了采取必要的物理防灾准备，导致社区灾害管理与物理防灾准备维度相关关系不显著。

结果与研究假设 H5 不一致，社区信息通信得分越高，居民知识技能准备就会越弱。具体而言，一方面社区安排了灾害监测人员，险情发生时能够提前发出警示，居民对监测人员非常信任，进而降低学习避灾知识与技能的能力；另一方面由于居民自身受教育程度等因素限制，对信息通信传达的较复杂的避灾知识理解难度较大，导致社区信息通信与居民总体避灾准备及其他两个维度相关关系不显著。

本研究虽然做了一些有益的探索，但仍然存在一定的不足。比如，本研究仅关注了社区韧性防灾能力与居民避灾准备的相关关系，将来的研究可进一步探索家庭生计韧性与居民避灾准备的相关关系。其次，本研究仅选取了汶川和芦山地震重灾区农户样本，研究结果是否适用于不同地理特征的地方还有待探究。此外，在未来研究中将动态纳入社区韧性防灾能力的影响因素，建立中国社区韧性防灾能力体系评价指标。

六、结论

本研究利用四川省汶川地震和芦山地震 327 户农户调查数据，研究分析了社区韧性防灾能力和居民灾害风险认知特征，并构建 OLS 探究了以上两者间的相关关系。主要得到以下两点结论：

第一，居民总体灾害风险认知处于中等水平，其中，担忧得分最高，灾害发生可能性得分最低；总体社区韧性防灾能力处于中等偏上水平，其中，社区联系与关心和信息通信两个维度得分较高，资源、变革潜力和灾害管理三个维度得分较低。

第二，社区韧性防灾能力与居民灾害风险认知间存在显著相关关系。其中，社区联系关心得分越高，居民认为灾害发生的可能性就会越高；变革潜力维度得分越高，居民认为灾害发生的可能性和担忧性就会越低；信息通信维度得分越高，居民认为灾害发生的威胁性就会越低；总体社区韧性能力得分越高，居民认为灾害发生的可能性和居民总体灾害风险认知水平就会越低。

第七节　培训与避灾准备

一、引言

地震灾害是对人类社会发展危害最大的地质灾害之一（Xu et al.，2020b）。根据紧急事件数据库（EM-DAT），2000—2020 年，全球有 721514 人因地震死亡，118344432 人受到地震影响（CRED，2021）。2004 年 12 月发生在苏门答腊—安达曼群岛的地震是 21 世纪以来震级最高、造成死亡人数最多的地震，震级 Mw 高达 9.3 级，造成死亡人数超过283100 人（Lay et al.，2005；ISC，2021；USGS，2021）。2011 年 3 月发生在日本东北部太平洋海域的东日本大地震是有史以来造成经济损失最高的地震，震级 Mw 达 9.0 级，经济损失超过 2000 亿美元（Kawawaki，2020）。因此，探索降低地震带来的负面影响成为研究热点。

事实上，事前准备行为有助于降低灾害的负面影响（Morrissey，2007；Basolo et al.，2009；Kusumastuti et al.，2021）。①在地震灾害中，Santos-Reyes（2020）和 Kusumastuti et al.（2021）研究发现，事先参加过地震疏散演练、掌握了疏散路线和应急安全程序的人存活下来的概率更高。②在山体滑坡灾害中，Xu et al.（2018c）认为采取以下任一灾前准备行为的人能受到更小的负面影响，包括学习防灾知识、贮备应急食品、参与政府组织的培训、加固房屋、购买保险等，Kalubowila et al.（2021）认为事先了解了滑坡预警迹象和滑坡发生最高潜在时间段的人受到的负面影响更小。③在洪水灾害中，Zaalberg et al.（2009）指出拥有洪灾经验的受害者更能减少洪灾带来的损失，Zaalberg & Midden（2013）认为，提前体验过 3D 交互式洪水灾害模拟的人更能降低洪灾带来的风险。Lokonon（2013）认为愿意搬迁的人更能规避洪灾风险。④在海啸风险较高的地区，Plümper et al.（2017）认为提前接受海啸教育和进行疏散练习的人能降低海啸带来的死亡率。Witvorapong et al.（2015）研究指出，密切关注灾害相关新闻、准备应急包或制订家庭应急计划和有搬迁意愿的人受到的负面影响更小。⑤在火山活跃地区，Thorvaldsdóttir &Sigbjörnsson（2015）认为，提前获得火山爆发预警信息和参与事前疏散准备的农民能有效降低火山喷发带来的损害。⑥在飓风易发地区，Peacock et al.（2005）研究发现提前对房屋进行加固保护的人更能减轻飓风带来的损失。Bourque et al.（2016）认为有效的沿海地区疏散计划可以减少与飓风相关的伤亡。鉴于灾前准备行为的积极意义，如何提高居民地震准备行为成为降低地震灾害负面影响的关键。

已有研究增强了对居民避灾准备行为的驱动因素的认识。Fernandez et al.（2018）、Hoffmann & Muttarak（2017）、Grothmann & Reusswig（2006）等研究认为，风险感知能力提高了城市居民的避灾准备行为；Kirschenbaum et al.（2016）和 Kusumastuti et al.（2021）的研究认为灾害信息获取是城市居民的避灾准备决策的关键因素之一，居民们将根据他们获取的灾害信息来判断灾害发生的可能性和严重程度以及知晓正确有效的避灾准备行为内容，从而改变行为决策；Kim & Madison（2020）、Onuma et al.（2017）等研究认为对于城市居民而言，灾害经历因素在避灾准备行为采用中扮演着重要角色，经历灾害次数较多的居民避灾准备意识更强、准备行为更具针对性；根据 Samaddar et al.（2014）、Appleby-Arnold et al.（2021）和 Armaş et al.（2017）等的研究，自我效能感对城市居民的避灾准备行为也有重要影响。Samaddar et al.（2014）在研究洪水避灾准备意图时发现自我效能感与备灾意愿间存在强相关性，Appleby-Arnold et al.（2021）认为提高居民在灾难情况下的自我效能感是促进备灾的重要方法。培训是提升居民避灾准备行为的关键途径。然而，鲜有研究评估培训对居民避灾准备行为的定量影响。此外，相比于城市区域，农村区域信息相对闭塞、防灾减灾设施落后，经济贫困又导致社会脆弱性，灾害对农村居民的负面影响更大（O'Keefe et al.，1976；Manyena et al.，2011；Rezaei‐Malek et al.，2019）。因此，亟待探讨培训对农村居民避灾准备行为的定量影响。

此外，中国是世界上最大的发展中国家，也是世界上深受地震灾害威胁的国家之一（Deng et al.，2019a）。2004—2019 年，中国累计发生 5 级及以上地震 164 次，造成人员伤亡 486659 人，直接经济损失 113652498.3 万元（CNSB，2020）。例如，中国四川 2008 年和 2013 年连续遭遇 7 级以上大地震，引发世界关注。其受灾较为严重的地区多为农村地区（Xu et al.，2019a；Xue et al.，2021）。随后，中国政府逐渐意识到构筑农村韧性防灾减灾体系的重要性，其中，大规模防灾减灾培训是关键环节。然而，鲜有研究定量评估培训是否提升居民避灾准备行为以及能够提升的程度。Muttarak & Pothisiri（2013）认为与灾害相关的教育培训可以提高个人避灾准备能力，减少对自然灾害的脆弱性。然而，这种教育的有效性可能仅限于人口的一个亚群体，如受过高等教育的个人。在 Joffe et al.（2019）的研究中，干预组接受了可控的干预措施包括面对面的研讨会，结果是，与控制组相比，干预组的地震准备工作显著增加。防灾减灾培训的其他研究对象还包括对于紧急救援队伍的管理培训和对于社区管理人员的灾害知识培训等。针对地震高风险地区的农户群体，学术界尚未有定量研究评估培训对其地震避灾准备行为的具体影响。因此，本研究以中国四川地震高发农村聚落为案例区，讨论培训对农村居民地震避灾准备行为的定量影响。研究结果有助于为地震高风险聚落完善防灾减灾培训政策提供参考。研究思路来源如图 3-7 所示。

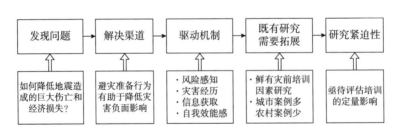

图 3-7　研究思路来源

二、理论分析

避灾准备行为可以有效提高居民应对灾害的韧性（Steinberg et al.，2004；Panic et al.，2013；Ma et al.，2021）。脆弱性是衡量社会应对灾害的韧性的标准（O'Keefe et al.，1976；Cutter et al.，2003；Tubridy & Lennon，2021）。减少个人和社会对于灾难的脆弱性，可以提升承灾体的防御能力，降低地震的损害程度（Panic et al.，2013；Zhu & Sun，2017）。在 Cutter et al.（2003）局部脆弱危险模型中，社会结构包括社区危险经历，以及社区应对、应对、恢复和适应危险的能力，这些能力同时又受到经济、人口和住房特征的影响。社会和物理上的脆弱性相互作用，产生了整体脆弱性。过去相当多的研究关注研究了生物物理脆弱性和建筑环境脆弱性的组成部分（Mileti，1999），然而，到目前为止，仍然没有一套统一和稳定的指标体系来评估社会脆弱性。从局部脆弱危险模型中得到启发，我们选用了物理脆弱性和社会脆弱性两个维度考察居民的地震脆弱性。本书从避灾准备的内容和风险感知两方面为出发点，挑选了地貌、海拔和建筑三个维度来描述地震物理脆弱性，知识水平、感知和经历三个维度来描述地震社会脆弱性。物理和社会上的脆弱性相互作用，构成了整体上的地震脆弱性。如图 3-8 所示，合理的物理避灾准备可以降低物理脆弱性，风险感知和地震经历可以降低社会脆弱性，从而有效提高居民应对灾害的韧性。

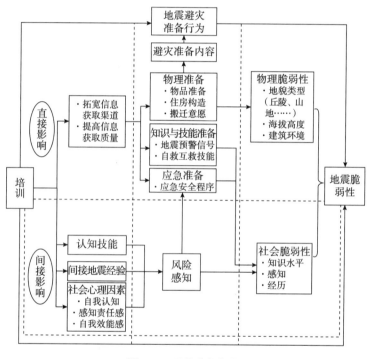

图 3-8　理论分析框架

　　许多研究认为风险感知、灾难经历、政府信任度、信息获取、媒体曝光等因素有助改善居民对于地震灾害的避灾准备行为。①风险感知。风险感知是灾害易发地区居民的行为决策的重要驱动因素之一（Armaş et al.，2017；Peng et al.，2019）。公众的风险感知能力越强，地震避灾准备程度越高（Basolo et al.，2009；Xu et al.，2019a；Xue et al.，2021）。②灾难经历。灾害发生频繁的地区居民会更加有意识进行灾前准备行为（Becker et al.，2017），即使是非破坏性地震经历，也会激励公众对地震的避灾准备（Sun & Xue，2020）。③对政府的信任度。对政府信任度较高的人们对潜在地震的风险感知较小，相应的避灾准备工作也较少（Basolo et al.，2009；Han et al.，2016）。④信息获取。居民根据接收的信息来判断地震发生的可能性和严重程度，从而改变行为决策，信息的获取时效和质量尤为重要（Becker et al.，2012；Kirschenbaum et al.，2016；Zhuang et al.，2020）。⑤媒体曝光。媒体曝光可以通过增加社会压力和自我效能感来影响应急准备行为（Murphy et al.，2009），也可以通过增加风险感知来增强避灾准备（Hong et al.，2019）。

然而，针对地震灾害的防灾减灾培训不仅能直接使居民了解避灾准备行为，还能增进风险感知间接激发居民避灾准备行为。图3-8展示了培训对农户地震准备行为影响的理论分析框架。培训的作用机理在于，正规的培训教育是推动个人获得可能会影响其适应能力的知识、技能和能力的主要方式（Muttarak & Lutz，2014；Thomas et al.，2018）。培训可以影响个人的态度、信念、实践、行为决策（Songlar et al.，2019）。

（一）培训直接影响居民避灾准备行为

如图3-8所示，居民避灾准备行为分为三个维度，物理防灾准备、知识和技能准备以及应急灾害准备（Ma et al.，2021）。根据Cutter et al.（2003）、Yong et al.（2020）和Morrissey（2007）的研究，本研究推测培训可能会对这三个维度产生影响。

第一，培训通过增加农民对于地震的物理防灾准备的了解直接影响避灾准备行为。例如，培训可能使得农民知晓物理准备的内容，并开始准备地震应急包，购买灾害保险，定期加固房屋，改变搬迁态度和疏散意愿（Dash & Cladwin，2007；Bernardini et al.，2016；Paton，2019）。

第二，培训可能扩充农民的信息获取来源，直接增加农民地震避灾的知识与技能准备（Muttarak & Lutz，2014）。农民获取信息的常见渠道包括政府、亲友、大众媒体和社交媒体（Zhuang et al.，2020），培训拓宽了这些渠道，它帮助农民获取高质量的灾害信息。如地震预警信号（动物异常表现，奇怪声音，天空不明亮光等）、地震高风险隐患点位置、专业的受困生存知识、科学的自救互救技能。

第三，培训还可能通过增加农民的应急知识储备，直接影响农民地震避灾准备。例如，培训可以帮助农户了解正确的应急安全程序（如遮蔽自己/跑向室外，避免窗户玻璃，靠近水远离火，避开树木、电线杆、建筑物和山体）（Kusumastuti et al.，2021），确认避难场所，熟悉家庭最优逃生路线，从而在地震真正发生时更加冷静科学地应对。

（二）培训间接影响居民避灾准备行为

如图3-8所示，培训可能通过改变个人或家庭对灾害的风险感知，从而间接激发农民的地震避灾准备行为。

第一，培训提高农民的认知技能和风险理解能力（Reynolds et al.，2010；Muttarak & Lutz，2014），从而影响对灾害的风险感知。Akbar（2021）、Ooi et al.（2019）和Dai et al.（2020）的研究表明培训使人们对灾害发生概率、威胁的感知更加现实，Mileti & Sorensen（1990）认为通过培训获得的抽象思维使得人们拥有更好的感知和处理风险信息的能力，Muttarak & Lutz（2014）提出接受培训程度较高的人对风险有更好的理解能力，并能够对感知到的威胁采取行动。

第二，培训改变与灾害有关的心理结构和社会心理预测因素（Paton，2019），如自我认知、感知到的准备责任感（perceived responsibility for preparedness）、自我效能感，进而间接影响农户的灾害风险感知。①培训帮助居民树立正确的自我认知。自我认知包括乐观和悲观，培训可能减少那些具有灾害经验和知识的人由于自信和乐观而对灾害存在的乐观偏见（Spittal，2005），减少人们由于情绪、感觉影响而对灾害风险可规避性的过度悲观，保持适中的认知态度从而增加避灾准备行为。②培训可能增加个人感知到的准备责任感，通过向居民宣传灾害危险的程度，可以适当增加居民的焦虑和紧迫感，从而增加积极的风险感知。③培训增加积极的自我效能感，为居民提供切实可行的避灾准备方案，可以增强农民对通过避灾准备能够规避或降低损害的信心（Albert，1983；Armaş et al.，2017）。

第三，培训增加农民的地震经验，从而增加对地震的风险感知（Onuma et al.，2017；Hong et al.，2019）。培训增加间接地震经历，开展地震模拟仿真逃生演练是防灾减灾培训的常见方式，可以增加地震间接经验；培训改变替代经验（通过他人获得的经验），Becker 等（2017）认为，认识一个经历过个人损失或伤害的人，可以获得替代经验，改变风险感知。

综上所述，培训内容和避灾准备行为都是多样的，不同农户的接受程度可能不同。因此，基于此，研究提出如下假设：

H1：培训改善了农户采用地震避灾准备行为的可能性。

H2：培训改善了农户采用地震避灾准备行为的程度。

三、变量设置与研究方法

（一）变量设置

1. 被解释变量

本研究将农户的地震避灾准备行为作为被解释变量，旨在讨论培训对地震避灾准备行为的影响。在问卷中询问农户是否为应对地震灾害准备了如下 9 类物资：水、食品、应急灯、收音机、急救箱和手册、灭火器、特殊用品（如药）、重要文件和现金、衣服。因此，参考 Onuma et al.（2017）、Spittal et al.（2006）和 Kirschenbaum（2002）等的研究，本研究将地震避灾准备行为区分为：①农户是否采取地震避灾准备行为（1＝如果农户为应对地震灾害至少准备上述 9 类物资中的一种；0＝其他）；②农户采取地震避灾准备行为的程度（即农户为应对地震灾害准备的物资种类数量）。

通过分析可知：①采用地震避灾准备行为的农户较少。如图 3-9（a）所示，样本中仅 31.08% 的农户采用了地震避灾准备行为。②农户采用地震避灾准备行为的程度较低。如图 3-9（b）所示，在采用了地震避灾准备行为的农户，接近 60%（60 户）的农户仅采用 3 项及以下的地震避灾准备行为。

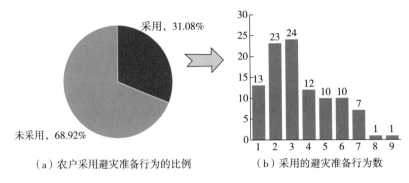

（a）农户采用避灾准备行为的比例　　　　（b）采用的避灾准备行为数

图 3-9　农户采用地震避灾准备行为情况

2. 核心解释变量

培训是本研究的核心解释变量。针对居民开展的地震防灾减灾培训，传统方式包括：召开地震逃生技能宣讲会（Mann et al.，2009；Songlar et al.，2019），开展地震仿真疏散演练（Becker et al.，2012；Bernardini et al.，2016；Yong et al.，2020），利用多媒体技术进行地震演示（Akbar，2021），印发地震灾害知识科普读物，开展地震知识竞赛等。近年来，随着 VR 技术和智能穿戴技术的发展，沉浸式虚拟现实（IVR）和严肃游戏（SGs）已成为用来增强玩家的行为反应和疏散准备的地震应急训练工具（Vasey et al.，2019；Feng et al.，2020）。然而，由于政策差异和经济条件限制，各个地区开展的防灾减灾培训项目显现不同特点。因此，本研究将核心解释变量定义为农户家庭是否已经参加过地震防灾减灾培训项目。

3. 控制变量

为了提高模型的估计能力，参考 Fernandez et al.（2018）和 Miceli et al.（2008）的研究，本研究还增加了一些影响居民避灾准备行为的因素作为控制变量。这些控制变量包括农户家庭的户主特征（如户主年龄、户主受教育程度、户主灾害经历），家庭的社会和经济特征（如家庭受教育程度结构、家庭经济收入、住所到隐患点的距离、住所到集镇的距离、是否有家庭成员担任村干部、家庭是否坐落在丘陵山地地形）以及村庄特征。

表 3-33 呈现了本研究的变量定义及描述性统计结果。研究使用的自变量是一个二元离散变量，如果农民参加过防灾减灾培训，取值为 1，如果没有参加过培训，则取值为 0。该研究中使用的因变量包括是否有避灾准备行为和准备程度。从表 3-33 可以看出，样本中约 46% 的农户家庭参与了防灾减灾培训，样本家庭户主的平均年龄在 53 岁左右，只有 10% 的户主具有高中以上文凭，具有高中及以上文凭家庭成员比例的总体水平在 16% 左右，样本农户家庭到灾害隐患点的距离平均只有 1.56 千米，接近 90% 的农户家庭都坐落在山地地形上。

表 3-33 变量的定义及描述性统计结果

变量名	变量含义	均值	标准差
避灾准备行为	1=如果农户为应对地震灾害至少准备上述9类物资中的一种；0=其他	0.31	0.46
避灾准备程度	农户为应对地震灾害准备的物资种类数量(个)	1.09	1.94
防灾减灾培训	1=如果农户参加了地震防灾减灾培训项目；0=其他	0.46	0.50
年龄	户主的年龄(岁)	53.37	13.4
受教育程度	1=如果户主具有高中及以上文凭；0=其他	0.10	0.30
灾害经历	户主经历地震灾害的次数(次数)	8.82	12.07
家庭受教育程度	具有高中及以上文凭家庭成员的比例(%)	16.14	21.23
家庭收入	家庭2018年的总收入(万元)	6.63	7.25
距离1	家庭到灾害隐患点的距离(千米)	1.56	4.91
距离2	家庭到商业集镇的距离(千米)	5.21	8.03
村干部	1=如果家庭成员担任村干部；0=其他	0.43	0.50
丘陵	1=如果家庭坐落在丘陵地形；0=其他	0.11	0.32
山地	1=如果家庭坐落在山地地形；0=其他	0.89	0.32

(二)研究方法

本研究旨在探讨评估培训对农户家庭地震避灾准备行为的定量影响。同时，在本研究中，因变量分别是农户的避灾准备行为(即二元变量)和避灾准备程度(即离散变量)，因此本研究运用Probit回归模型和泊松回归模型来分析培训与地震灾害避灾准备行为之间的定量关系，估计公式如下：

$$Y_i = \beta_0 + \beta_{1i} * ET_i + \beta_{2i} * Control_i + \delta_v + \varepsilon_i \tag{3-7}$$

公式(3-7)中，下标i和v分别表示农户家庭i和样本村庄v；Y_i是因变量，表示居民的地震灾害避灾准备行为；ET_i是核心自变量，表示农户是否参加地震防灾减灾培训项目；$Control_i$是控制变量(如户主特征、家庭特征以及村庄特征)；β_0表示常数项；β_{1i}表示地震防灾减灾培训的估计系数；β_{2i}表示控制变量的估计系数；δ表示虚拟变量，是各个村的村庄效应；ε_i是随机扰动项。

四、结果

(一)培训对农户地震避灾准备行为的影响估计

表3-34呈现了培训影响农户地震避灾准备行为的估计结果。由于农户避灾准备行为为二元离散变量，因此，表3-34中模型(1)—模型(4)采用Probit模型估计。同时，考虑到Probit模型为非线性模型，为便于解读估计结果，模型(5)是在模型(4)基础上的边际效应估计结果。此外，为了尽可能提高估计结果准确性，本研究采用逐步添加变量

的策略。也就是说，在模型（1）基础上，模型（2）—模型（4）逐步控制村庄特征，户主特征以及家庭特征。

根据表3-34的估计结果，模型（1）—模型（4）中防灾减灾培训变量均在1%水平上显著，表明培训的确能够改善农户采用地震避灾准备行为的可能性。根据模型（5）的估计结果，相比于没有参加培训的农户而言，参加培训农户采用地震避灾准备行为的可能性提高了21.39%。由此，假设H1得到实证结果支持。此外，表3-34的估计结果还显示，户主教育变量在5%水平上显著，表明提高户主教育水平也能改善农户采用地震避灾准备行为。

表3-34　主要回归结果

	模型（1）	模型（2）	模型（3）	模型（4）	边际效应
防灾减灾培训	0.6765 ***	0.7519 ***	0.7033 ***	0.6968 ***	0.2139 ***
	（0.1491）	（0.1663）	（0.1689）	（0.1695）	（0.0482）
年龄			0.0001	0.0039	0.0012
			（0.0307）	（0.0316）	（0.0097）
年龄的平方			−0.0000	−0.0001	−0.0000
			（0.0003）	（0.0003）	（0.0001）
受教育程度			0.6568 **	0.6578 **	0.2020 **
			（0.2783）	（0.2970）	（0.0898）
灾害经历次数			−0.0005	−0.0017	−0.0005
			（0.0064）	（0.0069）	（0.0021）
家庭受教育程度				−0.0006	−0.0002
				（0.0041）	（0.0012）
家庭收入				0.0048	0.0015
				（0.0120）	（0.0037）
到隐患点距离				0.0148	0.0045
				（0.0155）	（0.0048）
到集镇距离				0.0019	0.0006
				（0.0109）	（0.0033）
是否有村干部				0.1451	0.0446
				（0.1596）	（0.0488）
丘陵地形				−0.2620	−0.0805
				（0.3975）	（0.1218）
常数项	−0.8296 ***	−1.0986 ***	−1.0922	−1.1272	
	（0.1072）	（0.1998）	（0.8039）	（0.8081）	
村庄效应	未控制	已控制	已控制	已控制	已控制
Wald χ^2	20.6005 ***	37.6137 ***	48.1382 ***	49.6165 ***	49.6165 ***

	模型(1)	模型(2)	模型(3)	模型(4)	边际效应
Pseudo R²	0.0522	0.0996	0.1175	0.1232	0.1232
样本量	325	325	325	325	325

注：***表示在1%水平上显著，**表示在5%水平上显著，*表示在10%水平上显著，下同；村庄效应为各个村的虚拟变量，估计结果省略，下同；括号内数字为稳健性标准误。

(二)培训对农户地震避灾准备程度的影响估计

表3-35呈现了培训影响农户地震避灾准备程度的估计结果。由于农户采取地震避灾准备行为的程度(即农户为应对地震灾害准备的物资种类数量)为多元离散变量，因此，表3-35中模型(1)—模型(4)采用泊松模型估计。同时，考虑到泊松模型为非线性模型，为便于解读估计结果，在模型(5)是在模型(4)基础上的边际效应估计结果。此外，为了尽可能提高估计结果准确性，本研究采用逐步添加变量的策略。也就是说，在模型(1)基础上，模型(2)—模型(4)逐步控制村庄特征、户主特征以及家庭特征。

根据表3-35的估计结果，模型(1)—模型(4)中防灾减灾培训变量均在1%水平上显著，表明培训确实能够提高农户采用地震避灾准备行为的程度，即增加农户为应对地震灾害准备的物资种类数量。根据模型(5)的估计结果，相比于没有参与培训的农户而言，参与培训农户采用地震避灾准备行为的程度提高了0.75项。由此，假设H2得到实证结果支持。

表3-35　泊松回归结果

	模型(1)	模型(2)	模型(3)	模型(4)	边际效应
防灾减灾培训	0.8763***	0.8868***	0.8107***	0.8032***	0.7542***
	(0.2047)	(0.2119)	(0.2185)	(0.2188)	(0.2182)
户主变量	未控制	未控制	已控制	已控制	已控制
家庭变量	未控制	未控制	未控制	已控制	已控制
村庄效应	未控制	已控制	已控制	已控制	已控制
Wald χ²	18.3281***	41.5280***	58.9548***	68.6737***	—
Pseudo R²	0.0525	0.0933	0.1035	0.1132	
样本量	325	325	325	325	325

注：本表结果是泊松回归的结果，被解释变量为居民采取避灾准备行为的项数。***表示在1%的水平上显著。

(三)稳健性检验

遗漏变量可能会影响估计结果(Wooldridge，2012)。为了尽可能避免遗漏变量对估计结果的影响，本研究采用IV-Probit模型检验培训影响农户地震避灾准备行为的估计结果。表3-36报告了估计结果，模型(4)和边际效应估计结果与表2中模型(4)和边际效应估计结果相似，这表明培训影响农户地震避灾准备行为的估计结果是稳健的。

表 3-36　稳健性检验

	模型（1）	模型（2）	模型（3）	模型（4）	边际效应
防灾减灾培训	0.4405	0.7215 ***	0.6830 ***	0.6714 ***	0.2067 ***
	（0.5721）	（0.1728）	（0.1766）	（0.1767）	（0.0509）
户主变量	未控制	未控制	已控制	已控制	已控制
家庭变量	未控制	未控制	未控制	已控制	已控制
村庄效应	未控制	已控制	已控制	已控制	已控制
Wald χ^2	0.5928	35.2993 ***	46.5931 ***	48.9705 ***	48.9705 ***
样本量	325	325	325	325	325

注：该结果为 ivprobit 估计的结果，目的在于解释利用工具变量法解决由于遗漏变量等问题导致的内生性问题。*** 表示在 1% 的水平上显著。

选择偏误也可能会影响估计结果（Ma and Abdulai，2016；Deng et al.，2019a）。为了尽可能避免选择偏误对估计结果的影响，本研究采用内生转换 Probit 模型检验培训影响农户地震避灾准备行为的估计结果。表 3-37 报告了基于内生转换 Probit 模型得到的处理效应结果。表 3-37 处理效应结果指出考虑可观察和不可观察因素导致的选择偏误后，培训仍能改善农户采用地震避灾准备行为的可能性。这进一步表明培训影响农户地震避灾准备行为的估计结果是稳健的。

表 3-37　培训对避灾准备行为的影响

	已培训	未培训	ATT	T 检验值	变化比例
避灾准备行为	0.1992	0.1113	0.0879	4.4071 ***	44.13%
	（0.2547）	（0.1411）	（0.3596）		

注：括号内数字为标准误；内生转换 Probit 回归模型的估计结果省略。*** 表示在 1% 的水平上显著。

五、讨论

本研究基于中国四川省地震高发农村聚落的 325 份调查数据，利用 Probit 模型和泊松模型进行回归分析，评估了培训对农户地震避灾准备行为的定量影响。

本研究发现培训能够显著提升农村居民避灾准备行为。具体而言，相比于没有参与培训的农户而言，参与培训农户采取地震避灾准备行为的可能性提高了 21.39%，采用地震避灾准备行为的程度提高了 0.75 项。本研究的发现与 Sakurai et al.（2020）和 Muttarak & Lutz（2014）等的研究一致，他们也认为培训能够提高居民的避灾准备行为。

　　然而，与已有研究相比本研究的发现也有一些不同。例如，本研究发现灾害经历并不显著地影响农村居民采用地震避灾准备行为。这与 Russell et al. (1995) 和 Joffe et al. (2019) 等的研究结论存在差异。本研究推测可能有三方面的原因。第一，这一结果可能具有区域适用性。可能这个结果只适用于农村地区，农村区域信息相比城市更加闭塞 (Zhuang et al., 2020；Xue et al., 2021)，农村居民即使经历了灾害也不知道灾害再次来临时应如何应对；第二，这一结果可能与危险可控性有关。可控性是指"个人能够保护自己、家庭和资产免受危险造成的损害的程度" (Zhu et al., 2011)，有地震灾害经验的人可能认为，通过现有的减灾行动很难有效地预防生命或经济损失，这种无力感和对危险的低可控性，可能会妨碍他们采取避灾准备行动；第三，灾难经历对处于不同阶段的人的影响是不一样的(Meng, 2009；Thayer et al., 2017；Wang, 2018)。特别是，相比于成年后的经历，早年的经历似乎对个人行为的影响更大。例如，Deng et al. (2019b) 认为早年饥荒经历的群体表现出更加热爱耕种土地。然而，本研究中的户主灾害经历变量中的户主是平均年龄约 54 岁的成年人，可能灾害经历无法增强他们的风险意识。同时，在中国，户主是一个家庭的决策者。因此，如果灾害经历无法增强决策者采用应对灾害的行为，那么就应当考虑加强对决策者的培训，以提高他们对地震灾害风险的认知，促使他们采用更多的地震避灾准备措施。

　　随着自然灾害应对经验的增多，中国不断对灾害管理政策进行改革，灾害应急能力和投资水平也大幅提升。在灾难背景下，民众对中国政府有着相对较高的信任。但是，对政府灾害管理能力的过度自信可能会削弱个人对保护行动的采取，来自危险威胁更大的地区的人们接受灾难保险的意愿较低，因为他们倾向于期望政府来弥补损失。所以，对政府信任度较高的人们对潜在地震的风险感知较小，相应的避灾准备工作也较少 (Basolo et al., 2009；Han, 2011；Han et al., 2016)。然而，对政府所提供的避灾基础措施和灾害管理能力的信任并不能转化为单个农户实际的应对灾害能力。通过培训能够让农户更深入了解如何应对灾害(即提高避灾准备行为)。

　　本研究有一些局限性，未来的研究可以进一步解决。具体来说：①本研究主要探讨培训对地震避灾准备行为的影响，未来研究还可以评估培训对其他地质灾害避灾准备行为的影响。②本研究重点探讨了培训对农村居民采用地震避灾准备行为的定量影响，未来研究可定量检验培训影响农村居民采用地震避灾准备行为的机理。③本研究以中国地震高发农村聚落为研究区，研究结论是否适用于其他国家地震高发农村聚落还有待进一步检验。

六、结论

　　本研究主要评估培训对居民避灾准备行为的影响。此外，发展中国家受到地质灾害的负面影响更多，本研究以中国这一世界上最大的发展中国家作为案例区，研究结果有助于推动全球韧性防灾减灾体系的建设进程。本研究得到如下结论：

第一，防灾减灾培训能够促进农户采取地震避灾准备行为，即相比于没有参与培训的农户而言，参与培训农户采取地震避灾准备行为的可能性提高了 21.39%。

第二，防灾减灾培训还能提高农户采用地震避灾准备行为的程度，即相比于没有参与培训的农户而言，参与培训农户采用地震避灾准备行为的程度提高了 0.75 项。

第八节　灾害知识与避灾准备

一、引言

一直以来，地震灾害都是人类面对的主要自然灾害之一，严重威胁着人们的生命和财产安全（Doyle et al.，2018；Heller et al.，2005；Spittal et al.，2008）。近几年来，世界各国频繁发生地震，给居民的生命和财产造成了巨大损失（Hough et al.，2010；Lo et al.，2015；Xu et al.，2018a）。比如，2011 年，高达 9.0 级的日本大地震引起了海啸、火灾和核泄漏事故，造成 99331 人死亡，103733 人受伤，直接经济损失达 300 亿美元（Mimura et al.，2011）。中国是一个山地大国，地震活动分布广、频度高、强度大，是一个震灾十分严重的国家（Beniston，2003，Kappes et al.，2010，Zimmermann and Keiler，2015）。据统计，2010—2018 这 8 年来，中国共发生 5 级以上地震 129 次（Bureau，2019）。其中，最为强烈的有汶川地震、芦山地震和九寨沟地震（Xu et al.，2019a，b），共造成 45.99 万人伤亡，直接经济损失高达 9320 亿元。此外，地震的发生也会对人们短期和长期的心理健康造成严重影响，如 2009 年 4 月 6 日的拉奎拉市地震严重破坏了当地居民文化遗产和心理健康（Bianchini et al.，2015；Bianchini et al.，2017；Massazza et al.，2021；Roncone et al.，2013）。由此可见，地震灾害的发生给受灾人群造成了巨大的伤害和损失。除了地震发生直接造成的损失外，伴随地震发生的次生灾害（如滑坡、泥石流）也会对居民的生命和财产安全造成重大影响，导致一些农户贫困或脱贫后返贫（Shan et al.，2017）。因此，为帮助广大地震重灾区居民减轻灾害冲击，对灾害风险方面展开研究具有十分重要的意义。

相关研究显示，合理的防灾避灾准备能在很大程度上减轻灾害造成的损失（Lindell and Michael，2013；Peng et al.，2019a，b）。防灾是一种事前的预防行为，指采取一系列有效措施，在一定程度上减轻灾害发生造成的损失。避灾是指在灾害发生过程中和结束后，人们所采取的躲避灾害的措施。理论上而言，在灾害发生的不同时段居民的防灾避灾准备是不同的，而不同的防灾避灾行为会产生不同的避灾效果。比如，灾害发生前，居民可以有一些应急的避灾准备措施，如加固房屋、购买自然灾害保险等（Peng et al.，2019 a，b）；灾害发生时，居民可以选择撤离、找寻家人或留在原地等行为来躲避灾害(Adeola，2009，Durage et al.，2014)；而在灾害结束后，有些居民可能会选择搬迁，有些居民可能会继续做事(Xu et al.，2017)。已有实证研究表明，选择高效可行的避灾方式能明显减轻灾害对居民生命和财产造成的损失(Guo et al.，2014；Xu et al.，2018b；Anton & Lawrence，2016)。然而，从已有研究来看，以往研究多关注居民在某一时段上的避灾行为(如灾后)(Adeola，2009；Burnside et al.，2007)，少有学者综合考虑居民在灾害发生前、中、后期各个时段进行的避灾行为。综合考虑居民在灾害发生不同时段上的避灾行为规律，有助于研究居民避灾行为的前后关联性，从而更加有效地增强防灾效果，减轻生命财产损失。

为了更大限度地减轻地震灾害造成的影响，越来越多灾害风险管理领域的学者开始关注居民在不同时段上避灾行为的驱动机制(Anton & Lawrence，2016；Guo et al.，2014；Xu et al.，2018b)。理论上而言，居民在地震发生不同时段选择的避灾行为受到很多因素的影响。从已有研究来看，主要包括居民所掌握的相关知识、居民的生活习惯和对灾害风险的认知等(Li et al.，2019；Tang & Feng，2018)。其中，居民掌握的灾害知识是居民在灾害发生前进行充分避灾准备的理论前提和基础，是居民在灾害发生时进行有效避灾的行为支撑基础，是居民在灾害发生后选择避灾行为的主观意向基础。因此，居民灾害知识在很大程度上决定着居民在不同时间点的避灾行为选择，决定防灾避灾效果。然而，从现有研究来看，目前学术界多关注居民某一方面的灾害知识(如对基本灾害理论的认识或灾中躲避措施知识等)对其避灾行为决策的影响(Su et al.，2013；Mossoux et al.，2016)，少有研究综合考虑居民的灾害理论知识、防御知识和抗灾技能知识对居民行为决策的影响。同时，已有研究多关注灾害某一时点(通常为灾害发生后)居民避灾行为决策及其驱动机制(Yanyu et al.，2009)，少有研究关注灾害发生不同时点上居民的避灾行为决策及其驱动机制。灾害知识对地震发生不同时段(前、中、后)居民的避灾行为决策具有什么样的影响，至今，似乎还没有实证研究回答这一问题。

基于此，本研究利用中国汶川和芦山地震 327 户农户调查数据，研究分析了居民的灾害知识特征及地震发生前、中、后期居民的避灾行为特征，并分别构建二元 Logit 模型和无序多分类 Logistic 回归模型探究了灾害知识对不同时段居民避灾行为的影响，以期为地震重灾区防灾避灾建设相关政策的制定提供参考依据。

二、研究区域与方法

(一)研究区域

四川省是中国地震灾害高发地区。2008—2018 年，四川累计发生 19 次五级以上地震，伤亡人数约 46 万人，直接经济损失 8568 亿元。其中，比较强烈的有汶川地震、青海玉树地震、芦山地震和九寨沟地震等(Xu et al.，2019a，b)。"5·12"汶川地震共造成 69227 人死亡，374643 人受伤，17923 人失踪，是新中国成立以来破坏力最大的地震(Wang，2008)。芦山地震震级 7.0，造成近 200 万人受灾，193 人死亡，12211 人受伤，是继汶川地震后又一次破坏力巨大的地震(Yang et al.，2017)。

(二) 数据来源

本研究主要使用 2019 年 7 月课题组在汶川地震和芦山地震重灾区所做的问卷调研数据。调研方式为一对一面对面访谈，调研内容主要包括居民灾害风险认知、灾害知识、农户可持续生计等。研究采取了分层和等概率随机抽样的方法来确定调研样本。具体操作流程如下：

一是选择样本区县，根据区县间的经济发展水平差异，研究在汶川地震 10 个重灾区县中选择了北川县和彭州市作为样本区县(彭州市是县级市)，从 6 个芦山大地震重灾区县中选择了宝兴县和芦山县。二是选择样本乡镇。选出样本区县后，根据区县内部经济发展水平差异、与区县中心距离、受灾严重情况等从每个样本区县随机选择 2 个样本乡镇，共得到 8 个乡镇。三是选择样本村落。样本乡镇确定后，根据乡镇内村落受威胁群众数量、经济发展水平差异和距离乡镇中心距离等指标将每个样本乡镇的所有村落分为两类，并从每类村落中随机选取 1 个作为样本村落，共得到 16 个村落。最后确定样本农户。样本村落确定后，打前站队员从村干部处获得样本村落农户花名册，根据事先设定好的随机数表从每个样本村落中随机抽取 20—23 户农户作为样本农户。最终，共获得 4 区县 8 乡镇 16 村 327 份有效农户调查问卷。在这些样本农户中，对于个人特征而言，研究区居民平均年龄为 53.44 岁，其中男性占比 54%，这表明样本居民以中年男性为主。且居民平均居住时间为 41.71 年，人均受教育程度为 6.29 年。对于家庭特征而言，样本居民每户平均有 4.11 人，其中劳动力人数平均每户有 2.48 人，平均每户在 2018 年创造收入 66238.94 元。对于灾害风险认知而言，居民对灾害发生可能性和严重性的评价均值分别为 3.08 和 3.35，其经历灾害的严重性均值为 4.56，这表明大多数居民认为灾害很可能会发生并会造成很大破坏，且其所经历的灾害绝大多数是比较严重的。对于居民所在区县而言，位于宝兴县居民最多，占比 28%，北川县的居民人数最少，占比 21%。

(三) 模型变量的选择和定义

1. 居民灾害知识的测度

本研究关注的核心变量是居民灾害知识。居民灾害知识是指居民对自然灾害发生的原因、征兆和破坏力等基本知识的了解，以及在灾害发生时和灾害发生后的避灾措施和技能的掌握。参考 Li et al. (2019)、Tang & Feng (2018) 等研究对居民灾害知识的测度方法，并结合已获得的问卷数据特点，本研究从基本理论知识、应急技能知识和抵御技能知识三个维度测度居民灾害知识，每个维度下再设具体测度词条(见表 3-38)。其中，基本理论知识指居民对灾害发生原理等基本常识的了解；应急技能知识指居民对灾害发生时应产生的紧急避灾反应和应采取的急救措施的感知；抵御技能知识指居民对灾害发生时和灾害发生后应采取的减轻灾害破坏力的措施和技能知识的掌握。在得到基本理论知识、应急技能知识和抵御技能知识三个维度的数据后，以各个维度下词条的均值作为各维度的得分，最后再以各维度得分均值作为居民灾害知识得分的综合得分。

表3-38 居民灾害知识测度词条

编码	维度	词条	选项（%）	
			是	否
P1	基本理论知识	您是否知道地震前会伴随一些异常？（0=否，1=是）	64	36
P2		您是否知道地震、泥石流、滑坡等灾害是怎么发生的吗？（0=否，1=是）	45	55
P3		您是否知道地震后72小时是救援的黄金时间？（0=否，1=是）	55	45
T1	应急技能知识	您是否知道地震发生时应该躲在什么地方？（0=否，1=是）	83	17
T2		如果地震发生，您是否知道家里哪些地方是危险的地方？（0=否，1=是）	70	30
T3		您或家人是否掌握有如心肺复苏、人工呼吸、包扎等自救互救知识？（0=否，1=是）	46	54
SE1	抵御技能知识	地震发生时，您是否会第一时间去关闭水、电、气阀门？（0=否，1=是）	25	75
SE2		当地震灾害发生时，您是否撤离？（0=否，1=是）	93	7
SE3		如果发生地震，您被困在废墟下，您会通过叫喊求救吗？（0=否，1=是）	87	13

2. 地震发生不同时段居民避灾行为的测度

本研究关注地震发生前、地震发生时和地震发生后居民的避灾行为决策。其中，居民灾前避灾行为是本研究的因变量之一。灾前避灾行为指居民在地震灾害发生前为了减轻地震的巨大破坏力和造成的损失所采取的一系列增强自我防灾能力和减少经济损失的行为。参考 Xu et al.（2019a，2019b）、Yong et al.（2020）等研究对灾前避灾行为的测度，本研究将居民灾前避灾行为分为物质准备、安全准备和培训准备三个维度，每个维度下再设测度词条（见表3-39）。其中，物质准备指居民在地震发生前采取的在地震来临时减少财产损失的行为；安全准备指居民为减轻地震冲击力和对自己的伤害程度所采取的行为；培训准备指居民增强自身防灾知识技能的行为。居民灾中和灾后避灾行为是本研究的另外两个因变量。地震高发区居民在地震发生时和地震发生后的较短时间内会根据自己当时所处位置、家人情况和地震破坏程度等做出不同反应和行为。参考 Tang & Feng（2018）等研究和结合调研区居民实际情况，本研究主要通过表3-39中的两个问题对居民灾中和灾后避灾行为进行测度。

表 3-39 居民避灾行为测度词条

时段	维度	词条	选项(%)	
			是	否
灾前避灾行为	物质准备	您家是否有将重要的物品放在安全的地方?(0=否,1=是)	63	37
		您家是否有自然灾害保险?(0=否,1=是)	28	72
	安全准备	您家平时是否准备有灾害应急物品?(0=否,1=是)	25	75
		家中的房屋是否加固?(0=否,1=是)	57	43
	培训准备	您家是否有人参加过灾害相关知识培训(0=否,1=是)	45	55
		您家是否有人参加过村里组织的灾害逃生演练?(0=否,1=是)	55	45
灾中避灾行为	—	灾害发生时,您第一时间的反应是(1=继续做事;2=停下做事,待在原地;3=保护家人;4=马上撤离房屋)	—	—
灾后避灾行为	—	地震最强烈时段结束后,您最后的反应是(1=继续做事;2=待在原地,等最新信息;3=去确认灾害是否结束;4=再次撤离到更安全地方;5=确认家人安全)	—	—

3. 控制变量的测度

为了检验关注自变量的稳健性,参考 Becker et al. (2012)、Salvati (2014) 等对控制变量的设置,本研究也加入了居民个人特征、家庭特征、灾害风险认知和所在区县作为模型的控制变量。其中,个人特征以年龄、性别、居住时间和受教育程度来体现;家庭特征以家庭总人数和家庭年收入来表征;灾害风险认知以对灾害发生的可能性、威胁性和经历灾害的严重性来测量;居民所在区县包括北川县、宝兴县、芦山县和彭州市。

4. 模型

本研究因变量为居民在灾害发生前、中、后期的避灾行为。其中,灾前避灾行为为 0-1 型二分类变量,灾中和灾后避灾行为为无序多分类变量。根据各因变量数据类型特点,本研究拟采用二元 Logit 模型探究居民灾害知识与其灾前避灾行为的相关关系,采用 MLogit 模型探讨居民灾害知识与其灾中和灾后避灾行为的相关关系,构建模型如下:

$$Y_1 = LogitP = \alpha_0 + \alpha_1 \times DisasterKnowledge_i + \alpha_2 \times Control_i + \varepsilon_i$$

$$Y_2 = MLogitP = \beta_0 + \beta_1 \times DisasterKnowledge_i + \beta_2 \times Control_i + \sigma_i$$

$$Y_3 = MLogitP = \gamma_0 + \gamma_1 \times DisasterKnowledge_i + \gamma_2 \times Control_i + \theta_i$$

式中,Y_1、Y_2 和 Y_3 为模型因变量,具体指居民灾前、灾中和灾后避灾行为;$Disaster$ $Knowledge$ 是模型核心自变量,具体包括基本理论知识、应急技能知识和抵御技能知识三个指标;$Control_i$ 是控制变量,指居民个人特征、家庭特征和灾害风险认知;α_0、α_1、α_2、β_0、β_1、γ_0、γ_1、γ_2 分别表示模型待估参数;ε_i、σ_i、θ_i 为模型残差项。整个模型通过 SPSS 26 和 Stata 13 实现。

（四）理论分析与研究假设

理论上而言，居民灾害知识的三个方面在不同方向和不同程度上影响其在灾前、灾中和灾后的避灾行为选择。个体防护行为决策模型理论（PADM）分析框架解释了人们对于威胁信息的反应行为（Lindell & Perry，2003，2012）。灾害信息会通过政府、媒体、亲友等各种渠道传递给居民，居民在接收到这些信息后会结合自身情况做出相应的防范行为。同时，居民对风险的不同感知在很大程度上也取决于其具备的灾害知识水平，而灾害风险认知又会直接影响其避灾决策（Li et al.，2019；Mossoux et al.，2016）。理论上而言，居民的基本理论知识越强，其对灾害发生的原因、灾前的自然征兆及灾害的破坏力等的认识就越强。在灾害发生前，其会受到灾害威胁性的影响而进行有关的安全准备和培训准备，如对房屋进行加固、参加灾害逃生演练等。此外，出于对财产的保护，居民在灾害发生前也会进行充分的物质准备，如购买自然保险、安全放置贵重物品等。然而，如果是居住在地震活动水平较低地区的居民，即使其本身具备较强的灾害知识，其也不会进行相关的避灾准备。而本研究聚焦地震重灾区和高风险区进行研究，基于此，研究提出以下假设：

H1：居民拥有的灾害基本理论知识与其灾前避灾准备显著正向相关。

居民对灾害的基础理论知识越了解，在灾害发生时其对自己所受灾害威胁的程度越清楚，出于本能反应和提高避灾效率，此时他们第一反应是保护自己，而不是其他人或者财产。众多研究表明（Huang et al.，2012；Lazo et al.，2010；Lim et al.，2016），具备较强灾害知识的居民广泛认同撤离是应对地震灾害的有效措施，因此在灾害发生时他们的第一反应是马上进行撤离。基于此，研究提出以下假设：

H2：居民拥有的灾害基本理论知识越强，其在灾害发生时会更愿意选择马上撤离房屋。

当居民对基本理论知识越熟悉，在灾害发生后的较短时间内，其会对自己对于灾害破坏力的评估有较强的自信，且自己的安全已经得到了基本保障，此时他们会想起除自己之外的其他人或其他物品，经大量研究表明，居民在灾害发生后对家人的关心远大于对经济物品的关心，从而他们在灾害发生后会开始关注家人的安全。基于此，研究提出以下假设：

H3：居民拥有的灾害基本理论知识越强，其在灾害发生后会更愿意选择确保家人安全。

居民所持有的应急技能知识越强，其在灾害发生时有较强的技能应对灾害。其在灾害发生前也会十分注重对自己安全的保障，进行充分的安全准备和培训准备，以增强在灾害来临时的应对能力。与此同时，他们也会采取购买自然保险、安全防止贵重物品等措施，使自己在灾害发生时可以无所顾虑地应对灾害，保障自己的安全。基于此，研究提出以下假设：

H4：居民拥有的应急技能知识与其灾前避灾准备显著正向相关。

在灾害发生时，有较强应急技能知识的居民拥有的抵御手段较多，其会第一时间运用这些技能来保障自己的生命安全，大量研究表明（Adeola，2009，Durage et al.，2014；Lim et al.，2016），撤离是大多数居民认为极其有效的避灾方式，此时，他们倾向于选择进行安全有效的撤离。基于此，研究提出以下假设：

H5：居民拥有的应急技能知识越强，其在灾害发生时更愿意选择马上撤离房屋。

在灾害发生后的较短时间内，当居民拥有越充分的应急技能知识，其会第一时间确定灾害是否还在发生，以此来确定哪些地方是安全的，哪些地方是危险的。从而根据自己所处位置选择自己是否还应采取一些紧急应对的措施。基于此，本研究提出以下假设：

H6：居民拥有的应急技能知识越强，其在灾害发生后的较短时间内倾向于选择确认灾害是否结束。

当居民拥有有效的抵御灾害技能知识时，他们对抵御灾害能力的重视程度较高，往往会忽视自己在灾害发生前物质和安全上的一些准备，如购买自然保险、准备应急物品等，但是他们会受到自己较强的抵御技能知识的推动，在灾前进行充分的灾害培训，以继续增强对灾害的抵御能力，同时这也是他们拥有较强抵御能力的来源之一。基于此，研究提出以下假设：

H7：居民拥有的灾害抵御技能知识与其在灾害发生前的物质准备和安全准备显著负向相关，与其培训准备显著正向相关。

居民拥有的抵御知识越充分，表明其对自己生命安全越重视，在灾害来临时他们会第一时间保障自己的生命安全，此时他们会倾向于撤离。基于此，研究提出以下假设：

H8：居民拥有的抵御技能知识越强，在灾害发生时他们会更愿意选择马上撤离房屋。

当居民对一些抵御技能知识越熟悉，其对抵御措施的认可度和接受度往往是很高的。在灾害发生后的较短时间内，他们还是倾向于继续抵御灾害，直至灾害威胁性完全。而撤离是抵御措施中最有效的，因此他们会选择再次撤离到更安全地方。基于此，研究提出以下假设：

H9：居民拥有的抵御技能知识越强，在灾害发生后他们会更愿意选择再次撤离到更安全地方。

三、结果

（一）描述性统计

1. 居民灾害知识特征

图 3-10 显示的是居民灾害知识各个维度的均值以及总得分均值。总体来看，大多数居民拥有有效的灾害知识，占比 63%。具体而言，有 55% 的居民具备较好的灾害基本知识，与不具备较好基本知识的人数大致持平。在应急技能知识方面，有足够应急技能

的居民占比 66%。从居民的抵御技能知识来看，拥有较强抵御技能知识的居民有 68%。

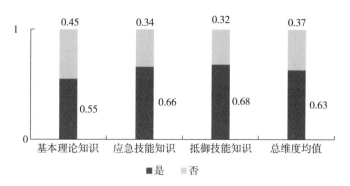

图 3-10　居民灾害知识各维度均值和总均值

2. 不同时期居民的避灾行为特征

（1）灾前避灾行为特征

图 3-11 显示的是居民灾前避灾行为各维度均值及总体均值。总体来说，具备较强灾前避灾行为的居民占 45%，而不具备较强灾前避灾行为的居民占据大多数，说明研究区居民在灾害发生前进行避灾准备的意识较差。从各个维度来看，积极进行灾前物质准备的居民占 45%，进行充足安全准备的居民占 41%，经常进行灾前培训的居民占 50%。

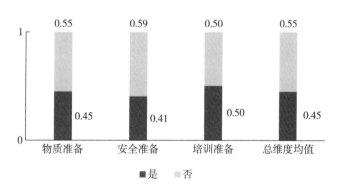

图 3-11　居民灾前避灾行为各维度均值及总均值

（2）灾中避灾行为特征

图 3-12 为在灾害发生时采取的各种避灾行为上的居民人数比例。在灾害发生时选择马上撤离房屋的人数最多，为 196 人（占比 60%），而选择继续做事的居民最少，为 16 人（占比 5%），这表明在灾害发生时大多数居民最关心的是生命安全。而选择待在原地等最新消息和保护家人的居民分别占比 22% 和 13%。

（3）灾后避灾行为特征

图 3-13 是在灾害发生后采取的各种避灾行为上的居民所掌握的灾害知识均值。在灾害发生后有 132 位居民选择再次撤离到更安全地方，占比最高；而选择继续做事的居

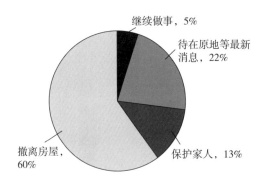

图 3-12　灾中选择各避灾行为的居民比例

民仅为 23 人，占比最低。而选择待在原地等最新消息、去确认灾害是否结束和确认家人安全的居民分别占比 27%、8% 和 18%。

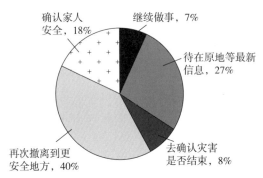

图 3-13　灾后选择各避灾行为的居民比例

(二) 模型结果

1. 居民灾前灾害知识与避灾行为的回归结果

表 3-40 为居民灾害知识与其灾前避灾行为的二元 Logit 模型回归结果。其中，模型 1 表示的是只纳入三类居民灾害知识与其灾前物质准备的一般估计结果，模型 2 为在模型 1 的基础上加入个人特征、家庭特征和灾害风险认知和所在区县共 10 个控制变量后的结果。模型 3 为只纳入三类居民灾害知识与其灾前安全准备的一般结果，模型 4 是在模型 3 的基础上加入控制变量后的回归结果。模型 5 为三类居民灾害知识与其灾前培训准备的一般回归结果，模型 6 是在模型 5 的基础上纳入控制变量后的结果。

表 3-40　居民灾害知识与灾前避灾行为二元 Logit 平均边际效应回归结果

变量	物质准备		安全准备		培训准备	
	模型 1	模型 2	模型 3	模型 4	模型 5	模型 6
基本理论知识	0.134 **	0.103 **	0.108 **	0.079	0.203 ***	0.184 ***
	(0.052)	(0.052)	(0.054)	(0.057)	(0.046)	(0.050)

续表

变量	物质准备		安全准备		培训准备	
	模型 1	模型 2	模型 3	模型 4	模型 5	模型 6
应急技能知识	0.046	0.021	0.068	0.018	0.221 ***	0.218 ***
	(0.058)	(0.055)	(0.060)	(0.060)	(0.050)	(0.050)
抵御技能知识	0.043	−0.020	0.062	0.054	0.137 *	0.120 *
	(0.074)	(0.072)	(0.077)	(0.077)	(0.072)	(0.072)
年龄		0.002		0.000		−0.002
		(0.002)		(0.003)		(0.002)
性别		−0.005		−0.057		−0.043
		(0.052)		(0.056)		(0.054)
居住时间		−0.003 **		−0.001		0.000
		(0.001)		(0.002)		(0.001)
受教育程度		−0.005		0.018 **		−0.007
		(0.008)		(0.009)		(0.009)
家庭总人数		0.005		−0.008		0.006
		(0.016)		(0.017)		(0.016)
lg（家庭年收入）		0.265 ***		0.058		0.067
		(0.065)		(0.072)		(0.069)
可能性		0.017		−0.003		−0.023
		(0.020)		(0.021)		(0.020)
威胁性		−0.016		0.005		−0.005
		(0.020)		(0.021)		(0.020)
严重性		0.059 *		−0.011		0.018
		(0.031)		(0.035)		(0.033)
北川县 =1[a]		0.158 **		0.220 ***		0.032
		(0.068)		(0.081)		(0.075)
宝兴县 =2[a]		−0.019		0.323 ***		−0.084
		(0.073)		(0.074)		(0.074)
芦山县 =3[a]		−0.093		0.223 ***		0.122 *
		(0.074)		(0.077)		(0.069)
Observations	327	327	327	327	327	327
LR chi^2（χ^2）	10.24	61.51	8.68	34.58	54.48	72.85
Prob>chi^2（χ^2）	0.0167	0.0000	0.0338	0.0028	0.0000	0.0000
Pseudo R^2	0.0253	0.1521	0.0206	0.0820	0.1264	0.1690

注：括号内的数值为标准误；*** 表示在1%水平上显著，** 表示在5%水平上显著，* 表示在10%水平上显著。a：对照组为彭州市 =4。

在模型 1 中，居民基本理论知识与其灾前物质准备正向显著相关，而应急技能知识和抵御技能知识与其灾前物质准备无显著相关关系。具体而言，在其他条件不变的情况下，居民基本理论知识每增加 1 个单位，其进行充分物质准备的概率会增加 13.4%。在模型 2 中，居民基本理论知识与其灾前物质准备正向显著相关。具体而言，在其他条件不变的情况下，居民基本理论知识每增加 1 个单位，其进行充分灾前物质准备的概率增加 10.3%。

在模型 3 中，居民基本理论知识与其灾前安全准备呈显著正相关关系，而应急技能知识和抵御技能知识与其相关关系不显著。具体来说，在其他条件不变的情况下，居民基本理论知识每增加一个单位，其进行有效灾前安全准备的概率增加 10.8%。在模型 4 中，居民基本理论知识、应急技能知识和抵御技能知识与其灾前安全准备相关关系均不显著。

在模型 5 中，居民基本理论知识、应急技能知识和抵御技能知识均与其灾前培训准备显著正向相关。在其他条件不变的情况下，居民基本理论知识、应急技能知识和抵御技能知识每增加一个单位，其进行充分灾前培训准备的概率分别增加 20.3%、22.1% 和 13.7%。在模型 6 中，居民基本理论知识、应急技能知识和抵御技能知识均与其灾前培训准备正向显著相关。具体而言，在其他条件不变的情况下，以上各变量每增加 1 个单位，其进行充分灾前培训准备的概率分别增加 18.4%、21.8% 和 12.0%。

另外，结果显示居民居住时间、受教育程度、家庭年收入、经历灾害的严重性和所在区县等控制变量与其灾前避灾行为也有显著的相关关系。

2. 灾害居民灾害知识与避灾行为的回归结果

表 3-41 为居民灾害知识与其灾中避灾行为的 MLogit 回归结果。其中，模型 7、模型 9 和模型 11 分别表示几种居民灾害知识与各种灾中避灾行为的相关关系，模型 8、模型 10 和模型 12 则表示在加入个人特征、家庭特征、灾害风险认知和所在区县共 10 个控制变量之后各变量与各种灾中避灾行为的回归结果。

表 3-41　居民灾害知识与灾中避灾行为 MLogit 模型回归结果（对照组为马上撤离房屋）

变量	继续做事		停下做事，待在原地		保护家人	
	模型 7	模型 8	模型 9	模型 10	模型 11	模型 12
基本理论知识 $=0^a$	0.456	0.388	0.882	0.670	0.836	0.652
	(0.617)	(0.694)	(0.305)	(0.344)	(0.364)	(0.400)
应急技能知识 $=0^b$	1.941	1.858	1.840*	1.707	1.029	1.067
	(0.635)	(0.657)	(0.324)	(0.343)	(0.423)	(0.439)
抵御技能知识 $=0^c$	5.489***	6.884***	2.533**	2.575**	1.115	1.313
	(0.613)	(0.676)	(0.398)	(0.430)	(0.587)	(0.625)
年龄		1.004		1.005		1.001
		(0.029)		(0.016)		(0.018)
性别		0.431		0.765		0.415**
		(0.634)		(0.326)		(0.413)

变量	继续做事		停下做事，待在原地		保护家人	
	模型7	模型8	模型9	模型10	模型11	模型12
居住时间		1.005		1.007		0.984
		(0.017)		(0.009)		(0.010)
受教育程度		1.001		0.964		0.844***
		(0.100)		(0.053)		(0.065)
家庭总人数		1.130		0.917		0.901
		(0.176)		(0.100)		(0.117)
lg(家庭年收入)		0.576		0.848		1.723
		(0.736)		(0.418)		(0.537)
可能性		1.337		1.298**		0.937
		(0.244)		(0.125)		(0.148)
威胁性		1.013		0.902		1.164
		(0.227)		(0.120)		(0.154)
严重性		0.794		0.963		0.919
		(0.334)		(0.197)		(0.246)
北川县=1[d]		1.533		0.854		1.184
		(0.771)		(0.456)		(0.595)
宝兴县=2[d]		0.350		1.069		2.566*
		(0.958)		(0.431)		(0.556)
芦山县=3[d]		1.275		1.372		2.074
		(0.746)		(0.413)		(0.548)
Observations	327	327	327	327	327	327
LR chi^2（χ^2）	15.62	55.10	15.62	55.10	15.62	55.10
Prob>chi^2（χ^2）	0.075	0.144	0.075	0.144	0.075	0.144
Pseudo R^2	0.047	0.155	0.047	0.155	0.047	0.155

注：括号内的数值为标准误；*** 表示在1%水平上显著，** 表示在5%水平上显著，* 表示在10%水平上显著。
a：对照组为基本理论知识=1；b：对照组为应急技能知识=1；c：对照组为抵御技能知识=1；d：对照组为彭州市=4。

在模型7中，和具备充分充足抵御技能知识的居民相比，不具备充足抵御技能知识的居民在灾害发生时选择继续做事的概率为其5.489倍。这表明在灾害发生时，如果只有继续做事和马上撤离房屋两个选择，不具备充足抵御技能知识的居民比具备抵御技能知识的居民更愿意选择继续做事。在模型9中，和具备充分应急技能知识的居民相比，不具备应急技能知识的居民在灾害发生时选择停下做事，待在原地的概率为其1.840倍。这表明在灾害发生时，如果只有停下做事、待在原地和马上撤离房屋两个选择，不具备应急技能知识的居民比具备充分应急技能知识的居民更愿意选择停下做事、待在原地。且和具备充足抵御技能知识的居民相比，不具备抵御技能知识的居民在灾害发生时选择停下做事、待在原地的概率为其 2.533 倍。这表明在灾害发生时，若只有停下做事、待在原地和马上撤离房屋两个选择，不具备较强抵御技能知识的居民比具备较强抵御技能知识的居民更愿意选择停下做事、待在原地。

在模型 8 中，和具备充足抵御技能知识的居民相比，不具备抵御技能知识的居民在灾害发生时选择继续做事的概率为其 6.884 倍。这表明在灾害发生时，如果只有继续做事和马上撤离房屋两个选择，不具备抵御技能知识的居民比具备充足抵御技能知识的居民更愿意选择继续做事。在模型 10 中，与具备充足抵御技能知识的居民相比，不具备抵御技能知识的居民在灾害发生时选择停下做事、待在原地的概率为其 2.575 倍。这表明在灾害发生时，如果只有停下做事、待在原地和马上撤离房屋两个选择，不具备充足抵御技能知识的居民比拥有充足抵御技能知识的居民更倾向于选择停下做事、待在原地。

此外，居民对灾害认知的可能性、受教育程度、性别和所在区县等控制变量均与其灾中避灾行为具有显著的相关关系。

3. 居民灾害知识与避灾行为的回归结果

表 3-42 为居民灾害知识与灾后避灾行为的 MLogit 回归结果。模型 13、模型 15、模型 17 和模型 19 分别表示居民灾害知识与各种灾后避灾行为的回归结果，而模型 14、模型 16、模型 18 和模型 20 表示在加入 10 个控制变量之后居民灾害知识与各种灾后避灾行为的回归结果。

在模型 15 中，和具备较强基本理论知识的居民相比，不具备充足基本理论知识的居民在灾害发生后选择待在原地等最新消息的概率为其 1.667 倍。这表明在灾害发生后，如果只有待在原地等最新消息和再次撤离到更安全地方两个选择，不具备基本理论知识的居民比具备充足基本理论知识的居民更愿意选择待在原地等最新消息。在模型 19 中，和具备较强抵御技能知识的居民相比，不具备抵御技能知识的居民在灾害发生后选择确认家人安全的概率为其 2.260 倍。这表明在灾害发生后，若只有确认家人安全和再次撤离到更安全地方两个选择，不具备抵御技能知识的居民更倾向于选择确认家人安全。

在模型 14 中，和具备充足应急技能知识的居民相比，不具备应急技能知识的居民在灾害发生后选择继续做事的概率为其 0.307 倍。这表明在灾害发生后，如果只有继续做事和再次撤离到更安全地方两个选择，不具备充足应急技能知识的居民更愿意选择再次撤离到更安全地方。在模型 20 中，和具备充足抵御技能知识的居民相比，不具备抵御技能知识的居民在灾害发生后选择确认家人安全的概率为其 2.442 倍。这表明在灾害发生后，若只有确认家人安全和再次撤离到更安全地方两个选择，不具备抵御技能知识的居民更倾向于选择确认家人安全。这与模型 19 中的结果一致，表明其具有较强的稳健性。

此外，居民的年龄、性别、居住时间、家庭总人数、对灾害可能性的认知、家庭年收入、对灾害严重性的认知和所在区县等控制变量均与其灾后避灾行为相关关系显著。

表 3-42　居民灾害知识与灾后避灾行为 MLogit 模型回归结果（对照组为再次撤离到更安全地方）

变量	继续做事		待在原地等最新信息		去确认灾害是否结束		确认家人安全	
	模型 13	模型 14	模型 15	模型 16	模型 17	模型 18	模型 19	模型 20
基本理论知识=0[a]	1.932	1.890	1.667*	1.274	1.102	1.041	0.634	0.603
	(0.486)	(0.552)	(0.300)	(0.332)	(0.464)	(0.500)	(0.358)	(0.410)
应急技能知识=0[b]	0.496	0.307*	0.778	0.658	0.540	0.530	0.872	0.851
	(0.573)	(0.630)	(0.328)	(0.350)	(0.565)	(0.588)	(0.391)	(0.425)
抵御技能知识=0[c]	1.967	1.079	1.335	1.204	1.335	1.482	2.260*	2.442*
	(0.636)	(0.733)	(0.447)	(0.478)	(0.691)	(0.733)	(0.468)	(0.507)
年龄		1.041		1.028*		0.974		1.014
		(0.029)		(0.016)		(0.023)		(0.018)
性别		2.905*		1.432		0.689		1.246
		(0.578)		(0.330)		(0.510)		(0.382)
居住时间		1.023		1.002		1.019		1.010
		(0.017)		(0.009)		(0.015)		(0.011)
受教育程度		1.056		0.973		0.970		1.018
		(0.086)		(0.052)		(0.081)		(0.061)
家庭总人数		0.974		0.950		0.986		0.771**
		(0.163)		(0.096)		(0.147)		(0.121)
lg(家庭年收入)		0.801		1.002		0.919		3.421**
		(0.657)		(0.424)		(0.628)		(0.527)
可能性		0.962		1.187		1.395*		0.778*
		(0.208)		(0.124)		(0.190)		(0.147)
威胁性		0.872		0.915		0.741		1.225
		(0.210)		(0.122)		(0.183)		(0.143)
严重性		0.704		1.420		1.116		1.623*
		(0.263)		(0.217)		(0.306)		(0.274)
北川县=1[d]		0.599		0.530		0.943		1.127
		(1.010)		(0.478)		(0.761)		(0.465)
宝兴县=2[d]		2.116		1.409		1.506		0.471
		(0.789)		(0.422)		(0.721)		(0.542)
芦山县=3[d]		3.681*		1.352		1.957		0.687
		(0.774)		(0.426)		(0.680)		(0.484)
Observations	327	327	327	327	327	327	327	327
LR chi² (χ²)	13.78	99.03	13.78	99.03	13.78	99.03	13.78	99.03
Prob>chi² (χ²)	0.315	0.001	0.315	0.001	0.315	0.001	0.315	0.001
Pseudo R²	0.041	0.261	0.041	0.261	0.041	0.261	0.041	0.261

注：括号内的数值为标准错误；*** 表示在 1% 水平上显著，** 表示在 5% 水平上显著，* 表示在 10% 水平上显著。
a：对照组为基本理论知识=1；b：对照组为应急技能知识=1；c：对照组为抵御技能知识=1；d：对照组为彭州市=4。

四、讨论

本研究利用汶川地震和芦山地震重灾区居民调研数据，实证分析了居民灾害知识与其灾前、灾中和灾后避灾行为的相关关系。相比于已有研究，本研究的边际贡献在于：一是以往研究多从一个方面分析居民避灾行为，本研究从地震重灾区居民视角综合分析了居民灾前、灾中和灾后避灾行为特征及其作用机制，具有一定的理论意义和现实意义；二是本研究使用了二元 Logit 和 MLogit 模型定量分析了居民灾害知识对其三个时段避灾行为的影响方向和程度，更加具体地解释了其作用机制。

本研究的结果与已有研究和研究假设也有一些异同之处。比如，Yong et al.（2020）发现居民的应急知识、技能知识与其避灾准备存在显著相关关系，而其物质准备与避灾行为不呈现显著相关关系。本研究的结果与研究假设 H1 一致，本研究证实了在灾害发生前，居民拥有的基本理论知识越多，其物质准备、安全准备和培训准备就越充分。与研究假设 H2 不一致，本研究发现居民的基本理论知识与其在灾害发生时所做出的避灾行为并无显著相关关系。可能的原因在于居民的基本理论知识过于基础，大多为自然灾害常识性问题，因此并不在很大程度上影响其在灾害发生时所进行安全性的准备。与研究假设 H3 不一致，本研究发现在灾害发生后，若只有再次撤离到更安全地方和待在原地等最新消息两个选择，具备较强基本理论知识的居民更愿意选择再次撤离到更安全地方。而居民具备的基本理论知识的强度与其在灾害发生后是否做出确认家人安全的行为并无显著相关关系。可能的原因在于居民的基本理论知识越强，其更加容易选择如撤离、搬迁等有效性较强的避灾方式，且其在灾害发生时用于进行避灾的体能消耗往往大于基本理论知识较弱的居民，同时受到个别居民自身家庭各种复杂因素的影响，在灾害发生后，居民具备基本理论知识的强度对其是否做出确认家人安全的行为影响不大。与研究假设 H4 一致，本研究证实了在灾害发生前，居民拥有的应急技能知识越多，其培训准备就越充分，总体灾前避灾准备也更充分。与研究假设 H5 一致，本研究也证实了在灾害发生时，具备较强应急技能知识的居民更愿意选择马上撤离房屋。与研究假设 H6 不一致，本研究发现在灾害发生后，拥有较强应急技能知识的居民更喜欢继续做事。可能的原因在于居民拥有的应急技能知识越强，灾害发生时对其带来的恐慌和不确定性相对较少，因此其在灾害发生后的较短时间内会比拥有应急技能知识较少的居民更愿意选择继续做事。与研究假设 H7 不一致，研究结果表明居民拥有的抵御技能知识与其灾前培训准备显著正向相关，与其物质准备和安全准备无显著相关关系，可能的原因在于居民具备的抵御技能知识越强，其在灾前想为抵御灾害做相关准备的愿望也就越强，因此加强了其在灾害发生前进行培训，强化自身防灾能力的行为。而灾前物质准备对于居民来说只是用于减轻经济损失，对于其保障生命安全作用不大，因而受居民抵御技能知识的影响较小。且居民的抵御技能知识越强，只是在一定程度上加强了其在灾害发生时的相应有效行为，而对其在灾害发生前进行加固房屋、准备应急物品等安全准备影响不大。与研究假设 H8 一致，研究证实了在灾害发生时居民拥有的抵御技能知识越强，在灾害发生时他们会更愿意选择马上撤离房屋。与研究假设 H9 一致，研究证实居民具备的抵御技能知识越强，在灾害发生后就更倾向于撤离到更安全地方。

研究发现居民具备的灾害基本理论知识水平较低，且研究证实居民进行灾前避灾准备的强度与其具备的基本理论知识呈正相关关系。因此政府和相关组织可以加强灾害知识和有效避灾行为的宣传，组织居民学习，加强其知识水平，进而增强其灾前避灾准备。其次，研究发现具备较强灾害知识的居民在灾害发生前会进行比较充分的避灾准备，在灾害发生时和灾害发生后倾向于选择撤离的避灾方式。且充分的灾前准备和灾中灾后的撤离行为均被证实为有效的避灾方式，因此政府可以发放急救灯、药品箱、食物等应急物品或者直接给予居民防灾补贴来鼓励居民进行避灾准备，同时为增强居民灾害知识水平提供经济上的支持。

此外，本研究也还存在着一些不足。比如，本研究是以地震重灾区汶川县和芦山县为研究对象，研究结果具有一定的局限性，对于其他地震灾区居民是否适用有待进一步讨论。其次，本研究主要以居民灾害知识作为其不同阶段避灾行为的驱动机制，没有进一步考虑其他因素的影响。如已有研究表明，居民情绪因素也对其避灾行为选择产生一定程度的影响(Massazza et al.，2021)。且本研究采用定量方法研究居民灾害知识与其不同时段避灾行为的相关关系，缺乏定性研究和讨论。此外，本研究利用事后调研的数据进行讨论，缺乏对灾前研究区域居民的了解，具有一定的回忆偏差风险。再者，本研究的灾害类型主要指地震，对于其他自然灾害是否适用于这一规律也有待进一步讨论。

五、结论

通过前文实证分析与讨论，研究主要得到以下两点结论：

第一，总体来说，研究区居民具有较强的灾害知识。其中，拥有较强抵御技能知识的居民占比最高(68%)，具备较强基本理论知识的居民占比最低(55%)，具有足够应急技能知识的居民占比 66%。地震发生前，居民进行避灾准备的意识较差；地震发生时，选择马上撤离房屋的人数最多(60%)，而选择继续做事的居民最少(5%)；地震发生后，选择再次撤离到更安全地方的居民占比最高(40%)，而选择继续做事的居民占比最低(7%)。

第二，居民具备的地震知识会显著影响不同时段居民的避灾行为决策。灾害发生前，居民具备的灾害知识越强，其所进行的避灾准备就越充分；灾害发生时，与马上撤离房屋的居民相比，不具备充分灾害知识的居民更愿意选择继续做事；与马上撤离房屋居民相比，不具备充分灾害知识的居民更愿意选择停下做事、待在原地。灾害发生后，与再次撤离到更安全地方的居民相比，不具备较强灾害知识的居民更愿意选择待在原地，等最新信息和确认家人安全。与再次撤离到更安全地方的居民相比，具备较强灾害知识的居民更倾向于选择继续做事。

第 四 章

农户生计篇

第一节 引 言

生计资本是指居民维持生计和从事生产的基本手段或主要方式，主要包括资产、行动、取得资产和行动的权利（Guo et al.，2019）。生计作为农村居民生存的基本需求，是否能够走持续发展的生计之路，对一个家庭、一个村庄乃至整个农村社会的可持续发展都有着重要的意义。本研究区域是灾害和贫困交织地区的居民，通过评估这一群体的生计状况，并采用教育、就业培训等生计策略消除潜在风险（Almeida & Galasso，2010），稳定其财务状况，保障其良性发展，这才是社会可持续发展和进步的关键（Ellwood & Adams，1990）。因此关注这一群体的防止返贫对全面建成小康社会和实施乡村振兴战略的成功起到关键作用且具有重大意义。

处于贫困和地震灾害交织的地区的农户面临严重的生计风险。生计风险与生计资本是一种相生相伴的关系，生计资本是农户抵御生计风险的重要保证（许汉石和乐章，2012），生计风险的强弱影响着生计资本的禀赋程度，农户遭受不同的风险可能会对生计资本产生不同的影响（陈传波，2005；苏芳，2017）。在可持续生计框架中，外部风险的冲击会影响生计资本的重新配置。同时生计风险与贫困息息相关，许多实证研究证明，农户生计资本的改善可以缓解贫困，增强农户应对生计风险的能力（Alvarez et al.，2015；Reutlinger，1977）；相反，农户生计资本的缺失导致农户陷入贫困，极易引发生计风险（Kong & Wu，2007）。比如，Addison & Brown（2014）运用可持续生计方法分析发现，一个家庭越贫穷，其生计资本结构越趋于单一，应对生计风险的能力也越弱。

适宜生计策略是防止山区农户脱贫后返贫和解决生计风险的有效手段。在面临风险时，最脆弱的群体是那些资源匮乏和适应能力弱的农户（Jezeer et al.，2019）。因为生计资本的贫乏，这类群体一般无法选择具有较高回报的生计适应策略而蒙受损失（Babulo et al.，2008；Quaglio et al.，2013）。同时农户生计策略行为决策及其驱动机制在国内外已有多年研究历史，研究发现中国灾害威胁区农户生计策略途径单一，很大的原因在于生计韧性的薄弱（Adger et al.，2005；Folke，2006）。以往的生计研究多关注农户生计资本的存量和组合方式，但生计资本的积累和转化并不能主动保护农户免受冲击，也未考虑在外部冲击下农户的适应和调整行为，将农户生计研究框架和弹性思维联系起来，有助于加深对农户生计动态性机制的理解，以及衡量生计系统遭受到干扰后，恢复到维持其基本功能和结构的能力。因此，生计韧性理论对于提高农户风险适应能力，减少贫困，选择适宜的生计策略有着重要的现实意义。

综上所述，中国广大地震灾害威胁区聚落农户生计策略行为特征及驱动机制亟须关注。中国是一个山地大国，广大山区聚落面临各种生计风险，使农村农户陷入可能返贫的困境，从生计风险、贫困和生计韧性等视角切入，研究这些聚落农户的生计策略行为特征及其驱动机制可以有效减少其损失，增强其抵抗灾害的能力。

本章主要包括以下内容：第一节引言：简单介绍本章的主要内容。第二节生计风险与生计资本关系的研究：研究将生计风险分为健康、环境、金融、社会四个维度。将分为人力资本、自然资本、物质资本、金融资本、社会资本五个维度，在此基础上建立计量经济模型探究生计资本与生计风险的相关关系。第三节生计风险与生计策略关系的研究：研究将生计风险分为健康、环境、金融、社会四个维度。将生计适应策略划分为减少消费、动用储蓄、变卖资产、外出务工、借贷和等待政府救济六类，在此基础上建立计量经济模型探究生计风险与生计策略的相关关系。第四节生计韧性与生计策略关系的研究：研究根据农业收入占家庭总收入的比重将农户生计策略划分为纯农型、兼业型、非农型三类。将生计韧性分为缓冲能力、自组织能力、学习能力和防灾减灾能力四个维度，在此基础上建立计量经济模型探究生计韧性与生计策略的相关关系。第五节生计压力与生计适应性关系的研究：研究关注农户面临的生计压力，适应能力和生计策略选择，使用熵值法测度农户生计压力和适应能力得分，在此基础上构建计量经济模型探究以上几者间的相关关系。

第二节　生计风险与生计资本关系的研究

一、引言

农户是以家庭为单位从事农业生产生活的基本组织，由于资源匮乏和适应能力弱等原因，易受到气候变化、自然灾害和疾病暴发等多重风险的影响（Kuang et al.，2019）。据统计，我国是世界上遭受自然灾害最严重的国家之一，每年因气象灾害造成经济损失高达2000多亿元（陈德亮，2012），约占国民生产总值的3%—6%（翟盘茂等，2009）。自然灾害逐渐成为削弱农户家庭生产生活能力的主要原因（陈治国等，2019）。比如，气候变化风险会给农业生产带来巨大影响，影响农业收入（贾利军等，2019）；金融风险会提高信贷成本；社会风险会减少部分农户参与非农活动的机会（Barrett et al.，2001）。生计风险能改变家庭的生计资本，进而影响家庭的福利水平（苏芳，2017）。因此，在农户面临风险日益严峻的情况下，探究我国农户面临的生计风险及其对农户生计资本的影响意义重大，有利于促进我国的经济社会发展。

一般来说，农户生计资本越丰厚，抵御生计风险的能力就越强。生计资本是增强农户应对生计风险能力的前提和基础（苏芳，2017）。然而，学术界关于生计的研究多集中在生计资本的测度（徐定德等，2015）、生计资本与生计策略相关关系研究（刘伟等，2015；刘璐璐和李锋瑞，2020）、生计脆弱性测度（Cao et al.，2016；Xu et al.，2017b）等方面，少有研究关注农户生计风险对生计资本的影响，对于地震灾害威胁区农户生计风险对生计资本影响的研究更是少之又少。因此，在地震灾害威胁区，农户的生计风险对生计资本的影响需要进行进一步研究。

四川是中国乃至世界闻名的地震灾害大省。"5·12"汶川 8.0 级特大地震是新中国成立以来破坏性最强、波及范围最广、救灾难度最大的一次地震（赵晶和李建亮，2018），根据国家统计局数据，"5·12"汶川 8.0 级特大地震造成 6.92 万人死亡，37.46万人受伤，产生的直接经济损失高达 8451 亿元。"4·20"芦山 7.1 级强烈地震造成 38.3万人伤亡。在众多灾害中，地震作为致灾性和致死性最严重的灾害，其突发性和巨大破坏性会对区域经济发展和家庭生计福祉提升产生显著和深远的影响（Xu et al.，2019c）。处于两次地震重灾区的农户不仅是 7 级以上剧烈地震的地震灾害威胁区居民，也是山区贫困集中地区的居民，是灾害和贫困交织地区的居民。通过评估这一群体的生计状况、了解其面临的生计风险，对全面建成小康社会和实施乡村振兴战略的成功起到关键作用和具有重大意义。

基于以上背景，本节研究利用四川省汶川和芦山地震 4 区县 327 户农户调查数据，从健康、环境、金融、社会四个方面测度农户面临的生计风险，从人力资本、自然资本、物质资本、金融资本、社会资本五个方面测度农户的生计资本，系统剖析农户面临的四类生计风险和持有的五类生计资本的特征，并构建多元线性回归模型探索生计风险与生计资本间的相关关系，以期为政府制定和实施相关政策提供有益启示。

二、文献综述

(一) 生计风险

生计风险指农户生计活动过程中遭受损失的可能性。一般而言，农户在整个生产活动中，可能会面临自然、物质、人力、经济和社会等不同的风险。基于此，学术界一般将农户生计风险分为健康风险、环境风险、金融风险和社会风险四大类（赵雪雁等，2015；万文玉等，2017）。其中，健康风险指作用于人的身体，影响其健康的风险，一般从家庭成员患病情况和医疗条件等方面设计指标来测度；环境风险指在人类活动与大自然共同作用下对环境和人类社会造成不利后果的风险，一般从极端天气、地质灾害、环境污染和病虫害等方面设计指标来测度；金融风险指金融交易活动中出现的可能对个人或金融机构生存构成威胁的风险，一般从农产品价格波动、假资农产品、资金短缺和经营战略失误等方面设计指标来测度；社会风险指因人类的行为对社会生产及人们生活造成损失的风险，一般从农户社会关系网、社会地位和社会安全状况等方面设计指标来测度。

(二) 生计资本

"可持续生计"概念最早是在 20 世纪 80 年代末世界环境和发展委员会的报告中提出的，是指个人或家庭所拥有和获得的、能用于谋生和改善长远生活状况的资产、能力和有收入活动的集合。英国国际发展署提出的可持续生计分析框架中，将生计资本划分为人力资本、物质资本、自然资本、金融资本和社会资本。学术界关于生计资本的研究大都基于可持续分析框架展开(丁士军等，2016；李立娜等，2018)。其中，人力资本是指人们为了追求不同的生计策略和实现生计目标而拥有的技能、知识、劳动能力和健康等一般从受教育程度、家庭劳动力、专业技能和健康状况等方面设计指标来测度；物质资本包括维持生计所需要的基础设施以及生产用具，一般从房屋价值和农业固定资产价值等方面设计指标来测度；自然资本指的是人们的生计所依靠的自然资源，一般从耕地面积和耕地质量等方面设计指标来测度；金融资本主要指流动资金、储备资金以及容易变现的等价物等，一般从收入、存款、借款和贷款等方面设计指标来测度；社会资本指各种社会资源，一般从协会组织和礼金开支等方面设计指标来测度。

(三) 研究假设

生计资本与生计风险是一种相生相伴的关系，生计资本是农户抵御生计风险的重要保证，生计风险的强弱影响着生计资本的禀赋程度，农户遭受不同的风险可能会对生计资本产生不同的影响(陈传波，2005；苏芳，2017)。在可持续生计框架中，外部风险的冲击会影响生计资本的重新配置，生计资本和生计风险组合构成了这个框架(见图 4-1)。

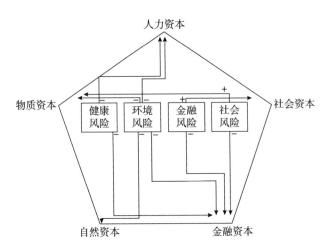

图 4-1　生计资本与生计风险作用机制

农户面临健康风险，如患有遗传病或大病、村卫生院医疗体系不完善等，农户家庭成员因为患病或得不到较好的救治，很可能会使得处于青壮年的农户丧失劳动能力，导致家庭收入受到灾难性影响。农户患大病或遗传病会因为治病产生巨大支出和沉重经济负担，对农户的金融资本产生负面影响；农户居住地的卫生院医疗体系不完善会使得其使用较差的医疗资源并且缺乏基本的医疗保健知识，容易因为错误地对待病情丧失生命，对农户的人力资本产生负面影响。基于此，作出如下研究假设：

H1：当农户面临健康风险时，会对其人力资本和金融资本产生负面影响。

农户面临环境风险，如极端天气、地质灾害、环境污染、水资源污染、病虫害，是十分脆弱的，其很可能会因为自然灾害陷入贫困境地（程欣等，2018）。自然灾害会导致农作物减收甚至是绝收，使得农业生产受到极大影响（喜超等，2018），导致农业收入减少（孔寒凌和吴杰，2007）；自然灾害会导致市场对农业和非农业产品的需求大量减少，使农户的非农收入减少；自然灾害会对农户的固定资产造成损害（陈传波，2005），比如，地震会造成房屋坍塌；自然灾害还会威胁农户的人身安全，严重时会造成人员伤亡。在自然灾害中，致灾性和致死性最严重是地震，会直接损害农户的人力资本、自然资本、物质资本和金融资本，损失最严重的是体现为现实物质的物质资本（李小云等，2011），因此自然灾害会对农户人力资本、自然资本、物质资本和金融资本产生负面影响。然而同时苏芳（2017）发现，农户面临环境风险会对其人力资本和金融资本产生正面影响。可能的原因在于，自然灾害对农户而言是非常严重的环境风险，会造成毁灭性的冲击，因此会对物质资本产生负面影响，而农户可以通过学习专业技能提高人力资本和增加获取金融资本的手段来抵御环境风险。然而，在地震灾害频发的四川省，农户主要面临的环境风险还是以自然灾害为主。基于此，作出如下研究假设：

H2：当农户面临环境风险时，会对其人力资本、自然资本、物质资本和金融资本产生负面影响。

农户面临金融风险，如农产品价格波动、假资农产品、资金短缺、经营战略失误，加之农户从事的生产活动风险高、周期长以及收益不确定，容易导致农村金融发展缓慢。赵恬和杜君楠（2020）的研究发现，农村金融服务和产品单一会导致农户贷款难、成本贵、过程繁，此时会对农户的金融资本产生负面影响；苏宝财等（2019）的研究发现，缺乏资金扩大生产的金融风险时，农户需要资金的借贷或亲友资金的支持，或者加入合作社寻求支持，此时会对农户的社会资本产生正面影响。基于此，作出如下研究假设：

H3：当农户面临金融风险时，会对其金融资本产生负面影响，对其社会资本产生正面影响。

农户面临社会风险，如农户参与协会组织数量、社会关系网、家庭成员就业情况、社会地位和社会安全状况，规模较小的农户显得尤为脆弱（郝亚光，2009）。苏芳（2017）的研究发现，农户面临的社会风险越高，可利用的社会资源和帮助就越有限，此时相对较高的物质资本是其维持生计的基础；李立娜等（2018）的研究发现，红白喜事支出超出农户的承受范围时，会导致家庭收支严重失衡，对金融资本产生负面影响。基于此，作出如下研究假设：

H4：当农户面临社会风险时，会对其物质资本产生正面影响，对其金融资本产生负面影响。

三、研究方法

(一)地震灾害威胁区农户生计风险评价指标体系构建

关于生计风险的测度,本章主要参考苏芳(2017)、赵雪雁等(2015)、万文玉等(2017)的研究,再结合研究区域实际,从健康、环境、金融、社会四个方面来测度,具体测度指标如表4-1所示。

表4-1 农户生计风险评价指标体系

风险维度	风险变量	变量定义与描述	均值	标准差	权重
健康风险	患病风险	是否患有遗传病或大病(否=0,是=1)	0.33	0.47	0.029
	外部环境	是否患有牲畜瘟疫、痢疾或因重大工业污染引起的疾病(否=0,是=1)	0.10	0.30	0.009
	医疗条件	村卫生院医疗体系是否完善(否=0,是=1)	0.48	0.50	0.052
环境风险	极端天气	极端天气(如强降雨、冰冻)是否对生产生活产生影响(否=0,是=1)	0.70	0.46	0.085
	地质灾害	是否经历过地震(否=0,是=1)	0.98	0.12	0.291
		经历过地质灾害(如地震、滑坡和泥石流)的次数(次)	8.58	12.72	0.003
		经历过地质灾害(如地震、滑坡和泥石流)的严重性[a]	4.56	0.76	0.089
		地质灾害(如地震、泥石流)是否对生产生活产生影响(否=0,是=1)	0.80	0.40	0.112
	病虫害	是否遭遇过病虫害冲击(否=0,是=1)	0.48	0.50	0.046
	水资源短缺	水资源是否能满足生产生活基本需要(否=0,是=1)	0.94	0.23	0.006
	水土流失	土地水土流失程度[a]	2.83	1.36	0.020
金融风险	农产品价格波动	农业生产是否遭受农产品价格波动冲击(否=0,是=1)	0.30	0.46	0.026
	假资农产品	农业生产是否遇到过假的农资产品(如假农药、假化肥)(否=0,是=1)	0.16	0.36	0.014
	资金短缺	是否缺乏资金扩大农业生产规模(否=0,是=1)	0.65	0.48	0.075
	融资条件	向银行贷款融资是否困难(否=0,是=1)	0.56	0.50	0.059
	经营战略决策	经营战略决策是否有失误给家庭经济带来损失(否=0,是=1)	0.22	0.42	0.019
社会风险	社会地位	是否在村里有一定的社会地位(否=0,是=1)	0.10	0.31	0.010
		是否参与过村里公共事务决策(否=0,是=1)	0.77	0.42	0.020
	社会安全状况	是否因基本保障缺失(养老、医保等)导致后顾生计堪忧(否=0,是=1)	0.38	0.49	0.035

注:a:1=非常不严重,2=不严重,3=一般,4=严重,5=非常严重。

（二）地震灾害威胁区农户生计资本评价指标体系构建

关于生计资本的测度，本研究主要参考许汉石和乐章（2012）、苏芳（2017）、赵恬和杜君楠（2020）的研究，再结合研究区域实际，从人力资本、自然资本、物质资本、金融资本、社会资本五个方面来测度，具体测度指标如表4-2所示。

表4-2　农户生计资本评价指标体系

生计资本	变量	变量定义与描述	均值	标准差	权重
人力资本	受教育程度	受教育年限（年）	6.29	3.70	0.014
	健康状况	身体健康状况[a]	2.55	1.14	0.021
	家庭劳动力	家庭劳动力人数（个）	2.48	1.50	0.015
	专业技能	家庭拥有专业技能人数（个）	1.08	1.06	0.035
物质资本	房屋	房屋现值（万元）	40.93	63.74	0.042
	资产	除房屋外其他固定资产现值（万元）	4.93	7.80	0.047
自然资本	耕地面积	家庭正在经营耕地面积（亩）	2.46	6.22	0.058
	耕地质量	家庭正在经营耕地质量[a]	2.81	1.01	0.303
	林地面积	家庭正在经营林地面积（亩）	31.76	96.37	0.084
金融资本	收入	在过去一年里家庭总收入（元）	66190.62	72280.83	0.027
	政府补贴	在过去一年里是否接受了政府补贴（否=0，是=1）	0.70	0.46	0.021
	存款	在过去一年里家庭是否有存款（否=0，是=1）	0.46	0.50	0.045
	借款	在过去五年里是否向亲戚朋友借款（否=0，是=1）	0.40	0.49	0.053
	贷款	在过去五年里是否向银行贷款（否=0，是=1）	0.37	0.48	0.057
社会资本	协会组织	家庭成员是否参加协会组织（否=0，是=1）	0.15	0.36	0.109
	礼金开支	在过去一年里家庭礼金开支（元）	7120.52	18236.47	0.052
	通信花费	家庭平均每个月电话费开支（元/月）	221.57	169.43	0.017

注：a：1=非常不好，2=不好，3=一般，4=好，5=非常好。

（三）熵值法

熵值法是用来判断指标离散程度的一种客观赋权数学方法。熵值的离散程度越大，那么该指标对综合评价的影响就越大。相比于层次分析法等定性分析方法（相对主观），熵值法的结果更加客观。基于此，本研究使用熵值法来求取农户生计风险和生计资本各指标的权重以及4类生计风险和5类生计资本的综合指数。熵值法的原理和详细的计算步骤详见Peng et al.（2019）的研究。如表4-1最右边一列所示，农户面临最大的生计风险是是否经历过地震（占比29.1%），最小的是经历地质灾害的次数（占比0.3%）。如表

4-2 最右边一列所示，农户持有最多的生计资本是耕地质量（占比 30.3%），最少的是受教育程度（占比 1.4%）。

（四）多元线性回归

由于因变量是农户持有的生计资本，是一连续型随机变量。考虑到该变量的分布特点，本研究将采用多元线性回归计量经济模型探索农户面临的生计风险与其持有的生计资本的相关关系。

四、研究结果

（一）描述性统计分析

由图 4-2 可知，就农户面临的四类生计风险而言，环境风险综合指数最高（0.65），金融风险（0.19）和健康风险（0.09）。其次，社会风险综合指数（0.07）最小。

由图 4-3 可知，就农户持有的五类生计资本而言，自然资本综合指数最高（0.45），金融资本（0.20）、社会资本（0.18）和物质资本（0.09）。其次，人力资本综合指数（0.08）最小。

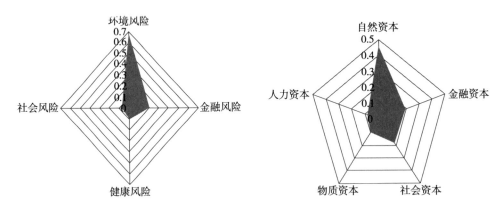

图 4-2　农户生计风险综合指数雷达图　　图 4-3　农户生计资本综合指数雷达图

（二）实证结果

本研究采用多元线性回归模型探究生计风险与生计资本的相关关系，具体结果如表 4-3 所示。表 4-3 第二列显示的是农户面临的生计风险与其人力资本间的相关关系结果，可以发现，环境风险、金融风险和社会风险与人力资本相关关系显著，健康风险与人力资本相关关系并不显著。具体而言，在其他条件不变的情况下，农户面临的环境风险每增加 1 个单位，其人力资本将减少 0.0137 个单位；农户面临的金融风险和社会风险每增加 1 个单位，其人力资本分别平均增加 0.0396 个和 0.129 个单位。

表4-3　生计风险对农户生计资本的影响

	人力资本	物质资本	自然资本	金融资本	社会资本
健康风险	−0.0078	0.00232	0.246**	−0.0219	0.0893
	(−0.35)	(0.11)	(2.19)	(−0.26)	(1.21)
环境风险	−0.0137*	0.00481	0.0770**	−0.00506	0.00676
	(−1.86)	(0.67)	(2.07)	(−0.18)	(0.28)
金融风险	0.0396***	0.0227*	0.0896	0.0689	0.0738*
	(3.26)	(1.91)	(1.47)	(1.52)	(1.86)
社会风险	0.129***	0.0821**	0.0605	0.0960	0.0275
	(3.68)	(2.39)	(0.34)	(0.73)	(0.24)
常数	0.0213***	0.00331*	0.143***	0.0726***	0.00749
	(10.78)	(1.71)	(14.38)	(9.80)	(1.15)
R-squared	0.0716	0.0383	0.0472	0.0094	0.0201
Adj R-squared	0.0600	0.0264	0.0354	−0.0029	0.0079

注：*、** 和 *** 分别表示在10%、5%和1%水平上显著。

表4-3第三列显示的是农户面临的生计风险与物质资本间的相关关系结果，可以发现，金融风险和社会风险与物质资本正向显著相关，健康风险和环境风险与物质资本相关关系并不显著。具体而言，在其他条件不变的情况下，农户面临的金融风险和社会风险每增加1个单位，其物质资本将分别增加0.0227个和0.0821个单位。

表4-3第四列显示的是农户面临的生计风险与自然资本的相关关系结果，可以发现，健康风险和环境风险与自然资本间正向显著相关，金融风险和社会风险与自然资本相关关系并不显著。具体而言，在其他条件不变的情况下，农户面临的健康风险和环境风险每增加1个单位，其自然资本将分别增加0.246个和0.077个单位。

表4-3第五列显示的是农户面临的生计风险与金融资本间的相关关系结果，可以发现，农户面临的四类生计风险与金融资本相关关系均不显著。

表4-3第六列显示的是农户面临的生计风险与其社会资本间的相关关系结果，可以发现，金融风险与社会资本间正向显著相关，而健康风险、环境风险和社会风险与社会资本间的相关关系均不显著。具体而言，在其他条件不变的情况下，农户面临的金融风险每增加1个单位，其社会资本将增加0.0738个单位。

五、结论与政策建议

(一) 结论

通过以上分析，研究主要得到两点结论：

第一，农户面临的四类生计风险中，环境风险最大，金融风险和健康风险其次，社会风险最小。农户持有的五类生计资本中，自然资本最多，金融资本、社会资本和物质资本其次，人力资本最少。

第二，农户面临四类生计风险会对其五类生计资本产生不同影响。具体而言，健康风险与自然资本正向显著相关，环境风险与人力资本负向显著相关，与自然资本正向显著相关，金融风险与生计资本、人力资本、物质资本和社会资本正向显著相关，社会风险与人力资本和物质资本正向显著相关。

(二) 政策建议

根据前文分析，研究也可以得到一些政策启示，如下：

第一，加快完善农村社会保障体系和完善医疗卫生体系。调查发现，有38%的农户认为因为缺失基本保障(养老、医保等)而导致后顾生计堪忧，有接近半数的农户认为村卫生院医疗体系不完善。故而，可进一步加大农村保障体系建设及深化卫生医疗体系改革，从根本上解决"因病致贫""看病难、看病贵"等问题。

第二，加大教育投资力度。研究发现，农户面临的环境风险与人力资本负向显著相关。故而，政府可通过加大教育的投资力度，如积极组织技术培训，增强农户非农工作竞争能力，通过人力资本的提升来降低环境风险对农户造成的冲击。

第三节 生计风险与生计策略关系的研究

一、引言

农户是农业生产生活的基本组织单位，易受到气候变化、自然灾害和疾病暴发等多重风险的影响(Kuang et al.，2020)。现如今，全球气候变化使得农业正面临前所未有的挑战，地球正处于近1000年以来最温暖的时期(Solomon et al.，2007)，海冰和冰川也呈现出萎缩趋势。据统计，1950—1990年，与气候变化相关的极端天气事件增加了50%(IDS，2007)，全球各地干旱、强降水、高温酷暑等极端天气灾害也均在不断增加(David et al.，2002)。众所周知，在一些发展中国家，气候变化会导致粮食作物减产，进而威胁国家粮食安全(Paul et al.，2019)。《2019年全球粮食危机报告》显示，由于极端天气等原因，2018年全球有1.13亿人面临粮食危机，且在过去的三年，受粮食危机影响的国家数量还在不断增加。与世界上很多发展中国家类似，中国也面临极端天气冲击的问题。据估计，中国每年因为气象灾害造成的经济损失约占自然灾害总损失的71%，因旱灾造成的经济损失约占自然灾害总损失的60%。

在面临风险时，最脆弱的群体是那些资源匮乏和适应能力弱的农户(Jezeer et al.，2019)。因为生计资本的贫乏，这类群体一般无法选择具有较高回报的生计适应策略而蒙受损失(Babulo et al.，2008；陈传波等，2003)。比如，气候变化风险会严重影响农业生产，加剧粮食安全脆弱性，使得脆弱家庭遭受饥饿和营养不良的冲击（Ado et al.，2019）；金融风险会提高信贷成本，阻碍农户生计活动多样化（Barrett et al.，2001），进而，限制农户收入的提升（Babulo et al.，2008）；社会风险会减少部分农户参与非农活动的机会。与此同时，许多实证研究表明，适宜的生计适应策略是农户应对外部风险冲击的有效方式（庞贞燕等，2013；Skees et al.，2002）。故而，在农户面临风险日益严峻的情况下，了解农户主要通过怎样的生计适应策略去应对不同的生计风险冲击具有重要的意义，尤其是对于发展中国家贫困地区的农户而言，更是如此。

面临生计风险，农户会根据其拥有的生计资本情况来采取相应的生计适应策略。然而，学术界关于生计的研究多集中在生计资本的测度（Xu et al.，2018b；袁东波等，2019）、生计资本与生计策略相关关系研究（刘恩来，2015；Peng et al.，2019；Wang et al.，2019）、生计脆弱性测度（Cao et al.，2016；Xu et al.，2017b）等方面，少有研究关注农户生计风险和农户生计适应策略间的相关关系（Kuang et al.，2020；苏芳等，2018），对于地震灾害威胁区农户的生计风险和生计适应策略之间的相关关系的研究更是少之又少。因此，在中国的地震灾害威胁区，农户的生计风险和生计适应策略之间的相关关系需要进行进一步研究。

中国是一个山地大国，自然灾害和地质灾害频发（Guo et al.，2014；Wang et al.，2019；Xu et al.，2018c），很多山丘区聚落的居民面临地震、滑坡、泥石流等灾害的冲击，这些灾害可能导致农户陷入贫困或脱贫户重新返贫（Cecchini & Madariaga，2011；Peng et al.，2019），农户的生命和财产安全面临着巨大的威胁（Peng et al.，2019；Xu et al.，2017b）。在众多灾害中，地震作为致灾性和致死性最严重的灾害，会对区域经济发展和居民生计福祉提升产生深远的影响（Xu et al.，2019c）。四川是中国乃至世界闻名的地震灾害大省。"5·12"汶川 8.0 级特大地震是新中国成立以来破坏性最强、波及范围最广、救灾难度最大的一次地震（赵晶和李建亮，2018），造成 69227 人死亡，374643 人受伤，17923 人失踪，产生的直接经济损失高达 8451 亿元（中华人民共和国国家统计局，2008）。"4·20"芦山 7.1 级强烈地震造成 38.3 万人伤亡（中华人民共和国国家统计局，2018）。地震不仅会导致工业和贸易增长速度减慢、旅游业和就业遭受重创，还会使农户因为遭受地震灾害导致贫困（Basnyat & Buddha，2016），进而影响农户生计。2020年中国打赢脱贫攻坚战和实现全面小康是中国向世界的庄严承诺。处于两次地震重灾区的农户不仅是 7 级以上剧烈地震的地震灾害威胁区居民，也是山区易返贫集中地区的居民，是灾害和易返贫交织地区的居民。通过评估这一群体的生计状况，并采用教育、就业培训等措施消除潜在风险（Almeida & Galasso，2010），稳定其财务状况，保障其良性发展，这才是社会可持续发展和进步的关键（Ellwood & Adams，1990）。因此关注这一群体防止返贫对全面建成小康社会和实施乡村振兴战略的成功起到关键作用和具有重大意义。

基于以上背景，本节研究利用中国四川省汶川和芦山地震 4 区县 327 户农户调查数据，从健康、环境、金融、社会四个方面测度农户面临的生计风险，从减少消费、动用储蓄、变卖资产、外出务工、借贷、等待政府救济六个方面测度农户的生计适应策略，系统剖析农户面临的四类生计风险和采取的六类生计适应策略特征，并构建无序多分类 Logistic 回归模型探索生计风险和生计适应策略间的相关关系，以期为政府扶贫攻坚相关政策的制定和实施提供有益启示。

二、理论发展

（一）生计风险

"风险"在英文字典中的解释是发生不好的、不愉快的或危险的事情的可能性。一般而言，农户会面临多种风险的威胁，且这些风险并不仅仅是独立存在的（万文玉等，2017）。风险会使农户陷入贫困境地（乐章，2006），贫困农户在风险冲击面前显得更加脆弱（Skees et al.，2002）。生计风险指农户生计活动过程中遭受损失的可能性。一般而言，农户在整个生产活动中，可能会面临自然、物质、人力、经济、社会、政治和环境等不同的风险（Muhammad，2016；Quinn et al.，2003）。基于此，学术界一般将农户生计风险分为健康风险、环境风险、金融风险和社会风险四大类（李远阳等，2019；Su et al.，2019）。其中，健康风险指作用于人的身体，影响其健康的风险，一般从家庭成员患病情况、外部环境、医疗条件等方面设计指标来测度；环境风险指由人类活动与大自然共同作用，进而对环境和人类社会造成不利后果的风险，一般从极端天气、地质灾害、环境污染、水资源污染、病虫害等方面设计指标来测度；金融风险指金融交易活动中出现的可能对个人或金融机构生存构成威胁的风险，一般从农产品价格波动、假资农产品、借贷情况、资金短缺、融资成本、经营战略失误等方面设计指标来测度；社会风险指因人类的行为对社会生产及人们生活造成损失的风险，一般从农户参与协会组织数量、社会关系网、家庭成员就业情况、社会地位和社会安全状况等方面设计指标来测度。

（二）生计适应

生计适应是指农户通过适应策略来应对生计风险进而减少其可能的损失的过程。农户面临的生计风险与其拥有的生计资本联系紧密，生计适应策略是降低其生计脆弱性的有效手段（Guo et al.，2019a，b；Su et al.，2019）。关于生计适应的测度，不同的研究有不同的侧重点。不过从已有的研究看来，生计适应策略主要有购买保险（Xu et al.，2018b）、增加非农收入（Berre et al.，2017）、等待政府救助（赵雪雁等，2015）、减少消费（Su et al.，2019）、多样化农业活动（Kinsella et al.，2000）、发展乡村旅游业（Tao and Wall，2009；Iorio and Corsale，2010）和借贷（Mulwa et al.，2017）七方面。

（三）研究假设

可持续生计是指收集个人或家庭拥有和获得的资产、能力和可用于谋生和改善长期生活条件的创收活动。生计资本和生计风险同时存在。生计资本与生计风险是一种共生关系。生计资本的禀赋影响生计风险的强度（苏芳，2017）。不同类型生计资本的缺乏可能导致农民承受不同的风险（许汉石和乐章，2012）。面对不同类型的生计风险，采取的生计适应策略有不同的侧重点(Iorio & Corsale，2010；靳乐山等，2014；Kinsella et al. ，2000；Orr & Mwale，2001)，农户采取的生计适应策略取决于其可支配资产(Barrett et al. ，2001；Brown et al. ，2006；Kuang et al. ，2020)。在可持续生计的框架内，由于外部风险的影响，生计资本被重新分配，从而影响生计适应策略的选择。生计资本、生计风险和生计适应策略的组合构成了这一框架。

图4-4 中作用机制的总体结构包括生计资本、生计风险和生计适应策略。图4-4 中显示了生计资本与生计风险之间的对应关系，以及农户将如何采取措施应对生计风险。

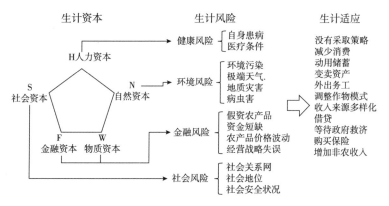

图4-4 生计风险与生计适应作用机制

对于农户冲击较小的环境风险，如病虫害，农户可能只是农业收入受影响。而随着社会经济的发展(尤其是外出务工工资性收入的快速增长)，农户农业收入占家庭总收入的比重越来越低(李大胜和吕述宝，2002)。故而这类风险对农户生计的冲击较小。农户一般采用化学防治等多样化的农业活动、增加非农收入的生计适应策略(Berre et al. ，2017；张宗毅，2011)。然而，过多地使用杀虫剂和化肥会损害环境或损害农民的健康(Graves & Waldie，2004)，所以增加非农收入成为一个较好的选择。

对于农户冲击较大的环境风险，如地质灾害、极端天气，会对农户资产造成巨大的冲击(Iglesias，2010)。地质灾害会造成巨大的人员伤亡和财产损失，导致农户的贫困(Basnyat & Buddha，2016)，灾后重建工作既困难又复杂(He et al. ，2018；Xu et al. ，2018b)。灾后重建的主要工作是保护受灾地区中最脆弱的家庭(Yu & Vishwanath，2008；Zaidi et al. ，2010)，尽管如此，连续多年汶川大地震灾区的居民生活质量还是远低于国家标准(杨眉，2014)。严重的地震创伤与社会关系恶化有关，良好的社会关系有助于地震灾后的调整(Vaccarelli & Fiorenza，2016；Wu et al. ，2009)。天气会使农业经济甚至是整个国家的经济发展遭受巨大威胁(Iglesias，2010)，面对气候变化(其中包括极端天气)，不同的学者对于应对策略有不同的看法。Wang et al. (2016)认为几乎没有农户采取适应策略，Mulwa et al. (2017)认为农户通过获取借贷来适应，Weldegebriel & Prowse et al. (2013)认为农户通过收入来源多样化来适应，Mendelsohn et al. (1994)认为农户可以通过调整作物模式来应对。冲击较大的环境风险会使农户资产损失较大，相较于病虫害，极端天气和地质灾害不仅会给农户造成经济损失，还会威胁其生命财产安全，会阻碍整个社会的可持续发展。此时，农户个人生计资本不足以独自面对这些重大风险的冲击，所以农户不得不寻求依靠外界帮助的生计适应策略，如购买保险（Skees et al.，2002；Turvey & Kong，2009）和等待政府救济。购买保险是一种农户能够主动选择的规避风险的策略，在一定程度上分担农户的风险，故而成为农户偏好选择的生计适应策略。当风险波及人数多、损失财产大、威胁生命安全、动摇社会和谐时，政府势必会挺身而出，做好防灾、减灾、救灾的工作。基于此，作出如下研究假设：

H1：在面临环境风险的冲击时，农户一般会采取减少消费和动用储蓄的生计适应策略；如果不能抵御风险冲击，农户就会采取购买保险和等待政府救济的生计适应策略。

对于农户冲击一般的健康风险，如家庭成员患病情况、医疗条件。农户的健康状况与物质资本、社会资本、金融资本联系紧密（万文玉等，2017），并且会受到不完善的医疗条件和水资源污染的影响（Baig et al.，2011）。面临健康风险时，农户可以寻求医疗救助和外出务工（苏芳等，2018）。健康风险会让农户家庭损失一部分劳动力，健康的家庭成员还可能因为要照顾患病的家庭成员而影响收入。这种情况下，农户一般会减少消费，也会合理配置劳动力资源（如部分劳动力外出务工）。当这些策略都使用后，还不能应对健康风险，那么就要选择借贷和等待政府救济。基于此，作出如下研究假设：

H2：在面临健康风险时，农户一般会采取减少消费和外出务工；如果还是不能抵御健康风险，就会选择借贷和等待政府救济。

对于农户冲击较大的金融风险，如农产品价格波动、借贷情况、资金短缺、融资成本，这些金融风险会对农户的资产造成巨大的冲击（Iglesias，2010）。其中，金融风险与农户生计关系紧密（苏芳等，2018），农产品价格既对农户的利益产生负面影响也不利于国家的经济发展（Guo & Ge，2009；李忠斌等，2013；庞贞燕等，2013），资金短缺、借贷困难会导致农民自杀，金融风险对农户生计有负面影响。面临金融风险，农户通过多样化的农业活动（Kinsella et al.，2000）和减少消费来应对，而不愿采取借贷和外出务工（Su et al.，2019）。金融风险会让农户收入受到损失，一般情况下农户会采取减少消费和动用储蓄的生计适应策略。当这些策略都使用后，还不能应对金融风险，那么就要选择借贷和外出务工。采取借贷的生计适应策略，在短时间内可以缓解风险冲击，但从长远来看，增加了农民的负担，有可能导致农民在未来面临更大的金融风险。农户不愿承担贷款带来的额外风险，故而不轻易采取借贷这种生计适应策略。基于此，作出如下研究假设：

H3：在面临金融风险时，农户一般会采取减少消费和动用储蓄的生计适应策略；如果还是不能抵御金融风险，才会选择借贷和外出务工。

对于农户面临的社会风险，可能会采取减少消费（苏芳等，2018）和贷款（Su et al.，2019）来应对。面临社会风险，此时人与人之间的关系较为脆弱，难以从亲戚朋友那里得到帮助，农户一般情况下会先考虑依靠自己的力量来应对风险，选择减少消费和动用储蓄。如果这些策略都使用后，还不能应对社会风险，农户则会选择贷款（当地银行贷款门槛较低）。在这种情况下，借款和外出务工的概率会大大减小。基于此，作出如下研究假设：

H4：在面临社会风险时，农户一般会采取减少消费和动用储蓄的生计适应策略；如果还是不能抵御社会风险，才会选择贷款。

陈传波（2003）认为农户面临生计风险作出的决策是理性的，且农户采取不同的生计适应策略具有一定的优先序。具体而言，在面临生计风险时，农户首先会考虑从自身出发，依靠自己的力量来应对风险，本能的反应是采取减少消费和动用储蓄的生计适应策略；当自身能力不足以应对风险时，会考虑向外界寻求帮助，一般先是采取借贷的生计适应策略，然后再采取外出务工的生计适应策略，因为后者对于缺乏谋生技能的农户来说不是一件易事；同时，由于在农村很难准确评估资产价值（Barrett et al.，2001），并且变卖资产是一种冒险的策略，会削弱农户未来应对风险的能力，所以当其他的生计适应策略均不能很好地缓解风险造成的冲击时，农户才会采取变卖资产的生计适应策略。最后，当农户遭遇难以抵抗的大型自然灾害时（如地震），还有一种可以采取的生计适应策略，即等待政府救济。因此，面临外部风险冲击时，根据应对能力强弱，农户采取的生计适应策略一般具有先后次序：首先是减少消费和动用储蓄，其次是借贷，再次是外出务工，最后是变卖资产、等待政府救济。

三、研究方法

(一) 生计风险

关于生计风险的测度，本研究主要参考 Dercons（2001）、Quinn（2003）和 Su 等（2019）的研究，再结合研究区域实际，从健康、环境、金融、社会四个方面来测度，具体测度指标如表4-4所示。

表4-4　农户生计风险评价指标体系

风险维度	变量	变量定义与描述	均值	标准差	权重
健康风险	家庭患病情况	是否患有遗传病或生大病（否=0，是=1）	0.33	0.47	0.029
	医疗条件	村卫生院医疗体系是否完善（否=0，是=1）	0.48	0.50	0.036
环境风险	环境污染	是否遭受过牲畜瘟疫、痢疾或重大工业污染冲击（否=0，是=1）	0.10	0.30	0.006
	极端天气	极端天气（如强降雨、冰冻）是否对生产生活产生影响（否=0，是=1）	0.70	0.46	0.059
	地质灾害	地质灾害（如地震、滑坡）是否对生产生活产生影响（否=0，是=1）	0.80	0.40	0.078
	水资源	水资源是否能满足生产生活基本需要（否=0，是=1）	0.95	0.22	0.004
	病虫害	是否遭遇过病虫害冲击（否=0，是=1）	0.48	0.50	0.032

风险维度	变量	变量定义与描述	均值	标准差	权重
金融风险	农产品价格波动	农业生产是否遭受农产品价格波动冲击（否=0，是=1）	0.30	0.46	0.017
	假农资产品	农业生产是否遇到过假的农资产品（如假农药、假化肥）（否=0，是=1）	0.16	0.36	0.010
	资金短缺	是否缺乏资金扩大农业生产规模（否=0，是=1）	0.65	0.48	0.052
	借贷情况	近五年贷款金额	35777.22	130891.50	0.089
		近五年借款金额	39958.81	96840.05	0.073
	融资条件	向银行贷款融资是否困难（否=0，是=1）	0.56	0.50	0.041
	经营战略决策	经营战略决策是否有失误给家庭经济带来损失（否=0，是=1）	0.22	0.42	0.013
社会风险	参与协会组织数量	参与协会组织的数量	0.16	0.38	0.093
	社会关系网	家里平均每个月电话费开支（含网费）	221.57	169.43	0.015
		需要找工作时可以提供帮助的家庭户数	6.15	19.29	0.070
		急需大笔开支时可以提供帮助的家庭户数	4.38	6.57	0.034
		春节时登门拜访的亲朋好友户数	5.27	8.16	0.033
		春节时打电话问候的亲朋好友户数	8.12	10.29	0.032
		2018年礼金开支次数	18.78	17.28	0.019
		2018年礼金开支	7120.50	18236.47	0.044
	家庭成员就业情况	亲朋有几位是村、乡干部或其他公职人员（如教师、公务员）	1.50	3.00	0.061
	社会地位	是否参与过村里公共事务决策（否=0，是=1）	0.77	0.42	0.014
		在村里的社会地位（1=高，2=一般，3=低）	2.03	0.49	0.021
	社会安全状况	是否因基本保障缺失（养老医保等），导致后顾生计堪忧（否=0，是=1）	0.38	0.49	0.024

（二）生计适应

生计适应主要指农户应对生计风险所作出的行为决策。参考 Barrett et al. (2001)、陈传波 (2005)、Mulwa et al. (2017) 和 Su et al. (2019) 的研究，本研究将农户面临生计风险时所采取的生计适应策略划分为以下六类：减少消费、动用储蓄、变卖资产、外出务工、借贷和等待政府救济。其中，减少消费是指减少对各种社会产品需要，动用储蓄是指使用存入银行等储蓄机构的存款；变卖资产是指出卖农业生产经营活动必备的物质资源以换取现款；外出务工是指农户外出从事非农劳动以获取工资性收入；借贷是指向亲友借款或向银行贷款；等待政府救济是指陷入生活困境的公民等待国家和社会给予物质接济和扶助，以保障其最低生活标准。同时，为了便于后续分析研究，研究在收集该项指标数据时让农户只选择六类中的一类，即询问农户遇到风险冲击时，其最倾向于选择哪类生计适应策略？

（三）熵值法

熵值法是用来判断指标离散程度的一种客观赋权数学方法。熵值的离散程度越大，那么该指标对综合评价的影响就越大。相比于层次分析法等定性分析方法（相对主观），熵值法的结果更加客观。基于此，本研究使用熵值法来求取农户生计风险各指标的权重以及四类生计风险的综合指数。熵值法的原理和详细的计算步骤详见 Peng et al.（2019）、Xu et al.（2018b）。如表 4-4 最右边一列所示，农户面临最大的生计风险是参与协会组织数量（占比 9.3%），其次是近五年贷款情况（占比 8.9%）、地质灾害（占比 7.8%）、近五年借款情况（7.3%）；农户面临最小的生计风险是水资源（占比 0.4%），其次是环境污染（占比 0.6%）、假农资产品（占比 1%）、经营战略决策（占比 1.3%）等。

（四）分析方法

由于因变量是农户生计适应策略的类型，是无序、多分类的变量。考虑到该变量的分布特点，本研究将采用无序多分类 Logistic 回归计量经济模型探索农户面临的生计风险与采取的生计适应策略间的相关关系。

四、结果

（一）描述性统计分析

根据表 4-10 可知，就农户面临的四类生计风险而言，社会风险综合指数最高（0.46），金融风险（0.30）和环境风险（0.18）其次，健康风险综合指数（0.07）最小。其中，就农户面临的健康风险而言，约有 33% 的农户患有遗传病或生大病，村卫生医院医疗体系完善程度大约有一半的人认为不完善，说明当地的医疗体系完善程度一般；就农户面临的环境风险而言，不到 10% 的农户遭受过环境污染，说明当地环境污染程度小，超过 94% 的农户认为水资源能够满足生产生活的基本需要，但是超过 70% 的农户认为极端天气和地质灾害对生产生活产生影响，并且地质灾害产生的影响更大；就农户面临的金融风险而言，大约有 15% 的农户购买过假资农产品，不到 30% 的农户受到农产品价格波动的冲击，农户对资金短缺和融资条件的看法不同，但是超过半数的农户认为缺乏资金来扩大农业生产规模和向银行贷款融资比较困难；就农户面临的社会风险而言，平均每位农户春节时登门拜访的亲朋好友户数约为 5 户，打电话问候的约为 8 户，但是仅 2018 年的礼金开支次数将近 19 次并且花费 7120.50 元，绝大部分农户都参与过村里的公共事务决策，并且认为自己在村里的社会地位一般。尽管如此，还是有大约 38% 的农户认为自己将会因基本保障缺失而导致后顾生计堪忧。

就农户采取的生计适应策略而言（见图 4-5），选择借贷的农户最多（181 户，占比

55.35%），其次是外出务工（47 户，占比 14.37%）、减少消费（45 户，占比 13.76%）、动用储蓄（36 户，占比 11.01%），选择等待政府救济的最少（仅有 7 户，占比 2.14%）。

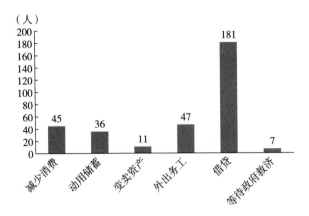

图 4-5　农户生计适应策略频数统计情况

(二)模型结果

表 4-5 显示的是生计风险对生计适应策略影响的 Logistic 回归结果。模型以借贷作为参照组，得到其他五类生计适应策略对应的结果。由模型的卡方检验统计结果可知（LRchi^2(20)= 48.89；P<0.01），模型通过整体显著性检验，表明至少有一个自变量与因变量间相关关系显著，可以进行后续分析。

表 4-5　农户面临生计风险对生计适应策略选择影响的 Logistic 回归结果

	减少消费	动用储蓄	变卖资产	外出务工	等待政府救济
健康风险	-2.955	9.805	-0.0445	18.26**	-0.214
	(-0.40)	(1.15)	(-0.00)	(2.38)	(-0.01)
环境风险	-2.863	-2.275	-21.04*	-4.493	18.42***
	(-0.83)	(-0.67)	(-1.74)	(-1.33)	(2.58)
金融风险	-4.722	0.153	2.377	-2.060	-20.83
	(-1.03)	(0.03)	(0.27)	(-0.47)	(-1.55)
社会风险	-8.702	10.63**	-36.57**	-2.129	-47.66**
	(-1.36)	(1.97)	(-2.36)	(-0.37)	(-2.06)
常数	-0.302	-2.590***	-0.348	-1.539***	-1.209
	(-0.62)	(-4.70)	(-0.37)	(-3.00)	(-0.93)
LRchi^2(20)	48.89				
Prob > chi^2	0.0003				
Pseudo R^2	0.0567				

注：模型以"借贷"作为参照组；括号中为稳健标准误；*、** 和 *** 分别表示在 10%、5% 和 1% 水平上显著。

表4-5中的第二列是减少消费与借贷的比较结果。可以发现，面对四类生计风险的冲击，农户采取减少消费和借贷的适应策略无显著差异。

表4-5中的第三列是动用储蓄与借贷的比较结果。可以发现，面临社会风险的冲击，相较于采取借贷的生计适应策略，农户更倾向于采取动用储蓄的适应策略。具体而言，农户面临的社会风险每增加1个单位，选择动用储蓄相对于借贷的胜算比对数将会增加10.63个单位。同时，研究还发现农户面临健康风险、环境风险和金融风险的冲击时，农户采取动用储蓄和借贷的适应策略无显著差异。

表4-5中的第四列是变卖资产与借贷的比较结果。可以发现，在面临环境风险和社会风险时，相较于采取变卖资产的生计适应策略，农户更倾向于采取借贷的适应策略。具体而言，农户面临的环境风险每增加1个单位，选择变卖资产相对于借贷的胜算比对数将会减少21.04个单位，农户面临的社会风险每增加1个单位，选择变卖资产相对于借贷的胜算比对数将会减少36.57个单位。同时，研究还发现农户面临健康风险和金融风险的冲击时，农户采取变卖资产和借贷的适应策略无显著差异。

表4-5中的第五列是外出务工与借贷的比较结果。可以发现，在面临健康风险时，相较于采取借贷的生计适应策略，农户更倾向于采取外出务工的适应策略。具体而言，农户面临的健康风险每增加1个单位，选择外出务工相对于借贷的胜算比对数将会增加18.26个单位。同时，研究还发现农户面临环境风险、金融风险和社会风险的冲击时，农户采取外出务工和借贷的适应策略无显著差异。

表4-5中的第六列是等待政府救济与借贷的比较结果。可以发现，在面临环境风险，相较于采取借贷的生计适应策略，农户更倾向于采取等待政府救济的适应策略，在面临社会风险，相较于采取等待政府救济的生计适应策略，农户更倾向于采取借贷的适应策略。具体而言，农户面临的环境风险每增加1个单位，选择等待政府救济相对于借贷的胜算比对数将会增加18.42个单位，农户面临的社会风险每增加1个单位，选择等待政府救济相对于借贷的胜算比对数将会减少47.66个单位。同时，研究还发现农户面临健康风险和金融风险的冲击时，农户采取等待政府救济和借贷的适应策略无显著差异。

(三)讨论

在农户面临的不同类型的生计风险对于生计适应策略的选择具有较大影响。与Kuang et al. (2020)、Su et al. (2019)等研究不同，本研究发现，农户面临的最大的生计风险是社会风险，选择最多的生计适应策略是借贷，但是Su et al. (2019)发现农户面临最大的生计风险是金融风险和健康风险，寻求就业是首选的谋生策略，Kuang et al. (2020)发现农户面临最大的生计风险是自然风险和市场风险，选择最多的生计适应策略是水肥管理。可能的原因在于，本研究区域是汶川地震和芦山地震的重灾区，农户仍遭受地震灾害威胁，地震灾害会造成物质和精神的双重伤害，在物质上造成的冲击主要表现为金融风险，在精神上造成的冲击主要表现为社会风险。中国政府一直致力于高标准、高效率做好灾后重建工作，对灾区进行大量的财政拨款和采取各方面的政策支持，很好地缓解了金融风险。但是由于灾后资源的分配情况不均衡导致的社会风险，极其容易被忽视，农户遭受到的社会风险冲击是在灾后重建工作中，长期不被重视的。故而农户面临的最主要风险已经不再是金融风险，而是社会风险。

与研究假设 H1 一致，本研究发现，面临环境风险时，农户更偏好于选择等待政府救济的生计适应策略。然而与 Skees et al. (2002)、Turvey et al. (2009) 的研究结果不一致，他们的研究发现农户更偏好于购买保险。可能的原因在于，地震灾害威胁区农户因中国灾后重建投入较大以及政策性补贴较多，所以在遭遇环境污染、极端天气、地质灾害、水资源短缺等情况下，农户出于自身长远发展的考虑，选择"等待政府救济"而不是购买保险来提前预防风险冲击。

本研究发现，面临健康风险时，农户更偏好采用外出务工生计适应策略。与研究假设 H2 和 Su et al. (2019) 的研究结果一致，但是与 Cooper et al. (2017) 的发现不同，他认为农户更偏好寻求医疗帮助。可能的原因在于，在面临健康风险时，农户家庭会损失一部分劳动力，此时更需要农户进行合理配置家庭的各项资产，如减少消费和外出务工。农户通过外出务工可以增加收入、改善生活质量，同时可以使家庭成员享受城市更好的医疗条件。

本研究发现，面临金融风险时，农户选择六种不同的生计适应策略之间的区别不显著。然而与研究假设 H3 和 Kinsella et al. (2000) 研究结果不一致，研究假设 H3 是假设农户面临金融风险一般会采取减少消费和动用储蓄的生计适应策略，如果还是不能抵御，才会选择借贷和外出务工，Kinsella et al. (2000) 发现农户主要通过多样化的农业活动来应对金融风险。可能的原因在于，在面临金融风险时，农户认为六种生计适应策略都能很好地应对生计风险，会依据自己的实际情况进行判断，最终做出选择。减少消费、动用储蓄、变卖资产、外出务工、借贷、等待政府救济这六种生计适应策略，都适用于应对生计风险。

与研究假设 H4 一致，本研究发现，面临社会风险时，农户更偏好于采用动用储蓄生计适应策略。然而与苏芳等(2018)的研究结果不一致，他们的研究认为面临社会风险时，农户会采取贷款或减少消费来应对。可能的原因在于农户不愿减少消费来使自身的幸福感降低，同时四川省的银行贷款业务门槛过高，贷款成本高、手续复杂，导致农户认为贷款不是一种能够应对社会风险的好办法。

相较于同类研究，本书的创新点在于：一是从生计风险的分析视角较为新颖。具体而言，本研究从健康风险、环境风险、金融风险和社会风险四个方面系统的剖析了农户面临的生计风险特征。具体而言，农户面临的四类生计风险中，社会风险最大，健康风险最小。农户生计适应行为中，选择借贷的人数最多(占比 55.35%)，而选择等待政府救济的人数最少(占比 2.14%)。全面地剖析地震灾害威胁区农户面临的各类生计风险对于区域巩固脱贫攻坚成果的相关政策的制定具有重要的意义。

二是熵值法+无序多分类 Logistic 回归模型的使用。相比于以往采用定性的方法获取指标权重和综合指数的研究，本研究使用了更为客观的熵值法，这一方法的使用可以降低人为打分对结果造成的偏差。同时，研究采取无序多分类 Logistic 回归模型探究农户四类生计风险和六类生计适应策略间的相关关系也比较有新意，可以为将来同类研究提供启示。面临不同生计风险，农户偏好采取的生计适应策略有较大差异。具体而言，面临社会风险时，农户更偏好于动用储蓄；面临金融风险时，农户选择六类不同的生计适应策略之间的区别不显著；面临环境风险时，农户更偏好于等待政府救济；面临健康风险时，农户更偏好外出务工。

五、结论与政策建议

(一)结论

本节的研究结论如下：①农户面临的最大的生计风险是社会风险，选择最多的生计适应策略是借贷；②面临环境风险时，农户更偏好于选择等待政府救济的生计适应策略；③面临健康风险时，农户更偏好采用外出务工生计适应策略；④面临金融风险时，农户选择六类不同的生计适应策略之间的区别不显著；⑤面临社会风险时，农户更偏好于采用动用储蓄生计适应策略。

(二)政策建议

2020 年是中国扶贫攻坚的决胜年，本研究针对地震灾害威胁与欠发达交织地区的农户，研究其面临生计风险与采取的生计适应策略之间的相关关系，也可以给政府政策的制定实施带来一些有益的启示，比如，研究发现面临环境风险的冲击下，农户较为依赖等待政府救济。故而，政府可考虑通过制定合理的补贴政策来帮助农户抵御环境风险。此外，政府还应制定相关政策提高农户自身应对社会风险的能力。比如，通过就业培训等手段，合理引导农户外出务工，通过农户工资性收入的增加来提高其抵御生计风险冲击的能力。

第四节　生计韧性与生计策略关系的研究

一、引言

近 20 年来，随着地质板块的运动，全球地震灾害频发，给人类的生命和财产安全造成了严重破坏(Peng et al.，2019；Tian et al.，2014)。四川省是中国 20 世纪以来地震灾害最严重的省份。据 CNSB 统计，2008 年至 2019 年我国共发生 5 级以上地震 167 次，造成人员伤亡 55 万人，直接经济损失 112679.937 万元。其中，四川发生 5 级以上地震灾害 19 起，占总数的 11.4%，造成人员伤亡 53 万人，占总数的 96.4%，直接经济损失 93101.36 万元，占总数的 82.6%。其中，"5·12"汶川大地震是新中国成立以来破坏性最大的地震，也是继唐山大地震后伤亡最惨重的地震，死亡 69268 人，受伤 446062 人，直接经济损失高达 85679093 万元。2013 年 4 月 20 日雅安地震为 7 级以上地震，造成 196 人死亡，13217 人受伤，直接经济损失高达 671463 万元。除了造成人员伤亡和财产及基础设施损失外，地震灾害还降低了农业生产力，从而阻碍地震灾区居民的经济发展（Xu et al.，2019c）。由于灾害风险严重影响到灾区居民的可持续发展（Bubeck et al.，2012；Lindell，2013），地震灾区韧性防灾体系建设逐渐成为灾害风险管理领域研究的热点。然而，从已有研究来看，学术界关于地震灾害风险管理的研究多集中在发达国家（Becker et al.，2012；Doyle et al.，2018），对于中国地震灾害威胁区居民灾害风险管理研究还相对较少，亟须开展相关研究。

面临地震灾害的冲击，及时调整生计策略能够对个人和家庭提供最有效的保护（Lindell，2013；Xu et al.，2018b）。生计策略指人们为了实现其生计目标而进行的资产配置和经营活动选取（Freduah et al.，2017；Knutsson & Ostwald，2006）。农户的生计策略不是一成不变的，它会随着政策与制度、外界环境和自身生计资本的变化而不断调整。比如，当农户面临自然灾害、饥荒、生态退化等冲击或风险时，农户往往会根据自身所拥有的资本情况，改变生计策略，实现生计转型（Chen et al.，2014；Trinh et al.，2018）。从已有研究来看，学术界关于灾害背景下生计策略及其驱动机制的研究已经很多（如 Iiyama et al.，2008；Israr et al.，2014；Kassie et al.，2017）。然而，这些研究多聚焦于极端天气变化（Abid et al.，2016；Jezeer et al.，2019）、干旱（Alary et al.，2014）、飓风（Schramski et al.，2013）和洪水（Barr et al.，2000）等灾害，对地震灾害背景下农户生计策略选择的研究还相对较少，亟须开展相关研究。

许多学者认为，面对不确定的未来，生计韧性可能是增强居民生计和推动其可持续发展的最优方式（Adger et al.，2005；Folke，2006）。自 Holling et al.（1973）提出韧性理论之后，学术界关于韧性的研究共经历了三个不同阶段。第一阶段：20 世纪 60 年代末至 70 年代初，韧性研究的焦点在"生态韧性"。第二阶段：20 世纪 70 年代末至 90 年代，学者们开始探讨和研究"社会—生态系统韧性"。第三阶段：2000 年至今，Adger（2000）把韧性的概念引入社会科学领域，开始聚焦于人类系统、社会系统和社区的韧性，并逐渐延伸到生计韧性（Davidson，2010）。可持续生计的核心是生计资本，以往的生计研究更多关注农民生计资本的存量和组合，但生计资本的积累和转化并不能积极保护农民免受冲击，也没有考虑农民在外部冲击下的适应和调整行为。韧性思维为生计研究提供了新视角，能够帮助我们理解在不利变化的影响下，农民如何维持生计水平（Forster et al.，2014）。生计韧性是指社会系统应对灾害和从灾害中恢复的能力。生计韧性侧重于农村居民如何感知社会环境的变化，以及他们如何基于现有知识和社会学习来修改自己的行为（Christensen et al.，2012）。农村居民是应对自然灾害风险的直接主体，是防灾减灾管理的基本单元。培育地震灾区居民生计韧性可有效地应对灾害影响，保持居民活力，增强灾区居民可持续发展能力。因此，地震灾区居民生计韧性成为地理学、灾害学和可持续发展研究的热点问题。然而在现有研究中，学术界对生计韧性的构成属性还存在一定争议。比如，Speranza et al.（2014）认为生计韧性由缓冲能力、自组织能力、学习能力三部分构成；粮农组织将农户生计韧性分为生产性资产、获得基本服务、社会安全网、敏感性和适应能力五个关键维度；Smith et al.（2018）将韧性分解为吸收能力、适应能力和变革能力；Mekuyie et al.（2018）认为农户生计韧性由资产、适应能力、社会安全网、获得公共服务、稳定性、收入和粮食获取六部分构成。不同居民的防灾减灾能力不同，本书研究的防灾减灾能力二级指标为是否学习地震相关知识、是否准备应急物资等以居民的主观意识为基础，研究其防灾减灾能力。Jones et al.（2017）明确指出，农民主观韧性与农民个体应对风险的能力和潜在风险认知有关。测量农民主观韧性应强调其与感知适应能力、主观幸福感和心理适应能力的关系。因此，地震灾区农村农村居民的防灾减灾能力对其生计韧性至关重要。然而，目前对地震灾区居民生计恢复能力的系统研究还很少，迫切需要对地震灾区居民生计恢复能力进行系统研究。

理论上，居民生计韧性是影响其生计策略选择的重要因素。农民要获得积极的生计成果以抵御风险。优质高效的民生资本是农民降低生计脆弱性、增强抗风险能力的保障。农民生计资本的状况决定了其资产配置方式，即生计策略。以往的生计研究更多关注农民生计资本的存量和组合。然而，生计资本的积累和转化并不能主动保护农民免受冲击，也没有考虑农民在外部冲击下的适应和调整行为，与生计资本相比，生计韧性的含义不仅包括自身的资源禀赋，还包括总结实践经验、创造自组织机会、培养学习和适应行为等能力，因此，作为生计资本的动态延伸，农民生计韧性更能反映农民在外部冲击下的生计策略选择。然而，从已有研究来看，关于居民生计策略选择驱动机制的研究中，学者多关注居民个体特征（如年龄、性别和受教育程度）、家庭特征（如家庭人口和家庭总收入）和认知特征（如对气候变化的认知）对居民生计策略的影响（Alam et al.，2016；Jianjun et al.，2015），少有探究系统探索韧性与生计策略的相关关系。在仅有的研究中，学者多聚焦于生态韧性、社区韧性和灾害韧性对生计策略的影响（Holling et al.，1973），少有研究从生计韧性角度系统考察地震威胁地区居民生计韧性与生计策略选择的相关性。因此，需要进一步探讨地震灾害威胁地区家庭复原力与生计适应策略之间的关系。

基于以上背景，本节研究利用中国四川省汶川和芦山地震 4 区县 327 户农户调查数据，从缓冲能力、自组织能力、学习能力和防灾减灾能力四个方面对居民的生计韧性进行了测度，并构建有序多分类 Logistic 回归模型探索生计韧性和生计适应策略间的相关关系，以期为灾害风险管理相关政策的制定和实施提供有益启示。相比于已有研究，本研究的边际贡献在于：一是在前人研究生计韧性框架中，根据研究区的实际情况，将防灾减灾能力引入生计韧性框架，即生计韧性包括缓冲能力、自组织能力、学习能力和防灾减灾能力；二是从居民的生计韧性视角去探究其对居民生计策略的作用机制，这对于从居民能力视角去理解居民生计策略具有重要的理论意义；三是研究选取了中国四川地震灾害典型区域居民作为研究对象，研究结果可以为广大地震灾区韧性防灾体系的建设提供参考依据。本研究拟解决以下两个问题：第一，地震重灾区居民的生计韧性和生计策略具有什么样的特征？第二，地震重灾区居民生计韧性与居民生计策略间存在怎样的相关关系？

二、理论分析和研究假设

随着中国城镇化进程的不断加快，大量农村劳动力涌入城市，农民的非农就业率越来越高，传统生计策略从纯农型转变为兼业型甚至是非农型生计策略。同时，农村地区留下了许多生计脆弱性较高和风险抵御能力较差的居民，优质高效的生计韧性是农户降低生计脆弱性、增强风险抵御能力的基础，因此研究农村地区居民生计韧性对生计策略具有重要意义。本书利用重新构建的农户生计韧性框架，探索农户生计韧性与其生计策略间的相关关系（见图4-6）。

图4-6 生计韧性与生计适应作用机制

缓冲能力是系统维持其结构、特性、功能和反馈不变的情况下，吸收干扰和变化的度量（Carpenter et al.，2001；Holling et al.，2001）。从生计资本的视角出发，缓冲能力即农户利用自身所掌握的资源和权力抵御生计风险的能力，是生计韧性重要衡量指标（Adger et al.，1999；Speranza et al.，2014）。强大的缓冲能力有利于家庭推进生计恢复和实现多样化的生计策略。一方面，农户拥有的耕地面积和固定资产越丰富，农户越倾向于大规模机械化生产，从而提升居民耕作效率，获得更高收入，因此居民更倾向于从事农业活动（Yan，2011）。另一方面，家庭拥有更多的收入和财务储蓄，越有可能向第二、第三产业投资，向非农领域发展（Ahmed et al.，2018）。然而，相对于土地资源带来的收入而言，金融资本所获得的收入对农户来说更加客观，从而更有利于进行自身的资源配置，实现生计多样化。基于此，作出如下研究假设：

H1：农村居民缓冲能力越强，农户越倾向于非农生计策略。

自组织能力强调人的自我管理、制度政策和社会连通性如何塑造复原力。系统的内生相关性和过程是自组织能力的核心（Fuchs，2004；Obrist et al.，2010）。Milestad et al.（2003）把农业系统的自组织能力定义为农户或者农业团体建立灵活多变的交流互助网络，以及融入当地社会、经济和制度环境的能力。农户的自组织能力影响其生计活动的选择，相较于城市而言，农村地区更加注重人情关系，亲朋好友的帮助会对居民生计策略的选择产生更大的影响（徐定德等，2015）。自组织能力的提高能够提高社会资源的可得性，若农户愿意在社交网络上花费更多的成本，那么就有更大的可能拓宽自己的发展空间，此时农民就有更大的可能实现职业的多样化。基于此，作出如下研究假设：

H2：农村居民自组织能力越强，农户越倾向于采取非农的生计策略。

学习能力可以被理解为个体或组织创造、获取、传播知识和记忆的能力，对自身遭受冲击之后的快速反应和恢复重建有重要意义（Speranza et al.，2014）。社会—生态系统是动态变化的，因此农户需要不断学习新的知识和生产技能，继而调整自身的生计策略（Hoffmann & Muttarak，2017）。一般而言，学习能力的提高尤其是教育水平的提升会使得劳动力更倾向于选择非农就业机会，选择更为高级的职业。具体而言，当农村劳动力的受教育水平逐渐增加时，选择非农工作能够获得的边际收益越高，农户家庭可以通过选择非农工作获得更高的收入。受教育水平更高的农民在就业时更倾向于在城市从事非农产业，而不是选择返回农村从事农业劳动（Alam et al.，2016；Mottaleb et al.，2018）。基于此，作出如下研究假设：

H3：居民学习能力越强，农户越倾向于采取非农的生计策略。

防灾减灾能力是指居民在面对自然灾害冲击时的防御能力（Zhou et al.，2010）。王兴平等（2012）从脆弱性角度对家庭备灾策略进行研究，指出家庭是最基础的防灾细胞，提高家庭灾害应对能力，可以为家庭生计策略建设提供力量。一般而言，拥有应对灾害的知识及资源能力较强的居民更可能选择非农生计策略（郭怿琳等，2019）；同时，具有更强的抗风险意识和能力的家庭，其剩余劳动力可以外出务工，获得更多的工资收入来抵御风险。基于此，作出如下研究假设：

H4：居民防灾减灾能力越强，农户越倾向于采取非农的生计策略。

三、研究方法

本研究的目标是从居民生计韧性视角出发，探索居民生计韧性与其生计策略选择间的相关关系。要实现此目标，需要对一些关键变量进行测度。分别如下：

（一）农户生计策略类型的测度

生计策略是指个人或家庭活动和选择的范围和组合。借鉴 Thulstrup et al.（2015）、Liu et al.（2020）等研究，根据农业收入占家庭总收入的比重将农户生计策略划分为纯农型、兼业型、非农型三类。其中，农业收入占家庭总收入比例小于50%的为非农型农户，大于等于50%而小于等于80%的为兼农型农户，大于80%的为纯农型农户。

（二）生计韧性的测度

关于生计韧性的测度，参考 Chen et al.（2014）、Speranza et al.（2014）、Liu et al.（2020）、Sina et al.（2019）等研究并结合研究区实际，本研究将生计韧性分为缓冲能力、自组织能力、学习能力和防灾减灾能力四个维度，并分别设置细小指标对四类生计韧性进行测量（见表4-6）。

表4-6 农户生计韧性测度指标体系

生计韧性	变量	解释	来源
缓冲能力	土地	农户耕地面积(亩)	参考 Cao et al. (2016); Gerlitz et al. (2017)
	固定资产	您家固定资产现值(元)	参考 Xu et al. (2015)
	抚养比	老人和儿童占家庭总人口的比例(%)	参考 Hahn et al. (2009); Gerlitz et al. (2017); Shah et al. (2013)
	劳动力数	农户劳动力人数(个)	参考 Sina et al. (2019)
	收入	您家平均年收入(元)	参考 Xu et al. (2015)
	储蓄	您有存款吗(0=没有,1=有)	参考 Xu et al. (2015)
自组织能力	社会资本	您家里有多少名乡镇干部或其他公职人员?(人)	修正于 Gerlitz et al. (2017); Liu et al. (2020)
	协会组织	您家已加入的协会数目(个)	参考 Sina et al. (2019)
	距离	您家到市场/集镇的距离(米)	为研究目的而专门设计
	决策	您曾经参与过村里公共事务的决策吗?(0=否,1=是)	参考 Speranza et al. (2014)
学习能力	技能	家庭中的技术人员人数(人)	为研究目的而专门设计
	受教育年限	户主受教育年限(年)	参考 Sina et al. (2019)
	受教育人数	家庭中高中以上学历人数(人)	参考 Cao et al. (2016); Xu et al. (2015)
	劳动力数	农户劳动力人数(个)	参考 Sina et al. (2019)
防灾减灾能力	应急物品	平时家里有没有灾害应急物资?(0=否,1=是)	为研究目的而专门设计
	学习知识	家庭成员平时是否自觉学习防灾减灾基本知识?(0=否,1=是)	为研究目的而专门设计
	知识培训	您家是否有人参加过灾害相关知识培训(0=否,1=是)	为研究目的而专门设计
	农业调整	您是否因灾害进行了农业调整(0=否,1=是)	为研究目的而专门设计
	急救知识	您或您的家人是否具备以下自救互救知识(0=否,1=是)	为研究目的而专门设计

注:1亩≈667平方米或0.667公顷。

其中,缓冲能力取决于家庭所拥有的生计资本数量以及资本的组合方式,结合可持续生计分析框架,选取反映农户缓冲能力的指标。人均耕地面积和灌溉水源反映了农户用以农业生产的自然资源,可以表征农户的自然资本;家庭人均年收入和存款表征农户的金融资本,对于农户而言,其人均金融资本是抵御干扰和维持生计最有效和直接的要素；农户的固定资产在农户遭遇干扰和风险时可将物质资本变现转变为金融资本；家中劳动力数和抚养比表征农户的家庭结构。

自组织能力指农户建立灵活多变的交流互助网络，以及融入当地社会、经济和制度环境的能力。直系亲属数量和家庭有无村干部反映了农户在遭遇干扰时，通过自身社会网络获得外界帮助的机会；社会组织或团体和社区公共事务的决策代表农户获取发展机会、整合自身资源优势的能力。基于地震灾区农户生存现状，选取农户家中亲朋好友为公职人员的数量、农户参加的社会组织或团体、是否参加过社区公共事务决策和到场镇的距离等作为表征自组织能力的指标。

学习能力强调系统的适应性管理，通过记忆将以往的经验用到当前的实践，将知识转化为生产力，进而影响到家庭的生计韧性。家庭成员受教育程度越高，越容易把握发展机会适应社会变化，带领家庭选择稳定性更高的生计方式。家中拥有技能的人数越多，越容易找到质量高的工作，从而保证生计的稳定性。基于此，研究选取户主教育程度、家中高中学历以上的人数，家中拥有技能的人数和长期在外务工的人数作为表征学习能力的指标。

防灾减灾能力的核心是居民避灾准备，研究选取是否准备应急物品、是否学习防灾知识、是否参加防灾培训、是否掌握自救互救知识和是否作出过农业调整作为表征防灾减灾能力的指标。

（三）计量模型

因变量为农户生计适应策略，是一个有序的多分类变量。自变量为居民生计韧性，是连续变量和分类变量。考虑到变量的分布特征，本研究试图构建一个有序的多分类Logistic回归计量经济模型，探讨居民生计韧性与生计适应策略之间的相关性，模型的简单表达式如下：

$$Y = \alpha_0 + \alpha_1 \times L_i + \varepsilon_i$$

式中：Y 指居民生计策略；L_i 为生计韧性，是模型的核心自变量，表示居民生计资本的韧性；α_0，α_1 分别表示模型的待估计参数；ε_i 是模型的残差项。整个研究模型的估计是用 SPSS24 实现的。

四、结果

（一）描述性统计分析

1. 农户生计策略类型特征

图 4-7 显示的是农户生计策略类型选择分布图。由图 4-7 可知，地震灾害威胁区非农居民占绝大部分，而兼业型和纯农型居民较少。具体而言，327 户样本农户中，有 295 户为非农型农户，占总样本的 90.21%；有 12 户为兼业型农户，占总样本的 3.67%；有 20 户为纯农型农户，占总样本的 6.12%。

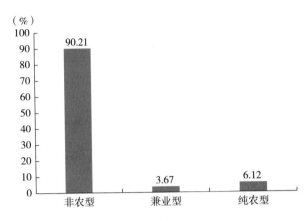

图4-7 农户类型分布

2. 生计韧性特征

本书的研究目的是探索生计韧性与生计策略间的相关关系，需要对生计韧性四个维度的综合得分进行估计。熵值法是用来判断指标离散程度的一种客观赋权数学方法。熵值的离散程度越大，那么该指标对综合评价的影响就越大。相比于层次分析法等定性分析方法（相对主观），熵值法的结果更加客观。采用熵值法这一定量的评价方法获取表征农户生计韧性各个维度指标的权重和各个维度的综合指数。熵值法的原理和详细的计算步骤详见 Peng et al.（2019）和 Xu et al.（2018b）。

表4-7—表4-8 给出了模型中自变量的定义和描述性统计。如表4-7—表4-8所示，广大地震灾害威胁区居民生计韧性以防灾减灾能力为主，综合指数相对较高，为0.082，缓冲能力和自组织能力综合指数为0.030，学习能力综合指数最低，为0.024。

表4-7 模型变量的定义和描述性统计

变量	测量	均值	标准差
缓冲能力	农户缓冲能力得分(0—1)	0.053	0.030
自组织能力	农户自组织能力得分(0—1)	0.035	0.030
学习能力	农户学习能力得分(0—1)	0.033	0.024
防灾减灾能力	农户防灾减灾能力得分(0—1)	0.120	0.082
农户类型	农户类型得分(0—1)	0.159	0.507

表4-8 不同类型农民的生计韧性

变量	非农型		兼业型		纯农型	
	标准差	标准差	标准差	标准差	标准差	标准差
缓冲能力	0.0549	0.0303	0.0390	0.0242	0.0370	0.0233
自组织能力	0.0356	0.0309	0.0327	0.0253	0.0301	0.0233

变量	非农型		兼业型		纯农型	
	标准差	标准差	标准差	标准差	标准差	标准差
学习能力	0.0340	0.0232	0.0248	0.0216	0.0310	0.0312
防灾减灾能力	0.1190	0.0827	0.1157	0.0774	0.1254	0.0832

(二)模型结果

表4-9显示的是居民生计韧性四个维度与其生计策略选择间的回归结果。从模型的整体显著性检验统计量可知,模型整体在5%的水平上显著,同时,自变量可以解释因变量4.44%的变异。

如表4-9所示,农户的缓冲能力与其生计策略的负向显著相关。具体而言,在其他条件不变的情况下,农户的缓冲能力每增加一个单位,其选择农业型生计策略的对数概率减少21.814。农户自我组织能力、学习能力与其生计策略选择间的相关关系虽为负然而并不显著,农户防灾减灾能力与其生计策略选择相关关系为正然而并不显著。

表4-9 生计韧性与农户生计策略选择相关关系结果

变量	回归系数	标准差	T 值	P 值
缓冲能力	−21.814	7.444	−2.93	0.003 **
自组织能力	−2.480	6.619	−0.37	0.708
学习能力	−5.582	13.154	−0.42	0.671
防灾减灾能力	1.400	2.513	0.56	0.579
Prob > chi^2	0.0287			
R^2	0.0444			

注:*、** 和 *** 分别表示在10%、5%和1%水平上显著。

五、讨论

本研究利用汶川地震和芦山地震极重灾区居民调查数据,实证分析了居民生计韧性与其生计策略选择间的相关关系。研究结果与研究假设和同类研究存在一定差异,具体而言:

与研究假设 H1 和苏芳等(2009)、Yan et al.(2011)等研究结果一致,本研究发现缓冲能力越强的农户,越倾向于通过非农产业获得更高的收入。

与研究假设 H2 和 Binder et al.(2015)、Liu et al.(2020)等研究结果不一致,他们发现,居民自组织能力越强,越倾向于采取非农生计策略。然而,我们发现居民的自组织能力与其生计策略之间没有显著的相关性。可能的原因是研究区域是一个地震和欠发达交织的区域。留在这些地区的农村居民相对弱势，社会网络有限。究其原因，可能是亲朋好友中在政府部门工作的人的比例较小，农村居民对社会经济组织的参与程度较低。在 327 名抽样居民中，只有 42.3% 的人有亲友在政府部门工作，而 15.3% 的人参加了社会经济组织。

与研究假设 H3 和 Hoffmann 和 Muttarak（2017）、Liu et al.（2020）、刘恩来等（2015）等研究结果不一致，他/她们发现居民学习能力越强，居民越倾向于采取非农生计策略。而本研究发现居民学习能力与其生计策略选择间无显著相关关系。可能的原因在于：本研究区域为地震和欠发达双重交织的区域，劳动力受教育水平普遍不高，以中小学为主，具有高中及高中以上学历背景的居民较少，且大多居民缺乏专业技能，这可能进一步使得居民学习能力对其生计策略选择的影响作用有限。

与研究假设 H4 和郭怿琳等（2019）的研究结果不一致，本研究发现居民防灾减灾能力与其生计策略无显著相关关系。可能的原因是地震灾区居民总体防灾能力较弱。一方面，居民可能存在着"幸存者偏差"，这会低估灾害风险的严重性，进而不进行避灾物资准备也不进行生计策略的调整；另一方面，居民自身金融资本水平较低，没有多余的资金进行避灾准备，对于这部分居民来说他们更不愿意去承担生计策略调整带来的风险。故而总体而言，居民防灾减灾能力与其生计策略的相关关系并不显著。

此外，本研究还存在一些不足。例如，农民的生计是一个动态发展的过程。本研究仅评估了一个时间节点上的农民生计韧性水平，农民生计韧性的时间演化过程还有待进一步研究。同时，本研究仅探讨汶川地震和芦山地震重灾区居民生计韧性与生计策略的关系。研究成果是否适用于其他地震灾区，还需进一步探讨。未来有必要扩大研究对象范围，探索不同程度地震灾区居民生计韧性与生计策略之间的关系。

本研究的理论意义为在前人研究生计韧性框架中，根据研究区的实际情况，将防灾减灾能力引入生计韧性框架，从居民的生计韧性视角去探究其对居民生计策略的作用机制，这对于从居民能力视角去理解居民生计策略具有重要的理论意义，且研究结果可以为广大地震灾区韧性防灾体系的建设提供参考依据。

六、结论与政策建议

（一）结论

经过前文的分析，研究主要得到以下两点结论：

第一，农村居民生计策略分为非农、兼业和纯农业类型，非农是地震灾害威胁区农村居民采取的主要生计策略。327 户样本户中，90.21% 为非农业居民，3.67% 为兼业型居民，6.12% 为纯农业居民。农村居民生计韧性可分为缓冲能力、自组织能力、学习能力和防灾减灾能力，而农村居民生计韧性主要为防灾减灾能力。

第二，就生计韧性与生计策略的相关性而言，生计韧性中的缓冲能力越强，农村居民越倾向于从事非农业生产活动获取收入。在其他条件不变的情况下，每增加单位农户缓冲能力，选择农业生计策略的对数概率降低 21.814。

本研究的理论意义为在前人研究生计韧性框架中，根据研究区的实际情况，将防灾减灾能力引入生计韧性框架，从居民的生计韧性视角去探究其对居民生计策略的作用机制，这对于从居民能力视角去理解居民生计策略具有重要的理论意义，且研究结果可以为广大地震灾区韧性防灾体系的建设提供参考依据。

(二)政策建议

本节的研究结果除了具有理论意义外，还具有重要的政策意义。

第一，本研究发现，抗灾减灾能力是地震灾区居民生计韧性的主要组成部分。因此，政府应该组织农民学习地震知识，学习相关的避灾准备和应急措施，从而积极引导农民树立正确的地震灾害认知观念。

第二，本研究发现，采取农业生计策略的家庭总收入远小于采取非农业生计策略的家庭总收入。因此，政府应提供鼓励农村居民改变生计策略的财政支持。这样既能在一定程度上保护脆弱的生态环境，又能维持居民规划策略的多样化，更好地抵御外部风险。

第三，本研究发现，居民的缓冲能力越强，农村居民越多地从事非农生产活动。因此，政府应通过不同渠道扩大居民资本存量，增强其缓冲能力，使其更好地抵御外部风险。例如，在帮助农村居民找到外部工作方面进行就业培训和指导，可以增加他们的收入。

第五节　生计压力与生计适应性关系的研究

一、引言

气候变化加剧，预计全球范围内极端天气事件(如极端暴雨、干旱、飓风等)发生的频率和致灾的严重程度都会增加(Abid et al.，2016；Jezeer et al.，2019)。据统计，1950—1990 年，与气候变化相关的极端天气事件增加了 50%(IDS，2007)。据联合国防灾减灾署发布的《灾害造成的人类损失 2000—2019》报告称，2000—2019 年，全球自然灾害数量从 3656 起猛增至 6681 起，受灾人口从 32 亿增加至 39 亿。而在发展中国家，由于缺乏完善的防灾减灾体系，气候变化引发的自然灾害会导致粮食作物减产，甚至威胁国家粮食安全(Paul et al.，2019)。以中国为例，据《中国气候公报》数据显示，仅 2020 年，气象灾害就造成农作物受灾 1996 万公顷，直接经济损失高达 3681 亿元。而地质灾害及因气候变化导致的次生灾害对人民的生产生活造成日益严重的影响(Peng et al.，2018；Tian et al.，2014)。特别是极端暴雨事件因其时间短、强度大的特点，极易在地质灾害区域引发山洪、山体滑坡和泥石流等，造成巨大的人员伤亡和财产损失。据统计，21 世纪全球每年仅因山洪造成的经济损失就已高达 460 亿美元(Li et al.，2017)。然而，从已有研究来看，学术界关于地震灾害风险管理的研究多集中在发达国家（Doyle et al.，2018；Lindell et al.，2016），对于中国地震灾害威胁区居民灾害风险管理研究还相对较少。

在全球气候变化背景下，学者从不同视角就生计适应性做了大量的研究。研究主题主要包括生计策略驱动机制，探索农户的资产、面临的风险对生计策略的影响（Khanal et al.，2018；Li et al.，2017）；研究主体包括生计韧性，探索个体、社区或国家等不同层面如何利用适应、吸收和变革能力的综合功能，提高生计恢复力（Sarker et al.，2020）；研究主题还包括计算生计脆弱性指数，从暴露、敏感性、适应性三个角度建立生计脆弱性指标体系，量化脆弱性指标，以期为不同敏感地区制定差异化生计策略（Nguyen，2020）；将广义的农业进行细分（如农业、林业、牧业、副业和渔业），针对不同种类的农户群体制定匹配的生计策略（Satumanatpane & Pollnac，2020；Ali et al.，2021；Godde et al.，2019）。这些研究对我们理解农户生计策略选择背后的行为逻辑具有重要的作用。其中，及时调整生计策略是对个人和家庭提供抵抗压力的最有效的保护方式，也是生计适应性研究的关键。在广泛的环境压力背景下，学术界针对生计策略的研究已经有很多（Liu et al.，2019；Simtowe，2015），这些研究多聚焦于洪水、干旱、风暴潮、飓风等灾害，研究内容主要涉及生计资本与生计策略相关关系，生计风险对生计策略的影响及生计脆弱性测度。因此，地震灾害背景下的农户生计策略研究还需补充和完善，农户生计压力、生计适应性及生计策略选择特征及其几者间的相关关系需要进一步探索。

中国是一个山地大国，受地形地貌影响，很多山区聚落成为地震地质灾害频发区，给当地的居民造成了严重的生命和财产损失。其中，以四川最为典型。据统计，2000—2018 年，四川共发生 5 级以上地震 20 次，居全国首位，致伤亡 46 万人，直接经济损失 9390 亿元。受资源禀赋限制，这些区域通常也是易返贫区域。2020 年是中国全面建成小康社会之年，全面建成小康社会后还需继续关注脆弱性强、易返贫群体。通过不同生计策略（如教育、职业培训等）提高其适应能力，稳定财务状况，保障其良性发展，是社会可持续发展和进步的关键（Almeida & Galasso，2010；Ellwood & Adams，1990）。故而，广大地震灾害威胁区山区聚落尤其是农村聚落因为其易返贫与地震灾害（含地质次生灾害）相互交织，成为亟须特别关注的一类特殊群体。

基于此，本节研究以四川省汶川和芦山地震重灾区 327 户农户为研究对象，关注其面临的生计压力，适应能力和生计策略选择，并构建无序多分类 Logistic 回归模型探究以上几者间的相关关系，以期为区域农户适应能力调整相关政策的制定提供参考依据。

二、数据与方法

（一）数据来源

研究所用数据主要来自 2019 年 7 月四川农业大学农村发展课题组在汶川和芦山地震重灾区所做的问卷调查，主要调查农户面临的生计压力、适应能力和生计策略选择情况。为保证样本的典型性和代表性，课题组采取分层等概论随机抽样的方法确定样本。

首先，根据经济发展水平差异，从汶川和芦山地震重灾区中各选择 2 个区县作为样本区县，最终汶川地震重灾区选取了北川县和彭州市，芦山地震重灾区选择了芦山县和宝兴县。其次，根据样本区县内乡镇经济发展水平、乡镇距离县中心距离及受灾损失等指标，将每个样本区县内的乡镇随机分为两组，并从每组中随机选取 1 个乡镇作为样本乡镇，最终得到 8 个样本乡镇。再次，根据样本乡镇内村落经济发展水平、村距离乡镇中心距离及村受灾群众数量等指标，将每个乡镇内的村落随机分为两组，并从每组中随机选取 1 个村落作为样本村落，最终得到 16 个样本村落。最后，根据村落受灾人口数量，结合随机数表，从村落农户花名册中随机选择 20—23 户农户作为样本农户。最终，经过调查，获得 4 区县 8 乡镇 16 村 327 份有效农户调查问卷。

(二) 变量测度

1. 生计压力

生计压力指农户在生产生活中受到的内外部风险冲击。参考苏芳等研究对生计风险的划分，并结合研究区实际，本研究拟从自然压力、经济压力、社会压力和健康压力四个维度对农户面临的生计压力进行测度(见表 4-10)。其中，自然压力指农户生产生活受灾害的冲击，主要从农户是否面临极端天气、地震地质灾害、环境污染、病虫害等冲击来测度；经济压力指农户日常生活往来活动中面临的经济冲击，主要从农户是否遭受国内外农产品价格波动、假资农产品、资金短缺和融资困难等冲击来测度；社会压力指农户在社会关系往来中遭受到的冲击，主要从农户是否遭受社会地位是否低下、基本养老医疗保障缺失等冲击来测度；健康压力指农户身体健康方面遭受到的冲击，主要从是否遭受患病冲击及村医疗卫生体系是否完善等方面来测度。

表 4-10　农户生计压力评价指标体系

维度	变量	定义	均值	标准差	权重
自然压力	环境污染	是否遭受过牲畜瘟疫、痢疾或重大工业污染冲击(否=0，是=1)	0.10	0.30	0.165
	极端天气	极端天气(如强降雨)是否对生产生活产生影响(否=0，是=1)	0.70	0.46	0.025
	地震灾害	地质灾害(如地震、泥石流等)是否对生产生活产生影响(否=0，是=1)	0.80	0.40	0.016
	水资源	水资源是否能满足生产生活基本需要(否=0，是=1)	0.95	0.22	0.004
	病虫害	是否遭遇过病虫害冲击(否=0，是=1)	0.48	0.50	0.052
经济压力	农产品价格波动	农业生产是否遭受农产品价格波动冲击(否=0，是=1)	0.30	0.46	0.086
	假农资产品	农业生产是否遇到过假的农资产品(如假农药、假化肥)(否=0，是=1)	0.16	0.36	0.132
	资金短缺	是否缺乏资金扩大农业生产规模(否=0，是=1)	0.65	0.48	0.030
	融资条件	向银行贷款融资是否困难(否=0，是=1)	0.56	0.50	0.041
	经营战略决策	经营战略决策是否有失误，给家庭经济带来损失(否=0，是=1)	0.22	0.42	0.107

维度	变量	定义	均值	标准差	权重
社会压力	社会地位	在村里的社会地位(高=0,低=1)	0.13	0.34	0.142
	社会安全状况	是否因基本保障缺失(养老、医保等)导致后顾生计堪忧(否=0,是=1)	0.38	0.49	0.069
健康压力	家庭患病情况	是否患有遗传病或生大病(否=0,是=1)	0.33	0.47	0.079
	医疗条件	村卫生院医疗体系是否完善(否=0,是=1)	0.48	0.50	0.052

2. 适应能力

适应能力指面临生计压力,采取有效措施的能力。结合研究区的实际情况,本研究拟从自然资本、物质资本、人力资本、社会资本、金融资本和生计环境六个维度测量农户适应能力(见表4-11)。其中,自然资本反映农户对自然资源的依赖程度与利用程度,主要从人均正在经营耕地面积和林地面积来测度;物质资本指农户用于维持生计的较为固定的物质生产生活资料,主要从固定资产现值等来测度;人力资本反映农户拥有的人力资源,主要从高等教育水平劳动力占比、劳动力人口占比、拥有技能人口数量等来测度;社会资本指农户依靠社会资源和社会关系来适应环境变化的能力,主要从农户参与协会组织数量、社会关系网、成员从事公职状况等来测度;金融资本指农户在生产生活中用以应对环境变化积累与流动的资金,主要从人均年现金收入、是否有存款等来测度;生计环境指农户赖以生存的环境,主要通过自然灾害状况和公共服务状况等来测度。

表4-11 农户适应能力评价指标体系

维度	指标	指标定义与描述	均值	标准差	权重
自然资本	人均经营耕地面积	正在经营耕地面积与总人口数之比(亩/人)	0.82	2.28	0.100
	人均经营林地面积	正在经营的林地面积与总人口数之比(亩/人)	8.38	18.73	0.090
物资资本	固定资产现值	农业、房屋及其他固定资产现值(万元)	45.86	67.29	0.055
人力资本	教育水平	劳动力高中以上学历人口与总人口数之比(%)	0.16	0.21	0.071
	劳动力人口占比	劳动力数量与总人口数之比(%)	0.58	0.30	0.016
	技能	掌握技能的人数与总人口数之比(%)	0.24	0.24	0.049
社会资本	参与协会组织	参与协会组织的数量(个)	0.16	0.38	0.159
	社会关系网	春节时登门拜访的亲朋好友户数(户)	5.27	8.15	0.055
	成员就业	亲朋有几位是村、乡干部或公职人员(人)	1.50	2.99	0.103
金融资本	人均年收入	总现金收入与总人数之比(元/人)	16440.90	18241.39	0.032
	存款	是否有存款(否=0,是=1)	0.80	0.50	0.065
生计环境	自然灾害状况	是否在滑坡、泥石流威胁区(否=0,是=1)	0.80	0.40	0.019
	区位	家庭到最近主干道距离(千米)	233.42	661.14	0.134
	公共服务	家庭到集市/场镇距离(千米)	5184.65	8000.47	0.053

3. 生计策略

生计策略指农户在面对不同生计压力采取的应对措施集合。本研究根据农户内部可用资源和外部生计压力分为扩张型生计策略、调整型生计策略、收缩型生计策略和援助型生计策略四类。其中，扩张型生计策略指农户通过扩大资产投入来增加产出或增加收入来源来应对生计压力，如外出打工；调整型生计策略指农户通过变卖资产调整生产结构来应对生计压力，主要包括变卖消费性资产(如粮食)和生产性资产(如耕牛)；收缩型生计策略指农户通过减少消费来应对生计压力，如动用储蓄；援助型生计策略指农户依靠外部力量援助来应对生计压力，如亲朋好友借贷、等待国家救援等。

三、方法

(一)研究框架

适应性分析框架最早由 Smit 提出，其核心是适应能力。即系统能够适应胁迫及从胁迫造成的后果中恢复的能力，其驱动要素和决定因子是影响系统适应性的关键，适应能力常用来测度适应性程度。在生计系统中，家庭有能力调整自己的行为，采取必要的策略来适应外部压力的干扰。然而，他们的生计适应行为是不可避免地受到当地自然环境和社会政策的影响，农户的适应程度还受到自身资产、外部力量和生计产出的影响。因此，本书将生计适应定义为系统利用自身接近或保留的资源(资产)来应对外部环境压力的过程，动态适应并保持适当状态，在他们的分析框架下结合研究区实际进行修正，提出地震重灾区农户生计适应性研究框架。主要包括生计压力、适应能力和生计策略三方面(见图4-8)。下面分别剖析生计压力、适应能力到生计策略的可能路径，并提出本研究的研究假设。

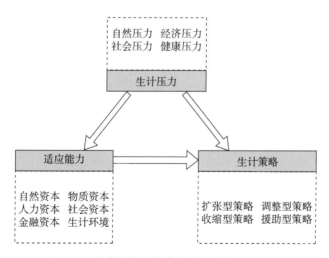

图4-8　地震重灾区农户生计适应性研究框架

自然压力方面，面对频发的地质灾害和极端天气等冲击，农户一般呈现出高脆弱性，通常采用不可持续应对策略（如降低消费、动用储蓄等）。此时，政府的转移支付体系应对作用有限，正规信贷不能成为农户有效的风险管理策略，农户易陷入"低收入—低支出—低收入"的恶性循环，难以摆脱困境，进而不得不采取寻求外界帮助的生计策略，如购买保险和等待政府救济。基于此，作出如下研究假设：

H1：自然压力较小时，农户倾向于选择收缩型生计策略；自然压力越大时，农户越倾向于选择援助型生计策略。

经济压力方面，在压力面前，多数农户呈被动状态。一般而言，如果经济压力持续时间较短，农户一般通过减少开支、动用储蓄来抵抗。如果经济压力持续时间较长，农户一般会选择多元化的生计策略来抵抗冲击。基于此，作出如下研究假设：

H2：经济压力较小时，农户倾向于选择收缩型生计策略；经济压力越大，农户越倾向于选择扩张型生计策略。

社会压力方面，由于脆弱性农户社会关系网络的同质性，可用资源相对有限，风险自留是其抵抗社会压力的首要选择。其中，减少消费、增加资本存量是有效的方式。然而，如果社会压力超出农户所能承受的范围，农户会倾向于借贷来缓解冲击。基于此，作出如下研究假设：

H3：社会压力较小时，农户倾向于选择收缩型生计策略；社会压力越大，农户越倾向于选择援助型生计策略。

健康压力方面，大病风险会削弱农户人力资本竞争力，易使家庭陷入贫困。许多农户由于自身缺乏有效应对大病风险冲击的能力，更容易陷入健康无保障的困境。此时，农户一般会选择内外部协作抵抗风险冲击。其中，内部应对一般包括减少开支、外出务工，外部应对一般包括借贷、寻求医疗帮助。基于此，作出如下研究假设：

H4：健康压力较小时，农户倾向于选择扩张型生计策略；健康压力越大，农户越倾向于选择援助型生计策略。

自然资本方面，自然资本越丰富，表明农户从事农业专业化生计活动水平越高。一般而言，农户拥有的自然资本越充裕，越不愿采取"向亲友寻求帮助"策略来应对风险，而耕地缺乏的农户偏向于选择非农型升级策略或者外出务工。同时，自然资本存量对农户由单一化转为兼业化有正向显著影响。基于此，作出如下研究假设：

H5：农户自然资本方面的适应能力较弱时，倾向于选择扩张型生计策略；适应能力越强时，越倾向于选择调整型生计策略。

物质资本方面，变卖物质资产、调整生产结构在短时间内可以有效抵抗外部风险冲击。有研究表明，畜禽、机械数量、住房类型等资源越丰富，农户越倾向于选择以农业为主的生计活动，因为有抵押物品故而更有利于借贷。基于此，作出如下研究假设：

H6：农户物质资本方面的适应能力较弱时，倾向于选择调整型生计策略；适应能力越强时，越倾向于选择援助型生计策略。

人力资本方面，人力资本是生计活动的基础。受教育程度越高的农户越倾向于选择多样的生计策略，且更能接受调整生产结构的策略。基于此，作出如下研究假设：

H7：农户人力资本方面的适应能力较弱时，倾向于选择调整型生计策略；适应能力越强时，越倾向于选择扩张型生计策略。

社会资本方面，人缘、社会地位等软信息的加强使农户可获得的资源和帮助增加，亲友中的公职人员会提高农户对政策的理解程度及对发展机会的把握。面临外部风险冲击时，当农户通过减少消费或动用储蓄不足以抵御外部冲击时，向亲友求助是农户惯用的选择。基于此，作出如下研究假设：

H8：农户社会资本方面的适应能力较弱时，倾向于选择收缩型生计策略；适应能力越强时，越倾向于选择援助型生计策略。

金融资本方面，家庭存款的有无与高低决定了农户能否把握住发展机遇。一般而言，多样化的生计策略更有助于降低生计风险，而外出务工是农户提升金融资本最主要的途径之一。当农户农业生产不足以抵御外部风险冲击时，外出务工、亲朋借贷是其有效应对风险冲击的方式。基于此，本研究做出以下假设：

H9：农户金融资本方面的适应能力较弱时，倾向于选择扩张型生计策略；适应能力越强时，越倾向于选择收缩型生计策略。

生计环境方面，频发的自然灾害会使农户陷入易返贫的境地。道路等公共服务的改善和提升有利于节约农业生产和信息沟通的成本，通达度越高的农户有更多的经济活动选择。基于此，作出如下研究假设：

H10：农户生计环境方面的适应能力较弱时，倾向于选择收缩型生计策略；适应能力越强时，越倾向于选择扩张型生计策略。

(二)研究方法

研究的目标之一是探索地震重灾区农户生计压力、适应能力和生计策略间的相关关系。要实现此目标，需要分别获得以上三者的综合得分。本研究拟使用熵值法来确定各个指标的权重和各个维度的综合得分。与层次分析法等定性方法相比，熵方法的结果更为客观和准确。

农户生计策略的选择可能受多种单一因素影响，也可能受多个因素的交互影响。因此，若要明确析出不同影响因素的作用，还要考虑在其他变量也产生影响的情况下，单个因素对不同生计策略的选择的影响及其作用大小和方向，这需要对影响因素进行回归分析。无序多分类 Logistic 回归模型通常用于因变量为三分类及以上，且类别间并无序次关系的影响因素分析。因此，在获得各维度综合得分后以生计策略(分类别且无序次关系)为因变量，研究拟采用无序多分类 Logistic 回归模型来探究生计压力、适应能力和生计策略间的相关关系。公式如下：

$$ln\left[\frac{P(y=j\mid x)}{P(y=J\mid x)}\right]=\alpha_1+\sum_{i=1}^{k}\beta_{ji}X_i$$

式中：j 为生计策略类型；J 为参照类(扩张型生计策略)；α 为截距项；X_i 为解释变量；k 为解释变量的个数；β 为回归系数，β 为正值，说明随着自变量的增加，相较于 J

种生计策略，农户更可能选择 j 种生计策略，β 为负值，说明随着自变量的增加，相较于 j 种生计策略，农户更可能选择 J 种生计策略。

首先，回归分析在对大样本的处理上具有无可比拟的优势。然而在中小样本的分析中，由于样本量和影响因素的限制，回归分析无法给出深入有效的统计解释。其次，在进行回归分析时，变量间存在强烈的多重共线性，这可能会造成自变量的错误估计。比如某个自变量的作用很小但是它处于相对较好的模型中，回归分析就可能得出该自变量对因变量存在显著影响的结论。最后，回归分析最重要的特点是它关注单个变量对结果的影响，这是基于自变量间相互独立的理念，但这并不能说明产生某一特定结果的特定原因。

四、结果分析

(一)描述性统计分析

图 4-9 显示的是农户生计压力综合指数雷达图。由图 4-9 可知，农户生计压力以经济压力为主(0.4)，其次是自然压力(0.26)、健康压力(0.21)，社会压力最小(0.13)。图 4-10 显示的是农户适应能力综合指数雷达图。由图 4-10 可知，社会资本得分最高(0.32)，其次是生计环境(0.21)、自然资本(0.19)、人力资本(0.14)、金融资本(0.10)，物资资本得分最低(0.06)。

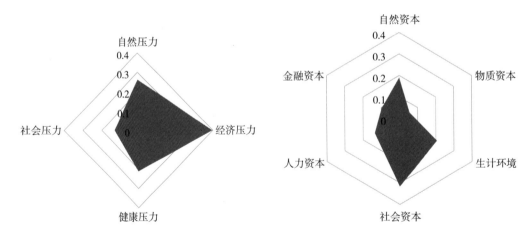

图 4-9　地震重灾区农户生计压力综合指数　　图 4-10　地震重灾区农户适应能力综合指数

面临生计压力冲击，56.57%的农户采取援助型生计策略，24.77%的农户采取收缩型生计策略，14.37%的农户采取扩张型生计策略，而只有3.36%的农户采取调整型生计策略。

(二)模型结果

表 4-12 显示的是生计压力、适应能力与生计策略选择 Logistic 回归结果，模型结果

以扩展型生计策略为参照组。从模型的整体显著性检验结果对应的 P 值（0.006<0.01）可知，模型是通过了整体性显著性检验的。下面进行具体分析：

与研究假设 H4、假设 H6 不一致的是，调整型生计策略与扩张型生计策略相比，健康压力越大和物资资本越高的农户，其更倾向于选择扩张型生计策略。具体而言，在其他条件不变的情况下，健康压力和物资资本每增加 1 个单位，农户选择扩张型生计策略的胜算比对数将分别增加 23.767 个和 333.125 个单位。

与研究假设 H4 不一致，与研究假设 H9 一致的是，收缩型生计策略与扩张型生计策略相比，健康压力越大和金融资本越高的农户，其更倾向于选择收缩型生计策略。具体而言，健康压力和金融资本每增加 1 个单位，农户选择收缩型生计策略的胜算比对数将分别增加 8.287 个和 16.926 个单位。

与研究假设 H2、假设 H4 一致的是，援助型生计策略与扩张型生计策略相比，经济压力越大的农户越倾向于选择扩张型生计策略，健康压力越大的农户越倾向于选择援助型生计策略。具体而言，经济压力每增加 1 个单位，农户选择扩张型生计策略的胜算比对数将增加 3.750 个单位；健康压力每增加 1 个单位，农户选择援助型生计策略的胜算比对数将增加 7.341 个单位。

其他研究假设 H1、假设 H3、假设 H5、假设 H7、假设 H8 和假设 H10 在本次研究中均无显著相关关系。可能的原因在于：

第一，虽然该区域承受较大的自然压力，地震灾害及次生灾害冲击强度大，但随着近年来，对地震灾害的监测技术不断进步，特别是汶川大地震和芦山大地震后，政府投入了更多的物资、人员帮助灾区居民。同样，长期生活在灾区的农民在灾害后，逐渐形成避灾意识，采取多样化生计策略以有效抵抗压力，例如，农户在获得贷款后，一部分用于扩大投入，另一部分用于储蓄。

第二，由图 4-10 可知，研究区域农户面临的社会压力最小。研究区域虽然位于相对落后的中国西南部地区，但其靠近西部最发达的城市。该区域农户的同质性较弱，且通过数据来看，农户更多地选择援助型生计策略以抵抗压力。农户间的地缘、血缘、业缘关系浓厚，成员间相互借贷以抵抗短期压力更为迅速和直接。

第三，研究区域农户的自然资本、人力资本在所有资本中位于中等水平，大部分农户的自然资本和人力资本适应能力一般。在这种条件下，自然资本和人力资本支持农户选择不同的生计策略能力有限，需要与其他资本相配合，发挥更大的作用。

第四，社会资本越丰富，人缘等软信息越丰富。人缘资源丰富的农户，可获得的资源和帮助不断增加。农户可以充分利用其人缘优势，选择多种措施来抵抗长期的生计压力。

第五，生计环境的适应能力越强，表明农村道路基础设施越完善，通达度更高。为农户从事多种生计策略提供基础设施保障，农户可选择机会多，倾向于从事多种活动抵抗长期的生计压力。

表 4-12　生计压力、适应能力与生计策略选择 Logistic 回归结果

	调整型策略	收缩型策略	援助型策略
自然压力	2.009	-0.913	-1.132
	(5.424)	(3.120)	(2.770)
经济压力	1.679	0.667	-3.750**
	(3.864)	(1.941)	(1.793)
社会压力	2.771	-1.994	-1.137
	(5.224)	(3.277)	(2.837)
健康压力	-23.767**	8.287*	7.341*
	(11.638)	(4.496)	(4.031)
自然资本	-9.359	-6.922	-2.791
	(30.348)	(13.773)	(11.300)
物质资本	-333.125*	7.788	-6.967
	(177.883)	(21.108)	(19.452)
人力资本	-21.796	-12.556	-8.992
	(24.085)	(11.207)	(9.873)
社会资本	1.716	5.630	4.990
	(14.231)	(6.245)	(5.741)
金融资本	-1.310	16.926***	4.028
	(12.490)	(6.091)	(5.442)
生计环境	-1.945	4.455	-3.128
	(15.268)	(8.701)	(8.052)
常数	0.291	-0.211	1.789***
	(1.301)	(0.684)	(0.604)
LR chi^2(30)	52.97		
Prob>chi^2	0.0060		
Pseudo R^2	0.0766		

注：模型以"扩张型策略"作为参照组；括号中为稳健标准误；*、** 和 *** 分别表示在 10%、5% 和 1% 的水平上显著。

五、结论与政策建议

(一) 结论

本研究利用四川汶川和芦山地震重灾区 327 户农户调查数据，使用熵值法测度农户生计压力和适应能力得分，构建无序多分类 Logistic 回归模型探索农户生计压力、适应能力和生计策略间的相关关系。主要得到以下五点结论：

第一，农户面临的最大生计压力为经济压力，社会压力较小。农户在社会资本方面

适应能力最强，金融资本方面适应能力最差。面对生计压力时，56.57%的农户采取援助型生计策略，而选择调整型生计策略的农户最少，仅占3.36%。这一结果与Zhao et al.，(2020)研究结果不一样，他认为，自然灾害高度脆弱地区的农户主要面临自然、社会、经济多重生计压力。面临的社会压力和经济压力都较为严重的区域中的农户拥有更高的人力资本、金融资本、社会资本，拥有较高的社会资本的农户首选投入更多资产，采取不同农业生产实践来应对生计压力，"扩张型+调整型"策略相配合。与Kuang et al.(2019)结果一致，自然灾害高度脆弱的地区拥有更为丰富的金融资本和人力资本，但他认为农户倾向于选择改善种植方法，购买农业保险等扩大资产投入来增加产出等措施应对压力。可能的原因在于，本研究区域主要是汶川地震和芦山地震的重灾区，中国政府致力于做好灾后重建工作，对灾区进行大量的财政拨款和采取各方面的政策支持，缓解了金融风险，但是还未实现长期可持续地减灾避灾，且因地震灾害(含次生灾害)相较于其他自然灾害更具有不可预见性，虽然农户金融资本丰富，但面对灾害时损失更大，经济压力更大。同时，该区域靠近中国西部地区最发达的城市，具有地理优势，农业也不再是唯一的选择(Zhou et al.，2021)，各农户家庭也拥有储蓄习惯，且因中国农村长期存在着地缘关系，因此农户之间相互借贷共同抵抗短期压力，往往成为首要选择。

第二，健康压力越大时，农户越倾向于选择扩张型生计策略，其次是收缩型生计策略，最后是援助型生计策略。Su et al.(2018)发现健康压力越大，越倾向于选择增加收入来源，但与Cooper et al.(2016)研究结果不一致的是，他认为农户更倾向于选择医疗帮助。可能的原因在于发展中国家的农村家庭医疗体系还需完善，在医保承受必要的医疗费用的同时，农户家庭仍要承担部分费用，此时增加收入是应对遗传疾病或大病的长久之策。外出务工还可以更充分地让生病成员接受城市更好的医疗救助。农户在应对压力时，往往先行考虑系统内部，再延伸至系统外部，如何提高系统的内循环能力也是生计适应性研究的重点。

第三，调整型生计策略与扩张型生计策略相比，物资资本越高的农户，其更倾向于选择扩张型生计策略。物资资本的适应能力越高，农户越倾向于选择扩张型生计策略。这一结果与Liu et al.(2018)研究结果相似，但与Kuang et al.(2019)发现不同，物资资本是促进农民采取调整作物品种策略的重要因素，足够的物资资本将鼓励农民采取措施调整他们的收入结构，以应对气候变化。可能的原因在于物资资本是指维持生计的基本生产资料和基础设施，如耐用品(农业机具、车辆)和土地等，它们是农业生产不可或缺的先决条件，必然对农户的生计战略选择产生重大影响。物资资本不仅可以提高生产效率，还可以支持农户继续从事农业。一般来说，农户拥有的农业生产工具越先进，农业生产基础设施越方便，农户就越有动力选择农业生产。

第四，收缩型生计策略与扩张型生计策略相比，金融资本越高的农户，其更倾向于选择收缩型生计策略。这一结果与Su et al.(2019)研究结果一致，与Liu et al.(2018)发现均不一致，金融资本越丰富，其财政支出越丰富，越倾向于从事非农业职业。西部山区的农户，如果他们拥有更多的金融资本，那么他们将投入更多的资本和劳动力到实现非农产业收入最大化。可能的原因在于，脆弱性与适应能力呈显著负相关，金融资本的适应能力越强，其承受风险越小，农户通过减少消费来应对，而不愿借贷和外出务工。金融资本越高的农户，其更倾向于继续从事原来的职业而不是进入新的领域，因为这样可能会承受更大的不确定性带来的压力。

第五，援助型生计策略与扩张型生计策略相比，经济压力越大的农户越倾向于选择扩张型生计策略。这一结果与 Kinsella et al.（2000）发现一致，但与 Rissman et al.（2020）发现不同。Rissman 认为，与人们签订长期合同获得贷款，并进行金融知识相关的培训，或者提高效率和生产量，都是降低经济压力的有效措施，但后者提升空间有限。可能的原因在于个体农户间很难存在长期合同，依靠其少量资产难以获得贷款。而且尽管中国政府长期坚持大力培育高素质农民，但个体农户无法避免地面临耕作成本的上升，利润空间的缩小，他们将不再愿意继续从事小规模农业，而往往会选择外出务工，或者投入大量资产形成规模经济，以获得更高的利润。

(二)政策建议

第一，农户普遍呈现经济压力大而金融资本适应能力差的特点。故而，政府可通过加大职业技术培训、发展特色产业等手段拓展农户增收渠道，通过收入的提升来带动其金融资本的提升和降低经济压力。

第二，农户面临的社会压力相对较小同时其社会资本适应能力相对较强。政府可进一步采取措施促进农户地缘、血缘、业缘关系的维护和延伸，通过社会关系网络来有效缓解外部生计压力的冲击。

第三，健康压力是影响农户生计策略的选择的重要因素。中国政府长期实行的医疗保障制度能帮助农民抵抗健康压力，但农村居民健康状况未能显著改善，特别是慢性疾病，且不同人群健康存在异质性。政府可以提高医疗保障制度的精细化、差异化程度，充分考虑不同人群面临的健康压力。建议基于职业、年龄、健康状况等动态大数据，建档立卡，为农户制定个性化的医疗保障服务。同时，可以将常规体检纳入医疗保障范围，引导农民积极使用预防性医疗服务，早发现、早治疗。同时留住农村发展人才，为乡村振兴战略提供人才保障。

第四，物资资本越丰富，越倾向于提高资产投入，增加收入来源；金融资本越丰富，越倾向于减少支出，动用储蓄。这表明中国农村"造血式扶贫"可以从提高物资资本和金融资本角度入手，依靠农村小额信贷在一定程度上丰富物资资本和金融资本，促进金融服务质量和效率的显著提升。相关金融机构应为农村创新小额信贷产品，完善担保体系，充分考虑到农业生产周期长、季节性等特点，提供差异化服务，为农业的可持续发展提供动力。

第五，经济压力越大，农户越倾向于扩大投入、增加收入来源。与农户签订长期合同，为农户提供上升空间，促进农业生产效率和产量的提升，是抵抗经济的有效措施。政府可进一步采取措施，保障土地流转，鼓励实施机械化生产，充分利用闲置资源，促进土地的规模经营，实现土地的高效合理利用，从而为农业规模经营提供保障。

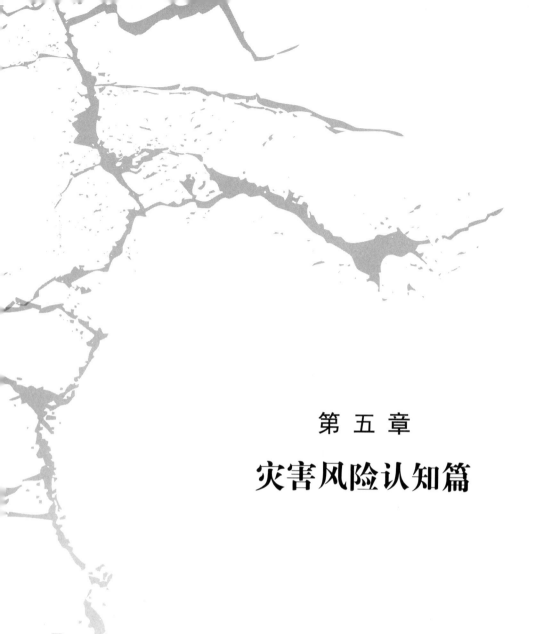

第 五 章

灾害风险认知篇

第一节　引　言

近年来，国际学术界十分重视灾害风险感知、风险认知相关的研究，国际减灾会议将其定为未来灾害研究的五个重要领域之一。虽然，学者可以通过探究灾害形成机理、监测环境要素变化等科学评估灾害风险，但是这些科学知识和技术手段仅局限于少部分科研专家以及政策制定者，而普通居民对灾害风险的认识依据的是自我经验、直观感觉、所获得的信息、个人社会经济条件等（Slovic，2016）。一方面，居民并非纯粹理性个体，其对灾害风险的认识带有主观色彩，这就表明个体对所面临的灾害风险的理解与真实灾害风险情况难免存在差距；另一方面，即使是客观正确的灾害风险信息通过"自上而下"的方式向居民传递，居民的理解与信息设计者的目的也不尽然完全相同。有研究表明，个体对于灾害风险认知的形成又受到潜在外部真实灾害风险、实际灾害造成损伤、价值观、对管理机构的信任、人口统计学因素以及社会经济特征等的影响（苏筠等，2009）。但居民如何理解灾害风险却是其主动应灾防灾的重要前提，也是灾害环境中人地关系的重要内容（王兴中等，1988）。故在自然灾害风险管理中纳入"自下而上"的研究视角就十分必要。已有研究表明，不同居民对风险的认知不同，可能会带来不同的短期和长期行为反应（应对策略），这表明居民风险认知情况与其应灾防灾行为具有密切关系（Bubeck et al.，2012）。此外，灾害风险沟通能够为管理者提供以灾区居民为对象的灾害风险管理具体抓手，在塑造个体风险认知和改变其行为响应方面的作用也不可忽视（李小敏，2014）。然而，哪些信息采取何种渠道、何种方式会影响居民应灾行为是一个值得探讨的问题。特别是在山区，脆弱的社会、经济环境是居民易受灾害影响的重要前提。因此，在"自然—社会—经济"背景下，何种沟通策略可以有效改变个体对灾害的认知水平，进而最终影响到其防灾减灾的行为响应，是值得进一步探索的问题。

本章内容主要围绕灾害风险感知对避灾准备的影响展开。第一节引言：简单介绍本章的主要内容。第二节灾害风险认知过程：研究构建了农户灾害风险认知过程的理论模型，系统分析农户地震灾害知识技能、灾害风险感知、防灾减灾意识、购买保险意愿、避灾搬迁意愿的作用机制。第三节金融准备、灾害经历与灾害风险认知：研究探讨了农户金融准备、灾害经验和灾害风险认知之间的关系。第四节媒体传播、灾害经历与灾害风险认知：研究关注与地震相关的媒体曝光和灾害经验如何影响农户的灾害风险认知，探讨了媒体曝光率、灾害经历严重程度与居民对灾害可能性和严重性的感知之间的关系。第五节社会网络、信任与灾害风险感知：研究从农户灾害风险的可能性、威胁性、自我效能以及应对效能四个维度综合测度了农户的灾害风险认知水平，进一步探究了农户社会网络、信任与灾害风险感知之间的相关关系。第六节风险沟通与风险认知关系分析：继续将研究尺度缩小，探讨微观尺度下，农户面对灾害风险时的风险沟通特征与风险认知水平之间的相关关系。

第二节　灾害风险认知过程

一、引言

灾害研究已有多年历史，随着研究的不断深入，近年来，灾害研究的学术领域呈现出社会—人文转向的趋向，防灾减灾相关领域从聚焦减轻灾害，转变为思考如何降低灾害的风险，更加关注防灾意识、减灾教育等工作。普通民众一般依据对风险的直观判断来进行适应行为的调整。居民灾害知识技能、灾害风险认知、防灾减灾意识和避灾行为意愿是区域韧性防灾体系建设的重要内容，一直是灾害风险管理领域的研究热点（Ma & Jiang，2018；Yu et al.，2017）。然而，纵观已有研究，学者多关注发达国家（Feria - Domínguez et al.，2017；Guillie，2017），多关注城市（Rana & Routray，2018；Wachinger et al.，2018），对农村尤其是灾害与易返贫双重交织的农村关注相对较少（Cui et al.，2018；Peng et al.，2017）。同时，在居民灾害保险购买意愿和避灾搬迁意愿及其驱动机制的研究中，学者多将居民灾害知识技能、灾害风险认知水平、防灾减灾意识等作为居民意愿/行为选择的直接影响因素（Stein et al.，2010；Huang et al.，2012）。比如，Xu et al.（2017c，2018c）利用三峡库区滑坡威胁区农户调查数据，发现农户灾害风险认知某些维度对其搬迁意愿和避灾准备具有显著的相关关系（直接影响）。然而，少有研究关注居民灾害知识技能、灾害风险认知和防灾减灾意识对其意愿/行为决策的间接作用。即居民灾害知识技能、灾害风险认知和防灾减灾意识除了会直接影响其意愿/行为决策外，还可能通过内部各维度间接影响居民意愿/行为选择（存在中介/调节效应）。此外，已有实证研究中，学者多使用描述性统计分析、OLS、Logit、probit、tobit 等手段探究居民灾害知识技能、灾害风险认知、防灾减灾意识和行为决策（意愿）几者间的相关关系（Durage et al.，2014；Lazo et al.，2015），少有研究采用路径分析/结构方程模型系统探究以上几者之间的相互作用机制。灾害威胁区居民从认知到意愿选择（行为决策）具有怎样的作用途径还需进一步探索。

山区聚落是多个家庭的聚合体，是山区人类生存的基本空间组织单元（Peng et al.，2017）。受资源禀赋、地形及区位等因素影响，为实现乡村振兴，许多聚落面临政治、经济、文化的重构（Liu and Li，2017）。由于许多山丘区聚落就坐落在地震带上，四川近年来大型地震灾害频发，给居民生命和财产带来了大量损失。比如，中华人民共和国成立以来破坏力最大的汶川地震，造成约 12.46 万人员伤亡，直接经济损失 0.85 万亿元。

同时，地震带周围分布有大量的泥石流、滑坡灾害点，与地震灾害的低频性不同，这些地质灾害时有发生，也是导致山区聚落农户易返贫的重要因素。基于此，研究以四川省汶川地震极重灾区农户为研究对象，系统分析农户灾害风险认知、防灾减灾意识、地震知识技能和避灾意愿特征，并构建农户灾害风险认知过程模型，采用路径分析方法系统探究农户地震知识技能、灾害风险认知、防灾减灾意识和避灾意愿的相互关系，以期为四川省地震灾区韧性防灾体系建设相关政策的制定提供参考依据。总的来说，本研究试图回答以下两个问题：

第一，汶川地震极重灾区农户具有怎样的灾害风险认知、防灾减灾意识、地震知识技能和避灾意愿特征？

第二，如何厘清汶川地震极重灾区农户地震知识技能、灾害风险认知、防灾减灾意识和避灾意愿的相互关系，并建立农户灾害风险认知过程模型？

二、研究方法

(一) 模型变量的选择和定义

1. 农户风险感知测度

灾害风险认知指个体对灾害风险的特征及严重性做出的主观判断，并采取避灾行为的过程(Peng et al.，2017)。关于灾害风险认知的测度，学术界主要有两种流派，一是基于心理测量范式的定量流派，二是基于文化理论的定性流派。本研究主要借鉴定量流派的心理测量范式，认为灾害风险是主观的、可测的。参考借鉴 Lindell(2013)、Lindell and Hwang(2008)等研究对灾害风险认知的测度，本研究拟从"风险可能性""负向情绪反应""不可控制感""负向影响程度感知"四个维度对农户灾害风险认知水平进行测度(见表5-1)，并采用因子分析对其进行降维处理。其中，"风险可能性"表示民众对再发生地震可能性的评估；"负向情绪反应"表示民众对地震灾害的心理和情绪上的感受，具体为害怕、担心等心理感受；"不可控制感"表示民众对地震及其带来的其他连锁灾害造成负面影响的不可控制性的感知；"负向影响程度感知"表示大震过后民众对地震再次发生可能造成负面影响程度的感知。

表 5-1　风险感知测度

编码	条目[a]	平均值	标准差
A1	在接下来的10年里，我家附近会发生地震	3.05	1.11
A2	我认为近年来这里地震灾害的风险在增加	3.19	1.19
A3	我们比其他任何地区都有更大的地震风险	3.51	1.17
A4	你认为接下来10年你和你家人的健康会受到地震发生的影响	3.18	1.19
A5	你认为接下来10年你的住房和土地等会受到地震发生的重大影响	3.14	1.14

编码	条目ᵃ	平均值	标准差
A6	我总觉得地震总有一天会来	3.12	1.32
A7	一想到地震，我就害怕	3.20	0.83
A8	我担心地震对村庄和家庭的影响	4.42	1.12
A9	万一发生灾难，我觉得天要塌下来了	4.40	1.03
A10	虽然地震是不可控制的，但我可以做一些措施(如加固房屋)来减少损失	3.98	1.21
A11	一些合理的方法，如治理，可以减少地震造成的其他灾害	4.27	0.94
A12	你觉得你们家的房子跟2008年比更结实了，一旦发生灾害，损失也会较小	1.80	0.90
A13	你觉得一旦发生地震，相比于2008年，你和家庭会恢复得更快更好	1.80	0.75

注：a：1＝完全同意，2＝同意，3＝中立，4＝不同意，5＝完全不同意。

在进行因子分析前，研究对13个测度农户灾害风险认知水平的词条进行了信度检验。结果发现，所有词条的内部一致性 Cronbach α 值为0.73，"风险可能性""负向情绪反应""不可控制感""负向影响程度感知"对应的 Cronbach α 值分别为0.79、0.79、0.82和0.62，表明词条内部一致性较好(见表5-2)。随后，采用因子分析对13个词条进行降维分析(因子分析对应 KMO 检验值和累积方差贡献率分别为0.70和64.95%)，得到"风险可能性""负向情绪反应""不可控制感""负向影响程度感知"四个维度综合得分(见表5-2)。最后，参考现有研究，采用功效系数法将以上四个维度得分转化为百分制得分。

表5-2　旋转后风险感知各分量的分量矩阵

条目	因子载荷ᵃ			
	风险可能性	负向情绪反应	不可控制感	负向影响程度感知
A1	**0.75**	−0.01	−0.01	0.06
A2	**0.75**	−0.14	−0.06	0.14
A3	**0.65**	0.14	−0.11	−0.11
A4	**0.70**	0.18	0.06	0.01
A5	**0.69**	0.19	0.06	0.05
A6	**0.56**	0.20	0.07	0.22
A7	0.06	**0.92**	−0.00	0.02
A8	0.08	**0.89**	−0.06	0.01
A9	0.25	**0.65**	−0.14	−0.06
A10	−0.04	−0.15	**0.90**	0.08
A11	0.05	−0.03	**0.93**	0.06
A12	0.05	0.00	0.04	**0.84**

条目	因子载荷[a]			
	风险可能性	负向情绪反应	不可控制感	负向影响程度感知
A13	0.12	−0.03	0.08	**0.83**
特征值	2.96	2.25	1.73	1.51
解释的方差	22.75	17.29	13.32	11.58
累计方差	22.75	40.04	53.36	64.95
Cronbach α	0.79	0.79	0.82	0.62

注：a：采用方差旋转；在每个分量中，粗体数字表示分量主要由对应的分量组成。

2. 农户防灾减灾意识测评

农户防灾减灾意识的处理过程与灾害风险认知过程处理类似。参考 Hori & Shaw（2013）等研究对农户防灾减灾意识的测度，本研究设计了 10 个词条，拟从"主体责任意识""对政府态度""防灾倾向"三个维度对农户防灾减灾意识进行测度（见表 5-3）。其中，"主体责任意识"表示民众在平时防范灾害、灾时自救互救、灾后恢复重建中体现出主人翁意识，体现出自己对防灾减灾的责任担当；"对政府态度"表示民众对政府在防灾减灾方面所做工作的一种评价和其对政府的信心和信任；"防灾倾向"表示民众在平时生活中实际表现出的防灾减灾行为倾向。

表 5-3　减灾意识测度

编码	条目[a]	平均值	标准差
B1	平时你会嘱咐家里小孩注意安全，防范灾害	4.59	0.672
B2	亲朋好友当中有人受灾了，你们愿意伸出援手	4.66	0.614
B3	你认为自己应该为灾害当中家人的安危负责	4.54	0.626
B4	灾害发生后，你会积极恢复重建	4.24	0.853
B5	你觉得政府组织的灾害演练很有效果	3.97	1.068
B6	你觉得政府对灾害的判断可信	4.32	1.004
B7	你支持政府在灾害当中的行动和号召	4.47	0.677
B8	由于政府和相关机构在地震中的表现，你对你们家庭对抗灾害的能力更有信心	4.25	0.837
B9	你平时会有意识去学习一些防灾减灾的技能	3.11	1.296
B10	你平时会积极参与灾害的宣传培训	3.54	1.238

注：a：1=完全同意，2=同意，3=中立，4=不同意，5=完全不同意。

信度检验结果表明，10 个词条的内部一致性 Cronbach α 值为 0.66，"主体责任意识""对政府态度""防灾倾向"三个维度对应的 Cronbach α 值分别为 0.63、0.60 和 0.67，表明词条内部一致性较好，适合做后续分析（见表 5-4）。采用因子分析对 10 个词条进行降维分析(因子分析对应 KMO 检验值和累计方差贡献率分别为 0.68 和 55.14%),得到"主体责任意识""对政府态度""防灾倾向"三个维度综合得分(见表 5-4),随后,采用功效系数法将三个维度得分转化为百分制得分。

表 5-4 旋转后防灾减灾意识各分量的分量矩阵[a]

条目	因子载荷[a]		
	主体责任意识	对政府态度	防灾倾向
B1	**0.64**	0.05	0.02
B2	**0.70**	0.05	0.00
B3	**0.71**	0.09	−0.08
B4	**0.70**	0.01	0.17
B5	0.05	**0.45**	0.46
B6	−0.21	**0.59**	0.23
B7	0.21	**0.76**	0.08
B8	0.16	**0.80**	0.01
B9	0.02	−0.03	**0.85**
B10	0.05	0.27	**0.80**
特征值	2.00	1.84	1.67
解释的方差	19.99	18.41	16.74
累计方差	19.99	38.40	55.14
Cronbach α	0.63	0.60	0.67

注:a:采用方差旋转;在每个分量中,粗体数字表示分量主要由对应的分量组成。

3. 农户地震灾害知识技能测度

表 5-5 显示的是地震灾害知识技能相关词条。如表 5-5 所示,研究拟从"地震发生知识""房屋安全知识""自救互救技能"三方面对农户地震灾害知识技能进行测度,农户这三个维度得分越高,表明民众这方面的知识和技能了解越多。

表 5-5 地震灾害知识技能相关词条

编码	条目	平均值	标准差
C1	你清楚知道地震灾害是怎么发生的?(1=不知道,2=不是很清楚,3=知道)	1.52	0.72
C2	你认为地震的发生有可能是土地菩萨或者老天爷作怪?(1=是,2=不好说或者不知道,3=否)	2.54	0.84
C3	你觉得地震是由于地壳运动造成的?(1=否,2=不知道,3=是)	2.1	0.98
	地震发生知识:(C1+C2+C3)/3	2.05	0.60

编码	条目	平均值	标准差
C4	在你选择建房地址时，你会注意周边的地质条件？（1＝不会注意，2＝基本不会注意，3＝看情况，4＝应该会注意，5＝肯定会注意）	4.68	0.74
C5	你会想到你家房子地基的稳固性吗？（1＝不会，2＝会）	1.92	0.37
C6	你会考虑给房屋加固吗，避免其在地震中受到破坏？（1＝不会，2＝看情况，3＝会）	2.56	0.77
	房屋安全知识：（C4+C5+C6）/3	3.05	0.45
C7	发生地震等灾害后，你知道怎么逃生吗？（1＝不知道，2＝不完全清楚，3＝知道）	2.5	0.72
C8	地震灾害发生一段时间后，你会考虑房屋的危险程度来决定是否立即返回？（1＝不留意直接返回，2＝看情况，3＝会深思熟虑）	2.53	0.58
C9	地震发生时，有人被困住，你知道怎么去营救吗？（1＝不知道，2＝看情形，3＝知道）	2.42	0.77
	自救互救技能：（C7+C8+C9）/3	2.48	0.44
	知识技能综合	2.52	0.33

4. 农户购买保险和避灾搬迁意愿测度

表5-6显示的是农户购买保险和避灾搬迁意愿选项频率分布表。如表5-6所示，汶川地震极重灾区农户具有很强的保险购买意愿，53.11%的农户有比较强烈的保险购买意愿，仅有15.35%的农户不是很愿意购买保险。同时，该区域农户因为地处极重灾区，有非常强烈的搬迁意愿。72.19%的农户有比较强烈的搬迁意愿，仅有5.39%的农户非常不愿意搬迁。

表 5-6 农户购买保险和避灾搬迁意愿选项频率分布

编码	条目[a]	选项	频率（%）
D1	假如有地震灾害保险，你愿意购买吗？	1	7.05
		2	8.30
		3	31.54
		4	18.67
		5	34.44
D2	给你一定保障，你愿意为了避灾而搬迁？	1	5.39
		2	16.18
		3	6.22
		4	35.68
		5	36.51

注：a：1＝强烈不愿意，2＝不愿意，3＝中立，4＝愿意，5＝强烈愿意。

（二）理论模型

在个体教育、性别、民族、地震经历和家庭结构、居住方式等因素的影响下，居民在习得一定的地震发生知识、房屋安全知识、自救互救技能后，对地震灾害的风险可能性、负向情绪反应、不可控制感、负向影响程度有一定的感知，进而在防灾减灾意识方面形成自己的态度和行为倾向，影响着个体的主体责任意识、对政府态度、防灾倾向，进而影响着居民的购买保险意愿、避灾搬迁意愿等防灾减灾行为倾向。据此，研究提出理论框架如图 5-1 所示。

如图 5-1 所示，以个体的地震灾害相关的知识技能为基础，居民的灾害风险认知为中介，作用于居民的防灾减灾意识；当然知识技能也能直接作用于居民的防灾减灾意识；知识技能、风险认知、防灾减灾意识共同作用于居民的保险购买意愿和避灾搬迁意愿。基本的影响路径为，居民知识技能了解和掌握得越好，民众不科学的风险认知程度越低，防灾减灾意识越强，保险购买意愿和避灾搬迁意愿越强。

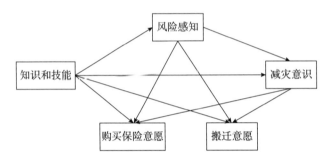

图 5-1　灾害风险认知过程模型的理论框架

三、研究结果

（一）模型变量的基本特征分析

图 5-2 显示的是农户灾害风险认知得分图。如图 5-2 所示，由于样本户是汶川地震极重灾区的农户，故总体而言，农户对区域内灾害风险认知的得分均相对较高，灾害风险认知四个维度平均得分均在 83 分以上。其中，"负向影响程度感知"维度得分最高（平均分为 90.62 分），"风险可能性"维度得分最低（平均分仅为 83.27 分），"不可控制感""负向情绪反应"两个维度平均得分介于以上两个维度中间（分别为 89.71 分和 87.75分）。从实地调研中我们发现，调研对象中的大部分农户只记得曾经大地震带来的伤害和其结果的严重性，从而对地震产生较强的负面情绪反应；很多人认为，已经发生过汶川大地震，在其有生之年应该不会再发生大地震，故而其对风险可能性认知相对较低。随着地震知识和防震减灾技能的宣传，农户对地震灾害及其产生的次生灾害的可控性感知较高，对未来发生地震对其家庭造成负面影响的感知较低，对其影响偏向乐观。

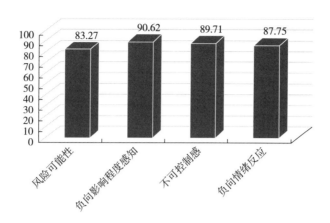

图 5-2　农户灾害风险认知得分

图 5-3 显示的是农户防灾减灾意识得分。如图 5-3 所示，农户具有较强的防灾减灾意识，农户防灾减灾意识三个维度综合得分均值均在 83 分以上。具体而言，"对政府态度"维度得分最高，平均分为 88.75 分，表明民众经历过汶川大地震后，对政府在防灾减灾方面所做工作表现一种肯定的倾向，对政府建立起了较强的信任。"主体责任意识"维度得分与"对政府态度"维度相差仅 0.07 分，也相对较高，表明民众经历过大地震后其主体责任意识普遍较强，在平时防范灾害、灾时自救互救、灾后恢复重建中具有较强的责任担当倾向。"防灾倾向"维度得分最低，平均分为 83.50 分，表明灾区民众实际表现出的防灾行为倾向不容乐观，相对于其主体责任意识和对政府态度得分较低。

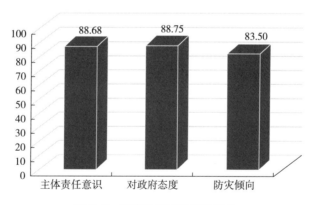

图 5-3　农户防灾减灾意识得分

同时，如表 5-5 所示，研究将每个样本对应的三个维度词条进行加权平均(在本研究中，各个维度内部词条权重相等)，得到各个维度的综合得分。"地震发生知识"得分均值为 2.53，表明民众对地震发生方面的知识有一定程度的了解，然而从 C1 的得分也可以看出居民对地震具体的发生原理了解得不清楚，只是随着大地震过后地震知识的普及，对地壳运动、地震带等概念有一定了解，逐渐摒弃了以前迷信的说法。"房屋安全知识"得分均值为 3.05，表明民众对地震当中房屋方面的安全知识了解程度较高，知道地震当中房屋是个很大的安全隐患，注意房屋安全问题。"自救互救技能"得分均值 2.48，表明民众对地震灾害中自救互救技能了解较多。整体来看，"知识技能综合"得分均值达到 2.52，得分处于较高水平，说明汶川地震过去多年后，经过有效宣传教育，民众对有关地震发生、房屋安全、自救互救技能等方面的知识有一定程度的掌握，为未来推进科学防灾、全民防灾做了很好的准备。

(二)灾害风险感知过程模型检验

以 Amos17.0 为建模平台，构建灾害风险感知过程模型，经过不断调试，最终得到的较为完善的模型如图 5-4 所示。模型中箭头旁的参数表示偏回归系数的大小。从模型整体拟合结果来看($\chi^2 = 40.010$，df = 46，2/df = 0.87，p = 0.72，GFI = 0.973，AGFI = 0.955，PGFI = 0.574，CFI = 1.000，RMSEA = 0.000)，模型拟合结果良好，下面对系数检验结果进行系统分析。

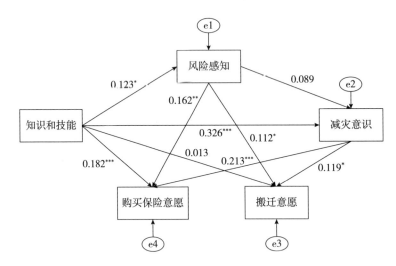

图 5-4 灾害风险感知过程模型的通径分析结果

注：*、**、*** 分别表示在 10%、5% 和 1% 的水平上显著。

如图 5-4 和表 5-7 所示，就农户地震灾害知识技能与避灾保险和避灾搬迁意愿间的关系而言，"地震发生知识"直接正向显著影响农户避灾搬迁意愿(偏相关系数 0.20)；"房屋安全知识"通过灾害风险认知("负向影响程度感知"和"不可控制感")和防灾减灾意识("主体责任意识")间接正向显著影响农户地震灾害保险购买意愿，影响程度为 0.03($0.03 = 0.19 \times 0.18 \times 0.22 + 0.32 \times 0.32 \times 0.22$)；"自救互救技能"通过防灾减灾意识"防灾倾向"间接正向显著影响农户避灾搬迁意愿，影响程度为 0.05($0.05 = 0.26 \times 0.21$)，通过防灾减灾意识("主体责任意识"和"防灾倾向")和灾害风险认知"负向影响程度感知"间接正向显著影响农户地震灾害保险购买意愿，影响程度为 0.11($0.11 = 0.20 \times 0.22 + 0.26 \times 0.22 + 0.18 \times 0.18 \times 0.22$)。

表 5-7 总效应、直接效应和间接效应的结果

作用路径	总效应	直接效应	间接效应
风险感知←知识和技能	0.123*	0.123	0.000
减灾意识←知识和技能	0.337***	0.326	0.011
购买保险的意愿←知识和技能	0.274***	0.182	0.092
防灾搬迁意愿←知识和技能	0.041	-0.013	0.054
减灾意识←风险感知	0.089	0.089	0.000
购买保险的意愿←风险感知	0.181***	0.162	0.019
避灾搬迁意愿←风险感知	0.123*	0.112	0.011
购买保险意愿←防灾减灾意识	0.213***	0.213	0.000
避灾搬迁意愿←减灾意识	0.119*	0.119	0.000

注：*、**、***分别表示在10%、5%和1%的水平上显著。

就农户灾害风险认知与避灾保险和避灾搬迁意愿间的关系而言，"风险可能性"与地震保险购买意愿和避灾搬迁意愿正向显著相关（偏相关系数分别为0.21和0.24），"负向情绪反应"和"不可控制感"分别通过"主体责任意识"间接负向显著影响农户地震灾害保险购买意愿，影响程度分别为-0.04（-0.04=-0.18×0.22）和-0.07（-0.07=-0.32×0.22）；同时，"负向情绪反应""不可控制感"和"负向影响程度感知"均对避灾搬迁意愿无显著影响；此外，"负向影响程度感知"对地震保险购买意愿也无显著影响。

就农户防灾减灾意识与避灾保险和避灾搬迁意愿间的关系而言，"主体责任意识"直接正向显著影响农户地震灾害保险购买意愿，影响程度为0.22；"防灾倾向"直接正向显著影响农户地震灾害保险购买意愿和避灾搬迁意愿，影响程度分别为0.22和0.21；"对政府态度"与农户地震灾害保险购买意愿和避灾搬迁意愿相关关系不显著，"主体责任意识"与农户避灾搬迁意愿相关关系不显著。

四、讨论

本研究利用汶川大地震极重灾区农户调查数据，分析了农户地震灾害知识技能、灾害风险认知水平、防灾减灾意识和避灾意愿特征，并构建模型探究了以上几者间的相互关系。相比于已有研究，本研究的边际贡献在于：构建了农户灾害风险认知过程模型，并采用路径分析方法系统分析了农户地震灾害知识技能、灾害风险认知水平和防灾减灾意识对其灾害保险购买意愿和避灾搬迁意愿的作用机制。研究结果与已有研究存在一些异同，具体而言：

与Baker（1991），Botzen et al.（2009）、Siegrist & Gutscher（2006）、Paul & Bhuiyan（2010）、Xu et al.（2017c，2018b，2018c）等研究一致，本研究也发现居民的灾害风险认知某些维度与其灾害保险购买意愿和避灾搬迁意愿间相关关系显著。比如，Paul &

Bhuiyan(2010)发现较高的感知风险水平与增加的准备行为有关；Xu et al.(2018c)发现灾害风险认知维度中的"可能性"和"威胁性"与居民避灾准备行为正向显著相关；本研究发现居民灾害风险认知中的"可能性"维度与居民保险购买意愿和避灾搬迁意愿间正向显著相关。然而，与以上研究不同的是，本研究发现农户地震灾害知识技能、灾害风险认知和防灾减灾意识除了直接影响其灾害保险购买意愿和避灾搬迁意愿外，还可通过各自内部维度的相互作用间接影响灾害保险购买意愿和避灾搬迁意愿。比如，灾害风险认知中的"不可控制感"维度通过防灾减灾意识中的"主体责任意识"维度间接影响农户的地震灾害保险购买意愿。

此外，本研究还存在一些不足，可在将来的研究中进一步弥补。比如，研究只关注和分析了汶川地震极重灾区农户灾害风险认知过程，研究结果和结论能否适用于其他区域(如同样是地震灾害威胁区，但不是极重灾区)和其他灾害类型(如泥石流、滑坡)尚未可知，亟须进一步验证。此外，农户的灾害风险认知过程是一动态变化的过程，而要揭示这一动态变化的过程需要面板数据才行，而本研究只是基于静态截面数据的研究，有条件将来可进一步使用面板数据来验证本研究的结论。

五、结论与政策建议

通过对灾害风险认知过程的分析，可以得到以下两点结论：

第一，汶川地震极重灾区农户具有相对较高的风险认知水平、防灾减灾意识和地震知识技能，同时具有强烈的保险购买意愿和搬迁意愿。具体而言，农户灾害风险认知由"风险可能性""负向情绪反应""不可控制感""负向影响程度感知"四个维度组成，农户防灾减灾意识由"主体责任意识""对政府态度""防灾倾向"三个维度组成，灾害风险认知和防灾减灾意识各维度综合得分均值均在 83 分以上；农户知识技能由"地震发生知识""房屋安全知识""自救互救技能"三个维度组成，各维度均值得分也相对较高；分别有 53.11%和 72.19%的农户有比较强烈的保险购买意愿和避灾搬迁意愿。

第二，农户灾害风险认知过程模型结果表明，农户地震灾害知识技能、灾害风险认知和防灾减灾意识除了会直接影响其灾害保险购买意愿和避灾搬迁意愿外，还可通过各自内部维度的相互作用间接影响灾害保险购买意愿和避灾搬迁意愿。就农户地震灾害知识技能与避灾保险和避灾搬迁意愿间的关系而言，"地震发生知识"直接正向显著影响农户避灾搬迁意愿(影响程度为 0.20)，"房屋安全知识"通过灾害风险认知("负向影响程度感知"和"不可控制感")和防灾减灾意识("主体责任意识")间接正向显著影响农户地震灾害保险购买意愿(影响程度为 0.03)，"自救互救技能"通过防灾减灾意识"防灾倾向"间接正向显著影响农户避灾搬迁意愿(影响程度为 0.05)，通过防灾减灾意识("主体责任意识"和"防灾倾向")和灾害风险认知"负向影响程度感知"间接正向显著影响农户地震灾害保险购买意愿(影响程度为 0.11)；就农户灾害风险认知与避灾保险和避灾搬迁意愿间的关系而言，"风险可能性"与地震保险购买意愿和避灾搬迁意愿正向显著相关

（偏相关系数分别为 0.21 和 0.24），"负向情绪反应"和"不可控制感"分别通过"主体责任意识"间接负向显著影响农户地震灾害保险购买意愿，影响程度分别为 - 0.04 和 - 0.07；就农户防灾减灾意识与避灾保险和避灾搬迁意愿间的关系而言，"主体责任意识"直接正向显著影响农户地震灾害保险购买意愿，影响程度为 0.22；"防灾倾向"直接正向显著影响农户地震灾害保险购买意愿和避灾搬迁意愿，影响程度分别为 0.22 和 0.21。

除了学术上的边际贡献外，本研究结果对中国韧性防灾体系的建设还有很强的政策启示意义。比如，研究发现汶川地震极重灾区农户具有很强的地震灾害保险购买意愿和避灾搬迁意愿，政府可考虑在此类地区试点实施地震灾害保险（进一步深入实地开展调查研究，确定农户地震灾害保险购买需求和愿意负担保险成本），通过地震灾害保险的实施让农户获得更多的安全感，进而减少因避灾搬迁意愿太强而引发的一系列问题。同时，研究还发现农户地震灾害知识技能、灾害风险认知和防灾减灾意识会直接或间接影响其灾害保险购买意愿和避灾搬迁意愿，故而政府可进一步加大防灾减灾投入力度，通过提高农户地震灾害知识、防灾减灾意识和灾害风险认知水平去影响其行为决策，进而减少财产损失。

第三节　金融准备、灾害经历与灾害风险认知

一、引言

随着全球气候变化和地球物理运动的加剧，进入 21 世纪以来，全球地震、海啸、滑坡、泥石流等灾害频发，对全球经济社会发展造成了深远影响。其中，地震作为致灾性最严重的灾害，其灾害风险管理成为学术界和政界关注的热点（Guo et al. , 2014；Xu et al. ,2018b）。根据 EM-DAT 数据库，2000—2018 年，全球地震共造成 87877 人死亡，8303867 人受影响（CRED，2019）。

中国是一个山地大国（Cao et al. , 2016；Xu et al. , 2015；Xu et al. , 2017b，c），也是一个地震灾害频发的国家。据统计，2000—2017 年，中国 5 级及以上地震共发生 179 次，共造成 488437 人伤亡，直接经济损失 113342490 万元（国家统计局，2018）。四川作为举世闻名的世界地震大省，是中国地震灾害最严重的省份。据统计，2000—2017 年，四川 5 级及以上地震共发生 18 次，共造成 459993 人伤亡，直接经济损失 93871093 万元。其中，2008 年的"5·12"汶川大地震，2013 年的"4·20"芦山大地震和 2017 年的"8·8"九寨沟大地震是 7 级以上大地震，共造成 459863 人伤亡，直接经济损失高达 93200543 万元（CNSB，2018）。地震灾害威胁区韧性防灾体系的建设已经成为摆在政府和学术界面前的难题。然而总体而言，学术界关于地震灾害风险管理的研究多集中在发

达国家（Armas，2006，Becker et al.，2012；Doyle et al.，2018；Lindell et al.，2016），对于中国地震灾害威胁区居民灾害风险管理关注度还不够，尤其是对于地震灾害极重威胁区山区聚落农户的灾害风险管理研究还相对较少，亟须开展相关研究（Lo & Cheung，2015；Xu et al.，2018b）。

许多实证研究表明，居民避灾准备是其应对灾害冲击的有效手段（Godschalk et al.，2009；Han et al.，2017a；Hoffmann & Muttarak，2017；Lindell，2013；Xu et al.，2018b）。然而，从已有研究来看，学术界多从保障居民生命安全的角度出发来测度居民避灾准备。比如，询问居民是否准备有应急物品（如手电筒、收音机、纯净水）、是否购买灾害相关保险、是否制订有逃生计划等（Hoffmann & Muttarak，2017；Miceli et al.，2008；Xu et al.，2018b）。然而，面对地震这种致灾性极强的灾害，家庭简单的避灾准备（如准备应急箱）只能在某种程度上保障居民人身安全，对于家庭灾后重建的恢复建设帮助有限。面对地震灾害的冲击，虽然国家救助/社会援助/巨灾保险在一定程度上能帮助居民灾后重建。然而，从四川近年来 3 次 7 级以上地震灾害来看，相对于灾害造成的直接损失来说，外界的资金救助始终有限（Lo & Cheung，2015），更何况四川的地震灾区并没有实施巨灾保险。故而，在外界救助资金有限的情况下，地震灾区居民灾后重建还得依靠其自身的应对能力，即金融准备。然而，学术界还少有定量研究探索居民金融准备如何测度，回答地震灾区居民金融准备具有什么样的特征，亟须开展相关研究（Lo and Cheung，2015）。

面对地震灾害威胁，农户只有感知到风险才会采取相应的行动（Xu et al.，2016；Xu et al.，2017b）。故而，灾害威胁区居民灾害风险认知及其影响因素一直是学术界研究的热点。Bubeck et al.（2012）、Huang et al.（2016）、Lindell（2013）、Lindell & Perry（2000）与 Solberg et al.（2010）等研究系统综述了居民灾害风险认知及其驱动因素，灾害风险认知与避灾行为决策间的相关关系。其中，居民个人及家庭社会经济特征（如性别、年龄、受教育年限、居住时间、职业等）和灾害经历（是否经历过灾害、灾害对家庭造成的经济损失等）是常用指标。然而，由于灾害种类及区域社会经济文化的不同，这些因素与居民灾害风险认知间相关关系结果并不统一（Bubeck et al.，2012；Lindell & Perry，2000）。比如，Lawrence et al.（2014）发现洪水灾害经历能够提高居民的灾害风险认知，Xu et al.（2016）发现滑坡灾害经历能够提高居民灾害发生可能性认知，然而对灾害发生的威胁性和可控性认知无显著影响。那么，对于地震这种不发生则已、一发生就特别严重的灾害来说，居民的社会经济特征和灾害经历对其灾害风险认知又具有怎样的影响呢？金融准备作为居民应对地震灾害冲击的有效手段，其与灾害风险认知又存在什么样的相关关系呢？

在以上背景下，研究从农户内部和外部应对能力出发，探索性的构建农户金融准备指标体系，并使用计量经济模型探究农户金融准备、地震灾害经历与灾害风险认知间的相关关系。本研究拟解决的科学问题如下：

第一，地震重灾区农户具有怎样的金融准备、灾害经历和灾害风险认知特征？

第二，地震重灾区农户金融准备、灾害经历与灾害风险认知存在怎样的相关关系？

二、理论分析与研究假设

灾害威胁区居民灾害风险认知及其影响因素一直是学术界研究的热点。学者就不同灾害类型、不同区域灾害威胁区居民个人及家庭社会经济特征、灾害经历、避灾准备与灾害风险认知间的相关关系进行了大量探索，并得到了不统一的结果（Lindell & Perry，2012）。本研究重点关注四川地震重灾区居民金融准备、灾害经历与其灾害风险认知间的相关关系。

（一）农户金融准备与灾害风险感知

根据已有研究，灾害威胁区居民可能会存在"幸存者偏差"现象，即有良好金融准备的家庭可能会低估灾害发生的概率或造成的影响（Bubeck et al.，2012；Lo & Cheung，2015）。故而，有金融准备的家庭，如收入多样性指数高、收入高、资产可获得性高、有存款且购买了商业保险的居民，其一般会认为即使大地震发生了，其依靠家庭内部处理能力也能减少一些灾害对家庭造成的冲击，故而其灾害发生严重性认知会相对较低。比如，Lo & Cheung（2015）发现购买有保险的居民其地震灾害的严重性感知会相对更低。Miceli et al.（2008）发现居民避灾准备行为（含保险购买）与洪水灾害风险认知中的发生可能性无显著相关关系，然而与洪水灾害发生严重性感知正向显著相关。Xu et al.（2018）发现居民购买保险行为与滑坡灾害威胁性正向显著相关。Helweg-Larsen（1999）、Paton & Johnston（2001）已经发现，与其他人相比，具有备灾能力的人对额外备灾的需求较低。

同时，居民的社会关系网络强弱也会对其风险认知和避灾准备产生重要影响（Jones et al.，2018；Tobin et al.，2011；Raid et al.，1999）。其中，面临地震灾害冲击，居民能否顺利向亲友借到钱和向银行贷到款是其社会关系网络强弱的重要表征。根据可持续生计领域的相关研究（Xu et al.，2015），农户面临强烈外部冲击（含地震冲击），当其内部处理能力不足以应对地震给家庭造成的损失时，外部处理能力（向亲朋好友借款和向银行贷款）就会发挥作用。故而，对于具有不同社会关系网络的家庭，其灾害风险认知可能呈现不一样的状态。比如，Lo & Cheung（2015）发现获取商业信贷与灾害发生可能性存在正向显著相关关系。然而，一般而言，社会资本的维系需要成本，故而农户不会轻易使用社会资本。只有当其感受到强烈的威胁且内部处理能力不足以应对威胁时才会使用。故而，灾害发生严重性感知与社会资本可能存在正向显著相关关系。

根据前文分析和结合研究区实际，本研究在 Lindell & Perry（2012）提出的保护行动模型理论框架指导下，作出如下研究假设：

H1：农户的金融准备与灾害风险认知间存在显著相关关系。具体到各指标：

H1a：农户内部应对能力（收入多样性指数、总现金收入、存款、可移动固定资产价值和商业保险）与灾害发生可能性正向显著相关，农户外部应对能力（遇到地震灾难能否顺利借款和贷款）与灾害发生可能性负向显著相关。

H1b：农户内部应对能力（收入多样性指数、总现金收入、存款、可移动固定资产价值和商业保险)与灾害发生严重性负向显著相关,农户外部应对能力(遇到地震灾难能否顺利借款和贷款)与灾害发生严重性正向显著相关。

(二)居民的灾害经历与风险感知

居民的灾害经历常被认为是影响风险感知的重要因素之一。虽然对居民的灾害体验的测度并不统一(Demuth et al.,2016;Lindell et al.,2005),但多数实证研究结果表明,居民的灾害体验与灾害风险感知之间存在显著正相关关系。如 Xu et al.(2017b)利用居民是否有滑坡灾害经验进行测量,发现灾害经验与灾害发生的可能性和严重程度呈正相关关系。Lo & Cheung(2015)采用居民灾害经历的严重程度进行测量,也发现了相似的结果。基于此,作出如下研究假设:

H2:农户的灾害经历严重程度与灾害风险感知显著相关。具体包括:

H2a:农户的灾害经历严重程度与灾害发生的可能性正向显著相关。

H2b:农户灾害经历严重程度与灾害发生严重程度正向显著相关。

三、研究方法

(一)模型变量的选择和定义

本研究的目标在于探究农户金融准备、灾害经历与灾害风险认知间的相关关系。农户灾害风险认知是研究的因变量。关于灾害风险认知的测度,学术界主要有文化理论流派(主张定性)和心理测量范式(主张定量)两大流派。同 Armas(2006)、Lindell & Whitney(2000)、Lo(2013)、Solberg et al.(2010)、Slovic(2016)、Sun & Han(2018)、Xu et al.(2016)、Xu et al.(2018)等研究一致,本研究也认为灾害风险认知是一可测量的多维度概念。基于此认识,本研究主要从地震灾害发生可能性和严重性两个维度设计词条对灾害风险认知进行测度,具体测度词条如表5-8所示。在测度前,研究先对表征居民灾害风险认知的各个词条进行内部一致性检验,灾害发生可能性、严重性和灾害风险认知总体对应的 Cronbach α 值分别为 0.70、0.64 和 0.72,均大于 0.60,表明研究设计的词条具有较好的内部一致性。随后,研究使用因子分析法对灾害风险认知词条进行降维处理,得到灾害发生可能性和严重性两个维度。其中,因子分析对应的 Kaiser-Meyer-Olkin 值为 0.74,Bartlett 球形度检验的 P 值小于 0.001,并且两个维度累计方差贡献率为 61.92%,表明因子分析的结果是合理的(见表5-9)。

表5-8 地震灾害风险认知测量表

条目代码	维度	词条[a]	均值	标准差
A1		在接下来 10 年,您家附近可能会发生地震灾害	2.83	1.12
A2	可能性	您总感觉地震灾害在将来某一天就会来临	3.08	1.32
A3		最近这几年地震灾害发生的征兆越来越明显	3.18	1.35

条目代码	维度	词条[a]	均值	标准差
A4	严重性	您很担心地震灾害对村子和家庭造成的影响	4.19	1.12
A5		未来 10 年内，若发生地震灾害会影响到您及家人的生命	3.35	1.31
A6		如果地震发生了，村里老百姓的生产生活会受到严重影响	4.16	1.06

注：a：1=非常不同意，2=不同意，3=一般1，4=同意，5=非常同意。

表 5-9　旋转后的风险认知各分量的分量矩阵

编码	成分	
	可能性	严重性
A1	**0.84**	0.09
A2	**0.76**	0.22
A3	**0.71**	0.05
A4	0.04	0.81
A5	0.10	**0.80**
A6	0.47	**0.58**
特征值	2.54	**1.17**
方差贡献率	33.77%	28.15%
累计方差贡献率	33.77%	**61.92%**
Cronbach α	0.70	0.64

农户金融准备是研究的核心自变量之一。农户金融准备，从字面上理解，应该是一些与农户收入或家庭资产或借贷能力有关的指标。基于此考虑，参考 Armas（2006）、Becker et al.（2012）、Bubeck et al.（2012）、Keil et al.（2008）、Le Dang et al.（2014）、Lo and Cheung（2015）、Paul & Bhuiyan（2010）等研究对居民金融准备的设定，本研究主要从农户内部应对能力和外部应对能力两个维度出发对其进行测度。农户内部应对能力以家庭总现金收入、收入多样性、是否有存款、流动资产多样性和是否购买商业保险表征，农户外部应对能力以遇到地震等大灾难时，农户能否顺利向正规银行机构贷到款以及能否顺利从亲朋好友手中借到钱表征。其中，收入多样性以农户主要收入来源渠道除以收入来源总渠道测度。收入来源总渠道主要包括农业收入、工资性收入、经营性收入、亲朋好友增收和国家补贴等转移性支付收入五方面，农户主要收入来源渠道一般为这五方面中的一种或多种。流动资产多样性以流动资产现值除以家庭总资产现值进行测度。流动资产现值指农户除房屋外家庭拥有的值钱的固定资产现值，而家庭总资产现值是在流动资产现值基础上加上农户房屋资产现值。

农户灾害经历是研究的另一关注核心自变量。关于灾害经历的测度，学术界并没有统一的标准（Demuth et al.，2016；Lindell et al.，2005）。比如，Xu et al.（2017b）和 Xu et al. (2018)以居民是否有滑坡灾害经历对其进行测度，Lo & Cheung(2015)以居民灾害经历严重性对其进行测度，Lazo et al. (2015)以居民是否有撤离经历及居民灾害经历严重性对其进行测度。本研究主要参考 Lo & Cheung(2015)的设定，以农户地震灾害经历严重性对其进行测度。

为了尽可能减少有漏重要变量对模型关注自变量造成的影响，参考 Bubeck et al. (2012)、Lo(2014)、Lindell & Hwang(2008)、Lindell & Perry(2000)、Sun & Sun(2019)、Xu et al. (2016)、Yu et al. (2017)、Lazo et al. (2015)、Peng et al. (2017)和 Peng et al. (2019)等研究，本研究也纳入了一些可能影响居民灾害风险认知的变量作为控制变量，主要有被访者年龄、性别、受教育年限、职业、居住时间、民族等。

(二)研究方法

由于研究的因变量灾害发生可能性和严重性是定距变量，故而研究在探究农户金融准备、灾害经历与灾害风险认知相关关系时，采用 OLS 对模型进行估计。模型简单表达式如下：

$$Y_i = \alpha_0 + \beta_{1i} \times FP_i + \beta_{2i} \times Experience_i + \beta_{3i} \times Control_i + \varepsilon_i$$

式中：Y_i 表示模型因变量，具体可分解为可能性和严重性两个指标；FP_i、$Experience_i$ 和 $Control_i$ 分别表示表示农户金融准备、灾害经历严重性和控制变量；α_0、β_{1i}、β_{2i} 和 β_{3i} 分别表示模型待估参数；ε_i 表示残差项。整个模型的实现过程采用 Stata 11.0。

四、研究结果

(一)变量的描述性统计分析

如表 5-10 所示，在金融准备方面，就农户内部处理能力而言，农户收入多样性指数平均为 0.5，表明农户平均有 2—3 种主要收入来源；家庭年现金收入均值 66238.94元，具有很大的波动性；327 户农户样本中，46%的农户有存款，28%的农户购买有商业保险；农户资产多样性指数均值为 0.15，表明农户家庭资产更多向房产配置。就农户外部处理能力而言，在遇到地震等大灾难时，分别有 69%和 75%的农户可以向银行贷到款和向亲朋好友借到款。就居民灾害经历严重性而言，89.60%的农户认为其灾害经历是严重的。就控制变量而言，46%的被访者为女性，被访者平均年龄为 53.44 岁，平均受教育年限为 6.29 年，平均居住在家时间为 41.71 年，82%的被访者为汉族，57%的农户职业为农民。

表 5-10　模型中变量的定义和统计

种类	变量	定义和测量	均值	标准差
因变量	可能性	地震灾害发生可能性感知	0.00	1.00
	严重性	地震灾害发生严重性感知	0.00	1.00

种类	变量	定义和测量	均值	标准差
金融准备	收入多样性	收入多样性=农户主要收入来源渠道/收入来源总渠道	0.50	0.18
	收入	农户总现金收入(元)	66238.94	72237.87
	存款	农户是否有存款(0=否，1=是)	0.46	0.50
	资产多样性	资产多样性=流动资产现值/家庭总资产现值	0.15	0.17
	贷款	遇到地震等大灾难时，能否顺利向银行贷到款(0=否，1=是)	0.69	0.46
	借款	遇到地震等大灾难时，能否顺利向亲朋好友借到钱(0=否，1=是)	0.75	0.43
	保险	农户是否购买商业保险(0=否，1=是)	0.28	0.45
经历	经历	被访者灾害经历严重性(1=非常不严重—5=非常严重)[a]	4.56	0.76
个人特征	性别	被访者性别(0=男，1=女)	0.46	0.50
	年龄	被访者年龄(年)	53.44	13.40
	受教育程度	被访者受教育年限(年)	6.29	3.70
	居住时间	被访者居住在家时间(年)	41.71	19.78
	民族	被访者民族(0=其他，1=汉)	0.82	0.39
	职业	被访者职业(0=其他，1=农民)	0.57	0.50

注：a：1=非常不严重，2=不严重，3=一般，4=严重，5=非常严重。

(二) 模型结果

表5-11和表5-12分别显示的是模型变量间的相关系数矩阵和回归分析结果。如表5-11所示，模型所有变量间的相关系数均在0.8以下，表明模型自变量间不存在严重的多重共线性。如表5-12所示，模型1、模型2和模型3是以灾害发生可能性为因变量的结果。其中，模型1是只纳入农户金融准备的结果，模型2是只纳入灾害经历严重性的结果，模型3是在模型1和模型2的基础上纳入控制变量后的结果。模型4、模型5和模型6的结果与模型1、模型2和模型3的处理类似，只是模型的因变量为灾害发生严重性。由所有模型检验统计量(F检验)可知，除了模型2外，其他模型的结果均在1%及以上显著性水平上显著，模型3和模型6对应的R^2分别为0.113和0.107，表明自变量分别能解释灾害发生可能性的11.3%和10.7%。

对于模型1和模型3中金融准备与可能性的相关性而言，农户家庭总现金收入、资产多样性和遇到地震等大灾难时能否从亲朋好友处借到钱与灾害发生可能性负向显著相关(模型1)。即农户家庭总现金收入越多，流动固定资产现值占家庭总资产现值比重越大，遇到地震等大灾难时能从亲朋好友处借到钱，农户认为地震灾害发生的可能性越小。具体而言，在控制其他条件不变的情况下，农户总现金收入对数每增加1个单位，农户认为灾害发生可能性平均减少0.113个单位；流动固定资产现值占家庭总资产现值比重每增加1个单位，农户认为灾害发生可能性平均减少0.908个单位；遇到地震等大灾难时能从亲朋好友处借到钱的农户比不能借到钱的农户其认为灾害发生可能性平均减少 0.292 个单位(模型 1)。同时注意到,农户金融准备 7 个指标中,除了上述 3 个指标外,其余 4 个指标(收入多样性、是否有存款、是否购买商业保险、遇到地震等大灾难时能否向银行贷到款)均与灾害发生可能性相关关系不显著。对于模型 2 和模型 3 中经验与可能性的相关性而言,居民灾害经历严重性与灾害发生可能性相关系数虽为正但并不显著。此外,所有控制变量(被访者性别、年龄、受教育年限、居住时间、民族、职业)均与灾害发生可能性无显著相关关系。

对于模型 4 和模型 6 中财务准备与严重程度之间的相关性而言,资产多样性和遇到地震等大灾难时能否从银行贷到款与灾害发生严重性正向显著相关。即农户流动固定资产现值占家庭总资产现值比重越大,遇到地震等大灾难时能从银行贷到款,农户认为地震发生的严重性越强。具体而言,在控制其他条件不变的情况下,农户流动固定资产现值占家庭总资产现值比重每增加 1 个单位,灾害发生严重性平均增加 0.918 个单位;遇到地震等大灾难时能从银行贷到款的农户比不能贷到款的农户其认为灾害发生严重性平均增加 0.245 个单位(模型 6)。注意到,在农户金融准备 7 个指标中,除了以上 2 个指标外,其余 5 个指标与灾害发生严重性间均无显著相关关系。对于模型 5 和模型 6 中经验与严重程度之间的相关性而言,农户地震灾害经历越严重,其灾害发生严重性感知越强。具体而言,在控制其他条件不变的情况下,农户地震灾害经历严重性每增加 1 个单位,灾害发生严重性平均增加 0.306 个单位(模型 6)。此外,所有控制变量也均与灾害发生严重性无显著相关关系。

五、讨论

农户避灾准备是区域韧性防灾体系建设中的重要内容,而金融准备是避灾准备中的重中之重,这直接关乎农户多大程度上能够灾害重建。然而,对农村家庭备灾资金准备、地震灾区农村家庭备灾资金准备的测度和特点、备灾资金准备与灾害风险感知的相关性研究较少。本研究的边际贡献在于弥补上述不足。具体而言,本研究从农户内部灾害应对能力和外部灾害应对能力视角出发,构建了农户金融准备指标体系;利用汶川大地震和芦山大地震重灾区农户调查数据,实证分析了农户金融准备、灾害经历严重性与灾害风险认知间的相关关系。

农户内部处理能力是其灾害风险认知的重要影响因素。与研究假设 H1a 不一致,本研究发现收入多样性、总现金收入、是否有存款、是否购买商业保险均与居民灾害风险认知相关关系不显著。同时,有意思的是资产多样性与灾害发生可能性和严重性相关关系结果与研究假设 H1a 正好相反。出现这样的结果可能的原因如下:本研究的调研区域多为山丘区,受地理区位和自然资源禀赋的影响,农户的农业收入或经营性收入并不高。同时,受限于受教育年限和技能,劳动力外出务工也多从事建筑业/服务业,工资也相对不高。面对着教育、大病医疗、人情往来等大笔开支冲击,农户年现金收入所剩不多,故而存款相对有限,一般不足以应对地震大灾难对家庭造成的冲击。同时,在研

表5-11 模型涉及变量相关系数矩阵

变量	1	2	3	4	5	6	7	8	9	10	11	12	13	14	15	16
1. 可能性	1															
2. 严重性	0.000	1														
3. 收入多样性	-0.100*	-0.063	1													
4. ln(收入)	-0.166***	0.008	0.181***	1												
5. 存款	-0.070	-0.036	0.065	0.213***	1											
6. 资产多样性	-0.172***	0.121**	0.129**	0.067	0.090	1										
7. 贷款	-0.016	0.094*	0.010	0.223***	0.031	-0.080	1									
8. 借款	-0.161***	-0.025	0.188***	0.194***	0.065	0.017	0.117**	1								
9. 保险	-0.107*	-0.072	0.109**	0.290***	0.140**	0.063	0.031	0.107*	1							
10. 性别	-0.043	0.069	0.035	0.038	-0.151***	0.016	-0.005	-0.059	0.082	1						
11. 年龄	0.130**	-0.076	0.100*	-0.226***	0.003	-0.058	-0.209***	-0.066	-0.132**	-0.212***	1					
12. 受教育程度	-0.196***	-0.072	0.078	0.258***	0.172***	0.051	0.171***	0.156***	0.226***	-0.136**	-0.496***	1				
13. 经历	0.059	0.227***	0.045	0.133**	0.078	-0.032	-0.001	-0.008	-0.029	0.000	-0.017	-0.044	1			
14. 居住时间	0.166***	-0.035	-0.035	-0.129**	-0.037	-0.025	-0.085	-0.143***	-0.159***	-0.268***	0.517***	-0.343***	-0.031	1		
15. 民族	-0.088	-0.044	-0.071	0.039	0.017	-0.047	-0.038	-0.106*	-0.010	-0.060	-0.002	0.177***	-0.040	-0.036	1	
16. 职业	0.101*	0.033	-0.027	-0.263***	-0.102*	0.062	-0.093*	-0.084	-0.225***	0.102*	0.271***	-0.371***	0.026	0.161***	-0.050	1

注：*、**、***分别表示在10%、5%、1%的水平上显著。1—16分别依次代表可能性—职业；其中，3、4、5、6、9属于内部应对能力，7、8属于外部应对能力。

表 5-12 农户金融准备、灾害经历与灾害风险认知回归分析结果

变量	可能性			严重性		
	模型 1	模型 2	模型 3	模型 4	模型 5	模型 6
收入多样性	-0.166		-0.197	-0.397		-0.379
	(0.309)		(0.314)	(0.314)		(0.315)
ln(收入)	-0.113*		-0.090	0.022		-0.019
	(0.060)		(0.063)	(0.061)		(0.063)
存款	-0.041		-0.039	-0.080		-0.066
	(0.111)		(0.113)	(0.113)		(0.113)
资产多样性	-0.908***		-0.899***	0.869***		0.918***
	(0.326)		(0.327)	(0.331)		(0.327)
贷款	0.031		0.062	0.231*		0.245**
	(0.121)		(0.122)	(0.123)		(0.122)
借款	-0.292**		-0.271**	-0.047		-0.014
	(0.129)		(0.130)	(0.131)		(0.131)
保险	-0.101		-0.018	-0.167		-0.125
	(0.126)		(0.129)	(0.128)		(0.129)
经历		0.078	0.082		0.299***	0.306***
		(0.073)	(0.072)		(0.071)	(0.072)
性别			-0.088			0.073
			(0.121)			(0.121)
年龄			-0.000			-0.006
			(0.005)			(0.006)
受教育程度			-0.026			-0.027
			(0.019)			(0.019)
居住时间			0.004			-0.001
			(0.003)			(0.003)
民族			-0.217			-0.025
			(0.144)			(0.144)
职业			0.053			-0.029
			(0.121)			(0.121)
常量	1.666***	-0.359	1.192	-0.214	-1.365***	-0.737
	(0.607)	(0.339)	(0.785)	(0.618)	(0.330)	(0.786)
样本量	327	327	327	327	327	327
F	3.67***	1.13	2.84***	1.89*	17.58***	2.68***
R^2	0.074	0.003	0.113	0.040	0.051	0.107

注：*、**、***分别表示在10%、5%、1%的水平上显著。收入多样性、收入、存款、资产多样性和保险属于内部应对能力，贷款和借贷属于外部应对能力。

究区现在还没有地震巨灾保险，故而虽然很多农户买了商业保险，然而这些保险多用于养老或大病医疗，对于农户抵抗地震造成的冲击作用相对有限。此外，在收入相对较低的同时，中国许多农村居民出于有利于子女婚嫁或同村相互攀比"好面子"的考虑，一般会将多年存起来的钱用于固定资产投资，尤其是房屋投资（在本村修建气派的房屋或去县城里买房）(Xu et al.，2015)。注意到，虽然许多农户可持续生计研究表明农户在面临外部冲击时，可以变卖家庭固定资产来抵御冲击（Xu et al.，2015；Xu et al.，2017c)。然而，地震冲击不同于其他风险冲击（如大病医疗开支），地震冲击若强烈，会直接对农户生命和固定资产造成严重威胁。这种情况下农户想再通过变卖固定资产来抵御地震冲击就会变得困难。此时，农户可能更多地存在幸存者偏差（Bubeck et al.，2012；Lo & Cheung，2015)，为了生命和资产安全，会低估灾害发生可能性，同时会高估灾害发生严重性。故而，在本研究中资产多样性与灾害发生可能性负向显著相关，与灾害发生严重性正向显著相关。

面对外部风险冲击，当农户内部处理能力不足时，其外部处理能力就会发挥至关重要的作用。故而，农户外部处理能力也是影响其灾害风险认知和行为决策的重要影响因素。与研究假设 H1b 不一致，研究发现遇到地震等大灾难时，能否顺利向亲朋好友借到钱与灾害发生可能性负向显著相关，而与灾害发生严重性无显著相关关系。同时，遇到地震等大灾难时，能否顺利向银行贷到款与灾害发生严重性正向显著相关，而与灾害发生可能性无显著相关关系。出现这样的结果可能的原因如下：当农户面临地震灾害造成的严重影响时，单靠其内部处理能力不足以恢复重建，故而更多地依靠外界扶持。然而，农户的社会关系网络基本在同区县内，有的甚至集中在同乡镇或同村内，在面对地震大灾难时，农户及其亲朋好友可能都会受灾。故而，针对灾害发生可能性，农户会在内部处理能力不足时更多倾向于向亲朋好友求助，而对于灾害发生严重性，农户会在内部处理能力不足时更多倾向于向银行贷款。

居民灾害风险经历是影响其灾害风险认知的另一重要因素。然而，与研究假设 H2 部分一致，本研究发现居民灾害经历严重性仅与灾害发生严重性正向显著相关，而与灾害发生可能性无显著相关关系。这一结果与 Lo & Cheung（2015）的结果存在差异，他们的研究发现居民灾害经历与灾害发生可能性和严重性均存在正向显著相关关系。可能的原因在于这两次特大地震造成的破坏太过于严重，地震重灾区居民对地震破坏严重性记忆尤其深刻，故而居民灾害经历严重性与灾害风险认知中的严重性正向显著相关。同时，对于地震这种低频性灾害，几十上百年可能才会发生一次，民众虽然担心地震造成的破坏，然而认为其在未来 10 年内再次发生的可能性还是相对较小（40.06% 的居民认为未来 10 年区域内不会再发生地震灾害），故而在本研究区样本居民灾害经历严重性与灾害发生可能性相关关系并不显著。此外，我们的研究与 Lo & Cheung（2015）的差异也可能是由于样本地区和灾害风险感知措施的差异，Lo & Cheung（2015）采用单一指标测度灾害风险感知，而本研究采用因子分析对多个指标进行降维。

此外，有意思的是，本研究发现被访者的性别、年龄、受教育程度、民族、工作、居住时间均与灾害风险认知无显著相关关系。可能的原因在于：汶川大地震或芦山大地震这种特大地震对民众的影响太大，经历过灾害的民众对地震的记忆太过于深刻，使得地震灾害风险认知（灾害发生可能性和严重性）在性别、年龄、受教育程度等个人特征间不存在显著差异。

六、结论与政策建议

第一，在金融准备方面，327 个样本农户中，农户收入多样性指数和资产多样性指数均小于 0.5，约有 1/3 的农户购买商业保险，拥有存款的农户不到一半；每当发生像地震这样的灾难时，大约 3/4 的农村家庭既可以从银行贷款，也可以从朋友和亲戚那里借钱。

第二，在金融准备与灾害风险感知的相关性方面，农户家庭现金总收入越高，资产多样性越高，当发生地震等灾难时农户可以向亲戚朋友借钱时，他们对灾难发生可能性的感知越低，资产多样性越高。当农村家庭在发生地震等灾难时能够从银行贷款时，他们对灾难发生的严重性的感知就越强。

第三，在经验与可能灾害风险感知的相关性方面，灾害经验越严重，对灾害发生严重程度的感知越强。同时，居民灾害经历严重性与灾害发生可能性无显著相关关系。

对此，政府首先要注重正规金融机构与农户借贷关系网络的构建，做好地震重灾区农户贷款服务工作，帮助其灾后重建；其次政府也应该通过合理引导，充分发挥农户社会关系网络对其灾后恢复的扶持作用；同时政府也应当加强灾区民众心理疏导工作，引导其合理认知地震灾害，做好充分的避灾准备工作，减少地震恐慌情绪带来的负面影响。

第四节　媒体传播、灾害经历与灾害风险认知

一、引言

面对灾害的威胁，许多实证研究表明，有效且充足的避灾准备对于防范家庭生命和财产损失具有重要作用（Davis et al.，2010；Davis et al.，2012；Flint & Stevenson，2010；Hoffmann & Muttarak，2017；Sun & Sun，2019）。例如，Godschalk et al.（2009）发现 1 美元的避灾投入可以取得 4 美元的成效。然而，许多实证研究也发现脆弱社区的家庭对于外部灾害冲击并没有充足的避灾准备（Basolo et al.，2009；Steinberg et al.，2004；Xu et al.，2018b）。其中，一个很重要的原因是灾害信息的有效沟通不足所导致的低灾害风

险认知水平造成的。媒体传播是居民获取灾害信息的最重要手段之一（Basolo et al.，2009；Hong et al.，2019）。在全球灾害逐年增多的情况下，了解居民主要通过什么媒体渠道了解灾害信息，使用这些媒体渠道的频率如何对于灾害风险的沟通和管理具有重要的意义（Lin et al.，2013；Steelman et al.，2015），尤其是对于发展中国家相对比较脆弱的聚落农户而言，更是如此。

灾害威胁区居民灾害风险认知是其避灾行为决策的重要驱动因素，故而灾害风险认知及其影响因素的研究一直是灾害风险管理领域的热点（Ainuddin et al.，2014；Henrich et al.，2015；Tveiten et al.，2012）。然而，已有研究多聚焦被访者个人特征（Armaş，2006；Bubeck et al.，2012；Sun & Han，2018）、家庭社会经济特征（Lindell，2013；Lindell & Perry，2000）和村落特征（Solberg et al.，2010；Xu et al.，2016）等对居民灾害风险认知的影响。灾害信息作为影响居民风险认知的重要因素，常常作为控制变量纳入模型（Peng et al.，2019；Xu et al.，2019a），少有实证研究系统关注媒体传播对居民灾害风险认知的影响（Hong et al.，2019；Steelman et al.，2015）。同时，在仅有的实证研究中，少有研究进一步探究传统媒体传播和新媒体传播与居民灾害风险认知间的相关关系（Hong et al.，2019）。此外，在已有研究中，学者大多数将媒体传播和居民灾害经历作为直接影响居民灾害风险认知的指标，然而实际上少量实证研究已经确认媒体传播和灾害经历间还可能存在交互作用会间接地影响居民的灾害风险认知（Hong et al.，2019）。在中国广大地震灾害威胁区，媒体传播与灾害经历是否存在交互作用进而间接影响居民灾害风险认知需要进一步确认。

中国是一个山地大国，广大山丘区聚落居住着大量人口（Peng et al.，2019；Xu et al.，2017c；Xu et al.，2019a）。受地质运动影响，中国近年来地震灾害频发，给居民的生命和财产安全造成了大量损失。据统计，近10年来，中国共发生159次5级以上地震。其中，7级以上大地震7次，6—6.9级大地震26次，5—5.9级地震83次，对区域社会经济发展造成了严重的破坏和深远的影响。这些地震灾害导致48万人伤亡，直接经济损失高达112651003万元（国家统计局，2018）。而在这7次7级以上的大地震中，2008年的汶川大地震和2013年的芦山大地震又是造成伤亡最大的地震。比如，2008年汶川大地震就造成45万人左右伤亡，直接经济损失高达8452亿元。然而，总体而言，灾害风险管理领域聚焦中国四川地震灾区的研究还相对较少（Xu et al.，2018b；Xu et al.，2019a），亟须开展相关研究。

基于以上背景，本研究将研究区域聚焦到中国四川汶川地震和芦山地震极重灾区。基于已有研究的不足，本研究的目标主要有以下两个：

第一，分析中国地震极重灾区居民媒体传播、灾害经历和灾害风险认知特征。

第二，构建计量经济模型探究媒体传播、灾害经历与灾害风险认知间的相关关系，并在分析过程中进一步细分媒体传播类型（传统媒体传播和新媒体传播）和探究媒体传播与灾害经历的交互作用与居民灾害风险认知的相关关系。

二、理论分析与研究假设

本研究旨在探讨地震灾害威胁地区媒体传播率、居民灾害经历与居民灾害风险认知前景等级之间的相关性。在本研究中，媒体传播是指地震灾害威胁区居民在灾害不同阶段获取灾害信息的渠道，具体可分为新媒体传播和传统媒体传播（Hong et al.，2019）。其中，新媒体传播是指居民主要通过新媒体渠道（手机、互联网）获取的灾害信息，而传统媒体传播是指居民主要通过传统渠道（电视、杂志、报纸、广播）获取的灾害信息。居民的灾难经历是指他们记忆中最严重的地震灾害对家庭的影响程度（Xu et al.，2018b；Xu et al.，2019a）。居民对灾害风险的感知是指居民对灾害风险的态度和对灾害风险的直观判断（Xu et al.，2018b；Xu et al.，2019a）。在本部分的后续部分，本研究将系统梳理现有的媒体传播、居民灾害经历和居民灾害风险认知之间的相关性研究，并在此基础上提出本研究的研究假设。

（一）媒体传播与灾害风险认知

面对灾害威胁，媒体传播是居民判断和理解灾害信息的最重要渠道之一（Chatterjee & Mozumder，2014；Hong et al.，2019；Jung & Moro，2014；Steelman et al.，2015）。在居民灾害风险认知形成过程中，媒体传播具有灾害信息传达、传播社会准则、促使居民学习灾害知识技能、建立公众责任和安全文化等多种功能（Hong et al.，2019；Lee，2011；Paek et al.，2010；Zhu & Yao，2018）。具体而言，在灾害整个阶段（即将发生前、发生中和发生后），媒体都有灾害信息传达的功能，如果作为权威媒体还有精准报道灾害信息的功能，信息的传播快慢会影响居民灾害风险认知，进而影响其行为决策（Brenkert-Smith et al.，2012；Bunce et al.，2012）。同时，灾害在一定区域范围内的快速传播会进一步传达社会准则，通过民众间的交流传导社会压力，进而建立公众责任和安全文化，提高居民防灾减灾意识和避灾准备，在这个过程中媒体信息的传播也会进一步影响居民的灾害风险认知（Hong et al.，2019；Lee，2011；Maidl & Buchecker，2015；Wood et al.，2011）。此外，位于灾害威胁区内的居民也会因为媒体信息的传播去有意识的学习防灾减灾知识和提前做好相应的避灾准备，整个学习过程也会重塑居民灾害风险认知（Hajito et al.，2015；Lindell & Perry，2011；Liu & Jiao，2018）。

基于以上作用路径，许多实证研究表明，媒体传播会正向显著提高居民的灾害风险认知水平（Zhu & Yao，2018）。例如，Hong et al.（2019）提出媒体传播对居民灾害发生严重性认知有正向显著影响。Basolo et al.（2009）发现信息源与地震准备感知水平存在显著正相关。注意到，虽然已经有研究关注到媒体传播与居民灾害风险认知间的相关关系，然而却少有研究进一步细分传统媒体传播和新媒体传播与居民灾害风险认知间的相关关系。现代社会是一个信息时代社会，传统媒体和新媒体并存。相较于新媒体的快速、便捷及信息轰炸、真假信息交织的特点而言，传统媒体传播速度相对较慢，但信息相对精确。在这种情况下，两种媒体传播与居民灾害风险认知不同维度间的相关关系可能就会存在差异。比如，接触新媒体的个体由于信息传递迅速，如果地震灾害发生，能第一时间知道灾害发生的地点和等级等信息，这可能会帮助个体更好地进行灾情判断，降低其认为将来灾害发生可能性和严重性认知。同时，传统媒体由于信息传播的相对滞后性，可能会增加居民认为灾害发生的可能性和严重性认知(见图5-5)。

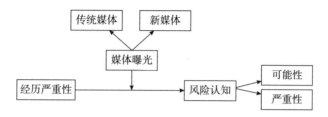

图5-5　媒体传播、灾害经历严重性与灾害风险认知理论框架

从分析信息渠道(如互联网、电视、报纸、广播等)到居民灾害风险感知的形成过程，可以看出，居民的灾害风险感知与信息接收频率(包括传递速度)和信息质量(信息可信度和有用性)密切相关(Jung & Moro，2014；Kavota et al.，2020)。现代社会是一个信息时代社会，传统媒体和新媒体并存(Ahmed et al.，2019；Bunce et al.，2012)。新媒体由于其传播速度快、成本低的特点，在灾害风险传播领域中发挥着越来越重要的作用(Jung & Moro，2014；Li et al.，2018)，尤其是当居民认为主流媒体无法提供足够的信息时，新媒体的使用对于灾害信息的有效传播和传播起着至关重要的作用(Jung & Moro，2014；Kavota et al.，2020；Shklovski et al.，2010)。渠道居民选择从某些渠道获取信息或更多地依赖某些渠道，以便准确把握灾害实际情况，减少灾害过程中的不确定性信息传输(Basolo et al.，2009；Hong et al.，2019)。从现有的研究来看，普遍认为媒体曝光可以显著提高居民的灾害风险感知(Fleming et al.，2006；Hong et al.，2019；Morton & Duck.，2001；Zhu & Yao，2018)媒体曝光在这里的媒体曝光包括传统媒体曝光和新媒体曝光。例如，Fleming et al.(2006)、Morton & Duck.(2001)研究发现，报纸等传统媒体曝光量对居民灾害风险感知有显著正向影响；Zhu & Yao(2018)发现新闻媒体曝光对居民灾害风险感知有正向影响；Hong et al.(2019)也发现媒体曝光(包括传统媒体和新媒体曝光)对灾害感知严重程度有正向显著影响。基于此，作出如下研究假设：

H1：媒体传播与灾害发生可能性和严重性正向显著相关。

H1a：传统媒体传播与灾害发生可能性和严重性正向显著相关。

H1b：新媒体传播与灾害发生可能性和严重性负向显著相关。

(二)灾害经历与灾害风险认知

许多实证研究表明，居民的直接或间接灾害经验会影响其灾害风险认知(Hong et al.，2019；Xu et al.，2016；Xu et al.，2017c)。对于灾害经验丰富的人来说，当灾害再次发生时，理论上可以根据以往的经验快速判断灾害形势，即灾害经验丰富的人一般具有更理性的灾害风险认知(Hong et al. ，2019；Xu et al. ，2016)。通过媒体等渠道获取灾害信息，做出合理的防灾减灾决策。因此在已有研究中，学者多认为居民灾害经历与灾害风险认知正向显著相关(Fischhoff，1995；Steelman et al. ，2015；Xu et al. ，2017c)。比如，Xu et al. (2016)发现居民是否有滑坡灾害经历与灾害发生可能性认知正向显著相关。Botzen et al. (2009)也提出居民洪水灾害经历与其灾害风险认知和保险需要均存在正向显著相关关系。Botzen et al. (2009)发现居民洪水灾害经历与其灾害风险认知和保险需要均存在正向显著相关关系。而对于没有灾害经验的人来说，他们通常是通过外界获取的灾害信息来构建自己的灾害风险认知，然后做出防灾减灾的决策。此时，外部信息可能会完全放大他们对灾害风险的感知。因此，有研究发现，媒体信息对居民的灾害风险认知有影响，但这种影响仅在低灾害经验(Siegrist & Gutscher，2006)组显著。此外，也有少数研究发现居民的灾害经历与灾害风险认知之间的相关关系并不显著(Xu et al. ，2016)。然而，大多数研究认为两者之间存在显著的正相关关系。基于此，作出如下研究假设：

H2：居民灾害经历与灾害发生可能性和严重性正向显著相关。

(三) 媒体传播通过灾害经历调节与灾害风险认知

虽然大多数研究认为居民灾害经历与灾害风险认知之间是直接的正向显著相关关系。然而，也有少量研究认为居民灾害经历除了直接影响其灾害风险认知外，还可能存在间接的相关关系。比如，面临灾害的威胁，Hong et al. (2019)认为有足够灾害经历的个体能够更从容和有效地辨别灾害信息和快速的做出行为响应，居民灾害经历越丰富，媒体传播和灾害风险认知之间的相关关系越弱。Kasperson et al. (1988)认为缺乏灾害经历的个体会更加依赖外部信息，进而提高其灾害风险认知(如认为灾害发生的可能性更大和严重性更强)。基于此，作出如下研究假设：

H3：居民灾害经历会通过媒体传播放大其灾害发生可能性和严重性认知。

H3a：居民灾害经历会通过传统媒体传播放大其灾害发生可能性和严重性认知。

H3b：居民灾害经历会通过新媒体传播放大其灾害发生可能性和严重性认知。

三、研究方法

(一) 变量测量

1. 媒体传播

媒体传播主要反映地震灾害重灾区居民媒体信息获得情况。参考 Fleming et al. (2006)、Hong et al. (2019)、Lee(2011)等研究的设定，本研究将农户媒体传播分为传统媒体传播和新媒体传播。其中，传统媒体传播包括报纸、杂志、收音机和电视，新媒体传播包括手机和互联网。对这些变量的测度主要通过询问居民使用这些媒体的频率，具体结果如表 5-13 所示。在获取这些变量数据后，参考 Hong et al.（2019）的设定，分别对传统媒体传播和新媒体传播几个指标进行加总并分别求平均，以均值分别代替两个维度得分。同时，对表征媒体传播的所有指标进行加总并求平均，以其均值代替媒体传播。

表 5-13　模型中变量的定义和描述性统计

种类	变量	定义和测量	均值	标准差
风险认知	可能性	未来 10 年您家附近可能会发生大地震[a]	2.83	1.12
	严重性	未来若发生地震会对村子和农户造成严重的影响[b]	4.19	1.12
媒体传播	传统媒体	您多久看一次报纸?[c]	1.07	0.40
	传统媒体	您多久看一次杂志?[c]	1.06	0.44
	传统媒体	您多久听一次收音机?[c]	1.09	0.51
	传统媒体	您多久看一次电视?[c]	3.67	1.24
	新媒体	您多使用一次手机?[c]	2.12	1.58
	新媒体	您多久使用一次网络?[c]	2.90	1.66
灾害经历	经历严重性	居民灾害经历的严重程度[b]	4.56	0.76
个人特征	性别	被访者性别(0=男，1=女)	0.46	0.50
	年龄	被访者年龄(年)	53.44	13.40
	受教育程度	被访者受教育年限(年)	6.29	3.70
	居住时间	被访者的居住时间(年)	41.71	19.78
	民族	被访者民族(0=其他，1=汉族)	0.82	0.39
	职业	被访者民族职业(0=其他，1=农民)	0.57	0.50
家庭特征	收入	农村居民家庭全年现金收入总额(元)	66238.94	72237.87
	老人	居民家庭成员是否超过 64 岁(0=否，1=是)	0.48	0.50
	小孩	居民家庭是否有 6 岁以下的孩子(0=否，1=是)	0.24	0.43
	房屋结构	房子是否为混凝土结构(0=否，1=是)	0.48	0.50

注：a：1 = 非常不同意，2 = 不同意，3 = 一般，4 = 同意，5 = 非常同意；b：1 = 非常不严重，2 = 不严重，3 = 一般，4 = 严重，5 = 非常严重；c：1 = 没有，2 = 很少，3 = 一般，4 = 经常，5 = 十分频繁。

2. 灾害经历

关于灾害经历的测度，学术界标准并不统一（Xu et al.，2019a）。本研究主要参考 Lo & Cheung（2015）、Xu et al.（2019）等研究，以居民地震灾害严重性作为其灾害经历的测度指标。

3. 风险认知

灾害风险认知是为描述人们对灾害风险的态度和对灾害风险的直觉判断而提出的一

个概念(Slovic et al. , 1982；Xu et al. , 2016)。关于灾害风险认知的测度，学术界主要有两个流派。本研究主要遵循心理测量范式流派，认为居民灾害风险认知是可测的，且是个多维概念。参考 Sjoberg(2000)、Slovic(2016)、Thompson et al. (2016)、Peng et al. (2017)、Peng et al. (2019)、Xu et al. (2017c)、Xu et al. (2018)等研究，本研究从灾害发生可能性和灾害发生严重性两方面对其进行测度。对于每个维度，我们选择一个指标来进行度量。例如，对于衡量居民感知灾难的可能性，我们询问居民对以下陈述的同意程度：未来10年您家附近可能发生大地震(1＝非常不同意，2＝不同意，3＝平均，4＝同意，5＝非常同意)。

4. 控制变量

为了提高模型的解释力，参考 Armaş(2006)、Ho et al. (2008)、Huang et al. (2016)、Lazo et al. (2015)、Lindell and Perry(2000)等研究，本研究加入了一些影响居民灾害风险认知的因素作为控制变量。其中，主要包括被访者个人特征(如性别和教育程度等)和家庭社会经济特征(如收入等)。

(二)分析方法

本研究的因变量为居民的灾害风险认知，具体包含两个指标，即灾害发生可能性和灾害发生严重性。由于这两个指标是采用1—5级李克特量表进行测度的，可以近似看作连续性的定比变量，故而研究采用 OLS 对模型进行估计。估计公式如下：

$$Y_i = \alpha_0 + \rho_{1i} \times ME_i + \rho_{2i} \times ES_i + \rho_{3i} \times Control_i + \epsilon_i$$

式中：Y_i 分别指灾害发生的可能性和灾害发生严重性两个指标；ME_i 和 ES_i 是研究关注的核心自变量媒体传播和灾害经历严重性；$Control_i$ 表示居民的个人和家庭社会经济特征，是研究的控制变量；α_0、ρ_{1i}、ρ_{2i} 和 ρ_{3i} 分别表示模型待估参数；ϵ_i 表示残差项。

四、研究结果

(一)描述性统计分析

1. 媒体传播

表5-14为媒体接触频率的分布情况，对于传统媒体，农户灾害信息的主要来源渠道为电视，信息来源于报纸、杂志和收音机的农户相对较少。其中，188户农户(57.49%)经常从电视获取灾害信息，95%以上的农户从未从报纸、杂志和收音机获取过灾害信息。对于新媒体，手机和网络是农户获取灾害信息的两个重要渠道。其中，137户农户(41.90%)的农户经常通过手机获取灾害信息，81户农户(24.77%)经常通过网络获取灾害信息；同时，分别有42.82%和66.97%的农户很少使用过手机和网络获取灾害信息。

表 5-14　媒体传播频率分布

媒体传播		没有	很少	一般	经常	十分频繁
传统媒体	报纸	314(96.02%)	7(2.14%)	3(0.92%)	2(0.61%)	1(0.31%)
	杂志	319(97.55%)	1(0.31%)	4(1.22%)	0(0.00%)	3(0.92%)
	收音机	316(96.64%)	3(0.92%)	2(0.61%)	3(0.92%)	3(0.92%)
	电视	25(7.65%)	29(8.87%)	85(25.99%)	77(23.55%)	111(33.94%)
新媒体	手机	118(36.09%)	22(6.73%)	50(15.29%)	48(14.68%)	89(27.22%)
	网络	203(62.08%)	16(4.89%)	27(8.26%)	29(8.87%)	52(15.90%)

2. 灾害经历

图 5-6 显示了灾害经历频率的分布。对于汶川或者芦山这种特大地震，90%的居民认为其灾害经历是严重的，还有 2%左右居民认为其灾害经历是不严重的。

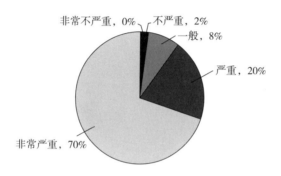

图 5-6　灾害经历频率分布

3. 灾害风险认知

图 5-7 显示了可能性频率的分布。约 40%的居民认为未来 10 年不会再发生大地震灾害，33%的居民持中立态度，而 27%的居民认为未来 10 年可能再次发生大地震灾害。图 5-8 显示了严重性频率的分布。约 12%的居民认为未来若再次发生大地震灾害不会对居民的生命和财产安全造成严重影响，6%的居民持中立态度，而 82%的居民认为若再次发生大地震灾害会对居民的生命和财产安全造成严重影响。

4. 控制变量

如表 5-13 所示，46%的受访者为女性，被访者平均年龄和受教育年限分别为 53.44 岁和 6.29 年，57%的被访者职业为农民。对于家庭特征变量而言，被访者家庭现金平均收入 66239 元，分别有 48%和 24%的农户家里有 64 岁以上老人和 6 岁以下小孩，48%的农户房屋结构为混凝土。

(二)变量之间的相关性分析

表 5-15 显示了模型变量的相关系数矩阵。如表 5-15 所示，模型各自变量间相关系数基本均在 0.5 以下，表明模型自变量间不存在严重的多重共线性问题。同时，就研究

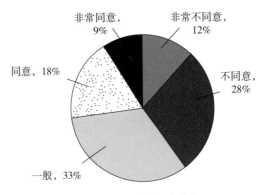

图 5-7　可能性频率分布

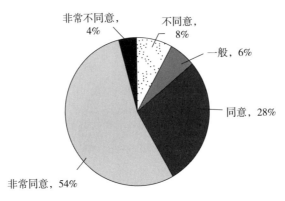

图 5-8　严重性频率分布

关注的媒体传播、灾害经历与灾害发生可能性和灾害发生严重性相关关系而言，灾害发生可能性与媒体传播新媒体负向显著相关，与灾害经历正向显著相关，而与媒体传播传统媒体相关关系并不显著；灾害发生严重性与媒体传播传统媒体负向显著相关，与灾害经历正向显著相关，而与媒体传播新媒体相关关系并不显著。

前面分析的结果只是关注核心自变量与因变量间的相关关系，并未控制其他变量。在控制其他变量的条件下，研究关注核心自变量与因变量间相关关系是否稳健还需进一步分析。

（三）回归结果

表 5-16 为媒体传播、灾害经历和灾害风险认知的回归分析结果。模型 1—模型 3 显示的是自变量与灾害发生可能性的回归结果。其中，模型 1 是只纳入关注自变量的结果，模型 2 是在模型 1 的基础上纳入媒体传播和经历严重程度交互项后的结果，模型 3 是在模型 2 的基础上纳入被访者个人和家庭社会经济特征等控制变量后的结果。模型 4—模型 6 显示的是自变量与灾害发生严重性的回归结果，各个模型的设置基本同模型 1—模型 3。

表 5-15　模型变量的相关系数矩阵

变量	1	2	3	4	5	6	7	8	9	10	11	12	13	14	15
1	1														
2	0.199***	1													
3	-0.085	-0.158***	1												
4	-0.203***	-0.068	0.119**	1											
5	0.154***	0.188***	-0.068	-0.007	1										
6	-0.077	0.062	-0.084	0.017	0	1									
7	0.104*	-0.047	-0.058	-0.484***	-0.017	-0.212***	1								
8	-0.140**	-0.109**	0.136**	0.455***	-0.044	-0.136**	-0.496***	1							
9	-0.105*	-0.063	0.02	0.041	-0.04	-0.06	-0.002	0.177***	1						
10	0.045	-0.004	-0.021	-0.295***	0.026	0.102*	0.271***	-0.371***	-0.05	1					
11	0.164***	0.017	-0.05	-0.261***	-0.031	-0.268***	0.517***	-0.343***	-0.036	0.161***	1				
12	-0.027	0.028	-0.017	-0.241***	-0.024	-0.135**	0.272***	-0.185***	0.072	0.076	0.231***	1			
13	0.109**	0.032	0.042	0.111**	0.005	0.0790	-0.178***	0.176***	0.079	-0.078	-0.148***	-0.074	1		
14	-0.094*	-0.108*	0.178***	0.233***	0.005	0.0430	-0.132***	0.261***	0.117**	-0.152***	-0.231***	-0.158***	0.087	1	
15	-0.142**	-0.156***	0.130**	0.241***	0.100*	-0.0580	-0.143***	0.245***	0.056	-0.237***	-0.023	-0.034	0.116***	0.210***	1

注：*、**、***分别表示在 10%、5%、1%的水平上显著。1=可能性，2=严重性，3=传统媒体，4=新媒体，5=经历严重性，6=性别，7=年龄，8=教育，9=民族，10=职业，11=居住时间，12=老人，13=小孩，14=房屋结构，15=收入。

表 5-16　媒体传播、灾害经历与灾害风险认知回归分析结果

变量	可能性			严重性		
	模型 1	模型 2	模型 3	模型 4	模型 5	模型 6
媒体传播	-0.402 ***	-0.401 ***	-0.343 ***	-0.235 **	-0.233 **	-0.242 *
	(0.108)	(0.107)	(0.123)	(0.114)	(0.112)	(0.146)
经历严重性	0.217 ***	0.205 ***	0.223 ***	0.273 ***	0.255 ***	0.252 ***
	(0.076)	(0.075)	(0.074)	(0.098)	(0.094)	(0.096)
媒体传播×经历严重性		-0.212	-0.163		-0.322 *	-0.277
		(0.147)	(0.142)		(0.176)	(0.182)
性别			-0.200			0.047
			(0.137)			(0.126)
年龄			-0.004			-0.013 **
			(0.006)			(0.006)
教育			-0.017			-0.030
			(0.023)			(0.023)
民族			-0.257			-0.099
			(0.159)			(0.159)
职业			-0.081			-0.117
			(0.133)			(0.133)
居住时间			0.008 **			0.002
			(0.004)			(0.004)
ln(收入)			-0.117 *			-0.010
			(0.069)			(0.083)
老人			-0.197			0.081
			(0.122)			(0.126)
小孩			0.456 ***			0.115
			(0.144)			(0.139)
房屋结构			0.011			-0.137
			(0.132)			(0.131)
常数项	2.645 ***	2.694 ***	4.045 ***	3.409 ***	3.483 ***	4.535 ***
	(0.389)	(0.392)	(0.841)	(0.557)	(0.539)	(1.044)
F	10.030 ***	8.185 ***	4.338 ***	7.831 ***	5.752 ***	2.096 **
R^2	0.066	0.071	0.139	0.050	0.063	0.092
样本量	327	327	327	327	327	327

注：括号内为稳健的标准误差；* 、** 、*** 分别表示在 10%、5%、1%的水平上显著。

　　为了进一步探究是传统媒体传播和新媒体传播哪种媒体传播对居民灾害风险认知更有影响及影响更大，研究在表 5-16 分析的基础上进一步将媒体传播分为传统媒体传播

和新媒体传播，构建 OLS 计量经济模型进一步探索传统媒体与新媒体传播、经历灾害与风险感知的回归分析结果，各个模型的设置同模型 1—模型 6。

如表 5-16 和表 5-17 所示，由模型整体显著性检验统计量可知，所有模型均通过整体显著性检验，表明研究构建的模型中至少有一个自变量与因变量间相关关系显著。同时，由模型的 R^2 可知，所有模型自变量均能解释因变量 6%—14% 的变异。

表 5-17　传统媒体与新媒体传播、灾害经历与风险认知回归分析结果

变量	可能性				严重性			
	模型 7	模型 8	模型 9	模型 10	模型 11	模型 12	模型 13	模型 14
传统媒体	-0.160	-0.156	-0.142	-0.111	-0.434 ***	-0.428 **	-0.412 **	-0.349 *
	(0.172)	(0.170)	(0.171)	(0.170)	(0.164)	(0.171)	(0.164)	(0.185)
新媒体	-0.149 ***	-0.149 ***	-0.155 ***	-0.137 ***	-0.039	-0.038	-0.046	-0.049
	(0.042)	(0.042)	(0.042)	(0.048)	(0.044)	(0.044)	(0.044)	(0.055)
经历严重性	0.220 ***	0.222 ***	0.200 **	0.220 ***	0.265 ***	0.268 ***	0.240 **	0.238 **
	(0.076)	(0.078)	(0.078)	(0.078)	(0.098)	(0.099)	(0.093)	(0.096)
X1		-0.052		-0.009		-0.080		-0.031
		(0.217)		(0.203)		(0.324)		(0.326)
X2			-0.083	-0.068			-0.105 *	-0.098
			(0.055)	(0.052)			(0.060)	(0.061)
性别				-0.189				0.043
				(0.138)				(0.125)
年龄				-0.005				-0.012 *
				(0.006)				(0.007)
受教育程度				-0.016				-0.031
				(0.023)				(0.023)
民族				-0.256				-0.100
				(0.160)				(0.159)
职业				-0.090				-0.097
				(0.136)				(0.133)
居住时间				0.008 **				0.002
				(0.004)				(0.004)
ln(收入)				-0.117 *				-0.009
				(0.070)				(0.084)
老人				-0.199				0.095
				(0.122)				(0.127)
小孩				0.454 ***				0.119
				(0.144)				(0.138)

续表

变量	可能性				严重性			
	模型 7	模型 8	模型 9	模型 10	模型 11	模型 12	模型 13	模型 14
房屋结构				0.002				−0.130
				(0.133)				(0.133)
常数项	2.482 ***	2.463 ***	2.555 ***	3.949 ***	3.827 ***	3.797 ***	3.919 ***	4.774 ***
	(0.468)	(0.469)	(0.467)	(0.863)	(0.584)	(0.614)	(0.564)	(1.075)
F	6.729 ***	5.033 ***	6.536 ***	3.831 ***	6.397 ***	4.918 ***	4.930 ***	2.224 ***
R^2	0.067	0.067	0.074	0.142	0.059	0.059	0.070	0.097
样本量	327	327	327	327	327	327	327	327

注：括号内为稳健的标准误差；*、**、*** 分别表示在 10%、5%、1%的水平上显著；X1 指传统媒体灾害经历严重性，X2 指新媒体灾害经历严重性。

1. 媒体传播与灾害风险认知的相关性

如表 5-16 所示，媒体传播与灾害发生可能性和严重性均存在负向显著相关关系。这表明媒体传播得分越高，居民认为灾害发生可能性和严重性得分越低。具体而言，媒体传播得分每增加 1 个单位，居民认为灾害发生可能性和严重性得分分别平均降低 0.343 个(模型 3)和 0.242 个单位(模型 6)。

如表 5-17 所示，有意思的是，传统媒体传播和新媒体传播虽然与灾害发生可能性和严重性相关关系均为负，然而传统媒体传播仅与灾害发生严重性负向显著相关，新媒体传播仅与灾害发生可能性负向显著相关。具体而言，传统媒体传播得分每增加 1 个单位，居民认为灾害发生严重性得分平均降低 0.349 个单位(模型 14)；新媒体传播得分每增加 1 个单位，居民认为灾害发生可能性得分平均降低 0.137 个单位(模型 10)。

2. 灾害经历与灾害风险认知的相关性

如表 5-16 和表 5-17 所示，经历严重性均与灾害发生可能性和严重性正向显著相关。这表明居民灾害经历严重性得分越高，居民认为灾害发生可能性和严重性得分越高。具体而言，经历严重性得分每增加 1 个单位，居民认为灾害发生可能性和严重性得分分别平均增加 0.223 个(模型 3)和 0.252 个单位(模型 6)。

3. 媒体传播、灾害经历与灾害风险认知相关关系

如表 5-16 所示，媒体传播与灾害经历严重性交互项仅与灾害发生严重性在 0.1 水平上负向显著相关(模型 5)，而与灾害发生可能性相关关系并不显著。这表明媒体传播可以轻微减弱灾害经历严重性感知，进而减弱将来灾害发生严重性感知得分。具体而言，媒体传播×经历严重性得分每增加 1 个单位，居民认为灾害发生可能性得分平均降低 0.322 个单位(模型 5)。

如表 5-17 所示，传统媒体传播与灾害经历严重性交互项与灾害发生可能性和严重

性相关关系虽为负，然而并不存在显著相关关系。新媒体传播与灾害经历严重性交互项与灾害发生可能性相关关系不显著，而与灾害发生严重性负向显著相关（模型 13）。这表明媒体传播通过调节灾害经历严重性感知进而影响其灾害发生严重性感知更多的是通过新媒体渠道实现的。具体而言，新媒体传播×经历严重性得分每增加 1 个单位，居民认为灾害发生可能性得分平均降低 0.105 个单位（模型 13）。

4. 居民个人、家庭社会经济特征与灾害风险认知间的相关关系

如表 5-16 和表 5-17 所示，居民居住时间、家庭年现金收入和是否有 6 岁以下小孩与灾害发生可能性存在显著相关关系。居住时间越长、家中有 6 岁以下小孩的居民其认为灾害发生可能性得分越高；家庭年现金收入越高，其认为灾害发生可能性得分越低。同时，被访者年龄与灾害发生严重性感知负向显著相关。表明受访者年龄越大，其认为灾害发生严重性得分越低。此外，被访者性别、职业、民族、家中是否有 64 岁以上老人和房屋结构等变量均与灾害发生可能性和严重性相关关系不显著。

五、讨论

与已有研究相比，本研究的边际贡献如下：第一，实证分析了媒体接触、灾难体验与风险认知前景等级之间的关系。值得一提的是，在探索媒体传播与居民感知灾害风险认知程度的相关性时，我们将媒体传播进一步划分为新媒体传播和传统媒体传播，并分别探讨了两者与居民感知前景等级对灾害风险认知的相关性，得到了一些有趣的结果。第二，本研究的对象是中国地震灾害威胁地区的农民。由于资源禀赋，这些群体普遍处于弱势。然而，这一群体在以往的研究中受到的关注相对较少。总体而言，研究方案的设计、研究群体的关注和研究成果可以为灾害威胁地区居民防灾减灾政策的制定和行为决策提供一定的参考和启示。

媒体传播是影响居民灾害风险认知的重要因素。然而与 Zhu & Yao（2018）等的研究结果不一致，同时也与研究假设 H1 不一致，他们的研究发现媒体传播会正向显著提高居民的灾害风险认知水平，然而本研究却发现媒体传播与灾害发生可能性和严重性均存在负向显著相关关系。同时，进一步区分传统媒体传播和新媒体传播，本研究发现传统媒体和新媒体均是影响居民灾害风险认知的重要因素。其中，与研究假设 H1a 相反，研究发现传统媒体使用频率越高，居民认为灾害发生严重性得分越低；与研究假设 H1b 一致，研究发现新媒体频率使用越高，居民认为灾害发生可能性得分越低。出现这些差异可能的原因如下：

一种可能是测量的核心变量的差异。至于测量媒体传播，一些先前的研究只关注某一类别（例如，Fleming et al.（2006）关注传统媒体报纸与一些其他媒体的结合；Hong et al.（2019）关注传统媒体和新媒体的结合）。至于测量感知前景的灾害风险知觉，大多数研究没有细分为这项研究，但获得综合灾害风险知觉（例如，Hong et al.（2019）灾害风险认知是一个全面的衡量居民感知各种灾害的严重性）。因此，不同的测量标准会导致

不同的研究结果。

第二，可能与传统媒体和新媒体传播信息的速度和质量有关。本研究的研究区域为我国地震灾害威胁区，这些地区大多是相对易返贫的山区。在经济利益的驱动下，大量的年轻人外出工作，留下年龄相对较大、受教育程度较低的人群（Deng et al.，2019a；Deng et al.，2019b；Huang，2020）面对地震灾害的威胁，电视一般是老年人获取灾害信息最重要的传统媒体渠道（本研究结果也发现居民从电视获取灾害信息的频率最高）。与此同时，随着社会经济的发展，手机在中国农村广泛普及。由于手机接收信息的便利性和低成本，它往往成为基层政府发布灾害官方信息的重要渠道和居民相互传递信息的重要载体。基层政府在通过手机等新媒体渠道传播灾害信息时，一般只会及时通报灾害的发生情况（如余震的震级），并告知居民注意生命财产安全。因此，以手机为代表的新媒体更多的是帮助居民正确认识灾害的可能性，提高他们对灾害可能性的感知程度。同时，以电视为代表的传统媒体一般报道上级政府（一般为区、县及以上）确认批准的灾害相关信息。这些信息通常会滞后于通过手机接收的信息。然而，这些信息更能反映灾难的实际严重程度（例如，电视新闻可以直接告诉居民地震造成的具体伤亡）。因此，以电视为代表的传统媒体主要帮助居民正确认识灾害的严重程度，提高他们对灾害严重性的感知（如居民利用电视了解灾害造成的伤亡和损失）。

第三，本研究样本量仅为 327 个样本，样本量相对较小，模型估计的结果可能会打折扣。这也可能影响本研究的结果。

同时值得注意的是，如表 5-14 所示，居民主要通过电视和手机获取灾害信息。这与一些发达国家灾害威胁区居民多使用报纸、杂志和收音机获取灾害信息不同（Burger et al.,2013；Rundblad et al.，2010）。同时，传统媒体的有用性高于新媒体（Steelman et al.,2015），并且这些结果在偏远地区尤其明显。存在差异的可能原因受限于地理位置（本研究调查区域多是山丘区）和使用习惯的不同。中国农村居民看报纸和杂志相对较少，收音机也较少使用。老年人主要通过电视新闻了解灾害信息，当然也有老年人通过手机接收政府发布的灾害信息，而年轻人更多偏向使用手机和互联网获取灾害信息。这给我们的启示是政府在偏远山丘区聚落宣传或传达灾害相关信息时可考虑通过电视、手机和互联网等手段进行。同时，还得注意信息真假及信息质量的辨别，有效减少虚假信息、滞后无用信息在灾害威胁区内的传播。此外，还得考虑支持其他信息传播手段，避免因灾害发生而导致的断电和断网对灾害信息有效传播的影响。

研究假设 H2 和 Botzen et al.（2008）、Xu et al.（2016）等研究结果一致，本研究也发现居民灾害经历与灾害发生可能性和严重性正向显著相关。然而与研究假设 H3、H3a 和 H3b 不一致，本研究发现媒体传播与灾害经历严重性交互项仅与灾害发生严重性负向显著相关，而与灾害发生可能性相关关系并不显著。通过将媒体曝光细分为传统媒体曝光和新媒体曝光，研究发现只有新媒体曝光与灾难严重性呈显著负相关。因此，媒体平台的类型会影响居民对灾难严重性的认知。其目的是敦促居民关注灾害严重程度的信息，并计划适当的准备策略。因为人们担心地震会如何影响他们的家庭和村庄，他们会更加关注灾难的可能性和严重性。一些研究发现在行为决策中存在消极偏见现象（Fiske，1992；Siegrist & Cvetkovich，2001；Rozin & Royzman，2001；Xu et al.，2019a；Zhu et al.，2011）。换言之，面对灾害威胁，居民对负面新闻的行为反应更强，更愿意针对负面信息做出行为决策。因此，在灾害信息不确定之前，地震多发地区（具有丰富的灾害经验）的居民可能更倾向于对灾害严重程度的认知做出负面评价。此时，通过新媒体（主要是手机）快速传递灾害信息（如明确告诉居民地震灾害发生在何处、规模有多大）可以降低信息的不确定性，澄清灾害的实际情况，从而降低对灾难的严重性的认识。故而，新媒体传播与灾害经历严重性交互项仅与灾害发生严重性负向显著相关。

六、结论与政策建议

第一，农村家庭获取灾害信息主要依靠传统媒体的电视广播，以及新媒体的手机和互联网内容。从被调查的居民中，90%的人认为灾害经历是严重的，82%的人认为再发生一次大地震会严重影响他们的生命财产，而约40%的居民认为在未来10年内不会再发生一次大地震。

第二，媒体传播与灾害发生可能性和严重性均存在负向显著相关关系，表明媒体传播得分越高，居民认为灾害发生可能性和严重性得分越低。传统媒体传播仅与灾害发生严重性负向显著相关，新媒体传播仅与灾害发生可能性负向显著相关。经历严重性均与灾害发生可能性和严重性正向显著相关，表明居民灾害经历严重性得分越高，居民认为灾害发生可能性和严重性得分越高。

第三，媒体传播与灾害经历严重性交互项与灾害发生严重性负向显著相关，表明媒体传播可以轻微减弱灾害经历严重性感知，进而减弱将来灾害发生严重性感知得分。新媒体传播与灾害经历严重性交互项与灾害发生严重性负向显著相关，表明媒体传播通过调节灾害经历严重性感知进而影响其灾害发生严重性感知更多的是通过新媒体渠道实现的。

政府应加强灾害风险管理体系的宣传，通过媒体和舆论加强居民社会信任水平，特别是农村地区的居民信任水平；由于中国目前的防灾体系是以社区防灾为主，居民对政府的信任很大程度上体现在对社区管理组织的信任上，因此要加强社区管理者与社区居民直接的风险沟通联络；此外，通过加强社区家庭成员、朋友、邻里之间的合作交流也是加强居民灾害准备感知效能的有效方式。就风险沟通的内容而言，政府或社区组织除了解居民对危险的看法外，更要了解居民对有益危险调整的看法，即除了加强政府防灾体系、防灾知识和防灾措施的宣传外，更要强调这些知识和行动措施的有效性是否有意义的问题。

第五节　社会网络、信任与灾害风险感知

一、引言

自然灾害是自然变化超出人类承载体的承受幅度，对人类社会经济体产生危害的事件（Steffen et al.，2005），主要包括地球物理灾害（如地震、火山等）和天气或气候引发的灾害（如洪水、风暴、滑坡等）两个类型。近年来，随着全球气候变化和地壳运动的加剧，加之人类活动范围和强度的增大，各类自然灾害发生的频次以及危害程度都有显著的升高，对全球经济社会发展造成了深远影响（Xu et al.，2019a）据国内位移监测中心（IDMC）和瑞士再保险研究所统计，2019 年近 1900 次自然灾害导致 140 个国家和地区 2490 万人流离失所，造成经济损失约 1370 亿美元（Fan & Bevere，2020）。值得注意的是，无论是受灾影响人数还是造成的经济损失，亚洲都属于最严重的地区。此外，山区作为一个自然灾害频发的区域，其灾害具有链式反应和群发的特征，其居民——尤其是农村居民居住分散，经济基础较弱，防灾意识不足，这些都导致其农村居民面临着更加严重的灾害威胁（Zimmermann & Keiler，2015）。中国是一个多山国家，山地占土地总面积的 69%，45% 的人口居住在山区（陈国阶等，2007；Fang et al.，2014；Xu et al.，2015）。同时，中国也是一个灾害频发的国家。据统计，2010—2018 年，中国自然灾害受灾人次约 2440 百万人次，直接经济损失约 35204 亿元。其中，累计发生 5 级以上地震 129 次，滑坡、泥石流等地质灾害 117299 起（国家统计局，2019）。在这种多灾并存且危害严重的情况下，如何对受多种灾害威胁的区域进行有效的风险管理成为摆在政府和学术界的难题。然而，目前学术界关于灾害风险管理的研究多以单类灾害（如地震、洪水、滑坡等）为对象（Damm，et al.，2013），缺乏对地震、滑坡、山洪等多灾并存情况的研究，且研究区域主要集中于欧美洲发达国家（Salvati et al.，2014），对于亚洲发展中国家的研究相对较少，亟须丰富相关研究。

大量实证研究表明，人们的风险感知会促使其采取积极的风险规避行为（Peng et al.，2019）。例如，Miceli et al.（2008）调查了意大利北部山区居民的洪水风险感知和防灾准备，发现居民洪水风险感知的可能性和担忧性与防灾准备正相关。Xu et al.（2018）对滑坡灾害风险感知与备灾的关系进行了探索，发现居民的灾害可能性和威胁性感知会对居民主动备灾产生显著正向影响。正因为居民灾害风险感知在家庭一级防灾减灾体系建设中起到的重要作用，灾害风险感知相关理论越也来越受到学者和管理者的关注和重视。灾害风险感知评估的是个体对灾害风险的认识和感受水平。基于不同的研究目标，学者从不同维度对其进行了度量，主要包括灾害风险的可能性、影响性、严重

性、可控性、恐惧性等方面(Xu et al.，2020a)。但是，因为灾害风险管理最终落点还是在于防灾减灾措施层面，仅考虑人们对灾害事件本身的感受缺乏与应对措施的联系，未能将居民风险感知与相应适应性行为紧密结合起来。已有学者在以往灾害风险感知的基础上另外进行处理评估，探讨自我效能、应对效能以及居民风险感知与个人适应性行动之间的关系(Babcicky & Seebauer，2017；Mertens et al.，2018)。广义上，居民对于灾害风险的自我效能和应对效能也属于居民对灾害风险感知层面，其内在含义是居民对灾害风险问题能够获得解决和处理程度的知觉评价(Bubeck et al.，2012)。因此，将这两个维度与灾害风险感知整合成广义的灾害风险感知理论上是可行的。研究者认为广义灾害风险感知应该包含对灾害风险事件本身和其能够获得缓解程度两方面的感知评价。而目前少有学者将这两方面综合起来进行探索，仍需尝试对居民的广义灾害风险感知水平进行测度，以期将灾害风险感知与个人适应性行动更紧密地连接起来。

在居民灾害风险感知的影响因素方面，学者多就个人及家庭社会经济特征(如性别、年龄、受教育年限、居住时间、家庭人口等)、灾害经历(是否经历过灾害、经历灾害次数和严重程度等)、应对措施准备情况、对管理机构的信任等几方面对居民风险感知的影响进行探索(Kellens et al.，2011)。社会网络作为一种社会资源，能够为人们提供社会支持，尤其是在信息较闭塞的山区农村，社会网络能够成为灾害风险信息的载体，影响着个体对风险的思考和判断，进而不断调节着居民灾害风险的感知(Jones et al.，2018；Koku & Felsher，2020)。可以说，居民对灾害风险的感知不仅是个人层面因素的产物，也是人际和社交网络过程的产物。然而，目前鲜有学者就社会网络对灾害风险感知的实证研究进行探索，且有限的研究较多是将社会网络作为社会资本和社会支持的一部分去进行分析(Han et al.，2020；Hasegawa et al.，2018)，未能很好地刻画社会网络作为载体的特征。如何根据社会网络的特点对其进行合理测度以及社会网络与灾害风险感知之间关系如何是值得去探索的一类问题。此外，以往研究证明，对社区管理组织的信任程度是影响居民对灾害风险感知的重要因素(Han et al.，2020)。事实上，居民对社区管理组织的信任是一种对正式的金字塔式渠道的信任，这与社会网络非正式扁平式的特征有所区别。那么这两种不同类型的因素分别会对居民灾害风险感知产生什么样的不同效果，这是另一类值得去探索的问题。

二、变量和方法

(一)模型变量的选择和定义

1. 因变量

本研究关注的因变量为农户灾害风险感知水平。如前所述，本研究探索的灾害风险感知是广义上的，包含对灾害风险事件本身和其能够获得缓解程度两方面的知觉评价。参考已有研究对灾害风险感知的测度方法(Salvati et al.，2014；Scolobig et al.，2012)，并结合所获得的调查问卷的数据特点，本研究主要从居民对灾害发生的可能性、威胁性、自我效能以及应对效能4方面设计词条对广义灾害风险感知进行测度，具体测度词条内容如表5-18所示。值得注意的是，通过调研发现，威胁研究区居民的灾害类型主要包括地震、滑坡、泥石流、山洪4种，故本书所指的灾害指的是这4种灾害类型的总称。此外，有研究表明，不同灾害类型应对措施会有所不同，且居民对不同应对灾害措施有效程度的感知也是有区别的（Murray & Watson，2019）。故应对效能的测度中，减轻灾害行为应适合4种灾害类型并且尽可能选择一种明确的应对方式。多项研究已证明，撤离能够有效减弱灾害冲击，是一种常见的避灾行为（Lim et al.，2016），且能够很好地适合多种灾害类型，故此处应对效能特指撤离能够减少灾害的威胁程度。

表5-18　居民灾害风险感知测度词条

编码	维度	词条	均值	标准差
P1	可能性	在接下来10年，您家附近可能会发生灾害	2.83	1.12
P2		您总感觉灾害在将来某一天就会来临	3.08	1.32
P3		最近这几年灾害发生的征兆越来越明显	3.17	1.35
T1	威胁性	未来10年内，若发生灾害，您家的住房和土地可能受灾	3.84	1.14
T2		未来10年内，若发生灾害会影响到您及家人的生命	3.35	1.31
T3		如果发生灾害，生活物品供给可能会被中断	3.24	1.42
SE1	自我效能	当灾害发生时，您了解疏散撤离路线	4.17	1.16
SE2		您了解村里的应急避难点位置	4.00	1.23
SE3		您了解村里相应的防灾减灾预防措施	3.28	1.30
CE1	应对效能	撤离能够有效地防止受伤/死亡	4.37	0.88
CE2		如果我撤离了，我能够有效地避免受伤/死亡	4.28	0.91
CE3		撤离能够有效地减少痛苦	4.33	0.90

注：所有词条均采用李克特5级量表测度，其中1代表完全不同意，5代表完全同意。

具体测度流程如下：第一步，对表征居民灾害风险感知的各个词条进行内部一致性检验。检验结果显示，灾害发生可能性、威胁性、自我效能、应对效能以及综合感知对应的Cronbach α值均大于0.60（分别为0.69、0.63、0.66、0.81、0.646），表明研究设计的词条具有较好的内部一致性。第二步，使用因子分析法对灾害风险感知词条进行降维处理，得到灾害发生可能性、威胁性、自我效能和应对效能4个维度。其中，因子分析对应的Kaiser-Meyer-Olkin值为0.72，Bartlett球形检验的P值为0.000<0.001，4个维度累计方差贡献率为64.62%，表明因子分析的结果是合理的，详情可见表5-19。第三步，采用min-max标准化方法，将通过因子分析得到的4个维度得分进行百分制转换，数据标准化公式可见公式（5-1）。第四步，以单个维度方差贡献率与累计方差贡献率的比值作为权重，计算居民对灾害风险的总体感知，计算公式可见公式（5-2）。

$$X_{ij}^s = \frac{x_{ij} - \min\ (x_{ij})}{\max\ (x_{ij})\ - \min\ (x_{ij})} \times 100 \tag{5-1}$$

$$X_i^c = \sum_{j=1}^{4} (X_{ij}^s \times w_j)\qquad(5\text{-}2)$$

公式(5-2)中，X_{ij}^s是原始数据x_{ij}标准化处理之后得到的农户i的灾害风险感知的j维度的百分制得分，X_i^c是农户i对灾害风险的总体感知计算得分，x_{ij}表示农户i的灾害风险感知的j维度的因子综合得分，$\min(x_{ij})$表示农户灾害风险感知j维度因子综合得分的最小值，$\max(x_{ij})$表示农户灾害风险感知j维度因子综合得分的最大值，w_j表示风险感知j维度方差贡献率与累计方差贡献率的比值，其中$i(i=1，2，\cdots，327)$代表样本农户个体，$j(j=1，2，3，4)$分别表示灾害风险感知的4个维度。

表 5-19　旋转后各风险感知分量的分量矩阵

编码	成分			
	可能性	威胁性	自我效能	应对效能
P1	**0.65**	0.38	-0.09	0.09
P2	**0.82**	0.13	-0.22	0.05
P3	**0.75**	0.09	0.03	-0.11
T1	0.40	**0.61**	0.08	0.10
T2	0.35	**0.72**	0.07	0.11
T3	0.01	**0.77**	-0.09	-0.07
SE1	-0.13	0.19	**0.70**	0.17
SE2	-0.10	-0.03	**0.79**	0.07
SE3	0.02	-0.13	**0.78**	0.09
CE1	0.06	-0.03	0.09	**0.86**
CE2	0.02	-0.05	0.19	**0.86**
CE3	-0.07	0.17	0.06	**0.81**
特征值	1.96	1.74	1.84	2.21
方差贡献率	16.37%	14.48%	15.34%	18.43%
累计方差贡献率	**16.37%**	**30.85%**	**46.19%**	**64.62%**
Cronbach α	0.69	0.63	0.66	0.81

2. 核心变量

本研究关注的核心变量之一是农户社会网络。社会网络是指社会行动者及其间关系的集合，能够为人们提供社会支持并分担风险，其基本观点是把人与人、人与组织、组织与组织之间的纽带关系视为一种客观存在的社会结构和资源（Heaney and Israel, 2008）。考虑到社会网络的本底特征以及作为载体的特征，参考 Scherer & Cho（2003）、Jones et al.（2018）等研究对社会网络的测度，本研究从居民社会网络整体特点和功能特点两方面来对其进行设定。其中，整体特点由网络规模和网络异质性来表征，功能特点由物质传递功能和信息传递功能度量。具体而言，因为春节拜年网已作为一种常用的测量社会网络的方式，故选择 2018 年春节给其拜年(包括打电话和登门拜访两种方式)的亲戚朋友数量来测度其社会网络规模；由于本研究所选的样本是农村居民，大多从事的是农业活动或者其他工种，与教师、医生、公务员等事业单位公职人员有所区别，故选择其亲戚朋友里公职人员的数量来测度其网络异质性；中国婚丧嫁娶的礼金是社会网络物质传递功能的重要体现，故采用农户家庭 2018 年礼金开支次数来测量社会网络的物质传递功能；社会网络的信息传递功能以词条"您经常从亲戚朋友那里获得灾害相关信息"(1—5 级李克特量表，其中 1 代表完全不同意，5 代表完全同意)来测量。

区别于扁平式的社会网络，本研究关注的另一个关键变量是居民对社区管理组织的信任程度。在中国，村是农村社会最基层的单位，是村民长期生产生活的社区。村民自治委员会作为中国基层的自治组织，负责管理村民以及村级事务。故本研究主要考察村民对村委会的信任程度。参考 Lee et al.（2010）、Han et al.（2017）等研究对信任的定义及度量，本研究尝试从认知信任、情感信任及组织信任三个维度设计词条测量居民对社区管理组织的信任程度。其中，高水平认知信任前提条件是可靠的绩效与卓越的技术能力（Mayo，2015），可以促使居民与社区建立积极的合作关系并愿意从社区管理组织那里寻求信息和帮助；高水平的情感信任形成于和谐的社区关系与友善的人际交往之中，是信任双方之间的情感纽带，能促使居民与社区管理组织相互理解和包容；组织信任表示的是居民总体对管理系统的信任程度，是一个综合的概念。由于社区自治组织属于中国政府管理组织的最基层一级，故借用总体对政府系统的信任程度来评价居民对整个管理系统的信任水平。认知信任、情感信任及组织信任三个维度具体测度词条内容如表 5-20 所示。

表 5-20 居民对社区管理组织的信任程度测度词条

编码	维度	词条	均值	标准差
CT1	认知信任	面对未来可能发生的灾害，村里有积极的避灾准备措施	3.92	1.00
CT2		如果灾害发生了，村里能够为大家提供信息，告诉大家怎么做	4.12	0.94
AT1	情感信任	您为自己生活在这个村子而感到骄傲和自豪	3.82	1.10
AT2		在这个村子生活比在其他地方生活更能让您感到满意	4.11	0.92
OT1	组织信任	总体而言，您对政府的信任程度	4.46	0.84
OT2		村里的人们对政府的决策都很信任	4.28	0.88

注：所有词条均采用李克特 5 级量表测度，其中 1 代表完全不同意，5 代表完全同意。

信任变量具体测度流程方法与灾害风险感知测度一致，此处不再赘述，重点介绍操作结果：信度检验中，认知信任、情感信任、组织信任以及整体信任水平对应的 Cronbach α 值均大于 0.60（分别为 0.71、0.69、0.66 和 0.70），表明研究设计的词条具有较好的内部一致性；因子分析中，降维处理得到认知信任、情感信任以及组织信任 3

个维度，因子分析对应的 Kaiser-Meyer-Olkin 值为 0.65，Bartlett 球形检验的 P 值为 0.000<0.001，3 个维度累计方差贡献率为 77.09%，表明因子分析的结果是合理的，详情如表 5-21 所示。

表 5-21　旋转后居民对社区管理组织的信任分量的分量矩阵

编码	成分		
	认知信任	情感信任	组织信任
CT1	**0.87**	0.10	0.10
CT2	**0.84**	0.11	0.20
AT1	0.14	**0.87**	0.05
AT2	0.06	**0.87**	0.14
OT1	0.03	0.13	**0.90**
OT2	0.36	0.07	**0.77**
特征值	1.62	1.54	1.47
方差贡献率	26.95%	25.67%	24.47%
累计方差贡献率	**26.95%**	**52.62%**	**77.09%**
Cronbach α	0.71	0.69	0.66

3. 控制变量

参考 Salvati et al.（2014）、Xu et al.（2020）等研究对控制变量的设置，本书从山区农户的个人特征、家庭特征、社区特征及灾害经历特征四方面选取可能影响居民灾害风险认知的变量作为本研究的控制变量。其中，个人特征用性别、年龄、婚姻、居住时间、受教育程度来表征；家庭特征以家庭人口数、家庭灾害威胁、家庭年收入描述；社区特征从社区灾害防治状况和社区内受灾害威胁规模来解释；灾害经历特征则以农户经历灾害次数和灾害经历严重性感知程度来体现。模型变量的定义及数据描述如表 5-22 所示。

表 5-22　研究变量设置及数据描述

变量			含义及赋值	均值	标准差
因变量	风险感知	可能性	居民对灾害风险可能性的感知水平[a]	49.81	19.63
		威胁性	居民对灾害风险威胁性的感知水平[a]	60.56	19.18
		自我效能	居民对自己采取预防灾害风险行为能力水平的感知[a]	64.36	21.73
		应对效能	居民对采取应对措施减少灾害风险威胁有效程度的感知[a]	77.94	16.75
		综合感知	居民对灾害风险的整体感知水平[a]	63.70	9.62

续表

	变量		含义及赋值	均值	标准差
自变量	社会网络	网络规模	春节打电话问候或登门拜访的亲朋户数（户）	13.39	15.84
		网络异质性	亲朋中公职人员（如教师、公务员）的数量（人）	1.5	3.00
		物质传递功能	您家2018年礼金开支次数（次）	18.78	17.28
		信息传递功能	您经常从亲戚朋友那里获得灾害相关信息[b]	3.37	1.28
	信任程度	认知信任	居民对社区管理组织的认知信任程度[a]	64.34	18.01
		情感信任	居民对社区管理组织的情感信任程度[a]	62.71	20.75
		组织信任	居民对管理系统的总体信任程度[a]	73.32	18.53
控制变量	个人特征	性别	被访者性别（男性=0，女性=1）	0.46	0.50
		年龄	被访者年龄（岁）	53.41	13.5
		婚姻	被访者婚姻状况（已婚=1，其他=0）	0.87	0.35
		居住时间	被访者居住在当前这个家时间（年）	42.63	25.54
		受教育程度	被访者受教育年限（年）	6.29	3.7
	家庭特征	家庭人口	被访者家庭人口数（人）	4.13	1.82
		家庭灾害威胁	家庭住址是否在灾害威胁区内（0=否，1=是）	0.53	0.50
		家庭年收入	被访者家庭年收入（元）	66185.17	72280.03
	社区特征	社区灾害防治状况	村里采取过一些措施去防止灾害的发生/治理灾害[b]	3.89	1.08
		社区内受灾害威胁规模	社区内被滑坡、泥石流等灾害威胁人数（人）	212.65	247.65
	灾害经历	经历灾害次数	灾害经历次数（次）	8.8	12.04
		经历灾害的严重程度	总体而言，您觉得您经历的灾害的严重程度（1=非常不严重—5=非常严重）	4.52	0.79

注：a：百分制（0—100）；b：李克特5级量表，其中1代表完全不同意，5代表完全同意。

（二）研究方法

本研究的因变量是农户灾害风险感知，根据因变量数据类型特点，本研究拟采用OLS回归，在控制部分被访者个人、家庭和社区特征基础上，逐步增加农户的社会网络变量和信任变量，探讨其与居民灾害风险感知的相关关系。构建的模型如下：

$$Y_i = \beta_{0i} + \beta_{1i} \times Control_i + \beta_{2i} \times social\ network_i + \beta_{3i} \times trust_i + \varepsilon_i \qquad (5-3)$$

式中：Y_i表示模型因变量，具体包括可能性、威胁性、自我效能、应对效能以及综合感知5个指标；$Control_i$为模型控制变量；$social\ network_i$表示社会网络指标；$trust_i$表示信任指标；β_{0i}、β_{1i}、β_{2i}、β_{3i}为模型待估参数；ε_i为模型残差。整个模型的估计过程通过Stata 13.0实现。

三、理论分析和研究假设

就社会网络因素而言，居民社会网络不同特征可能会对其风险感知水平各个维度的产生不同的影响。社会网络之中蕴含着丰富的物质和信息资源。对于年龄较大的山区农村居民，社会网络可能是他们获得某些物质或信息资源的重要途径，更是获得社会支持和保障的重要渠道（Miller & Buys，2008）。首先，社会网络规模和异质性一定程度上表明了居民社会网络的本底状况，规模越大、异质性越强，其越可能从中获得物质、情感等支持，进而可能"有恃无恐"，低估灾害发生的可能性与威胁性，反而高估对自我效能和应对效能的感知（Babcicky & Seebauer，2017）。其次，社会网络的物质及信息传递功能虽然都表示的是居民对社会网络的使用情况，但物质传递侧重于对风险的保障，而信息传递更侧重于对风险的预测。故物质传递功能的作用效果理论上应该与网络规模和异质性相同。然而，不同的是，居民对灾害信息（尤其是灾害发生和危害的相关信息）传递越频繁，可能会增强居民对灾害风险可能性以及威胁性的感知，并削弱其对自我效能和应对效能的评价（Jones et al.，2018；Wu & Li，2017）。

就信任因素而言，对社区管理组织的信任程度是居民对管理组织长久以来表现的综合评价，反映了居民对社区应对灾害能力的可靠性评价。信任程度越高，居民越愿意与社区建立积极的合作关系，并会主动从社区管理组织那里寻求信息和帮助（Nunkoo & Ramkissoon，2012）。同时，高水平的信任会使社区内形成一种牢固的感情纽带，能给居民提供有力的情感支持，进而降低居民对风险的恐惧心理（Dunning & Schlosser，2012）。故而理论上，高水平的信任可能会降低居民对灾害发生可能性和威胁性的感知，而增加自我效能和应对效能感知（Bronfman et al.，2016；Han et al.，2020）。

基于已有文献结论及理论分析，就山区农户的社会网络、信任感与其灾害风险感知水平的关系，作出如下研究假设：

H1：农户的社会网络与其灾害风险感知水平存在显著相关关系。具体到各指标：

H1a：农户的社会网络规模、异质性以及物质传递功能与其对灾害风险的可能性和威胁性感知负向显著相关，与其自我效能和应对效能感知正向显著相关，与综合感知水平显著相关，但是作用方向不明确。

H1b：农户的社会网络的信息传递功能与其对灾害风险的可能性和威胁性感知正向显著相关，与其自我效能和应对效能感知负向显著相关，与综合感知水平显著相关，但是作用方向不明确。

H2：农户对社区管理组织的信任程度与其灾害风险感知水平存在显著相关关系。具体而言，认知信任、情感信任以及组织信任与其对灾害风险的可能性和威胁性感知负向显著相关，与其自我效能和应对效能感知正向显著相关，与综合感知水平显著相关，但是作用方向不明确。

四、研究结果

（一）变量的描述性统计分析

如表5-22所示，对于个人特征，农户样本以中年、已婚、男性为主，平均年龄

53.4 岁,已婚占 87%,女性占 46%,平均受教育程度 6.29 年,平均在当前这个家居住时间为 42.63 年。对于家庭特征,53% 的农户认为其家在灾害威胁区内,家庭样本户平均家庭人口 4.13 人,平均家庭年收入 66185.17 元。其中,家庭年收入有很大的波动,说明样本个体之间存在很大的差异。对于社区征特,16 个样本村的主要地形均为山地;村落灾害防治情况均值为 3.89,说明大部分农户认为社区内是采取过一些防灾减灾措施;村内受灾害威胁人数均值为 212.65 人。对于灾害经历,样本农户平均经历灾害次数为 8.80 次,但是存在较大波动;经历灾害的严重程度评价均值为 4.52,说明绝大部分农户认为自己所经历的灾害都是较严重的。

关于自变量社会网络,样本网络规模均值为 13.39 户;但是网络异质性均值较低仅为 1.50 人;物质传递功能的均值为 18.78 次;信息传递功能的均值为 3.37,说明农户对社会网络的信息传递功能使用频率处于中等偏上水平。关于信任变量,三个维度认知信任、情感信任、组织信任的平均得分分别为 64.63、62.71、73.32,结合表 5-20 信任各维度的测度词条均值情况(三个维度的测度词条均值分别为 4.02、3.97、4.37,均在 4 分左右),说明农户对管理组织的信任程度整体处于较高水平。

在因变量农户对灾害的风险感知方面,可能性、威胁性、自我效能、应对效能四个维度以及综合感知的平均得分分别为 49.81、60.56、64.36、77.94、63.70,结合表 5-18 居民灾害风险感知测度各词条的均值情况(五个因变量指标的测度词条均值分别为 3.02、3.48、3.82、4.32、3.66)可知,以综合感知水平为分界线,农户对灾害风险发生的可能性和威胁性的感知得分较低,而对自我效能和应对效能的感知得分较高。究其原因,其一,可能是由于样本农户经历过汶川或芦山大地震,可能会存在"幸存者偏差",低估灾害风险的可能性和威胁性(Xu et al.,2019a)。比如,在访谈中有农户认为这种威胁生命的灾难一辈子可能只会遇到一次。其二,管理组织以往可靠的应急管理工作增加了居民应对灾害的信心,进而可能会提高农户对自我效能和应对效能的感知。

(二)模型结果

首先,本研究使用 Spearman 等级相关系数对模型自变量间是否存在多重共线性问题进行了检验(见表 5-23),结果显示自变量间相关系数远小于 0.8,表明自变量间不存在严重的多重共线问题。其次,对应本研究的灾害风险的可能性、威胁性、自我效能、应对效能感知及综合感知 5 个指标,并考虑到凸显关键变量在模型中的作用,本研究通过逐步增加农户的社会网络变量和信任变量,共构建了 15 个多元线性回归模型(见表 5-24—表 5-26)。其中,对于每个因变量指标,第 1 个模型为只纳入控制变量的估计结果,第 2 个模型为在控制变量的基础上,纳入社会网络变量的估计结果,第 3 个模型为在上一个模型的基础上,加入信任变量的估计结果。由 F 检验结果可知,所有模型的整体显著性均在 1% 水平以下,表明以上模型中,都至少有 1 个自变量与因变量的相关关系显著。对比每个因变量维度的 3 个模型的调整 R^2 值可知,除了威胁性感知估计的调整 R^2 值随着关键变量的加入有所降低,其余的 4 个因变量指标均随着社会网络和信任变量的加入，拟合优度都得到了显著的提升。具体来讲，可能性的回归估计拟合优度在上述顺序下分别为 5.7%、6.6%、8.0%；威胁性的拟合优度分别为 9.0%、8.6%、7.9%；自我效能的拟合优度分别为 12.7%、13.9%、18.8%；应对效能的拟合优度分别为 5.3%、7.2%、11.7%；综合感知的拟合优度分别为 8.1%、10.6%、15.3%。由于模型 3、模型 4、模型 9、模型 12、模型 15 的拟合优度较佳，故本研究拟以这 5 个模型的估计结果为主并结合各因变量指标的其他模型，进行后续的结果分析。

对于农户灾害风险的可能性感知，由模型 3 的估计结果（见表 5-24）来看，农户的社会网络的信息传递功能（P<0.05）和情感信任（P<0.01）均与其灾害风险可能性感知产生显著正向影响。具体而言，在控制其他条件不变的情况下，农户社会网络的信息传递功能每增加 1 个单位，其认为发生灾害的可能性平均增加 0.111 个单位；农户对社区管理组织的情感信任每增加 1 个单位，其对灾害发生的可能性感知平均增加 0.149 个单位。此外，在控制变量中，性别（P<0.1）、家庭年收入（P<0.01）均会对农户灾害风险的可能性感知产生显著负向影响，而灾害威胁（P<0.01）会对农户灾害风险的可能性感知产生显著正向影响，即男性、家庭年收入低且受到灾害威胁的农户会倾向认为更有可能会发生灾害。

对于农户灾害风险的威胁性感知，在仅包含控制变量的模型 4 的基础上加入社会网络和信任变量后，模型 6 的拟合优度反而有所降低，这可能是由于两个关键变量对农户的威胁性感知作用均不显著导致的。根据三个模型中拟合优度好的模型 4 的估计结果（见表 5-24），农户的性别（P<0.1）、年龄（P<0.01）、教育（P<0.01）、灾害经历的次数（P<0.01）及所在社区的灾害防治情况（P<0.05）均与其灾害风险威胁性感知负向显著相关。而农户所经历灾害的严重程度（P<0.05）与其灾害风险威胁性感知正向显著相关。同时，模型 5 与模型 6 的估计结果（见表 5-24）中，显著变量均与模型 4 相同，但个别变量（年龄、社区灾害防治、经历灾害严重程度）在显著水平上有所不同。故综合三个模型估计结果可知，男性、年龄越小、受教育程度越低、经历的灾害越少且严重、社区灾害防治情况越差的农户对灾害风险的威胁性感知会越高。

对于农户灾害风险的自我效能感知，从模型 9 的估计结果（见表 5-25）来看，认知信任（P<0.01）和情感信任（P<0.01）均与自我效能感知正向显著相关，而社会网络对自我效能感知作用并不显著。具体而言，在控制其他条件不变的情况下，认知信任每增加 1 个单位，其自我效能感知平均增加 0.200 个单位；情感信任每增加 1 个单位，其自我效能感知平均增加 0.172 个单位。值得注意的是，模型 8 的估计结果（见表 5-25）显示，农户社会网络的物质传递功能与其自我效能感知在 0.1 水平上正向显著相关，然而这一特征在纳入信任变量后不再显著，这可能是由于与信任变量对农户自我效能感的影响相比，社会网络的物质传递功能的解释力不足导致的。此外，在控制变量中，教育（P<0.01）、婚姻（P<0.1）均会对农户对灾害风险的自我效能感产生显著正向影响，即已婚、受教育程度越高的农户对灾害风险的自我效能感知越强。

表5-23　模型自变量间相关系数矩阵

变量	1	2	3	4	5	6	7	8	9	10	11	12	13	14	15	16	17	18	19
1	1.000																		
2	0.000	1.000																	
3	0.000	0.000	1.000																
4	0.079	0.058	-0.035	1.000															
5	0.116**	0.086	-0.139**	0.346***	1.000														
6	0.006	-0.022	0.068	0.018	0.036	1.000													
7	-0.026	0.071	0.039	0.192***	0.164***	0.042	1.000												
8	-0.047	-0.063	-0.063	0.164***	-0.099*	0.068	-0.015	1.000											
9	-0.132**	0.095*	0.197***	-0.066	-0.091	0.037	-0.043	-0.208***	1.000										
10	-0.053	0.102*	0.132**	-0.009	-0.033	0.109**	0.061	-0.169***	0.405***	1.000									
11	0.043	0.051	-0.102*	0.232***	0.327***	-0.103*	0.108*	-0.135**	-0.494***	-0.210***	1.000								
12	0.064	-0.034	-0.008	0.130**	0.099*	0.027	0.107*	0.104*	0.067	-0.014	0.037	1.000							
13	-0.085	-0.236***	-0.065	0.132	0.118	0.027	-0.059	0.156***	-0.035	0.046	-0.087	-0.126**	1.000						
14	0.119**	-0.104*	-0.077	0.192***	0.054	0.080	0.192***	0.084	-0.314***	-0.180***	0.187***	0.249***	-0.026	1.000					
15	0.156***	0.029	0.022	0.262***	0.245***	0.039	0.166***	-0.059	-0.140**	-0.035	0.246***	0.051	-0.179***	0.314***	1.000				
16	0.517***	0.071	0.089	0.020	0.080	-0.052	-0.094*	-0.028	-0.039	-0.141**	0.086	0.017	-0.036	0.021	0.103*	1.000			
17	-0.069	-0.029	-0.137**	0.012	0.124*	0.060	0.046	-0.025	0.056	-0.033	0.082	0.013	0.051	0.036	0.094*	-0.119**	1.000		
18	-0.055	-0.012	0.003	0.073	-0.064	0.160***	0.118*	0.031	0.006	0.009	-0.035	-0.017	0.062	0.033	0.094*	-0.038	0.149***	1.000	
19	-0.015	-0.098*	0.027	0.071	0.045	0.057	-0.032	-0.005	0.142**	0.109**	-0.107*	0.060	0.196***	0.015	0.177***	-0.114**	0.151***	0.124**	1.000

注：采用 Spearman 等级相关系数，*** 表示在 1%水平上显著，** 表示在 5%水平上显著，* 表示在 10%水平上显著。其中 1—认知信任、2—情感信任、3—组织信任、4—网络规模、5—网络异质性、6—社会网络信息传递功能、7—社会网络物质传递功能、8—性别、9—年龄、10—居住时间、11—教育、12—婚姻、13—灾害威胁、14—家庭人口、15—家庭年收入、16—社区灾害防治、17—社区灾害威胁规模、18—灾害经历严重程度、19—灾害经历次数。

表5-24 社会网络和信任对山区农户灾害风险可能性及威胁性感知的估计结果(标准化系数)

变量	可能性			威胁性		
	模型1	模型2	模型3	模型4	模型5	模型6
性别	-0.092	-0.094	-0.103*	-0.099*	-0.099*	-0.102*
	(-1.557)	(-1.587)	(-1.740)	(-1.716)	(-1.682)	(-1.722)
年龄	0.048	0.047	0.035	-0.192***	-0.194***	-0.192**
	(0.651)	(0.646)	(0.469)	(-2.685)	(-2.700)	(-2.585)
居住时间	-0.024	-0.046	-0.057	0.029	0.038	0.041
	(-0.399)	(-0.759)	(-0.942)	(0.490)	(0.628)	(0.670)
受教育程度	-0.062	-0.063	-0.078	-0.199***	-0.213***	-0.215***
	(-0.921)	(-0.911)	(-1.113)	(-3.016)	(-3.090)	(-3.080)
婚姻	-0.024	-0.034	-0.024	0.002	0.002	0.003
	(-0.423)	(-0.582)	(-0.409)	(0.031)	(0.032)	(0.055)
灾害威胁	0.163***	0.167***	0.197***	0.094	0.093	0.092
	(2.810)	(2.879)	(3.321)	(1.639)	(1.628)	(1.549)
家庭人口	0.009	-0.018	-0.007	0.018	0.032	0.032
	(0.140)	(-0.292)	(-0.111)	(0.288)	(0.510)	(0.508)
家庭年收入	-0.141**	-0.158**	-0.153**	-0.079	-0.079	-0.074
	(-2.287)	(-2.524)	(-2.461)	(-1.303)	(-1.275)	(-1.194)
社区灾害防治	-0.088	-0.075	-0.072	-0.126**	-0.130**	-0.113*
	(-1.580)	(-1.348)	(-1.102)	(-2.297)	(-2.356)	(-1.732)
社区灾害威胁规模	0.024	0.020	0.018	0.051	0.048	0.042
	(0.435)	(0.360)	(0.310)	(0.919)	(0.856)	(0.739)
灾害经历严重程度	0.082	0.055	0.052	0.133**	0.149***	0.148***
	(1.494)	(0.971)	(0.925)	(2.457)	(2.687)	(2.642)
灾害经历次数	0.000	0.006	0.017	-0.198***	-0.199***	-0.195***
	(0.000)	(0.103)	(0.285)	(-3.445)	(-3.415)	(-3.324)
网络规模		0.030	0.026		-0.037	-0.037
		(0.489)	(0.430)		(-0.609)	(-0.614)
网络异质性		-0.002	-0.013		0.047	0.040
		(-0.035)	(-0.212)		(0.764)	(0.639)
信息传递		0.106*	0.111**		-0.071	-0.066
		(1.905)	(2.012)		(-1.295)	(-1.204)
物质传递		0.093	0.086		-0.004	-0.002
		(1.637)	(1.519)		(-0.079)	(-0.031)
认知信任			-0.020			-0.025
			(-0.302)			(-0.383)
情感信任			0.149***			0.013
			(2.646)			(0.227)

变量	可能性			威胁性		
	模型 1	模型 2	模型 3	模型 4	模型 5	模型 6
组织信任			−0.038 (−0.667)			−0.049 (−0.863)
N	327	327	327	327	327	327
F	2.654***	2.439***	2.495***	3.700***	2.905***	2.480***
R^2	0.092	0.112	0.134	0.124	0.130	0.133
调整后 R^2	0.057	0.066	0.080	0.090	0.086	0.079

注：括号内的数值表示对应的 T 值；*** 表示在1%水平上显著，** 表示在5%水平上显著，* 表示在10%水平上显著。

表5-25　社会网络和信任对山区农户灾害风险自我效能及应对效能感知的估计结果（标准化系数）

变量	自我效能			应对效能		
	模型 7	模型 8	模型 9	模型 10	模型 11	模型 12
性别	−0.104* (−1.836)	−0.099* (−1.742)	−0.091 (−1.648)	−0.036 (−0.604)	−0.035 (−0.591)	−0.031 (−0.536)
年龄	−0.085 (−1.206)	−0.086 (−1.226)	−0.072 (−1.035)	0.042 (0.576)	0.040 (0.554)	0.001 (0.018)
居住时间	0.048 (0.835)	0.030 (0.522)	−0.004 (−0.076)	−0.049 (−0.815)	−0.060 (−0.999)	−0.081 (−1.356)
受教育程度	0.235*** (3.649)	0.243*** (3.648)	0.255*** (3.886)	0.075 (1.121)	0.088 (1.275)	0.079 (1.155)
婚姻	0.099* (1.786)	0.091 (1.639)	0.094* (1.731)	0.072 (1.249)	0.069 (1.191)	0.074 (1.311)
灾害威胁	0.002 (0.034)	0.005 (0.090)	0.060 (1.071)	0.020 (0.335)	0.017 (0.296)	0.047 (0.812)
家庭人口	0.057 (0.955)	0.021 (0.344)	0.027 (0.464)	0.015 (0.235)	−0.016 (−0.261)	−0.003 (−0.055)
家庭年收入	0.076 (1.284)	0.063 (1.055)	0.049 (0.845)	−0.017 (−0.280)	−0.020 (−0.327)	−0.037 (−0.603)
社区灾害防治	0.135** (2.512)	0.152*** (2.829)	0.028 (0.461)	0.013 (0.224)	0.036 (0.639)	−0.015 (−0.226)
社区灾害威胁规模	−0.009 (−0.174)	−0.002 (−0.034)	0.009 (0.161)	−0.063 (−1.110)	−0.051 (−0.913)	−0.020 (−0.366)
灾害经历严重程度	0.038 (0.724)	0.004 (0.076)	0.012 (0.231)	0.258*** (4.671)	0.232*** (4.142)	0.236*** (4.310)

变量	自我效能			应对效能		
	模型 7	模型 8	模型 9	模型 10	模型 11	模型 12
灾害经历次数	−0.003	0.003	0.000	0.090	0.109 *	0.1000 *
	(−0.060)	(0.062)	(0.003)	(1.532)	(1.853)	(1.738)
网络规模		0.088	0.081		0.021	0.021
		(1.521)	(1.432)		(0.340)	(0.360)
网络异质性		−0.082	−0.089		−0.110 *	−0.076
		(−1.379)	(−1.534)		(−1.784)	(−1.259)
信息传递		0.077	0.070		−0.020	−0.039
		(1.440)	(1.347)		(−0.364)	(−0.718)
物质传递		0.096 *	0.082		0.161 ***	0.139 **
		(1.755)	(1.531)		(2.831)	(2.495)
认知信任			0.200 ***			0.041
			(3.302)			(0.653)
情感信任			0.172 ***			0.058
			(3.251)			(1.058)
组织信任			0.068			0.234 ***
			(1.293)			(4.241)
N	327	327	327	327	327	327
F	4.969 ***	4.302 ***	4.982 ***	2.507 ***	2.578 ***	3.278 ***
R^2	0.160	0.182	0.236	0.087	0.117	0.169
调整后 R^2	0.127	0.139	0.188	0.053	0.072	0.117

注：括号内的数值表示对应的 T 值；*** 表示在 1% 水平上显著，** 表示在 5% 水平上显著，* 表示在 10% 水平上显著。

表 5-26 社会网络和信任对山区农户灾害风险综合感知的估计结果（标准化系数）

变量	综合感知		
	模型 13	模型 14	模型 15
性别	−0.165 ***	−0.163 ***	−0.163 ***
	(−2.840)	(−2.813)	(−2.875)
年龄	−0.086	−0.088	−0.106
	(−1.192)	(−1.244)	(−1.485)
居住时间	0.002	−0.021	−0.054
	(0.034)	(−0.348)	(−0.923)
受教育程度	0.043	0.047	0.04
	(0.650)	(0.687)	(0.591)

续表

变量	综合感知		
	模型 13	模型 14	模型 15
婚姻	0.077	0.066	0.076
	(1.355)	(1.172)	(1.379)
灾害威胁	0.137**	0.139**	0.198***
	(2.385)	(2.453)	(3.482)
家庭人口	0.05	0.008	0.024
	(0.819)	(0.125)	(0.393)
家庭年收入	-0.076	-0.093	-0.104*
	(-1.246)	(-1.519)	(-1.743)
社区灾害防治	-0.023	0.002	-0.08
	(-0.422)	(0.035)	(-1.272)
社区灾害威胁规模	-0.001	0.005	0.022
	(-0.015)	(0.097)	(0.410)
灾害经历严重程度	0.25***	0.212***	0.216***
	(4.605)	(3.862)	(4.034)
灾害经历次数	-0.046	-0.03	-0.029
	(-0.790)	(-0.518)	(-0.511)
网络规模		0.057	0.051
		(0.955)	(0.879)
网络异质性		-0.078	-0.075
		(-1.302)	(-1.260)
信息传递		0.054	0.046
		(0.994)	(0.866)
物质传递		0.178***	0.157***
		(3.185)	(2.872)
认知信任			0.107*
			(1.723)
情感信任			0.204***
			(3.772)
组织信任			0.112**
			(2.067)
N	327	327	327
F	3.394***	3.428***	4.100***
R^2	0.115	0.150	0.202
调整后 R^2	0.081	0.106	0.153

注：括号内的数值表示对应的 T 值；*** 表示在1%水平上显著，** 表示在5%水平上显著，* 表示在10%水平上显著。

对于农户灾害风险的应对效能感知，从模型 12 的估计结果(见表 5-25)来看，农户社会网络的物质传递功能(P<0.05)和组织信任(P<0.01)均与其对灾害风险的应对效能感知正向显著相关。具体而言，在控制其他条件不变的情况下，农户社会网络的物质传递功能每增加 1 个单位，其应对效能感知平均增加 0.139 个单位；组织信任每增加 1 个单位，其应对效能感知平均增加 0.234 个单位。此外，在控制变量中，经历灾害的严重程度(P<0.01)、经历灾害次数(P<0.1)均会对农户对灾害风险的应对效能感产生显著正向影响，即经历过的灾害越严重、次数越多的农户对灾害风险的应对效能感知越强。

对于农户灾害风险的综合感知，从模型 15 的估计结果(见表 5-26)来看，农户社会网络的物质传递功能(P<0.01)以及认知信任(P<0.1)、情感信任(P<0.01)及组织信任(P<0.05)均与其对灾害风险的综合感知正向显著相关。具体而言，在控制其他条件不变的情况下，农户社会网络的物质传递功能每增加 1 个单位，综合感知平均增加 0.157个单位；认知信任每增加 1 个单位，综合感知平均增加 0.107 个单位；情感信任每增加 1 个单位，综合感知平均增加 0.204 个单位；组织信任每增加 1 个单位，综合感知平均增加 0.112 个单位。此外，在控制变量中，灾害威胁(P<0.01)、经历灾害的严重程度(P<0.01)均会对农户灾害风险综合感知产生显著正向影响，而性别(P<0.01)、家庭收入(P<0.1)会对综合感知产生显著负向影响，即男性、家庭年收入低且受到灾害威胁、经历过的灾害越严重的农户对灾害风险的综合感知越强。

综合以上所有模型可以发现，农户社会网络的本底特征并未与其灾害风险感知显著相关，而社会网络的物质和信息载体功能与灾害风险感知的部分维度相关关系显著，这表明影响农户灾害风险感知水平的社会网络变量不在于其本底，而在于对社会网络的使用情况。相较于社会网络变量，信任变量与农户灾害风险的感知水平的相关关系更为密切，这尤其体现在与自我效能、应对效能以及综合感知的相关关系上。具体来讲，自我效能的估计结果(模型 9)显示，信任变量与自我效能感知显著相关，而社会网络变量对自我效能感知作用并不显著；应对效能的估计结果(模型 11、模型 12)显示，在加入信任变量后，物质传递功能对应对效能感知的作用强度和显著性都有所下降，且作用效果远小于组织信任变量；综合感知的估计结果(模型 15)显示，社会网络变量中，仅物质传递功能与综合感知显著相关，而信任变量的三个维度均与综合感知。这可能是由于样本农户应对灾害的措施更多集中在公众层面(如设置灾害警告牌、规划撤离路线等)，个人或家庭层面较少有应对措施。在这种以公众防灾为主的背景下，对管理组织的信任程度无疑会与灾害风险感知水平联系紧密。值得注意的是，社会网络变量和信任变量中所有显著的变量对灾害风险感知相应维度的作用均为正向影响，这说明不论是扁平化的社会网络还是金字塔式的信任均会正向影响农户对灾害风险的感知水平。

五、讨论

相较于以往研究，本研究有以下边际贡献：其一，不同于以往研究多关注居民对地震、洪水、滑坡等单类灾害的风险感知，本研究以受多灾害威胁的农户群体为研究对象，并测度了其对多灾风险的感知水平；其二，以往对居民灾害风险感知的测度主要考虑的是人们对灾害事件本身的认识和感受，本研究尝试从居民对灾害风险事件本身和其能够获得缓解程度两方面来测度居民的广义灾害风险感知水平；其三，已有研究较少关注社会网络因素对居民灾害风险感知的影响作用，本研究通过对社会网络整体特征以及其作为载体特征的描述，实证探究社会了网络这一因素与居民灾害风险感知的相关关系；其四，区别于扁平化的社会网络因素，本研究纳入金字塔式的信任因素，实证探究了信任因素与居民灾害风险感知的相关关系，并分析了社会网络与信任因素对居民灾害风险感知的作用差异。

个人对灾害风险的感知不仅是个人层面因素的产物，也是人和社会交往的产物。本研究定量探索了社会网络与灾害风险感知水平的相关关系，发现社会网络的信息传递功能与可能性感知水平正向显著相关，同时，物质传递功能会显著正向影响应对效能感知水平以及综合感知水平，假设 H1a 与假设 H1b 部分得以验证。研究结果表明居民对灾害信息传递越频繁，尤其是灾害发生和危害的相关信息，会增强其对灾害风险可能性的感知。同时，社会网络的物质传递功能作为居民社会支持重要体现，能够使居民得到物质支持和保障，进而影响到其应对效能的感知。这与 Wu & Li（2017），Jones & Faas（2018）的研究结果部分一致。比如 Jones et al.（2018）研究发现居民间交流越频繁，其对灾害风险的可能性感知往往越高。然而，与 Grayscholz et al.（2019）的研究结果不同，本研究结果显示社会网络的本底特征（网络规模和网络异质性）与农户灾害风险的感知水平没有显著的相关关系。原因可能在于，即使农户拥有较好的社会网络本底特征，但其并未较多使用社会网络的相应功能，这弱化了社会网络对灾害风险感知的效应。

中国目前的防灾体系是以社区防灾为主，在这种背景下，居民对社区管理组织的信任程度很大程度影响了其对灾害风险的感知水平。本研究定量探索了信任因素与其灾害风险感知水平的相关关系，发现认知信任和情感信任会对自我效能和灾害风险综合感知水平产生显著正向影响，而组织信任与应对效能感知以及灾害风险综合感知水平正向显著相关，假设 H2 部分得以验证。这与 Han et al.（2020）的研究结果部分一致，他/她们研究发现居民对公共部门的信任程度与其对灾害的可应对性感知水平正向显著相关。然而，与 Grayscholz & Haney（2019）的研究结果以及假设 H2 不同，回归估计结果显示情感信任与灾害风险可能性感知水平正向显著相关。出现这种结果可能是因为：其一，情感信任反映的是和谐的社区关系与友善的人际交往，情感信任越高，居民之间的交往与沟通则越频繁，则越容易获取灾害相关的信息，进而导致其灾害风险可能性的感知提高；其二，本研究的样本农户较多经受灾害的威胁（样本农户平均经历在家 8.80 次）。在此经验的基础上，高水平的情感信任可能会让居民担心突如其来的灾害会对自己珍视的社区造成危害，进而增强其对灾害风险可能性的感知。另外，值得注意的是，与 Bronfman et al.（2016）研究结果不同，本研究的实证结果显示信任因素并未与威胁性感知水平显著相关。这可能的原因是，农户虽然相信社区管理组织会采取各种措施减少灾害给自己带来的损失，但是多灾的环境依然给他们的生命和财产造成了威胁，这并不矛盾。

此外，本研究发现被访者的个人特征（性别、年龄、教育水平、婚姻状况）、家庭特征（灾害威胁、家庭收入）、社区特征（社区灾害防治情况）以及灾害经历特征（经历灾害的次数与严重程度）均会与其灾害风险感知的不同维度显著相关，这与 Kellens et al.（2011）、Tanner & Arvai（2018）的部分研究结果一致。例如，Kellens et al.（2011）研究发现个人的年龄、性别以及洪水灾害经历均会显著影响其对洪水灾害风险的威胁性感知，Xu et al.（2016）研究发现受访者家庭距离灾害点的距离及灾害经历与其灾害风险的可能性感知显著相关，本研究也发现受访者家庭住址的灾害威胁以及灾害经历会显著影响其灾害风险的可能性感知，受访者年龄、性别特征会显著影响其灾害威胁性感知水平。

本研究虽在探索山区农户社会网络、信任与灾害风险感知相关关系方面做了一些有益的尝试，然而仍有一些不足。比如，在应对效能的测度上，出于应对多种灾害的考量，本研究中应对效能特指撤离能够减少灾害的威胁程度。然而，居民对不同的应对灾害行为的感知效果可能有所偏差，对于其他应对行为（如搬迁、加固房屋等）的应对效能如何以及显著相关变量是否会有不同，本研究并未深入探讨。另外，灾害风险管理的落脚点还是在于防灾避灾行为，本研究限于篇幅没有进一步向农户应对灾害的行为响应拓展。故在今后的研究中，一方面可以探索居民对不同应对行为的应对效能感知差别；另一方面可以进一步探讨社会网络、信任以及灾害风险感知等因素对居民应对灾害行为响应的影响效果。

六、结论与政策建议

通过前文实证分析与讨论，研究主要得到以下结论：

第一，农户灾害风险感知特点方面，以灾害风险综合感知水平为分界线，山区农户对灾害风险发生的可能性和威胁性的感知得分较低，而自我效能和应对效能的感知得分较高。

第二，影响农户灾害风险感知水平的社会网络变量不在于其本底特征，而在于社会网络的载体特征。具体来讲，农户社会网络的本底特征（网络规模和网络异质性）与灾害风险的感知水平没有显著的相关关系，而社会网络的信息传递功能会显著正向影响可能性感知水平，物质传递功能会显著正向影响应对效能感知水平和综合感知水平。

第三，信任的不同维度会对农户灾害风险感知产生差异化影响。具体来讲，情感信任与可能性和自我效能感知水平正向显著相关，认知信任与自我效能和综合感知水平正向显著相关，组织信任与应对效能和综合感知水平正向显著相关。

第四，对比农户社会网络和信任变量，信任变量与农户灾害风险的感知水平的相关关系更为密切，这尤其体现在与自我效能、应对效能及综合感知的相关关系上。社会网络变量和信任变量中所有显著的变量对灾害风险感知相应维度的作用均为正向影响，这说明不论是扁平化的社会网络还是金字塔式的信任因素均会正向影响农户。

完善风险沟通策略，做好对专业人士和普通群众的培训工作，增强政府公信力。就风险沟通的策略而言，政府要将目标导向与实现目标的策略相结合。如让居民准备应急避灾物品或学习相关技能知识，会给人们一种所做的事情是正确且有用的体验，以此增强居民的灾害准备的感知效能。同时，政府也应当展开对普通农户避灾准备的培训和利用专业人士进行引导等活动。具体来说，一方面应该多开展防灾减灾培训项目，制定完善防灾减灾培训的法律政策的同时，也加大防灾减灾项目资金支持力度，尽可能地发挥培训在构建防灾减灾体系中的作用，例如，通过培训构建农村防灾减灾共同体从而为农村安全韧性体系建设奠定基础；另一方面应该加大防灾减灾人才支持力度，其中专业人士应强化自身的灾害危机意识，普通民众应增强避灾准备主动性，实现同群效应下的专业人士带动普通民众。

而对于自然灾害保险的购买，一方面我们应当重视关系信任的重要性，灾害风险管理相关政策可以此为出发点，通过影响居民身边的人去影响居民本人；另一方面我们也应当重视集体的"枢纽"作用，增加基层村集体人手、提高工作人员素质、办公效率和办公质量，增强居民对村集体的信任和依赖；最后是增加政府等权威机构的"公信力"和"亲和力"，给当地居民树立一个正直可靠的形象，增强居民的依赖感和信任感，拉近民众距离。

第六节　风险沟通与风险认知关系分析

一、引言

国内学者目前关于灾害风险的研究主要集中于灾害风险认知，较少侧重风险沟通开展研究。目前为数不多的研究主要通过理论分析，提出灾害风险沟通的策略，少有用定量手段对风险沟通进行探讨。钟景鼐和叶琳（2009）基于公众对区域水灾感知通过访谈的方式对灾害风险沟通探讨，从风险沟通的渠道、内容、手段几方面提出了风险沟通的策略。刘良明（2012）尝试设计了风险沟通平台的技术框架，并对风险信息的网络结构进行了分析。尚志海（2017）对国内外风险沟通研究现状进行了综述研究，并划分了自然灾害风险沟通的四大主体。谢晓非和郑蕊（2003）采用实验和问卷结合的方式，探讨了不同沟通内容、不同感官以及不同沟通渠道对风险认知的作用关系。李明和刘良明（2011）采用问卷方式，定量探讨了传播媒介与公众风险认知水平的关系，提出了新形势下灾害风险沟通的对策。谢晓非和李明的研究是目前为数不多的定量分析灾害风险沟通的研究。总结而言，国内灾害风险沟通的研究目前仍旧处于萌芽探索阶段。很多问题，如风险沟通的特征都包含哪些内容、如何测度能够更加清晰、怎样定量化探究风险沟通在整个灾害风险管理中的效用，均需要继续探索。

第一，农村居民灾害风险沟通以及认知测度研究。在灾害风险沟通方面，本研究从灾害风险沟通渠道、频率、形式以及受众的信息内容偏好四方面进行维度扩展，对居民的灾害风险沟通状况进行描述。在灾害风险认知方面，本研究在防护激励理论框架下，结合心理测量范式与二次评价，将威胁评估和应对评估综合成公众对灾害的风险认知，进而对公众对灾害的风险认知进行更全面的评价。参考已有灾害风险认知评价，本研究目前拟定将威胁评估分为可能性、威胁性两个维度。对于应对评估，依然参照 PMT 研究框架，分为应对效能和自我效能两方面。综合居民的威胁评估和应对评估两个层面，综合得到居民的灾害风险认知状况。

第二，居民灾害风险沟通与风险认知的关系研究。本书认为，风险沟通不只是调节风险解释和行动的一种手段，本质上，是风险解释和行动的调节者。它可以从根本上影响风险认知，进而影响灾害风险的响应行为，并且有可能与影响风险认知的某些潜在因素相互作用。以往研究大多直接探索灾害本身特征、受众个人特征以及其交互作用对居民风险认知的作用，忽视了这些因素与风险沟通的作用机制。本研究以风险沟通为基点，探索风险沟通与其他因素对居民灾害风险认知的影响机制，将灾害风险研究向前延伸，揭示风险沟通在居民风险认知形成过程中所起到的作用。

(一)农户灾害风险沟通的测度及特征

1. 农户灾害风险沟通的测度

研究这部分探讨的是农户灾害风险沟通特征与其灾害风险认知的相互关系，以风险沟通作为关键解释变量。具体的测度过程如下：如前文所述，本书参考美国国家科学院对风险沟通的界定(Covello et al.，2001)，对本研究所涉及的风险沟通做出如下定义：风险沟通是个体、群体以及机构之间交换信息和看法的相互作用过程；这一过程涉及多侧面的风险性质及其相关信息，它不仅直接传递与风险有关的信息，也包括表达对风险事件的关注、意见以及相应的反应，或者发布国家或机构在风险管理方面的法规和措施等(谢晓非和郑蕊，2003)。这表明研究灾害风险沟通的测度应该至少包含不同的沟通内容(如灾害相关信息、周边居民的反映、相关政策等内容)。同时，也需要涉及不同的利益主体(如政府、居民、媒体等)。其次，参考 Tourenq et al.(2017)等研究对风险沟通的测度方法。如钟景鼐和叶琳(2009)从沟通渠道、沟通内容、沟通手段出发来探讨风险沟通与居民水灾感知水平之间的关系。Tourenq et al.(2017)以沟通渠道为主定性分析了塞浦路斯与荷兰、法国之间风险沟通政策的差异。加之考虑到研究区样本农户的实际特点(如样本农户整体年龄偏大、教育水平偏低、在本村居住时间偏长等)，本研究主要从风险沟通的内容、渠道、频率以及形式四方面对样本居民的风险沟通特征进行测度。值得注意的是，对于沟通渠道，研究分别测度了接收信息和反馈信息的沟通渠道特征。然而，由于样本农户更多的是接收信息的一方，极少进行实质性的反馈信息，故风险沟通其余方面均主要对接收信息特征的进行测度。此外，为了保证测度更加清晰，统一将沟通渠道分为政府、媒体和亲友三个渠道，其中对于细分的媒体渠道(如电视、手机以及网络等)，采用并列取最大值的方法综合成为媒体渠道的测度得分。具体的测度词条如表 5-27 所示。

表 5-27　农户灾害风险沟通测度词条

编码	维度	说明	词条
RCC1	沟通内容	灾害风险管理信息(灾害分布、预防)	您平时对政府和媒体发布的灾害风险管理信息(灾害分布、预防)很感兴趣[a]
RCC2		亲友对于灾害的态度和反应	您平时非常关注周边亲友对于灾害的态度和反应[a]
RCC3		防灾减灾知识和技能	您平时十分注重自己防灾减灾知识和技能的学习和积累[a]
RCH1	沟通渠道	接收信息—政府	您平时会从政府(电话或者短信)获取灾害相关信息[b]
RCH2		接收信息—亲友	您平时会从亲友获得灾害相关信息[b]
RCH3		接收信息—媒体	您平时会从媒体(综合)获得灾害相关信息[b]
RCH4		接收信息—无渠道	您平时没有渠道获得灾害相关信息[b]
RCH5		反馈信息—政府	当您有灾害的问题的时候，您会反馈给政府(村委会也包含在内)[b]
RCH6		反馈信息—亲友	当您有灾害的问题的时候，您会反馈给亲友[b]
RCH7		反馈信息—媒体	当您有灾害的问题的时候，您会反馈给媒体[b]
RCH8		反馈信息—无渠道	当您有灾害的问题的时候，您无渠道反馈[b]
RCF1		频率—政府	您平时从政府获取灾害信息的频率[c]
RCF2		频率—亲友	您平时从亲友获取灾害信息的频率[c]
RCF3		频率—综合媒体	您平时从媒体(综合)获取灾害信息的频率[c]
RCFO1	沟通形式	政府灾害预警	您是否收到过政府发出的灾害预警[b]
RCFO2		灾害逃生演练	您家是否有人参加过村里组织的灾害逃生演练[b]
RCFO3		防灾明白卡	您家收到过政府发的防灾明白卡[b]
RCFO4		灾害相关知识宣传	您家是否有看到过灾害相关知识宣传(如宣传单)[b]
RCFO5		地质灾害警示牌	村子里灾害点附近是否有地质灾害警示牌[b]
RCFO6		灾害监测员	村子里是否有指定的灾害监测员[b]

注：a：李克特5级量表，其中1代表完全不同意，5代表完全同意；b：0代表否，1代表是；c：李克特5级量表，其中1代表从没有，5代表经常。

2. 农户灾害风险沟通的特征

农户风险沟通特征的数据描述如表 5-28 所示。首先，对于样本农户风险沟通的内容特征，农户对灾害风险管理信息、亲友对于灾害的态度和反应的关注度均处于较高水平(测度均值分别为 4.08 和 4.05，且经 Wilcoxon 符号秩检验差异性并不显著)，而样本农户对防灾减灾知识和技能的关注度的均值(测度均值为3.67)(见图5-9)虽较为接近,但经检验,总体水平仍显著低于以上两个指标(Wilcoxon符号秩检验对应的P值小于0.01)。此外,对三个指标进行Friendman检验后发现,三个指标的总体分布存在差异显著(两两间检验后对应的P值均小于0.1)。这表明样本农户对灾害风险沟通的内容存在不同的偏好和关注。一方面,农户较多关注灾害风险管理信息(如灾害分布、预防等)和周边亲友对灾害的态度和反应,而对于自身防灾减灾知识和技能的关注度不足;另一方面,对于不同类的沟通内容,样本农户群体内部也表现出偏好差异。

表5-28 农户灾害风险沟通测度词条描述性统计

编码	维度	说明	均值	标准差
RCC1	沟通内容	灾害风险管理信息(灾害分布、预防)	4.08	1.09
RCC2		亲友对于灾害的态度和反应	4.05	0.96
RCC3		防灾减灾知识和技能	3.67	1.23
RCH1	沟通渠道	接收信息—政府	0.71	0.45
RCH2		接收信息—亲友	0.60	0.49
RCH3		接收信息—综合媒体	0.78	0.42
RCH4		接收信息—无渠道	0.02	0.13
RCH5		反馈信息—政府	0.65	0.48
RCH6		反馈信息—亲友	0.30	0.46
RCH7		反馈信息—媒体	0.02	0.13
RCH8		反馈信息—无渠道	0.03	0.17
RCF1	沟通频率	频率—政府	3.29	1.45
RCF2		频率—亲友	3.37	1.28
RCF3		频率—媒体	4.08	1.16
RCFO1	沟通形式	政府灾害预警	0.59	0.49
RCFO2		灾害逃生演练	0.54	0.5
RCFO3		防灾明白卡	0.6	0.49
RCFO4		灾害相关知识宣传	0.73	0.44
RCFO5		地质灾害警示牌	0.89	0.31
RCFO6		灾害监测员	0.85	0.36

其次,在沟通渠道偏好方面,研究分别测度了样本农户接收信息和反馈信息的沟通渠道特征(见图5-10)。就获取信息的渠道而言,将网络与媒体采用并列取最大值的方式合并为综合媒体指标,则样本农户的选择特征依次为综合媒体、政府、亲友以及无渠道(测度均值分别为0.78、0.71、0.60以及0.02)。对指标进行两两检验,发现样本农户对综合媒体渠道的选择偏好显著高于其他渠道;其余渠道两两间均存在显著差异(P<

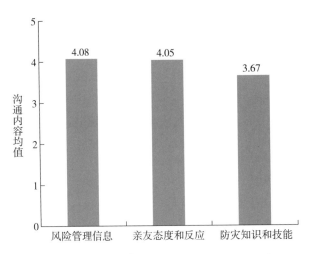

图5-9　样本农户灾害风险沟通内容偏好均值

0.01）。此外，对沟通渠道指标进行 Friendman 检验的总体分布结果与 Wilcoxon 符号秩检验结果一致。就反馈信息渠道而言，样本农户的选择特征由大到小依次是政府、亲友、无渠道以及媒体（测度均值分别为 0.65、0.30、0.03 以及 0.02）。对指标进行两两检验，样本农户对政府渠道的选择显著高于其他渠道（P<0.01）；对亲友渠道的选择显著高于媒体和无渠道（P<0.01）；而选择媒体渠道反馈灾害信息或者无渠道反馈信息间无显著差异。此外，对沟通渠道指标进行 Friendman 检验的总体分布结果与 Wilcoxon 符号秩检验结果一致。对样本农户风险沟通特征的统计性描述表明：其一，在农户获取灾害信息渠道方面，仅有占总样本量2%的样本农户无渠道获取灾害的相关信息，绝大部分农户均有渠道获取灾害相关信息；且农户关于灾害相关信息的获取最主要来源于媒体渠道，政府渠道次之，亲友渠道较少。其二，在农户反馈灾害信息渠道方面，选择政府和亲友渠道反馈灾害信息的农户占绝大部分（分别为 65% 和 30%），无渠道反馈信息的农户较少，仅占3%。值得注意的是，选择媒体渠道反馈灾害信息的农户占比最少（仅有2%），表明农户更多将媒体视为一种获取灾害信息的渠道，媒体渠道的单向沟通性明显。其三，对比农户获取和反馈灾害信息的渠道可以发现，农户在获取和反馈信息方面均较为偏好选择政府渠道，究其原因，可能是政府渠道的信息更为可信的缘故。

再次，对于灾害风险的沟通频率（此处主要指获取信息的频率），样本农户使用各个渠道进行沟通的频率由大到小分别是综合媒体、亲友以及政府（测度均值分别为 4.08、3.37 以及 3.29）。对指标进行两两检验，样本农户采用媒体渠道进行风险沟通的频率显著高于其他渠道的频率（P<0.01），使用亲友和政府渠道进行沟通的频率差异并不显著。此外，对沟通渠道指标进行 Friendman 检验的总体分布结果与 Wilcoxon 符号秩检验结果一致。通过对农户采用不同渠道进行灾害风险沟通频率的描述性分析可知，农户较常使用媒体渠道获取灾害相关信息，而亲友和政府渠道的使用频率处于一般偏上水平。

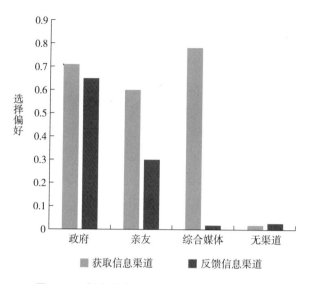

图 5-10　样本农户灾害风险沟通渠道选择情况

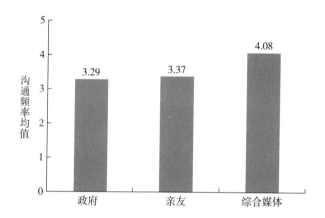

图 5-11　样本农户各渠道灾害风险沟通频率情况

　　最后，关于灾害风险的沟通形式，样本农户日常接触到的沟通形式由多到少依次是地质灾害警示牌、灾害监测员、灾害相关知识宣传、防灾明白卡、政府灾害预警及灾害逃生演练（均值测度分别为 0.89、0.85、0.73、0.60、0.59 及 0.54）（见图 5-12）。对指标进行两两 Wilcoxon 符号秩检验，得到地质灾害警示牌>灾害监测员>灾害相关知识宣传>防灾明白卡、政府灾害预警、灾害逃生演练。其中，除了地质灾害警示牌与灾害监测员的检验 P 值小于 0.1 外，其余检验的 P 值均小于 0.01。此外，对沟通渠道指标进行 Friendman 检验的总体分布结果与 Wilcoxon 符号秩检验结果一致。通过对样本农户日常接触到的沟通形式描述性分析可知，多数农户均以多种形式在日常生活中接触过灾害风险的相关信息，且对于较为稳定的风险沟通形式（如地质灾害警示牌和灾害监测员等）更加熟悉，这在一定程度上表明农户更多是被动接受一些灾害风险沟通形式的特点。

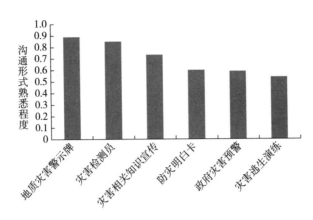

图 5-12 样本农户灾害风险沟通各类沟通形式熟悉情况

总结而言，不论是灾害信息获取的渠道的选择还是沟通的频率的高低方面，样本农户对政府和媒体的评价均为较高水平，显著高于对周边亲友的评价得分。但值得注意的是，周边亲友的评价得分总体处于一般偏上水平，这表明在灾害的风险沟通过程中并不能忽视周边亲友的作用。此外，农户虽然对于多种沟通形式较为熟悉，但更多的是被动接收风险沟通的信息。且在自我防灾减灾知识和技能的学习和积累方面，相较于其他两类沟通内容，农户对此类内容的偏好处于较低水平。总结以上可知，有效的风险沟通需要以政府和媒体为主，以周边亲友为辅的沟通体系在农户增强自我防灾意识、学习防灾知识和技能等方面发挥主动引导作用，进而提高农户群体整体的防灾应灾能力。

(二)农户灾害风险认知的测度及特征

1. 农户灾害风险认知的测度

农户"灾害风险沟通→风险认知"过程以灾害风险认知作为被解释变量。灾害风险认知评估的是个体对灾害风险的认识和感受水平。基于不同的研究目标，学者从不同维度对其进行了度量，主要包括灾害风险的可能性、影响性、严重性、可控性、恐惧性等方面(Scolobig et al.，2012)。但是，因为灾害风险管理最终落点还是在于防灾减灾措施层面，仅考虑人们对灾害事件本身的感受缺乏与应对措施的联系，未能将居民风险认知与相应适应性行为紧密结合起来。已有学者在以往灾害风险认知的基础上另外进行处理评估，探讨自我效能、应对效能以及居民风险认知与个人适应性行为之间的关系(Mertens et al.，2018)。广义上，居民对于灾害风险的自我效能和应对效能也属于居民对灾害风险认知层面，其内在含义是居民对灾害风险问题能够获得解决和处理的知觉评价(Bubeck et al.，2012)。因此，本研究认为广义灾害风险认知应该包含对灾害风险事件本身和其能够获得缓解程度两方面的认知评价。参考已有研究对灾害风险认知的测度方法(Salvati et al.，2014)，并结合所获得的调查问卷的数据特点，本研究主要从居民对灾害发生的可能性、威胁性、自我效能以及应对效能 4 方面设计词条对广义灾害风险认知进行测度。其中，可能性和威胁性评价代表居民对灾害风险事件本身的评价，自我效能和应对效能代表居民对灾害风险能够获得缓解程度的评价。值得注意的是，经过测试后，应对效能测度的设计并没有达到相应的内部一致性标准。因此，仅选取最能反映该维度所代表意义的一个词条来表征居民对灾害风险的应对效能的评估。具体测度词条内容如表5-29所示。

表5-29　居民灾害风险认知测度词条

编码	维度	词条[a]	均值	标准差
P1	可能性	在接下来10年，您家附近可能会发生灾害	2.83	1.12
P2		您总感觉灾害在将来某一天就会来临	3.08	1.32
P3		最近这几年灾害发生的征兆越来越明显	3.17	1.35
T1	威胁性	未来10年内，若发生灾害，您家的住房和土地可能受灾	3.84	1.14
T2		未来10年内，若发生灾害会影响到您及家人的生命	3.35	1.31
T3		如果发生灾害，生活物品供给可能会被中断	3.24	1.42
SE1	自我效能	当灾害发生时，您了解疏散撤离路线	4.17	1.16
SE2		您了解村里的应急避难点位置	4.00	1.23
SE3		您了解村里相应的防灾减灾预防措施	3.28	1.30
CE	应对效能	灾害的发生虽然不可控，但你们可以做一些预防措施(如群测群防)减少损失	4.27	0.80

注：a：所有词条均采用李克特5级量表测度，其中1代表完全不同意，5代表完全同意。

具体测度流程如下：第一步，对表征居民灾害风险认知的各个词条进行内部一致性检验。检验结果显示，灾害发生可能性、威胁性、自我效能、对应的 Cronbach α 值均大于0.60(分别为0.69、0.63、0.66)，表明研究设计的词条具有较好的内部一致性。

第二步，使用因子分析法对灾害风险认知词条进行降维处理，得到灾害发生可能性、威胁性、自我效能和应对效能4个维度。其中，因子分析对应的 Kaiser-Meyer-Olkin 值为0.71，Bartlett 球形检验的 P 值为 $0.000 < 0.001$，4个维度累计方差贡献率为66.29%，表明因子分析的结果是合理的，详情如表5-30所示。

表5-30　旋转后各风险认知分量的分量矩阵

编码	成分			
	可能性	威胁性	自我效能	应对效能
P1	**0.67**	0.33	-0.05	-0.16
P2	**0.83**	0.1	-0.2	-0.08
P3	**0.75**	0.08	-0.04	0.25
T1	0.43	**0.56**	0.13	-0.23
T2	0.38	**0.69**	0.12	-0.23

编码	成分			
	可能性	威胁性	自我效能	应对效能
T3	0.03	**0.81**	-0.15	0.27
SE1	-0.14	0.21	**0.73**	-0.04
SE2	-0.09	-0.04	**0.78**	0.17
SE3	0.01	-0.13	**0.77**	0
CE	0.01	-0.01	0.13	**0.9**
特征值	2.04	1.84	1.64	1.11
方差贡献率	20.36%	18.41%	16.39%	11.13%
累计方差贡献率	**20.36%**	**38.77%**	**55.16%**	**66.29%**
Cronbach α	0.69	0.63	0.66	—

第三步，采用 min-max 标准化方法，将通过因子分析得到的 4 个维度得分进行百分制转换，数据标准化公式可见公式(5-4)。

$$X_{ij}^s = \frac{x_{ij} - \min (x_{ij})}{\max (x_{ij}) - \min (x_{ij})} \times 100 \tag{5-4}$$

公式(5-4)中，X_{ij}^s 是原始数据 x_{ij} 标准化处理之后得到的居民 i 的灾害风险认知的 j 维度的百分制得分，x_{ij} 表示居民 i 的灾害风险认知的 j 维度的因子综合得分，$\min(x_{ij})$ 表示居民灾害风险认知 j 维度因子综合得分的最小值，$\max(x_{ij})$ 表示居民灾害风险认知 j 维度因子综合得分的最大值，其中 $i(i=1, 2, \cdots, 327)$ 代表样本居民个体，$j(j=1, 2, 3, 4)$ 分别表示灾害风险认知的 4 个维度。

第四步，得到 4 个维度的风险认知评价得分情况如表 5-31 所示。

表 5-31　样本居民对灾害风险的认知水平评价得分

维度	含义	均值	标准差
可能性	居民对灾害风险可能性的认知水平	52.48	21.89
威胁性	居民对灾害风险威胁性的认知水平	56.30	19.73
自我效能	居民对自己采取预防灾害风险行为能力水平的认知	65.80	21.12
应对效能	居民对采取应对措施减少灾害风险威胁有效程度的认知	63.39	16.32

2. 农户灾害风险认知的特征

首先，就样本农户关于风险灾害风险认知的测度词条而言，4 个维度测度得分由高到低依次为应对效能、自我效能、威胁性认知以及可能性认知(测度均值分别为 4.27、3.82 以及 3.48 以及 3.03)。经 Wilcoxon 符号秩检验均值差异与 Friendman 检验的总体分布差异均与以上排序相同，且差异均为显著(P<0.01)。其次，就样本农户关于风险灾害

风险认知各维度的评价得分而言，四个维度评价得分由高到低依次为自我效能、应对效能、威胁性认知以及可能性认知（测度均值分别为 65.80、63.39、56.30 以及 52.48）（见图 5-13）。经 Wilcoxon 符号秩检验均值差异与 Friendman 检验的总体分布差异均与以上排序相同，且差异均为显著（其中，除自我效能和应对效能检验在 0.1 的水平上显著外，其余维度两两间差异均在 0.01 水平上显著）。由以上结果可知，总体来讲，相较于对灾害风险事件本身的认知评价得分，样本农户对灾害风险的应对性认知评价得分较高，表明农户更认为灾害风险能够获得有效缓解的认知特点。此外，值得说明的是，样本农户在测度词条和评价得分均值上存在差异，这可能的是由于应对效能与其余 3 个维度的测度词条数目不同导致的，但这对于分析样本农户对灾害风险事件本身的评价与对其的应对性评价并没有影响。

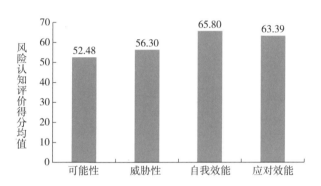

图 5-13　样本农户灾害风险认知评价得分情况

(三) 背景框架测度及特征

已有学者研究表明，不同性别、生计结构、地理特征等会对农户的风险沟通、认知以及行为响应动机的部分维度产生显著的影响（张芙颖等，2019；孙业红等，2015；López-Marrero，2010）。以往研究在探索居民对灾害的风险认知水平方面，学者较多以个人特征（如性别、年龄、受教育情况、灾害经历等）和家庭特征（家庭收入、家庭结构、居住时间长短等）作为居民风险认知水平的背景因素（Lazo et al.，2015）。然而，这些背景因素虽然复杂多样，但难免有忽略的因素，如有些研究忽视了社区特征的纳入（Miceli et al.，2008）。究其原因，是因为在研究居民应对灾害的行为响应过程中，没有建立一个简洁高效的背景框架。Michie et al. (2011) 提出的行为改变轮理论虽然目前多用于公共健康领域，但是其理论核心——"能力—机会—动机"模型认为只有个体具备能力、机会以及动机时才能实现或者改变某种行为（蔡利等，2019），这对于灾害风险管理领域同样适用。此外，诸多农户的生计资本的研究表明，农户的生计资本会对农户的生计决策产生显著影响（Xu et al.，2019a；Fang et al.，2014），且生计资本的 5 个维度均可与"能力—机会"背景框架结合。故本研究以"能力—机会"为背景框架，综合农户生计资本的 5 个维度，对样本农户能力和外部机会进行测度。具体测度指标选择和描述性如表 5-32 所示，对其进行分析如下：

表 5-32　样本农户防灾行为响应背景框架测度

背景	维度	指标	测度词条	均值	标准差
能力	主观能力	知识	您或家人是否懂得一些自救互救知识(如止血包扎等)[a]	0.46	0.499
			如果地震发生,您是否知道家里哪些地方是危险的地方[a]	0.69	0.46
			您是否知道地震后 72 小时是救援的黄金时间[a]	0.55	0.5
			如果遇到滑坡、泥石流等灾害时,是否知道应该"横着跑"[a]	0.77	0.42
			您是否知道地震前会伴随一些异常[a]	0.64	0.48
			灾害知识得分(分)	3.11	1.4
		承压能力	即使发生灾害使得家里受灾,您也有较大信心恢复过来[b]	4.29	0.85
	客观能力	人力资本	个人受教育年限(年)	6.29	3.7
			个人身体健康状况(1=很好—5=很不好)	3.45	1.14
			家庭劳动力数(人)	2.47	1.51
			家中有专业技能的人数(人)[a]	1.08	1.07
			人力资本综合指数	0	0.68
机会	物质机会	物质资本	家中拥有房屋、农具等固定资产现值(万元)	44.94	65.72
		金融资本	家庭年收入(万元)	6.62	7.23
			您家是否有存款[a]	0.46	0.5
			您家是否购买新型农村合作医疗保险[a]	0.96	0.19
			您家是否购买新型农村养老保险[a]	0.68	0.47
			金融资本综合指数	0	0.57
		自然资本	家中正在经营耕地面积(亩)	2.9	19.41
	社会机会	社会资本	您家 2018 年礼金开支次数(次)	18.78	17.28
			您家亲朋有几位村、乡干部或其他公职人员(人)	1.5	3
			春节打电话问候或登门拜访的亲朋户数(户)	13.39	15.84
			家中亲戚朋友是否集中居住在家庭周围[a]	0.77	0.42
			社会资本综合指数	0	0.64
		社区防治	村里采取过一些措施去防止灾害的发生/治理灾害[b]	3.89	1.08
控制因素	性别		被访者性别(男性=0,女性=1)	0.46	0.5
	年龄		被访者年龄(岁)	53.41	13.5
	居住时长		被访者居住在当前这个家时间(年)	42.63	25.54
	居住地址		家庭住址是否在灾害威胁区内[a]	0.53	0.5
	社区内受灾威胁人数		村区内被滑坡、泥石流等灾害威胁人数(人)	212.65	247.65
	经历灾害次数		灾害经历次数(次)	8.8	12.04
	经历灾害的严重程度		总体而言,您觉得您经历的灾害的严重程度(1=非常不严重—5=非常严重)	4.52	0.79

注:a:0 代表否,1 代表是;b:采用李克特 5 级量表测度,其中 1 代表完全不同意,5 代表完全同意。

首先，对于农户能力的测度，参考 Michie et al.（2011）提出的行为改变轮理论，研究从主观能力和客观能力两方面进行测度。其中主观能力包括农户防灾知识的评价和承压能力评价两个指标，其均值分别为 3.11 和 4.29，分别表明农户防灾知识处于一般水平，农户面对灾害的承压能力处于较强水平；客观能力的测度以农户的人力资本为主，参考（Liu et al.，2018）等研究对人力资本的测度，研究测度包括受教育水平、健康状况、家庭劳动力人数以及家庭专业技能人数 4 个指标。农户受教育水平的均值为 6.29，显示农户整体的受教育水平不高；农户健康状况自评的均值为 3.45，表明农户的健康状况处于一般水平；家庭劳动力人数的均值为 2.47；家中有专业技能人数的均值为 1.08。

对于农户外部机会的测度，研究从物质机会和社会机会两方面进行测度。其中，物质机会以农户的物质资本、金融资本和自然资本为指标进行测度。参考 Li et al.（2014）等研究对生计资本的测度，研究选取以下指标物质资本、金融资本以及自然资本进行测度：其一，物质资本由房屋现值和除此之外的其他固定资产的现值之和来测度，均值为 44.96 万元。值得注意的是，数值存在很大的波动，说明样本个体之间存在很大的差异。其二，金融资本由家庭年收入、是否有存款、是否有医保以及是否有养老保险来具体测度。家庭年收入均值为 6.62 万元，但有很大的波动，表明样本间存在很大的差异；有存款的农户占总样本农户的 46%；绝大部分的农户均有医疗保险，占总样本农户的 96%；而有养老保险的农户相对较少，占总样本农户的 68%。其三，自然资本主要以家中耕地面积来具体测度，其均值为 2.90，但样本间存在很大差异。社会机会主要从社会资本和社区灾害防治两方面进行测度。对于社会资本，中国婚丧嫁娶的礼金是社会网络物质传递功能的重要体现，故采用农户家庭 2018 年礼金开支次数来测量社会网络的物质传递功能，其均值为 18.78；由于本研究所选的样本是农村居民，其多从事的是农业活动或者其他工种，与教师、医生、公务员等事业单位公职人员有所区别，故选择其亲戚朋友里公职人员的数量来测度其网络异质性，其均值为 1.5；因为春节拜年网已作为一种常用的测量社会网络的方式，故选择 2018 年春节给其拜年（包括打电话和登门拜访两种方式）的亲戚朋友数量来测度其社会网络规模，其均值为 13.39；另外，77% 的农户家庭周围有亲戚朋友居住，亲友聚集性较高。对于社区的灾害防治，农户对村落灾害防治情况评价的均值为 3.89，说明大部分样本居民认为社区内是采取过一些防灾减灾措施的。

对于其他控制因素的测度，参考 Salvati et al.（2014）；Xu et al.（2020）对控制变量的选择，并结合未能纳入能力和机会框架的因素，最终确定性别、年龄、居住时长、家庭住址、社区灾害威胁人数、经历灾害次数以及经历灾害的严重性评价 7 个控制变量，最终研究所有背景因素（见表 5-33）。描述性分析结果显示研究样本以中年男性为主，平均年龄 53.41 岁，男性占 54%，平均在当前这个家居住时间 42.63 年，有超过一半（53%）的农户家庭住址在灾害威胁区的范围内。村内受灾害威胁人数均值为 212.65，村落之间存在较大的差异。对于灾害经历，样本居民平均经历灾害次数为 8.80，但是存在较大波动；经历灾害的严重程度评价均值为 4.52，说明绝大部分样本居民认为自己所经历的灾害都是较严重的。

然而，若如此设置背景框架指标，研究的背景框架会显得过于臃肿，故应采取合适的方法将部分维度进行综合，问题的关键在于如何确定各指标的权重。目前，确定因子权重的方法主要包含主观评价法和客观评价法两类。其中，主观评价法主要包含主观经验法、主次指标排序法、层次分析法、德尔菲法等。客观评价法主要有熵值法、主成分分析法、独立权系数方法（刘自远和刘成福，2006；庞彦军等，2001）。但主观评价方法主观性较强，容易忽视指标之间的相互作用。而客观评价方法中的熵值法主要以指标变异性的大小来确定客观权重，以确保综合指数保持最大的数据特征（冯艳飞和贺丹，2006）。主成分分析法用来对指标进行降维处理，比较适用于各个维度内指标数量比较多的情况（韩小孩等，2012）。独立性权系数法能根据各指标与其他指标之间的共线性强弱来确定指标权重，共线性越强，重复的信息越多，该指标权重相应也越小（Xue et al.，2019）。考虑到部分维度的设计指标数量较少，且希望能够最大反映指标数据的综合特征，故本研究采用独立权系数方法对多指标维度进行综合。通过观察个维度指标设计词条，涉及综合指标的维度分别为，人力资本、金融资本以及社会资本 3 个维度。经计算，求得各指标的权重如表 5-33 所示。

表 5-33　综合维度指标权重

维度	指标	r	1/r	权重
人力资本	个人教育	0.33	3.02	0.33
	个人健康	0.37	2.69	0.29
	家庭劳动力人数	0.57	1.76	0.19
	家庭专业技能人数	0.59	1.71	0.19
金融资本	家庭年收入	0.24	4.24	0.22
	是否有存款	0.22	4.55	0.24
	医疗保险	0.18	5.62	0.30
	养老保险	0.23	4.44	0.24
社会资本	物质支持	0.23	4.37	0.21
	网络异质性	0.36	2.77	0.14
	网络规模	0.38	2.67	0.13
	亲友集聚性	0.09	10.64	0.52

独立权系数加权综合后，人力资本、金融资本以及社会资本的各具体指标均转化为均值为 0 的标准化指数。其中，人力资本指数大于均值的农户占 49.24%；金融资本指数高于均值的农户占 47.71%；社会资本指数高于均值的农户占 68.20%，综合表明样本农户群体内大部分农户在社会资本方面较好，而金融资本则较为不足的特征。

二、理论分析及假设

理论上而言，风险沟通的各个维度均会对农户灾害风险认知产生影响，但作用方向并不明确。风险沟通本质在于信息的传递，其过程涉及多种信息，包含着对灾情的介绍、灾害分布以及灾害预防等方面，不同的信息会对信息接收者产生不同的影响（Faulkner & Ball，2007）。即使是同样的沟通内容与方式，不同人群也会从中获取到差异化的信息（Lindell & Perry，2003）。例如，政府和媒体发布的灾害风险公共预防措施和灾情介绍，农户可能从中获取对周围灾害风险的科学认识，培养农户自我应对灾害的能力（Ickert & Stewart，2016；Terpstra et al.，2009）。相反，这也有可能会导致农户放大灾害造成的损失风险，增加其对灾害发生的可能性和威胁性，降低其对灾害风险能够获得缓解程度的认知评价。故本研究以探索性思路对农户灾害风险沟通与风险认知的相关关系进行实证分析，并作出如下假设：

H1：风险沟通的各个维度均会对农户灾害风险认知产生影响，但作用方向并不明确。

此外，已有大量实证研究（Conchie & Burns，2008）表明，风险沟通利益相关者之间的信任程度会显著作用风险沟通的效用，是风险沟通中不可忽视的重要因素。理论上，信任形成于居民的日常沟通与行动表现中，也需要通过沟通与行动来变现出来（Ahsan & Dewan；McAllister）。这表明，居民对利益相关方的沟通信任程度所起到的应该是一种调节作用。故此部分研究进一步探讨，农户对各利益相关方风险沟通的信任程度，在其"灾害风险沟通→风险认知"影响路径上的调节作用，并作出以下假设：

H2：农户对利益相关方的沟通信任程度会对"风险沟通→风险认知"的过程产生显著的调节效应。

综合以上两个假设，研究提出了农户"灾害风险沟通特征→风险认知"水平的研究假设框架图如图5-14所示。

图5-14　"灾害风险沟通→风险认知"研究假设

三、研究变量的选取

研究这部分探讨的是农户灾害风险沟通特征与其灾害风险认知水平的相互关系。研究的因变量是农户对灾害风险的认知评价，包括可能性、威胁性、自我效能以及应对效能的认知评价。此部分研究的核心变量是灾害风险沟通的各个维度，具体包含沟通内容、沟通渠道、沟通频率以及沟通形式4方面。如"二、理论分析及假设"所述，此部分进一步探讨了农户对各利益相关方风险沟通的信任程度，在其"灾害风险沟通→风险认知"影响路径上的调节作用。农户灾害风险沟通的信任度评价测度语句及基本情况、评价情况如表5-34和图5-15所示。因为其余变量的描述性分析均已在前文中论述，此处主要对沟通信任度进行描述性分析。在灾害风险沟通信任度方面，样本农户对沟通对象的信任度由高到低分别为政府、媒体以及亲友（测度均值分别为4.37、3.98以及2.85）。Wilcoxon符号秩检验均值差异与Friendman检验的总体分布差异均与以上排序相同，且差异均为显著（P<0.01）。描述性统计分析表明，样本农户总体认为政府和媒体关于灾害的判断是较为可信的，而周边亲友对灾害的判断较不可信。

表5-34　农户灾害风险沟通的信任度评价测度语句及基本情况

维度	说明	词条（1=完全可信—5=完全不可信）	均值	标准差
沟通信任度	信任度评价—政府	您觉得政府对灾害的判断可信吗？	4.37	0.82
	信任度评价—媒体	您觉得媒体关于灾害的判断可信吗？	3.98	0.92
	信任度评价—亲友	您觉得村里其他人关于灾害的判断可信吗？	2.85	1.20

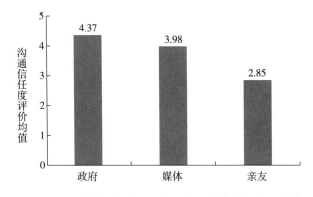

图5-15　样本农户对灾害风险沟通各渠道的信任度评价情况

值得说明的是，因为沟通信任度涉及沟通的具体对象（可分为政府、媒体与亲友），而沟通内容与沟通形式维度并不能明确具体的沟通对象。故在构建交互项时，研究仅构建了沟通信任度与沟通渠道以及各渠道沟通频率的交互项。具体交互项的构建过程如下：首先，为了避免原始变量和交互项间产生多重共线性，本研究先对原始变量进行中心化（即原始变量减去变量对应均值）（徐定德，2017）；其次，在明确沟通对象（政府、媒体与亲友）的基础上，以中心化后的变量相乘的方法构建了9个交互项。例如，农户灾害相关信息获取渠道与信任程度的交互项，构建结果为获取信息×信任度—政府、获取信息×信任度—媒体以及获取信息×信任度—亲友3个交互项。此外，在核心变量的基础上，研究将设计的"能力—机会"背景框架作为控制因素，探讨了这些"自然—社会—经济—心理"因素在"风险沟通→风险认知"过程中的具体作用。

四、研究方法

本研究的因变量是农户对灾害风险的认知水平，根据因变量数据类型特点，本研究拟采用 OLS 回归，在控制部分被访者能力、机会和其他控制因素的基础上，加入风险沟通变量，探讨其与居民灾害风险认知的相关关系。模型估计在 Stata13.0 中实现。

五、结果分析

首先，在构建计量经济模型前，为了避免自变量间严重的多重共线性对模型结果造成的影响，研究利用方差膨胀因子（VIF）对变量进行了多重共线性检验（曹莎，2020），检验结果显示除了亲友反馈渠道与政府反馈渠道显著负相关外，所有变量的 VIF 均小于 2，表明除了亲友反馈渠道外，其余变量之间不存在多重共线性。故排除亲友反馈渠道变量，对于该变量对模型的拟合效果参考政府反馈渠道的作用。其次，本研究构建了 12 个多元线性回归模型（见表 5-35、表 5-36）。其中，对于每一个灾害风险认知维度的模型，第一个模型均为仅纳入控制变量的估计结果，第二个模型均为在第一个模型上纳入风险沟通变量的模型，第三个模型均为在上一个模型中纳入交互项的模型。由 F 检验结果可知，除模型2（背景框架+风险沟通→风险认知）以外所有模型的整体显著性均在 1% 水平以下，表明以上模型中，除模型 2 以外其余所有模型拟合效果均较好。对比每个因变量维度的 3 个模型的 R^2 值可知，所有风险认知维度的拟合结果，均随着灾害风险沟通因素以及交互项的加入，拟合优度得到了有效提升，拟合优度提升由大到小依次为自我效能、威胁性认知、应对效能以及可能性认知。其中，再加入风险沟通变量后，自我效能的回归估计拟合结果提升最为明显（提升了 18.30%）。因为模型包含的变量较多，故以下研究仅探讨在每个维度的 3 个模型中均稳定显著的变量。

表5-35　农户风险沟通特征对其灾害风险可能性及威胁性认知的估计结果（标准化系数）

变量		可能性			威胁性		
		模型 1	模型 2	模型 3	模型 4	模型 5	模型 6
控制因素	性别	−0.096	−0.120 *	−0.109 *	−0.061	−0.064	−0.045
	年龄	−0.010	0.005	−0.013	−0.232 ***	−0.248 ***	−0.245 ***
	居住时长	0.063	0.023	0.020	0.074	0.128 *	0.145 **
	居住地址	0.184 ***	0.186 ***	0.146 **	0.09	0.075	0.077
	社区受灾人数	0.009	0.021	0.055	0.03	−0.003	−0.015
	历灾严重程度	0.091	0.06	0.025	0.140 **	0.161 ***	0.176 ***
	经历灾害次数	−0.024	−0.053	−0.045	−0.188 ***	−0.139 **	−0.142 **

变量		可能性			威胁性		
		模型1	模型2	模型3	模型4	模型5	模型6
主观能力	灾害知识得分	-0.018	-0.018	-0.014	-0.025	-0.070	-0.061
	承压能力	0.030	0.030	0.035	0.027	0.050	0.058
客观能力	人力资本	-0.11	-0.130*	-0.151*	-0.211***	-0.211***	-0.223***
物质机会	物质资本	-0.027	-0.007	-0.002	-0.004	-0.024	-0.039
	金融资本	-0.012	-0.042	-0.063	-0.059	-0.04	-0.04
	自然资本	-0.05	-0.033	-0.037	0.119**	0.104*	0.089
社会机会	社会资本	-0.049	-0.026	-0.024	-0.025	-0.020	-0.022
	社区灾害防治状况	-0.088	-0.083	-0.071	-0.105*	-0.089	-0.099*
风险沟通	风险管理信息		0.029	0.041		-0.087	-0.095
	亲友态度和反应		0.014	0.035		0.159***	0.177***
	防灾知识和技能		0.071	0.040		-0.061	-0.048
	接收信息—政府		0.074	0.102		-0.092	-0.108
	接收信息—亲友		0.003	-0.004		-0.001	0.012
	接收信息—综合媒体		-0.013	-0.013		0.072	0.081
	接收信息—无渠道		-0.004	-0.010		0.064	0.075
	反馈信息—政府		0.044	0.036		-0.041	-0.036
	反馈信息—媒体		-0.009	-0.021		-0.078	-0.075
	反馈信息—无渠道		0.114*	0.117*		-0.079	-0.081
	频率—政府		0.037	0.026		-0.045	-0.061
	频率—亲友		0.041	0.084		0.011	0.002
	频率—综合媒体		-0.025	-0.004		0.036	0.036
	政府灾害预警		-0.029	-0.044		0.020	0.033
	灾害逃生演练		-0.014	0.004		-0.002	-0.008
	灾害相关知识宣传		0.092	0.108*		0.004	0.004
	防灾明白卡		-0.006	-0.003		-0.047	-0.038
	地质灾害警示牌		0.006	0.017		0.141**	0.122**
	灾害监测员		-0.027	-0.020		0.127**	0.135**

变量		可能性			威胁性		
		模型1	模型2	模型3	模型4	模型5	模型6
交互项	获取信息×信任度—政府			0.154*			-0.098
	获取信息×信任度—亲友			0.077			-0.005
	获取信息×信任度—媒体			0.028			0.040
	反馈信息×信任度—政府			-0.164***			0.003
	反馈信息×信任度—亲友			-0.019			-0.065
	反馈信息×信任度—媒体			-0.076			-0.025
	沟通频率×信任度—政府			0.051			-0.004
	沟通频率×信任度—亲友			0.034			0.041
	沟通频率×信任度—媒体			-0.005			0.113*
N		327	327	327	327	327	327
F		2.211***	1.332	1.486**	3.342***	2.405***	2.219***
R^2		0.096	0.146	0.196	0.139	0.235	0.267

注：*** 表示在1%水平上显著，** 表示在5%水平上显著，* 表示在10%水平上显著。

表5-36　农户风险沟通特征对其灾害风险自我效能及应对效能认知的估计结果(标准化系数)

变量		自我效能			应对效能		
		模型7	模型8	模型9	模型10	模型11	模型12
控制因素	性别	-0.047	-0.047	-0.023	0.051	0.068	0.072
	年龄	-0.030	-0.020	-0.034	-0.015	0.014	-0.005
	居住时长	0.065	0.017	0.039	0.018	0.010	0.018
	居住地址	0.008	0.006	-0.006	-0.023	-0.036	-0.031
	社区受灾人数	-0.012	0.018	0.014	-0.119**	-0.124**	-0.125**
	经历灾害严重程度	0.079	0.019	0.015	-0.127**	-0.125**	-0.114*
	经历灾害次数	-0.001	0.006	0.004	0.130**	0.122**	0.119**
主观能力	灾害知识得分	0.326***	0.153***	0.170***	0.122**	0.08	0.076
	承压能力	0.023	0.072	0.074	0.244***	0.204***	0.200***
客观能力 物质机会	人力资本	0.144**	0.056	0.044	-0.001	-0.045	-0.046
	物质资本	-0.029	-0.017	-0.02	0.031	0.018	0.013
	金融资本	-0.029	-0.074	-0.065	0.006	-0.008	-0.006
	自然资本	0.035	0.041	0.038	0.008	0.011	0.003
社会机会	社会资本	0.167***	0.146***	0.139***	-0.037	-0.009	-0.019
	社区灾害防治状况	0.098*	-0.004	0.004	0.107*	0.083	0.074

续表

变量		自我效能			应对效能		
		模型7	模型8	模型9	模型10	模型11	模型12
风险沟通	风险管理信息		0.044	0.04		−0.140**	−0.145**
	亲友态度和反应		0.061	0.068		0.025	0.033
	防灾知识和技能		−0.005	−0.011		0.251***	0.260***
	接收信息—政府		−0.005	−0.004		0.087	0.095
	接收信息—亲友		−0.05	−0.05		0.015	0.019
	接收信息—媒体		−0.026	−0.023		−0.029	−0.033
	接收信息—无渠道		−0.103**	−0.100*		0.002	0.005
	反馈信息—政府		0.079	0.078		−0.064	−0.073
	反馈信息—媒体		−0.012	−0.012		0.01	0.007
	反馈信息—无渠道		−0.118**	−0.106**		0.052	0.04
	频率—政府		0.102	0.108*		−0.065	−0.068
	频率—亲友		0.04	0.027		−0.039	−0.046
	频率—综合媒休		0.043	0.053		−0.061	−0.05
	政府灾害预警		0.078	0.077		0.001	0.005
	灾害逃生演练		0.095*	0.095*		0.032	0.034
	灾害相关知识宣传		0.120**	0.126**		0.004	−0.002
	防灾明白卡		0.078	0.096*		−0.009	−0.006
	地质灾害警示牌		0.193***	0.188***		0.073	0.066
	灾害监测员		0.025	0.027		−0.007	−0.004
交互项	获取信息×信任度—政府			0.045			−0.047
	获取信息×信任度—亲友			−0.017			0.115*
	获取信息×信任度—媒体			−0.002			0.022
	反馈信息×信任度—政府			−0.01			0.026
	反馈信息×信任度—亲友			0.063			−0.026
	反馈信息×信任度—媒体			−0.027			−0.004
	沟通频率×信任度—政府			0.038			0.022
	沟通频率×信任度—亲友			0.022			−0.130**
	沟通频率×信任度—媒体			0.098*			0.027
N		327	327	327	327	327	327
F		6.905***	5.963***	4.957***	3.406***	2.216***	1.788***
R^2		0.25	0.433	0.449	0.141	0.205	0.227

注：*** 表示在1%水平上显著，** 表示在5%水平上显著，* 表示在10%水平上显著。

对于农户灾害风险的可能性认知评价(见表5-35),模型1(仅纳入背景框架)的结果在0.01水平上显著,回归估计结果显示农户家庭住址是否在灾害威胁区内对农户灾害风险可能性认知的作用系数最大且在0.01水平上显著。而加入风险沟通变量后,模型2的估计结果反而不显著,这表明农户家庭住址与灾害威胁区的关系这类的地理因素是影响农户对灾害风险的可能性认知的最重要因素。在加入交互项变量后,由模型3的结果可知,无渠道反馈灾害相关信息会显著增加农户对灾害风险的可能性认知;从政府获取信息(系数为正)与对政府的信任度评价的交互项结果显著(P<0.1)且系数为正,表明农户对政府的信任度评价会显著正向影响其从政府获取信息对可能性认知的边际效用;向政府反馈信息(系数为正)与对政府的信任度评价的交互项结果显著(P<0.01)且系数为负,表明农户对政府的信任度评价会显著抑制其向政府反馈信息对可能性认知的边际效用。且不论是从政府获取或向政府反馈灾害相关信息,在模型2中均不显著,表明风险沟通中的此类特征,并不能单独对农户的灾害风险可能性认知产生效果,需在对政府的沟通信任度的共同作用下,影响农户的灾害风险可能性认知水平。

对于农户灾害风险的威胁性认知,由模型5的估计结果(见表5-35)看,沟通内容中,关注亲友对灾害的态度和反应会显著增加农户对灾害风险的威胁性认知(P<0.01);沟通形式中,灾害警示牌(P<0.05)和灾害监测员(P<0.05)的沟通形式会显著增加农户对灾害风险的威胁性认知;其余灾害风险沟通特征与灾害风险的可能性认知均无显著关系。背景变量中,受访者年龄(P<0.01)、人力资本(P<0.01)以及经历灾害次数(P<0.05)会均会显著负向影响农户的威胁性认知,而经历灾害的严重程度评价(P<0.01)与农户的威胁性认知正向显著相关。在加入交互项变量后,由模型6的结果可知,从媒体获取信息的频率(系数为正)与对媒体的信任度评价的交互项结果显著(P<0.1)且系数为正,表明农户对媒体的信任度评价会显著正向促进其从媒体获得灾害相关信息频率对威胁性认知的边际效用。而从媒体获得灾害相关信息频率在模型5中并未对农户的灾害风险威胁性认知水平产生显著影响,这也表明从媒体获得灾害相关信息频率不能单独对农户的灾害风险威胁性认知产生效果,需在对媒体的沟通信任度的共同作用下,影响农户的灾害风险威胁性认知。

对于农户灾害风险的自我效能评价,由模型8的估计结果(见表5-36)看,无渠道获取信息(P<0.05)或反馈信息(P<0.05)会负向显著影响农户的自我效能评价。在风险沟通形式上,不论是灾害警示牌(P<0.01)、灾害相关知识宣传(P<0.05)还是逃生演练(P<0.1),均会显著增加农户的自我效能认知。背景变量中,灾害知识得分(P<0.01)与受访者的社会资本(P<0.01)与其应对灾害的自我效能评价显著正向相关。在加入交互项变量后,由模型9的结果可知,从媒体获取信息的频率(系数为正)与对媒体的信任度评价的交互项结果显著(P<0.1)且系数为正,表明单个变量虽对自我效能的评价无显著作用,但交互变量间存在互相存促进且会在两种因素共同作用下影响其应对灾害的自我效能认知的特点。

对于农户对灾害风险的应对效能评价,由模型11的估计结果(见表5-36)看,沟通内容中，农户灾害风险管理信息的偏好($P<0.05$)会显著降低其对灾害风险的应对效能评价，而对防灾减灾知识的偏好($P<0.01$)会显著增加应对性评价；其余灾害风险沟通特征与灾害风险的可能性认知均无显著关系。此外，背景变量中，农户经历灾害的次数($P<0.05$)与农户的承压能力($P<0.01$)会显著正向影响农户的应对效能，而经历灾害的严重程度($P<0.05$)和社区受灾害威胁人数($P<0.05$)的规模与农户的应对效能负向显著相关。在加入交互项变量后，由模型12的结果可知，从亲友获取信息(系数为正)与对亲友的信任度评价的交互项结果显著($P<0.1$)且系数为正，表明单个变量虽对自我效能的评价无显著作用，但交互变量间存在相互促进且会在互相影响下显著作用于应对效能认知。从亲友获取信息的频率(系数为负)与对亲友的信任度评价的交互项结果显著($P<0.05$)且系数为负，表明单个变量虽对自我效能的评价无显著作用，但交互变量间存在相互促进且会在互相影响的效果下显著作用其应对效能认知。

总结而言，与假设 H1 部分一致，结果显示，除对灾害风险的可能性认知之外，农户的灾害风险沟通对其风险认知具有显著影响，这在灾害的自我效能评价中作用尤为明显，这点在回归结果的拟合优度的提升上也能得到体现。具体而言，农户灾害风险沟通的内容偏好、渠道选择以及沟通形式均有指标与农户对灾害风险的认知水平显著相关；而沟通频率与认知水平无显著相关关系。这表明灾害风险沟通的要起到预设的效果关键不在于沟通的频繁程度，而在于沟通的具体内容、形式、渠道等是否真正能把设计的信息传递给个体。另外，与假设 H2 一致，农户对利益相关方的沟通信任程度会对"风险沟通→风险认知"的过程产生显著的调节效应。尤其是对于沟通频率，即使其直接作用并不显著，在沟通信任度的调节作用下，农户与不同沟通主体的沟通频率对其风险认知呈现出显著的效果，验证了沟通信任度确实能够调节风险沟通的具体效用这个特点。

六、讨论

在本节中，研究分别测度了样本农户的灾害风险沟通特征、风险认知水平及研究的背景框架要素(即控制变量要素)。在前文完成变量的刻画描述的基础上，构建计量经济模型，实证探索了农户灾害风险沟通与风险认知的相关关系，并在此路径中验证了信任因素对风险沟通的调节作用，得到以下结果：

关于农户灾害风险沟通特征，在沟通内容偏好方面，农户较多关注灾害风险管理信息(如灾害分布，预防等)和周边亲友对灾害的态度和反映，而对于自身防灾减灾知识和技能的关注度不足；在获取信息渠道选择方面，农户关于灾害相关信息的获取最主要来源于媒体渠道，政府渠道次之，亲友渠道较少，无渠道最少；在反馈信息渠道选择方面，农户最倾向选择政府渠道反馈灾害信息，亲友渠道次之，无渠道反馈信息的农户较少，而选择媒体渠道反馈灾害信息的农户占比最少；在不同渠道获取灾害信息频率方面，农户较常使用媒体渠道获取灾害相关信息，而亲友和政府渠道的频率处于一般偏上水平；在沟通形式的熟悉程度方面，农户日常接触到的沟通形式由多到少依次是：地质灾害警示牌>灾害监测员>灾害知识宣传>防灾明白卡、政府灾害预警、灾害逃生演练。关于农户灾害风险认知水平，相较于对灾害风险事件本身的认知评价得分，样本农户对灾害风险的应对性认知评价得分较高，表明样本农户更认为灾害风险能够获得有效缓解的认知特点。

对于农户"灾害风险沟通→风险认知"过程，农户灾害风险沟通特征会显著影响其风险认识水平。就农户灾害风险认知水平总体而言，除对灾害风险的可能性认知之外，农户的灾害风险沟通对其风险认知具有显著影响，这在灾害的自我效能评价中作用尤为明显。具体来讲，对于灾害风险的可能性认知，研究发现农户对灾害风险的可能性认知与风险沟通的关系并不稳健，而农户家庭住址与灾害威胁区的关系这类的地理因素是影响其的最重要因素。在验证沟通信任度的调节作用过程中，研究发现农户对政府的信任度评价会显著正向影响其从政府获取信息对可能性认知的边际效用；而对政府的信任度评价会显著抑制其向政府反馈信息对可能性认知的边际效用。对于灾害风险的威胁性认知，关注亲友对灾害的态度和反应会显著增加农户对灾害风险的威胁性认知；灾害警示牌和灾害监测员的沟通形式会显著增加农户对灾害风险的威胁性认知。在加入沟通信任度的调节作用之后，研究发现农户对媒体的信任度评价会显著正向促进其从媒体获得灾害相关信息频率对威胁性认知的边际效用。对于自我效能评价，无渠道获取或反馈信息会负向显著影响农户的自我效能评价；不论是灾害警示牌、灾害相关知识宣传还是逃生演练，均会显著增加农户的自我效能认知。另外，媒体获取信息的频率与对媒体的信任度评价的交互变量间存在互相促进且会在两种因素共同作用下影响其应对灾害的自我效能认知的特点。对于应对效能评价，沟通内容中，农户对灾害风险管理信息的偏好会显著降低其对灾害风险的应对效能评价，而对防灾减灾知识的偏好会显著增加应对性评价；且从亲友获取信息与对亲友的信任度评价的交互变量间存在相互促进且会在互相影响下显著作用于应对效能认知；从亲友获取信息的频率与对亲友的信任度评价变量间存在相互促进且会在互相影响的效果下显著作用其应对灾害的应对效能认知。

七、结论与政策建议

本研究定量探索了农户灾害风险沟通与其风险认知的相关关系，研究结果显示农户的灾害风险沟通对其风险认知具有显著影响，这在农户应对灾害风险的自我效能评价中作用尤为明显。这与李明和刘良明（2011）的研究结果部分一致，他们研究同样发现不同的沟通形式和沟通渠道与个体对灾害风险的认知水平显著相关。然而，与 Kievik et al.（2020）的研究结果不同，本研究并未证实沟通的频率与认知的相关关系，这可能的原因是，不同于一般沟通对认知的影响，灾害风险沟通更加注重信息的真实可靠性，而不是单纯地重复不准确的信息，这可能是导致沟通频率与认知的关系不显著的原因。另外，研究还探索性分析了信任在风险沟通中的调节作用，结果显示在沟通信任度对"风险沟通→风险认知"的过程具有显著的调节作用，这与 Conchie 和 Burns（2008）的研究结果一致，他们发现在信任基础上进行风险沟通，能够有效地提高人们的认知程度。

　　灾害风险沟通不仅可以通过作用于居民风险认知水平进而影响其应灾行为响应，还可以直接作用于行为响应，这体现了风险沟通在灾害风险管理过程中的重要抓手作用。例如，研究结果表明，对政府灾害预警、防灾明白卡、逃生演练、灾害警示牌等多种沟通形式的熟悉程度均会正向促进个人的应灾行为响应。但值得思考的是，如何使风险沟通的形式为更多人熟悉。另外，研究表明亲友渠道获取灾害相关信息及其频率均会显著负向作用于相应的防灾行为的实施。并且无论是获取或反馈灾害相关信息，亲友渠道虽不是最重要的渠道，但均处于较常选择的渠道，这也意味着亲友渠道作为非官方渠道的不可忽视的作用。故可以考虑将扁平化的社会亲友渠道纳入沟通渠道的利用范围，通过提高全民对灾害风险的客观认识，增加亲友渠道信息的客观真实性，有效地利用亲友渠道达到灾害风险管理的目的。

第 六 章

风险沟通与同群效应篇

第一节 引 言

我国是世界上自然灾害损失最严重的少数国家之一。特别是进入 20 世纪 90 年代以来，自然灾害造成的经济损失显著上升。据我国应急管理部统计，21 世纪以来，我国平均每年因自然灾害造成的直接经济损失超过 3000 亿元，每年因约有 3 亿人次受灾（李立娜等，2018）。同时，我国也是一个灾害频发的国家。据统计，2010—2018 年，我国自然灾害受灾人次累计约 24.40 亿人次，直接经济损失约 35204 亿元。其中，累计发生 5级以上地震 129 次，滑坡、泥石流等地质灾害 117299 起（国家统计局，2019）。事实上，我国 50% 的国土面积位于地震高烈度（地震烈度Ⅶ度以上）区域（中国地震局，2021）。近 20 年来，地震对中国造成的累计经济损失和人员伤亡分别占全球 19.61% 和 53.23%（Xu et al.，2019b）。其中，发生于中国四川省的汶川地震、芦山地震和九寨沟地震均是 7 级以上大地震，共造成 45.98 万人伤亡，直接经济损失高达 9320 亿元（Zhuang et al.，2020）。灾害管理是一个连续的过程，涉及多个阶段和级别的活动，这些活动包括准备、响应、恢复、评估、预防和缓解。现有技术无法对尚未发生，但有可能发生的地震灾害"事先预报"，只能在大地震已发生，但尚未形成严重灾情时做"震时预警"，故而，提前做出有效的避灾准备成为减少生命财产损失的关键环节（Atreya et al.，2017；Grothmann et al.，2006）。

目前，学术界和政界的普遍共识是——面对自然灾害的威胁，合理的避灾准备能够有效降低灾害造成的损失（Hoffmann and Muttarak，2017）。比如，Godschalk et al.（2009）发现，1 美元的避灾准备投入可以减少 4 美元的损失。然而，从现实的情况来看，即使很多居民知道其面临自然灾害风险的威胁，但其避灾准备并不充分（Roder et al.，2016），这一现象在中国地震重灾区依然存在。具体而言，为了应对灾害的冲击，中国于 20 世纪 60 年代提出并逐步建立"县—乡—村"三级群测群防体系，走中国特色的自然灾害防治道路（Xu et al.，2016）。经过多年的建设和发展，理论上广大自然灾害威胁区尤其是重灾区农户应该有比较充足的避灾准备，然而现实情况却并非如此，是什么因素导致自然灾害威胁区居民避灾准备低？自然灾害威胁区居民避灾准备及其驱动机制成为学术界研究的另一个热点。

风险沟通定义可以追溯到 20 世纪 70 年代。Covello et al.（1986）解释风险沟通为在利益主体之间，传播风险相关信息（包含风险的严重性、控制风险的应对方法等）的行动（梁玉涛，2019），偏向于自上而下的单向的风险传播。Eiser et al.（2012）认为风险沟通是实现风险认知和行为决策并为公共参与提供信息的一种手段。由以上风险沟通的定义的发展可以发现，风险沟通越来越向公众发展，趋向于沟通双方交互作用，并与公众风险认知和行为决策的关系越来越紧密。同群效应也称"同伴影响"或"羊群行为"，指个体会组成同伴群体圈子，其中某一个体的表现或产出会受到其同伴个体表现或产出的影响（Duncan et al.，1968）。同群效应可用于解释群体内部个体间心理模仿和学习过程（Miller and Morris，2014），被广泛应用于教育学、心理学和社会学等研究领域（Lundborg，2006）。比如，Marotta（2017）研究发现，高中同龄人群体特征会显著影响大学生平均成绩。然而，综观灾害风险管理领域，少有实证研究系统关注同群效应对居民避灾准备的影响。中国广大自然灾害威胁区多为山地区域，其复杂的地缘及人际关系，使得灾害威胁区内的农户易形成近距离、密联络的交互网络，即聚落群体（Tan et al.，2021）。受教育程度不高、防灾意识不强的个体愿意将自己的安全责任转移到值得信赖的"专业人士"或"能人"上，导致聚落群体中存在文化特征和行为方式的"同质性"。

本章基于地震避灾准备的重要性，立足四川地震重灾区的调研情况，从风险沟通和同群效应角度出发，深刻剖析居民灾害信息获取特征及其地震避灾准备驱动机制，共六节。第一节引言，本节介绍研究背景，引入话题，说明后续结构安排。第二节灾害发生时间链条上居民灾害信息的获取特征。本节将研究时间范围拓宽到地震发生前、发生时及发生后的时间全链条，剖析不同地震灾害发生不同时间节点上居民信息源及其获取频数，以期为广大地震灾害威胁区灾害信息资源共享体系的建设和灾害风险管理提供有益启示。第三节专业人士对普通民众地震避灾准备行为选择的影响。本节理论上构建专业人士对普通民众的同群效应模型（趋同效应+社会学习），经验上使用二元 Logit 模型验证了专业人士对普通民众的同群效应，以期为完善中国当前的群测群防政策体系并为其他国家地震灾害风险的管理政策制定提供参考。第四节能人对民众地震避灾准备行为选择的影响。本节用工具变量法，分析同群效应对民众避灾准备的影响及其作用机制。第五节风险沟通、认知与防灾意向关系分析。本节以农户的综合防灾意向作为目标，分别探讨了农户灾害风险沟通特征、风险认知水平与其的相关关系。第六节风险沟通、认知、防灾意向与行为响应关系分析。本节以农户的多种防灾响应为终点，分别探讨了农户灾害风险沟通特征、风险认知水平、防灾意向与其的相关关系。

第二节　灾害发生时间链条上居民灾害信息的获取特征

一、研究背景与问题提出

长期以来，风险尤其是自然灾害风险，一直是困扰人类社会发展的重大威胁。人类健康史和文明史，是一部人与灾害相处和抗争的历史。为了分析和应对灾害风险，降低灾害威胁，全球不少学者开展了灾害风险管理的相关研究（Nguyen et al.，2020）。信息在灾害管理中起着重要作用，是灾难中不可或缺的资源。没有信息，应急人员无法有效地应对灾害，受灾居民也无法最好地适应灾害带来的威胁（Kapucu，2008）。灾害信息的种类繁多，然而，少有研究关注信息对于居民避灾减灾的有效性。一些实证研究表明，居民信息偏好是影响居民行为决策的关键因素（Wray et al.，2004）。比如，Maser 和Weiermair（1998）的研究发现，旅游服务业的特点（比如，不透明性、高的财务风险、个人风险以及不确定性）决定了旅游决策过程的复杂性，风险感知和信息偏好是影响旅游决策的重要因素。Cowan 和 Hoskins（2007）研究发现，高信息偏好会影响用于查找化疗信息的信息来源类型，但不会影响对所使用信息来源的满意度。Pruitt et al.（2014）的研究发现，农业商品的买卖双方都受益于决策过程中公开提供的信息，公众信息偏好影响机构（如推广机构、农业综合企业和市场分析机构）的公共投资决策。公众信息偏好对于信息有效性而言十分重要，其原因在于，如果某种来源能够有效地激励积极的公众反应，但由于偏离公众偏好，很少为公众所使用，那么其有效性实际上是有限的（Steelman et al.，2015）。可见，当居民在进行避灾准备时，选择并使用灾害信息源的频率越高，则表明居民更偏好使用该信息源，该信息源的有效性也越高。信息沟通是避免和减少灾害造成的伤害的一种潜在的有价值的方式，学术界关于使居民最有可能在灾害期间对警告做出反应的文献很多（Mileti et al.，2006），但直到最近，对于居民在进行避灾准备时实际求助于哪些信息来源以及他们认为哪些信息有用的关注还很少。

灾害发生不同时间节点上居民获取信息的渠道对居民防灾减灾行为决策有重要的影响，理论上而言，不同时间段居民获取信息源的频率应该呈现差异性。比如，在灾害发生前，居民可以根据政府提供的预警信息提前谋划防灾减灾决策（如逃生时间和路线）；在灾害最严重时，居民可以在亲友间互通信息，进而做出合理防灾减灾决策；在灾害结束后，居民可以通过大众媒体了解灾害最新进展。总体而言，在灾害发生整个阶段（即发生前、发生中和发生后），信息源的多寡与信息频数的高低多多少少都会影响居民的防灾减灾意识和行为。然而，从已有研究来看，几乎还没有研究从灾害信息获取源和信息获取时间两个维度切入，系统剖析灾害发生时间链条上居民灾害信息获取特征。

近年来，世界各地地震灾害频发，波及范围广大，对世界各地造成了巨额的财产损失与人员伤亡（Xu et al.，2020）。比如，为世人所知的中国地震灾害大省四川省，在近15 年内，就发生过 3 次 7.0 级及以上大地震（汶川地震、芦山地震和九寨沟地震）（Zhuang et al.，2020）。其中，汶川地震造成的损失最为巨大，共造成 6.92 万人死亡，37.68 万人受伤，500 多万人无家可归，1240 多万人受灾，直接经济损失高达 8567.91亿元（Zhuang et al.，2020）。中国是一个山地大国，许多居民尤其是农村居民居住在山区聚落里。受区位和资源禀赋的影响，山区聚落也是众多贫困人口聚居的区域（Cao et al.，2016；Xu et al.，2015）。同时，受地质地貌的影响，广大的山区聚落除了面临地震灾害的威胁外，还将面临由地震灾害带来的滑坡、泥石流等次生灾害的冲击，居民生计的可持续及社会经济的繁荣发展得不到进一步的保障(Peng et al.，2019；Xu et al.，2017b)。为了提升山区聚落居民的福祉，有必要对地震灾害威胁区聚落尤其是农村聚落灾害风险管理开展相关的研究。从已有研究现状来看，全球灾害研究的区域多为城市或者贫困地区(Winsemius et al.，2018)，关于贫困和灾害双重交织山区聚落的相关研究还较少(Xu et al.，2020b)，亟须开展相关研究。

在以上背景下，本节以中国地震灾害大省四川省汶川地震和芦山地震重灾区居民为研究对象，将研究时间范围拓宽到地震发生前、发生时及发生后的时间全链条，剖析不同地震灾害发生不同时间节点上居民信息源及其获取频数，以期为广大地震灾害威胁区灾害信息资源共享体系的建设和灾害风险管理提供有益启示。

二、理论分析框架

有效的灾害信息获取渠道能够保障灾害信息获取的及时性、安全性和准确性，并且能够有效控制谣言的传播(Steelman et al.，2015)。许多灾害信息沟通研究总结得出，居民获取灾害相关信息主要有政府、大众媒体、社交媒体和亲友四个渠道(Liu and Jiao，2018；Steelman et al.，2015；Wu et al.，2015)。灾害信息源的选择决定了居民获取信息的质量，在居民进行避灾行为决策时起到关键性作用(Yong et al.，2020)。

不同灾害信息源获得的信息呈现不同的特点。随着信息技术的发展，社会媒体在灾难期间越来越多地被用作信息来源(Bunce et al.，2012；Dabner，2012；Jung and Moro，2014；Liu et al.，2011)。在灾害发生期间，居民可以利用他们自己的社交网络来寻找和提供官方反应效果之外的信息，并做出关键的决定，例如，注意警告和制订疏散计划(Mileti et al.，2006)。随着这些新媒体资源使用量的增加，更多的人会认为社交媒体比其他灾害信息源更加值得信赖(Bunce et al.，2012)。同时，在灾害发生期间，亲友是经常被引用的信息源，但它们作为信息源的有用性各不相同(Burnside et al.，2007；Burns et al.，2010；Cretikos et al.，2008)。Burns et al.(2010)认为口碑信息具有个性化和生动性，比通过新闻媒介进行信息传播更容易获得。此外，地震造成的高度不确定性成为个人传递彼此之间所有可用信息的触发器(Zhu et al.，2011)。然而，亲友这一信息渠道存在许多弊端，Rundblad et al.(2010)发现，亲友这一信息渠道在洪涝灾害发生早期被利用，但在灾害结束后使用频率显著下降。与其他来源相比，亲友之间口口相传的信息缺乏客观性，易形成谣言，引起恐慌(Burger et al.，2013)。一般而言，政府发布的信息更具有客观性和公正性，是居民做出避灾行为决策最主要的依据之一(Reinhardt，2015)，而大众媒体发布的信息具有传播速度快的特点，带有一定的宣传功能和舆论性质(Zhu et al.，2011)。然而，许多实证研究表明，由于大众媒体提供的信息通常被认为是不准确和耸人听闻的，许多居民希望政府机构能够满足对准确信息的需求。比如，Burns et al.(2010)认为澳大利亚的警察服务机构有效地利用社交媒体向公众传播严重洪灾事件的危机信息。Lindell et al.(2005)发现，地方当局的信息与居民疏散的相关性高于大众媒体(如新闻)来源的信息。在灾害最严重时,居民对信息的准确性的需求大于及时性,虽然广播和电视等大众媒体渠道都增加了实况报道的数量,但政府可能被视为比大众媒体更值得信赖的来源。基于此,作出如下研究假设:

H1a:社交美体是使用频率最高的信息源。

H1b:亲友是一个重要的信息源,但使用频率较低。

H1c:在灾害最严重时,政府比大众媒体使用频率更高。

居民就灾害问题进行的信息获取的行为贯穿于整个周期的各个阶段,每个阶段都有不同的目的(Bradley et al.,2011)。不同时间节点上灾害信息的获取也是居民进行避灾准备行为决策的重要参考依据之一(Liu and Jiao,2018)。已有研究把"灾害周期"确定为四个阶段:缓解和预防、准备、应对和恢复(Bradley et al.,2020)。具体到地震灾害,由于目前的信息技术基本无法准确预测地震发生时间,故而,目前关于地震灾害风险管理的研究多集中于事后评估,即对有地震灾害发生的区域进行调查研究(Ipong et al.,2020;Jena et al.,2020;Yu et al.,2019)。同时,由于地震灾害的致灾性和致死性,学者多关注灾害发生最严重时这一时间节点居民的应急准备(如此时的灾害风险认知、相应的避灾行为决策等)。比如,Mileti et al.(2006)发现,在灾害最严重时,90%的居民会选择政府官方发布的灾情信息来了解地震灾害破坏情况并预测后续灾情发展状况。Liu et al.(2011)研究发现,地图是人们快速获得空间任务知识的最可靠的工具之一,比如,灾害期间的疏散。综观已有研究,少有研究从灾害发生时间链条维度出发,关注地震发生前、发生时和发生后各个时点上居民的灾害信息获取特征。理论上而言,如果政府能够搭建完备的灾害信息传播平台,居民具备系统的灾害认知,那么他们就能够主动在灾害发生的不同时间点获取信息。随着灾害的发生和避灾减灾的推进,居民获取信息的频率应该呈现递增趋势,且增长率保持在一个稳定水平。基于此,作出如下假设:

H2:随着灾害发生时间的演变,居民获取信息的频率呈现递增趋势,且增长率保持在一个稳定水平。

灾害信息获取特征理论框架如图6-1所示。

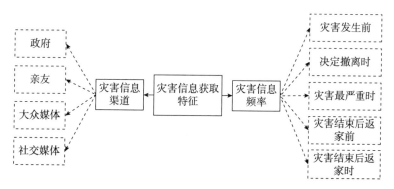

图6-1　灾害信息获取特征理论框架

三、变量定义与研究方法

灾害信息是居民避灾准备行为决策的重要指示和参考依据（Hasegawa et al.，2005）。理论上而言，在灾害发生不同时间节点上居民主要信息来源渠道和信息获取频数会存在一定差异。基于此，本章从灾害发生时间链条和灾害信息获取渠道两个维度来设计变量。具体测度操作如下：

在灾害发生时间链条方面，参考 Bradley et al.（2020）对于灾害信息获取时间的研究，本研究将其划分为"灾害发生前—决定撤离时—灾害最严重时—灾害结束后返家前—灾害结束后返家后"五个阶段，用于表征地震灾害发生前、中、后各个不同阶段的情况。在灾害信息获取渠道方面，参照 Siebeneck 和 Cova（2014）、Steelman et al.（2015）、Zhu et al.（2011）等人关于灾害信息渠道的研究，本研究将信息渠道分为"政府（电话/短信）""亲友""大众媒体（电视/广播/报纸）""社交媒体"4 类，分别询问居民在灾害发生不同时间节点上是否从以上 4 个渠道获取灾害信息，如果有居民回答"是"，那么继续追问在灾害发生不同时间节点上居民在该渠道获取信息的频数。具体如表 6-1 所示。

表 6-1　变量定义与测度

灾害信息与行为决策时间全链条	灾害信息获取渠道	灾害信息获取频率
灾害发生前	灾害发生前，您是否有灾害信息获取渠道？（0=否，1=是）	灾害发生前，您平均一天收到以下信息条数（次）：1=政府（如电话/短信）（　），2=亲友（　），3=大众媒体（电视/广播/报纸）（　），4=社交媒体（　）
决定撤离时	决定撤离时，您是否有灾害信息获取渠道？（0=否，1=是）	决定撤离时，您平均一天收到以下信息条数（次）：1=政府（如电话/短信）（　），2=亲友（　），3=大众媒体（电视/广播/报纸）（　），4=社交媒体（　）
灾害最严重时	灾害最严重时，您是否有灾害信息获取渠道？（0=否，1=是）	灾害最严重时，您平均一天收到以下信息条数（次）：1=政府（如电话/短信）（　），2=亲友（　），3=大众媒体（电视/广播/报纸）（　），4=社交媒体（　）
灾害结束后返家前	灾害结束后返家前，您是否有灾害信息获取渠道？（0=否，1=是）	灾害结束后返家前，您平均一天收到以下信息条数（次）：1=政府（如电话/短信）（　），2=亲友（　），3=大众媒体（电视/广播/报纸）（　），4=社交媒体（　）
灾害结束后返家时	灾害结束后返家后，您是否有灾害信息获取渠道？（0=否，1=是）	灾害结束后返家后，您平均一天收到以下信息条数（次）：1=政府（如电话/短信）（　），2=亲友（　），3=大众媒体（电视/广播/报纸）（　），4=社交媒体（　）

本节的目标在于从灾害信息源和信息获取时间两个维度出发，探究居民在不同灾害

发生不同时间节点上灾害信息获取的特点。为了实现这个目标，主要采取以下方法：一是灾害发生不同时间节点上居民是否有信息获取渠道的分析。在灾害发生的不同时间节点上，主要居民有灾害信息获取渠道，并有信息获取行为，则将该居民标记为在该灾害发生时间节点上有信息获取渠道，否则为无；然后，进一步分析灾害发生不同时间节点上有灾害信息获取渠道居民占比变化。二是灾害发生同一时间节点上信息获取渠道的横向对比分析。对地震灾害发生的不同时间节点，分别求取4类信息渠道获取信息频数均值，用其去表征不同信息渠道在该灾害时间节点上的相对重要程度。三是灾害发生不同时间节点上信息获取渠道的纵向对比分析。对地震发生不同时间节点，分别求取4类信息渠道获取信息频数均值，并在不同时间节点上对同类信息渠道进行纵向对比分析，探究在灾害发生不同时间点居民获取信息频数的强度变化。

四、结果

如图6-2所示，在灾害发生的不同时段，居民有无灾害信息获取渠道差异明显，有信息获取渠道的居民占比在逐渐上升。具体而言，在整个灾害信息获取时间全链条上，有信息获取渠道的居民占比增加了70.03%。其中，灾害发生前仅有21.71%的拥有灾害信息获取的渠道，占比最低。而最后避灾结束返回家后，有91.74%的居民拥有信息获取渠道，占比最高。

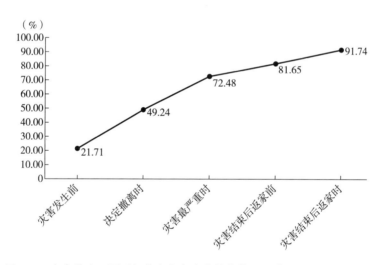

图6-2　灾害发生不同时间节点上有灾害信息获取渠道居民占比变化趋势

如图6-3所示，在地震发生前，灾害发生各个时间节点居民信息获取频数较低，均不足1条。同时，亲友和大众媒体是该时间段居民最主要的信息获取渠道。在实地调研中，我们向居民谢阿姨提问："在地震发生前，您有没有主动去获取灾害信息?"她回答道："我平时有很多农活需要完成，没有时间也没有意识去关注地震。我觉得地震很少发生，没必要过多关注。"信息获取频数较低可能的原因在于居民缺乏灾害认知和风险感知，没有灾害信息获取的意识。同时，山区聚落居民乐于利用点对点信息来源收集和分享官方来源和社交媒体有时无法提供的信息，而大众媒体（如广播、电视、报纸）常常被使用于居民灾害发生前的日常生活中。

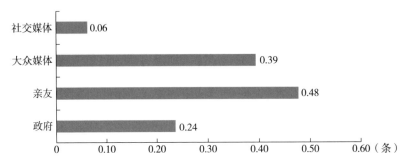

图6-3　灾害发生前，居民平均每天从不同信息渠道获取信息条数

如图6-4所示，在居民决定撤离这一时间点上，亲友和政府是该时间段居民最主要的信息获取渠道。在执行撤离这一避灾行为的决策时，亲友之间的沟通依然是最主要的渠道，是因为居民之间集群居住，长期以来形成了信息交互的社交关系，往往其中一方的撤离决定会连带影响其他的亲友，而政府发布的官方信息具有客观性、可验证性和引导性，是居民决定撤离的最主要因素之一。在访谈中，我们向居民李奶奶提问："您是如何决定撤离的呢？"她回答道："一般而言，我是收到亲友们的提醒才开始撤离，他们会关注地方政府发出的撤离短信通知。只要是政府发了通知，大家都会决定撤离。"

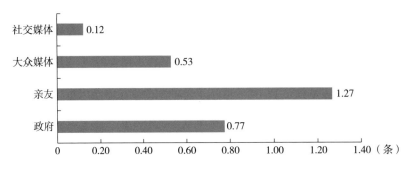

图6-4　决定撤离时，居民平均每天从不同信息渠道获取信息条数

如图6-5所示，在灾害最严重时这一时间点上，亲友和政府是该时间段居民最主要的信息获取渠道。可能是因为灾害最严重时，集中在避灾区域的亲友之间互相沟通的频率增长明显，且政府高度重视地震灾害发生时居民的避灾和救灾情况并制定相应的救灾物品分配和救援团队部署策略，政府在灾难中扮演的角色比广播或电视等大众媒体更为复杂，因为政府报道的即时性需求不那么明显。在访谈中，我们向居民张叔叔提问："您在灾害最严重时，是如何获取到灾情信息的呢？"他回答道："灾害最严重时，我和我的亲友们都到了政府规划的避灾点。大家集中在一起，每天都会讨论灾情，政府也会给我们通报救灾信息。"

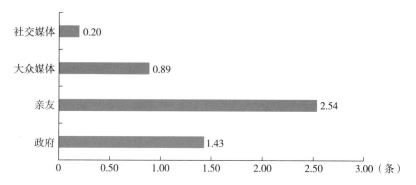

图 6-5　灾害最严重时，居民平均每天从不同信息渠道获取信息条数

如图 6-6 所示，在灾害结束后返家前这一时间点上，亲友、政府和大众媒体是该时间节点上最主要的信息获取渠道，居民每天从亲友处获得 3 条以上的信息。由于政府和大众媒体发布的信息具有可信性和有用性，居民偏好于政府信息。伴随着通信设施设备使用的恢复，居民开始从大众媒体获取救灾、抢灾进展情况来决定是否返家，同时，由于震后居民的集中避灾，紧密的聚落联系使得亲友间是否返家的决策互相影响。在访谈中，我们向居民王阿姨提问："在灾害最严重后但结束前，您是通过什么渠道来获取灾害信息的呢？"她回答道："在余震期间，我跟亲友之间会讨论是否决定返家，我已经能够通过政府通告、电视、广播等一些渠道来了解灾情。"

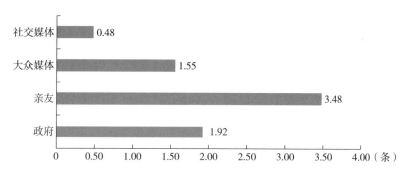

图 6-6　灾害结束后返家前，居民平均每天从不同信息渠道获取信息条数

如图 6-7 所示，灾害结束后返家时这一时间点上，亲友、政府和大众媒体是该时间段最主要的信息获取渠道。出现这种情况的原因可能是在返家后，亲友之间依然会就受灾情况和避灾知识进行交流沟通，政府和大众媒体也会大量发布救灾的情况，报道典型救灾事迹。在访谈中，我们向刘叔叔提问："在灾害结束后，您是否会继续获取灾害信息？"他回答道："灾害结束后，我对地震灾害威胁的认知提高了，学会了主动去寻求灾害信息。亲友之间还会讨论避灾问题，也会通过政府官方网站、电视、收音机等大众媒体进一步了解救灾情况。"

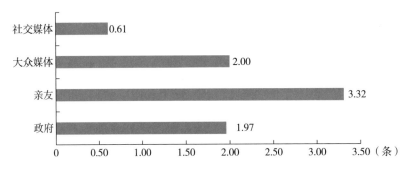

图6-7　灾害结束后返家时，居民平均每天从不同信息渠道获取信息条数

如图6-8所示，在灾害信息与行为决策时间全链条上，居民从政府渠道获取信息的条数呈递增趋势，但增长率呈现下降趋势。由于地震灾害的突发性，政府难以预测地震发生的可能性及其严重程度，所以在灾害发生前，政府只是偶尔发布灾害信息，在决定撤离时，政府会发布灾害预警信息来引导居民进行撤离，而在灾害结束后的一段时间，政府会对救灾工作成果进行总结，并高频数发布有关受灾情况信息，帮助居民进行返家决策。在访谈中，我们对当地专业避灾人士白叔叔提问："您在灾害发生的整个过程中，如何使用政府渠道获取灾害信息？"他回答道："身为当地的专业避灾人士，我们为了确保信息的真实性和准确性，通常都从政府渠道获取一线信息，当然，政府在灾害发生后会发布大量的信息供我们使用。"

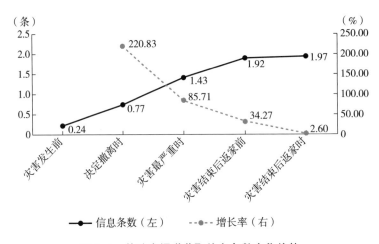

图6-8　从政府渠道获取信息条数变化趋势

如图6-9所示，在灾害信息与行为决策时间全链条上，居民从亲友渠道获取信息的条数呈总体递增趋势，在访谈中，我们向胡奶奶提问："您在灾害期间会选择跟亲友交流灾害信息吗？"她回答道："当然会，我们村里面老年人居多，大家不太会使用社交媒体，很多人都依靠亲友获得灾情信息。灾害发生后，亲友之间关于灾害的谈论会更加频繁。"然而，使用亲友渠道的频率在灾害结束返家后这一阶段有小幅度下降，增长率呈下降趋势。出现这种情况的原因可能在于在灾害结束返家前，地震对各种通信设备造成了严重的破坏，然而，亲友间的口耳相传不用借助于任何机械设备，是最常见的信息传播方式；在灾害结束后返家后，居民回归正常的生活作息，避灾时形成的紧密社交关系被打破，各种通信设备(如村广播、电视、手机短信)已经恢复运作，居民更愿意从其他渠道获取客观信息。

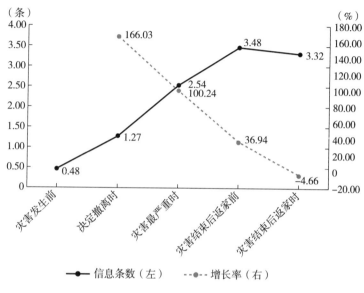

图 6-9　从亲友渠道获取信息条数变化趋势

如图 6-10 所示，在灾害信息与行为决策时间全链条上，居民从大众媒体渠道获取信息的条数呈递增趋势，增长率呈现先上升再下降的趋势。出现这种情况的原因可能在于在灾害结束后返家前，灾害地区的大众媒体基础设施已经恢复运行，故从大众媒体渠道获取信息的条数有大幅度增长。而在决定撤离时，由于灾害发生时情况的紧急性，居民不具备充足时间从大众媒体获取信息，故从大众媒体渠道获取信息的条数的增长幅度较小。在访谈中，我们向当地媒体中心负责人李女士提问："您能否向我们介绍一下灾害发生期间，大众媒体的使用情况呢?"她回答道："灾害发生前，居民使用大众媒体是为了生活娱乐，所以我们很少播放灾害相关的内容。由于地震灾害严重影响到通信设备的正常使用，所以灾害发生后，居民利用大众媒体获取灾害信息明显增多。"

如图 6-11 所示，在灾害信息与行为决策时间全链条上，居民从社交媒体渠道获取信息的条数呈递增趋势，且增长率呈波动状态。社交媒体对信息的传播具有快速性、广泛性、舆论性等特点，在灾害结束后返家前，通信设施设备得以恢复运行，社交媒体渠道上的报道呈指数增加，同时，通过社交媒体传播的信息的价值随着社交媒体用户数量的增加而呈指数增加。而在灾害结束后返家后，居民对灾害的关注度相对降低，导致其增长率有所下降。具体而言，居民从社交媒体渠道获取信息的条数均值从 0.06 条增加到 0.61 条。其中在灾害结束返家前的增长幅度最大，较上一阶段增长 137.15%；在灾害结束返家后的增长幅度最小，较上一阶段增长了 27.39%。

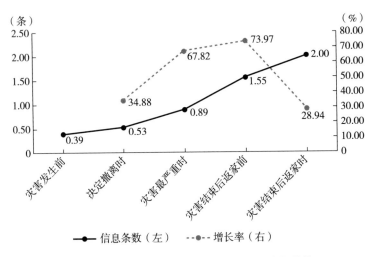

图 6-10　从大众媒体渠道获取信息条数变化趋势

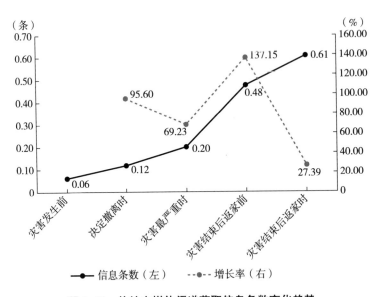

图 6-11　从社交媒体渠道获取信息条数变化趋势

五、讨论与结论

相比于已有研究，本研究的边际贡献在于：一是创新了研究视角，从灾害信息源和灾害信息获取时间两个维度来系统探究居民灾害信息获取的特点；二是利用汶川大地震和芦山大地震重灾区农户调查数据，描述统计了来自中国山丘区的居民使用灾害信息的特点。本研究灾害信息获取渠道特征研究结果可为地震重灾区构建灾害信息资源共享体系的建设提供启示。

在整个灾害发生过程中，社交媒体是最不常使用的信息源。然而与 Bunce et al.

（2012）和 Mileti et al.（2006）的研究结果不一致，同时也与研究假设 H1a 不一致，他们的研究发现社交媒体在灾害信息沟通中的作用不断扩大，在紧急情况下，居民越来越依赖于社交媒体获取信息并传递信息。不仅如此，Basolo et al.（2009）和 Hong et al.（2019）的研究发现社交媒体暴露会正向显著提高居民的灾害风险认知水平，从而促进居民进行避灾准备。然而，本研究却发现无论是在灾害前、灾害时、灾害后，社交媒体的使用频率都是最低的。将研究区域的特殊性纳入考虑，研究结论能够被解释。受限于调查区域的通信发展水平（本研究调查区域多是山丘区）和当地人口年龄结构，中国农村常住居民多为老年人，而年轻人则多数选择外出求学或务工。由于农村和山丘地区通信设施布置难度大，给社交媒体的使用造成了阻碍。故而，老年人主要通过大众媒体（如电视新闻）了解灾害信息，当然也有老年人通过手机接收政府发布的灾害信息，而年轻人更多偏向使用社交媒体（如手机和互联网）获取灾害信息。这给我们的启示是政府需要高度重视在偏远山丘区聚落建设通信设施，为居民畅通灾害信息的获取渠道，同时，政府在宣传或传达灾害相关信息时可考虑通过电视、手机和互联网等手段进行。

研究假设 H1b 表明，亲友是一个重要的信息源，但该信息源在传播信息时存在许多弊端，故而使用频率较低。这一点得到了部分支持。亲友在灾害发生的所有时间段都有被使用，说明该信息源是十分重要的，在各个时间点都被认为是有用的。然而，在灾害发生时，Shklovski et al.（2008）和 Steelman et al.（2015）等人的研究发现，家人和朋友可能比大众传媒更常被使用，原因是他们被认为比任何大众传媒来源更有用、更值得信赖。与他们的研究结果一致，本研究也发现亲友实际上是各个灾害时间点上最常使用的信息渠道，这与假设 H1b 的后半部分不符。虽然亲友之间口口相传会降低信息的准确性，甚至会产生谣言，引起恐慌，但亲友使用频率依然最高。这可能的原因在于调查区域居民多以山区聚落的形式聚集，山区聚落是多个家庭的聚合体，是山区居民沟通联系的基本网络（Chen & Zhou，2007；Wang et al.，2013）。地震灾害通常对山区聚落的影响非常迅速，在这种情况下，大众媒体、社交媒体和政府渠道最初可能在提供信息方面处于落后的形势，从而迫使居民转向他们周围的人，试图通过互相交流迅速得知灾情。故而，为了充分利用亲友这个信息源，在灾害发生后，政府应该进行实地调研，对山区聚落中信息真假及信息质量进行辨别，尽量减少滞后无用信息在灾害威胁区内的传播。同时，为了避免谣言传播引起居民恐慌，地方当局还设置工作小组负责谣言的控制。

与研究假设 H1c 和 Steelman et al.（2015）、Siebeneck 和 Cova（2014）一致，在灾害最严重时，政府比大众媒体使用频率更高。具体而言，Steelman et al.（2015）研究表明，由于大众媒体提供的信息通常被认为是舆论性的，许多居民希望政府机构能够满足他们对准确信息的需求。不仅如此，政府发布的信息还直接影响居民的避灾行为决策。比如，Siebeneck & Cova（2014）发现，随着居民对地方当局的依赖程度增加，在正式返家日期之后返回的可能性也增加。其可能的原因在于，在灾害发生最严重时，居民迫切需要准确的信息来了解灾害破坏的严重性，从而做出正确的避灾选择，这关系到居民的生命和财产安全。这时，政府发布的信息就显得比其他信息源更可靠、可信。

研究假设 H2 表明，随着灾害发生时间的演变，居民获取信息的频率呈现递增趋势，且增长率保持在一个稳定水平。本研究结论与该假设基本一致，其中一部分存在矛盾。随着灾害的发生和演变，灾害信息渠道使用程度越来越高。这是因为调查区域是受到地震等灾害威胁的典型区域，该区域的山区聚落的居民由于经历过汶川大地震、芦山大地震等特大级地震，灾害认知和避灾自主性都高于其他区域，故而，当地居民在灾害发生期间不断提高获取信息的主动性。然而，本研究得出的增长率结论与 H2 所述不一致，随着灾害时间的变化，政府和亲友的增长率呈现降低趋势，大众媒体和社交媒体的增长率呈现波动趋势。增长率并没有保持稳定的原因主要在于，在灾害发生期间，受限于信息技术、信息质量和信息种类，不同时点上的信息的可获取程度不同，不能为山区聚落居民获取持续的、可靠的信息提供保障。故而，政府应当构建灾害信息资源共享体系，实现向灾害风险地区传递并共享灾害预警信息、救助信息以及传播防灾减灾知识。在政府发布的客观信息的基础上，允许居民个人及其亲友在系统内发布自己所获得的灾害信息，并由当地信息监管部门严格审核信息的真实和准确性，同时，充分与大众媒体和社交媒体合作，实现灾害信息传播由"点"向"面"的转变，提升灾害信息的传播速度。除此之外，政府需要在不同的时间点上收集各方灾害信息。具体而言，在灾害发生前实时引进地震管理局和地震研究所的预测信息；在灾害发生时，及时更新灾情及救灾抢险情况；在灾害发生后，对信息进行归档，灾害信息归档是灾害管理的重要内容之一，目的是对管理过程中产生的信息资料和信息资源进行分类、整理、储存，确保信息资料的完整、真实、规范和安全，以备检索和利用。

总结来看，研究利用四川省芦山地震和汶川地震受灾区域的 4 个典型区县的 327 户居民调查数据，通过探究了地震发生不同时段居民信息获取渠道及频数，主要得到以下四点结论：

第一，在整个灾害发生过程中，社交媒体是最不常使用的信息源。有信息获取渠道的居民占比呈现递增趋势，然而，受限于山区通信技术和人口年龄结构，社交媒体渠道获取信息的频率是 4 个信息源中最低的，其均值在五个时段中分别是 0.06 条/天、0.12 条/天、0.20 条/天、0.48 条/天、0.61 条/天。

第二，亲友是一个重要的信息源。虽然其存在明显的弊端，使用频率却一直是最高的。亲友这一信息渠道在每个时段都有被居民使用，其重要性不言而喻。通过亲友传播的信息存在准确性低、易形成谣言等弊端，然而，调研区域山区聚落的特性使得亲友这一信息渠道被广泛使用。该信息获取渠道获取条数的均值在五个时段中分别是 0.48 条/天、1.27 条/天、2.54 条/天、3.48 条/天、3.32 条/天。

第三，在灾害最严重时，政府比大众媒体使用频率更高。在灾害最严重时，居民对于信息的准确性需求远大于及时性需求，所以政府发布的官方信息比大众媒体的信息使用频率更高。其中，居民在灾害最严重时从政府渠道获取信息的条数均值为 1.43 条/天；而从大众媒体获取信息的条数均值为 0.89 条/天。

第四，在灾害信息获取时间链条上，居民获取信息的频率呈现递增趋势，但增长率呈现波动状态。具体而言，政府、大众媒体和社交媒体渠道获取信息的频率呈递增趋势；亲友渠道获取信息的频率呈总体递增趋势，但在灾害结束后返家后这一阶段有小幅度下降。亲友和政府信息获取渠道在决定撤离时的增长率最高，分别是 166.03% 与 220.83%；大众媒体与社交媒体信息获取渠道在灾害结束返家前的增长率最高，分别是 73.97% 与 137.15%。亲友、政府、大众媒体、社交媒体四种信息获取渠道在灾害结束后返家后的增长率最低，分别是 -4.66%、2.60%、28.94%、27.39%。

第三节　专业人士对普通民众地震避灾准备行为选择的影响

一、研究背景与问题提出

备灾对于实现降低全球灾害死亡率、降低灾害直接经济损失占比和大幅减少全球受灾人数等目标至关重要（UNDRR，2018）。许多实证研究也表明，有效的避灾准备是灾害管理的一个关键环节，也是预防家庭生命和财产损失的重要手段（Hoffmann & Muttarak，2017；Kapucu，2008；Paton，2003）。比如，Tierney 等（2002）发现避灾准备是迅速减少家庭一级损失和降低风险的一种方法。Godschalk et al.（2009）发现 1 美元的避灾投入可以取得 4 美元的成效。为了提升备灾能力和水平，全球和地方在"仙台框架"的指导下颁布并实施了减灾和备灾战略（Uprety & Poudel，2012）。然而，全世界防备灾害方面却没有取得相应的成功（Abunyewah et al.，2020；Lindell & Whitney，2000）。具体而言，针对个人用水安全，孟加拉国的政府花费大量的资金和人力，开展了许多公众意识和卫生教育项目，大部分居民仍然不愿采取净水等预防措施（Smith et al.，2000）；巴西近几年在灾害管理方面的投资有所下降，社会资源分配不合理导致巴西灾害威胁区居民备灾并不充分（Alem et al.，2021）；Chan et al.（2019）指出，亚洲国家的灾害准备或预警信息的宣传在政府层面有效，社区或者个人（家庭）层面并未有效进行备灾。尽管各国学者都在进行备灾行为的研究，但少有研究聚焦于中国地震高风险区居民的备灾是否充分，及选择某种行为背后的原因，亟须开展相关研究。

为了减弱地震灾害的冲击，中国政府也采取了一系列备灾政策和措施（Xu et al.，2016）。比如，20 世纪 70 年代开始就尝试建立群测群防体系，在汶川地震一年后颁布出台新的《中华人民共和国防震减灾法》，力求通过法律的形式引导社会组织和个人开展地震群测群防活动，对地震进行监测和预防。目前，中国地震群测群防工作可以用"三网一员"来简单概括。所谓"三网一员"就是指地震宏观测报网、地震灾情速报网、地震知识宣传网和专业人士(防震减灾助理员)。专业人士指村落中具有一定防灾减灾能力的个体。在本研究具体分两类:一是熟悉防灾减灾工作,具备防灾减灾能力的村干部(这部分群体中有少部分个体因为特别熟悉防灾减灾工作而不用参加国土局等部门关于防灾减灾的系统培训);二是除村干部外村里相对年轻且受过一定教育的个体,这部分个体会接受国土局等部门组织的防灾准备方面的培训。也就是说,专业人士代表着"权威","政府人员"受教育程度高、受到民众的信任。在地震发生时,专业人士带领民众转移到安置点、组织民众自救、帮助搜救队指路、提醒民众警惕余震与次生灾害。地震后,专业人士负责统计民众受灾情况并报告给上级政府。日常生活中,专业人士观察灾害易发点的情况,捕捉地震前兆,宣传防灾知识与相关政策,发放防灾手册、放置灾害警示牌。按照村落的划分标准,因村落内部地缘、血缘等因素,专业人士和普通民众表现出许多相似特征,比如,相同的生活习惯、相似的地震灾害经历和重合的人际交互网络。因此,同一个村(社区)内部,专业人士对于普通民众在备灾行为选择上的影响属于典型的同群效应。同群效应,在一些文献中也被称为同伴影响(Duncan et al., 1968)、羊群行为(Banerjee, 1992)和社会传染(Burt, 1987)。它指个体会组成同伴群体圈子,其中某一个体的表现或产出会受到其同伴个体表现或产出的影响(Betts & Morell, 1999; Browne et al., 2021; Xiong et al., 2016)。同群效应被广泛应用于社会学、教育学、心理学等领域(He, 2019; Lundborg, 2006; Karwowski, 2015),然而,在备灾行为领域,同群效应的相关研究还相对较少,亟须开展相关研究。群测群防体系的建设已有几十年,在该体系的指导下中国的防灾减灾工作也取得了卓越的成效(Xu et al., 2016),具体体现在科学监测、启动应急预案、组织撤离等方面。2016—2020年,依靠群测群防系统,中国避险地质灾害4000余起,涉及可能伤亡人员近15万人,避免直接经济损失近50亿元(中国地震局, 2021)。然而,在同群效应的作用下,一些地方专业人士的带动作用发挥得还不明显,突出的表现为面临自然灾害的威胁,居民的避灾准备并不充足(Xu et al., 2017b),其原因有待揭示。

基于以上背景,本节以中国四川省汶川地震和芦山地震重灾区居民为研究对象,利用中国特色数据,理论上构建专业人士对普通民众的同群效应模型(趋同效应+社会学习),经验上使用二元Logit模型验证了专业人士对普通民众的同群效应,以期为完善中国当前的群测群防政策体系并为其他国家地震灾害风险的管理政策制定提供参考。

二、文献综述及研究设计

由于避灾准备是应对外部风险冲击的有效手段,同时一些研究发现居民的避灾准备并不充足,故而避灾准备驱动机制一直也是学术界关注的热点(Huang et al., 2013; Roder et al., 2016)。避灾准备指居民在灾难发生前的一系列应对灾害、降低灾害损失的活动(Yong et al., 2020)。避灾准备指居民在灾难发生前的一系列应对灾害、降低灾害损失的活动(Paton，2003)。受社会经济文化背景的差异及不同灾种的影响，学术界关于避灾准备的测度标准并不统一。本节拟参考 Yong et al.(2020)的设定，从应急物品准备、灾害保险准备、知识培训准备和房屋加固准备4方面进行测度。

许多文献就避灾准备的驱动因素进行了探讨，发现个人特征(如年龄、受教育程度、灾害经历、灾害风险认知等)、家庭社会经济特征(如家庭收入、抚养比等)和灾害自身特征(如频率)是影响居民灾害准备的重要因素(Brenkert-Smith et al.，2012；Le Dang et al.，2014；Collins，2008)。然而，由于居民所处环境的不同，这些因素呈现出不同的作用机制(Hoffmann & Muttarak，2017；Miceli et al.，2008)。同时，这些研究多侧重于个人的内在特征和外部政治环境的影响，很少关注到居民所在的社会网络(Tan et al.，2021)。事实上，人类不是单独的个体，其生活与其所处的社会网络环境密不可分。社会网络的结构和人类所处的位置，决定着每个人在交友、择校、就业、理财、养育子女、休闲娱乐等所有方面的选择。幸运的是，一些研究已经逐步认识到社会网络(主要指同龄人群体)在灾害准备中的作用(Islam & Walkerden，2015；Kim & Hastak，2018；Misra et al.，2017)。然而，总体而言，这方面的理论和实证研究还相对较少(Tan et al.，2021)，少有研究关注群测群防体系下专业人士作为同龄群体对普通民众避灾准备的影响。

同群效应随着社会认知理论(SCT)的发展应运而生(Goldsmith-Pinkham & Imbens，2013；Marotta，2017；Miller & Morris，2016)。SCT强调社会网络中个体行为选择与个人认知、他人行为与环境因素三者及其交互作用密不可分(Bandura，1999；Harmon et al.，2014；Sawitri et al.，2015)。中国四川省地震高风险区大多为山地区域，高耸的山脉将当地居民分割成一些聚落群体。由于亲缘、地缘等关系，聚落内部的家庭组成了一张紧密联系的交互网络(Xue et al.，2021；Zhuang et al.，2020)。同时，由于受教育水平和社会经验等因素的限制，研究区域居民并不是完全理性的，也就是说，他们无法直接确定自己的偏好，并做出期望效用最大的选择(Delfino et al.，2016)。所以，基于研究区域居民都有条件偏好的假设，居民的避灾行为选择也受到社会背景和人们所处的关系等因素的影响(Patterson et al.，2010)。

有限理性的当地居民认为他人的行为是值得参考的，尤其是感知到他人行为所带来的额外益处。当面临地震灾害的风险无法科学评估的时候，村(社区)的备灾(以专业人士的备灾行为为代表)是居民的重要参照(Jagnoor et al.，2019；Osti et al.，2011)。Said et al.(2011)在斯里兰卡进行的研究表明，如果居民所在的社区已经做好了充足的备灾，那么，居民也倾向于进行这些备灾。Ma et al.(2021)发现社区对居民了解和关心频率越高，居民总体备灾就会越完善。也就是表现为个体愿意将自己的安全责任转移到值得信赖的专业人士身上(Lee & Lemyre，2009)，于是形成了在专业人士和普通民众两类个体之间的同群效应。由于人类强大的观察和学习能力，SCT又被称作观察学习理论(McAlister et al.，2000)。观察学习理论强调通过人际交往或媒体展示来学习新的行为，主要分为"注意""保留""生产"和"动机"4个过程(Bandura，2001)，包含"观察模仿"和

"学习提升"两种路径(McAlister et al.，2000；Singhal & Rogers，2012)。综上所述，在地震备灾行为选择中，存在专业人士和普通民众之间的同群效应，并且分为趋同效应(观察模仿)和社会学习效应(学习提升)两种路径。

趋同效应认为，在面临未来高度不确定时，特别是处于弱势地位，人类的选择往往直接来自他人启发(Heiner，1983；Simon，1990)。基于 Bandura 对 SCT 的 4 个过程分类(Bandura，2001)，本研究将趋同效应分为 3 个过程，即"注意""动机"和"模仿"。"注意"是指个体与个体之间直接的接触能够引起注意，并建立对某种行为的初步认知；"动机"是指个体在基于认知的前提下，对行为所产生的后果进行利弊分析。分析的过程实质上是指个体捕捉共同采取某种行为的好处，即分析该行为是否能产生社会效用(Bursztyn et al.，2014)。"模仿"是指个体直接效仿他们认为能使预期期望最大化的行为，越来越多的个体行为累计成观察性规范(Bicchieri，2006)。观察性规范没有义务或者责任的约束，是群体通过主动观察等方式形成的统一规范(Delfino et al.，2016)。社会成员在观察性规范下，会以缩小差距为目标而趋于相同的意见、观点和行为倾向(Sullins，1991)。尤其当外界信息(灾害风险信息)模棱两可时，社会群体趋于一致的程度会更高(Bhavan et al.，2019)，行为趋同现象最终得以形成。在备灾行为上，目前学术界重点关注了弱势群体趋同效应。比如，Takahashi 和 Kitamura(2016)研究发现，虽然残疾人容易听信同伴群体传播的谣言，但模仿同伴的成功行为也是他们做好备灾的重要途径。Saxton(2018)研究表明向残疾妇女提供同伴克服性别歧视、残疾歧视的真实案例，有助于她们采用相同的方式克服心理障碍。地震风险和贫困双重交织的居民也属于弱势群体，他们面临随时可能因地震而受伤甚至丧命的风险，并且缺乏应对灾害损失经济能力，所以，他们更倾向于选择备灾来减轻受损的风险(Yong et al.，2020)。同时，大量实证研究表明，受教育年限与避灾准备正向显著相关(Allen，2006；Sattler，2000；Hoffmann & Muttarak，2017)。相较于普通民众而言，专业人士受教育程度更高，且经过政府主管部门的培训，其在避灾准备上具有更强的权威性和专业性。一旦灾害发生，专业人士采取的避灾准备会取得良好的风险规避效果，是普通民众的模仿模型。同时，由于信息渠道的连接，专业人士采取行动所导致的结果会迅速传播并影响个体的决策(An and Kiefer，1995)。理想状态下最终的结果为专业人士和普通民众的避灾准备逐渐趋同。基于此，提出如下研究假设：

H1：专业人士会通过同群效应中的趋同效应对普通民众在应急物品准备上产生正向影响。

H2：专业人士会通过同群效应中的趋同效应对普通民众在灾害保险准备上产生正向影响。

H3：专业人士会通过同群效应中的趋同效应对普通民众在房屋加固准备上产生正向影响。

社会学习效应认为，人们会通过学习来改变自身的态度和行为，是人类大脑中深思熟虑的系统(Delfino et al.，2016)。社会学习效应强调人类对于社会信息独特的记忆和建模能力（Braun & Rusminingsih，2021），主要分为"接收""保留"和"生产"3个过程。"接收"是指个体识别社会信息可用，理解他所看到或经历的东西的能力（Bjorklund，2020），在备灾中主要是指理解灾害培训的内容和逃生演练的过程。"保留"指记忆有效信息，这取决于个体的记忆力和阅读力等智力因素。当个体不断重复"保留"某些信息，就会形成认知负荷（即重复记忆），触发个体行动（Buckert et al.，2014）。"生产"是指最终的行动，这取决于个体是否具备将认知转化为行动的基本能力（Bandura，2001）。培训和演练是指定应该做什么，这种带有义务性和强制性的信息传递形成学习型规范（Cialdini et al.，1990）。如果学习行为导致愉悦或满足，则学习过程会起到乘数放大应的效果。社会学习效应被丰富的跨学科研究所证实（Simon，1990）。比如，Suboski和Templeton（1989）利用社会学习效应，探究了鱼类的孵卵实践，得到了有趣的结论，如食物和捕食者识别训练可以大幅提高鱼类的孵化率，尤其是在野外的环境中。除了在动物行为中存在局部学习适应行为，人类政府也已经开展了许多备灾的社会学习活动（Espina & Teng-Calleja，2015）。比如，Said et al.（2011）实地调研发现，斯里兰卡社区举行了一系列防灾能力建设活动，如灾害知识科普活动、居民谈话和疏散计划解读，以提高社区的备灾能力。然而，很少有国家或地区关注社区中居民的备灾能力提升。中国的"群测群防"就是典型的关注居民本身的防灾减灾体系。其中，专业人士和普通居民形成了一个向外发散的"星型"网络结构（Aldrich & Whetten，1981）。即一个中心组织与网络中其他个体直接相连，信息传递直接从星型网络中心发送到其他个体。专业人士充当网络中心的"连接针"组织的角色（Darlington，1995）。"连接针"组织的功能是传递沟通、指导网络中参与者的行为，并充当一个被模仿的模型（Aldrich and Whetten，1981）。具体而言，专业人士通过灾害知识培训和逃生演练主动向居民传播必要的灾害信息，居民在接收和保留信息过程中重塑灾害风险认知（Basolo et al.，2009；Steinberg et al.，2004），最终促使采用更多的备灾行为。理想的状态是，普通民众在参加专业人士组织的培训之后，知识储备水平提升并且观察到了避灾准备的效果，选择采取避灾准备以减少损失。基于此，提出如下研究假设：

H4：普通民众参加专业人士组织的知识培训与他们采取应急物品准备呈显著正相关。

H5：普通民众参加专业人士组织的知识培训与他们采取灾害保险准备呈显著正相关。

H6：普通民众参加专业人士组织的知识培训与他们采取房屋加固准备呈显著正相关。

三、变量定义与研究方法

定义变量如表6-2所示。避灾准备是本研究的因变量。参考已有研究，本研究通过应急物品准备（Le et al.，2014）、灾害保险准备（Miceli，2008；Peng et al.，2019a）、知识培训准备(Allen，2016；Hoffmann & Muttarak，2017；Sattler，2000)和房屋加固准备(Anton et al.，2016a；Lawrence & Becker，2014)四个指标对其进行测度。当居民拥有该项避灾准备时，赋值为1，否则赋值为0。由于每个村的专业人士一般有2—4名，研究以专业人士避灾准备指标均值代替该村所有专业人士避灾准备。

同时，为了避免遗漏变量对模型估计结果造成的影响，研究加入了一些可能影响居民避灾准备决策的变量作为控制变量。关于控制变量的选择，参考 Fischer(2011)、Kohn et al.(2012)和 Miceli(2008)等研究，从被访者个体特征、家庭社会经济特征和灾害经历特征3个维度分别选取相关指标。其中，个体特征包括性别、年龄等，家庭社会经济特征包括年现金收入、人口数等，灾害经历特征包括灾害经历严重性、经济损失等。所有的变量定义及描述性统计如表6-2所示。

表6-2　变量定义

类别	变量名	变量定义	均值	标准差
避灾准备	应急物品准备	您家是否准备了应急物品？	0.25	0.43
	灾害保险准备	您家是否购买了灾害保险？	0.28	0.45
	房屋加固准备	您家的房屋是否加固？	0.57	0.50
	知识培训准备	您是否参加过灾害知识培训？	0.45	0.50
个人特征	性别	被访者性别(0=男，1=女)	0.46	0.50
	年龄	被访者年龄(年)	53.44	13.38
	民族	被访者民族(0=汉族，1=少数民族)	0.18	0.38
	受教育程度	被访者受教育年限(年)	6.29	3.70
家庭特征	收入	家庭年现金收入(元)	66190.62	72170.23
	家庭规模	您家中共有几口人？	4.11	1.76
	老年人	您家中是否有64岁以上的老年人？(0否，1=是)	0.72	0.82
	小孩	您家中是否有6岁以下的小孩？(0否，1=是)	0.28	0.52
灾害经历特征	受灾经历	您家是否经受过地震灾害？	0.98	0.11
	因灾受伤	您家中是否有人在地震中受伤？	0.20	0.40
	灾害损失	最严重的一次地震给您家带来的直接经济损失是多少钱？(元)	88867.25	169451.03

就个人特征而言，被访者中女性占比为46%，平均年龄为53.44岁，少数民族占比18%，受教育年限为6.29年。就家庭特征而言，被访者家庭平均年现金收入为66190.62元，平均每家有4口人左右，72%的家庭中有64岁以上老人，28%的家庭中有6岁以下小孩。就灾害经历特征而言，98%的被访者都经历过地震。其中，20%的被访者家中有人因地震受伤，地震给被访家庭带来的平均直接经济损失为88867.25元。

由于本研究的因变量，避灾准备的几个维度是 0—1 型二分类变量，故而拟采用二元 Logit 模型来探索专业人士避灾准备与普通民众避灾准备的相关性。模型简单表达式如下：

$$PDP_i = \alpha_0 + \alpha_{1i} \times GDP_i + \alpha_{2i} \times Control_i + \varepsilon_i$$

公式中，PDP_i 表示专业人士避灾准备；GDP_i 表示普通民众避灾准备；α_0 表示常数项；α_1、α_2 分别表示模型待估参数；$Control_i$ 为控制变量；ε_i 表示残差项。所有的数据分析处理使用 Stata 12.0。

四、结果

(一) 趋同效应

由于专业人士的权威性和专业性，普通民众为了进一步规避灾害风险，会模仿专业人士的灾害准备行为，达到行为上的趋同性。表 6-3 显示了专业人士与普通民众避灾准备相关关系结果，即趋同效应机制分析结果。模型 1、模型 3、模型 5 分别是专业人士应急物品、灾害保险和房屋加固准备与普通民众应急物品、灾害保险和房屋加固准备相关关系结果；模型 2、模型 4、模型 6 分别是在前一个模型的基础上纳入控制变量的结果。纳入控制变量后，因变量可被自变量解释的范围增加。故而，研究以模型 2、模型 4 和模型 6 的回归结果进行趋同效应分析。

表6-3　专业人士与普通民众避灾准备回归分析结果

变量	普通民众应急物品准备		普通民众灾害保险准备		普通民众房屋加固准备	
	模型 1	模型 2	模型 3	模型 4	模型 5	模型 6
专业人士应急物品准备	0.225 ***	0.194 ***				
	(0.073)	(0.075)				
专业人士灾害保险准备			0.360 ***	0.333 ***		
			(0.046)	(0.048)		
专业人士房屋加固准备					0.282 ***	0.315 ***
					(0.057)	(0.063)
性别		-0.027		0.121 **		0.005
		(0.050)		(0.049)		(0.062)
年龄		0.001		0.003		-0.001
		(0.002)		(0.002)		(0.003)
民族		0.100 *		0.043		0.167 **
		(0.060)		(0.065)		(0.080)

变量	普通民众应急物品准备		普通民众灾害保险准备		普通民众房屋加固准备	
	模型1	模型2	模型3	模型4	模型5	模型6
受教育程度		0.025***		0.007		0.011
		(0.008)		(0.008)		(0.010)
ln(收入)		−0.003		0.075**		−0.026
		(0.028)		(0.030)		(0.034)
家庭规模		−0.009		−0.022		0.019
		(0.019)		(0.019)		(0.022)
老年人		−0.031		0.008		0.008
		(0.032)		(0.032)		(0.038)
小孩		−0.040		0.007		0.017
		(0.056)		(0.056)		(0.065)
受灾经历		−0.220		0.027		−0.288
		(0.171)		(0.197)		(0.279)
因灾受伤		0.071		−0.007		0.036
		(0.054)		(0.060)		(0.072)
灾害损失		−0.005		0.031***		−0.013
		(0.008)		(0.012)		(0.010)
常数项	−2.078***	−1.327	−1.640***	10.2603***	−0.458**	1.950
	(0.313)	(2.242)	(0.187)	(2.538)	(0.203)	(2.098)
变量	294	294	294	294	294	294
LR chi²	9.436	30.005	38.793	65.118	19.077	30.194
Prob > chi²	0.002***	0.003***	0.000***	0.000***	0.000***	0.003***
Pseudo R²	0.031	0.098	0.113	0.1895	0.047	0.075

注：***表示在1%水平上显著，**表示在5%水平上显著，*表示在10%水平上显著。

模型2显示，专业人士应急物品准备与普通民众应急物品准备存在正向显著相关关系。具体而言，若其他条件不变，专业人士应急物品准备得分每增加1个单位，普通民众应急物品准备得分平均增加0.194个单位。普通民众的民族(少数民族或汉族)、受教育程度与其应急物品准备存在正向显著相关关系。表明普通民众若是少数民族、受教育年限越高，其应急物品准备得分越高。此外，普通民众性别、年龄、家庭年现金收入、家庭人口数、家庭是否有64岁以上老人或6岁以下小孩、地震灾害经历、家中是否有人因地震受伤、地震带来的直接经济损失与其应急物品准备相关关系不显著。

　　模型4显示，专业人士灾害保险准备与普通民众灾害保险准备存在正向显著相关关系。具体而言，若其他条件不变，专业人士灾害保险准备得分每增加1个单位，普通民众灾害保险准备得分平均增加0.333个单位。普通民众的性别、家庭年现金收入、地震带来的直接经济损失与其灾害保险准备存在正向显著相关关系。表明普通民众若是女性、家庭年现金收入越高、地震造成的直接经济损失越大，其应急物品准备得分越高。此外，普通民众年龄、民族、受教育程度、家庭人口数、家庭是否有64岁以上老人或6岁以下小孩、地震灾害经历、家中是否有人因地震受伤与其应急物品准备相关关系不显著。

　　模型6显示，专业人士房屋加固准备与普通民众房屋加固准备存在正向显著相关关系。具体而言，若其他条件不变，专业人士房屋加固准备得分每增加1个单位，普通民众房屋加固准备得分平均增加0.315个单位。从显著的变量数量来看，影响普通民众房屋加固准备的因素要少于影响其他两项避灾准备行为的因素。这说明房屋加固可能是普通民众首选的避灾准备行为，描述性统计结果也证实了这一点。仅普通民众的民族与其房屋加固准备存在正向显著相关关系。表明普通民众若是少数民族，其房屋加固准备得分越高。此外，普通民众的性别、年龄、受教育程度、家庭年现金收入、家庭人口数、家庭是否有64岁以上老人或6岁以下小孩、地震灾害经历、家中是否有人因地震受伤、地震带来的直接经济损失与其知识培训准备相关关系不显著。

　　（二）社会学习效应

　　地震高风险区专业人士组织一系列灾害知识和技能的培训，旨在通过培训这种社会学习途径，促使普通居民提升灾害准备意识。表6-4显示了普通民众的知识技能培训与避灾准备相关关系结果，即社会学习效应机制分析结果。模型7、模型9、模型11分别是普通民众知识技能准备与其应急物品、灾害保险和房屋加固准备相关关系结果；模型8、模型10、模型12分别是在前一个模型的基础上纳入控制变量的结果。研究以模型8、模型10和模型12的回归结果进行社会学习效应分析。

　　模型8显示，普通民众知识培训准备与其应急物品准备存在正向显著相关关系。具体而言，若其他条件不变，普通民众知识培训准备得分每增加1个单位，其应急物品准备得分平均增加0.104个单位。普通民众的民族和受教育程度与其应急物品准备准备存在显著正向相关关系。表明普通民众若是少数民族、受教育程度越高，其应急物品准备得分越高。此外，普通民众性别、年龄、家庭年现金收入、家庭人口数、家庭是否有64岁以上老人或6岁以下小孩、地震灾害经历、家中是否有人因地震受伤、地震带来的直接经济损失与普通民众知识培训准备相关关系不显著。

　　模型10显示，普通民众知识培训准备与其灾害保险准备存在正向显著相关关系。具体而言，若其他条件不变，普通民众知识培训准备得分每增加1个单位，其灾害保险准备得分平均增加0.139个单位。普通民众的性别、民族、家庭年现金收入、地震带来的直接经济损失与其灾害保险准备存在正向显著相关关系。表明普通民众若是女性、少数民族、家庭年现金收入越高、地震带来的直接经济损失越大，其灾害保险准备得分更高。此外，普通民众年龄、受教育程度、家庭人口数、家庭是否有 64 岁以上老人或 6 岁以下小孩、地震灾害经历、家中是否有人因地震受伤与其灾害保险准备相关关系不显著。

　　模型 12 显示，普通民众知识培训准备与其房屋加固准备不存在显著相关关系。仅普通民众地震带来的直接经济损失与其房屋加固准备呈正向显著关系。同时，描述性统计结果显示，普通民众的房屋加固准备比例达到 56%，且与专业人士并无显著差异。这表明。由于地震灾害造成了居民固定资产（如房屋、车辆等）的直接经济损失，再加上居住的刚性需求，普通民众的房屋加固准备不是在培训中习得的行为，而是在灾后立即采取的重建措施。

表 6-4　普通民众的知识培训准备与普通民众的避灾准备回归分析结果

变量	普通民众应急物品准备		普通民众灾害保险准备		普通民众房屋加固准备	
	模型 7	模型 8	模型 9	模型 10	模型 11	模型 12
普通民众知识培训准备	0.128 ***	0.104 **	0.157 ***	0.139 ***	0.045	0.047
	(0.046)	(0.047)	(0.048)	(0.050)	(0.059)	(0.061)
性别		−0.023		0.120 **		−0.046
		(0.050)		(0.052)		(0.062)
年龄		0.002		0.004		−0.002
		(0.002)		(0.002)		(0.003)
民族		0.125 **		0.140 **		0.058
		(0.060)		(0.064)		(0.080)
受教育程度		0.023 ***		0.007		0.005
		(0.008)		(0.008)		(0.010)
ln(收入)		−0.002		0.064 **		−0.035
		(0.028)		(0.031)		(0.035)
家庭规模		−0.012		−0.026		0.022
		(0.019)		(0.020)		(0.023)
老年人		−0.033		−0.002		0.007
		(0.032)		(0.034)		(0.040)
小孩		−0.032		0.041		0.022
		(0.058)		(0.060)		(0.068)
受灾经历		−0.216		−0.019		−0.206
		(0.169)		(0.219)		(0.284)
因灾受伤		0.079		−0.016		−0.005
		(0.054)		(0.062)		(0.074)

续表

变量	普通民众应急物品准备		普通民众灾害保险准备		普通民众房屋加固准备	
	模型 7	模型 8	模型 9	模型 10	模型 11	模型 12
灾害损失		−0.003		0.033 ***		−0.019 *
		(0.008)		(0.012)		(0.010)
常数项	−1.658 ***	−1.162	−1.351 ***	−8.387 ***	0.172	3.431 *
	(0.206)	(2.240)	(0.187)	(2.382)	(0.152)	(1.990)
变量	294	294	294	294	294	294
LR chi^2	7.449	27.975	9.505	38.785	0.593	10.560
Prob > chi^2	0.0063 ***	0.0056 ***	0.0020 ***	0.0001 ***	0.4411	0.5670
Pseudo R^2	0.0244	0.0917	0.0276	0.1129	0.0015	0.0263

注：*** 表示在1%水平上显著，** 表示在5%水平上显著，* 表示在10%水平上显著。

五、稳健性检验

运行以下稳健性检验，以确保趋同效应和社会学习效应估计的稳定性。

表6-5的稳健性检验1反映了剔除"认为不可能再发生灾害"普通民众样本，以重复回归。相关系数的显著性并未改变，且均有一定的增长。可能的原因在于调查区域位于中国山区农村，描述性统计分析显示当地居民平均受教育年限不足 7 年，少部分居民缺乏对自然灾害的客观认知。而居民进行灾害准备的前提是他们具备一定的灾害风险认知，明确知道自然灾害发生的不可预知性，愿意通过灾害准备来降低遭受灾害损失的可能性。

稳健性检验 2 和检验 3 分别增加了一个与灾害信息相关的变量（即信息频率和信息质量）。许多研究已经证明，信息渠道（如政府、媒体和亲友）的使用频率及其信息质量是影响居民进行灾害准备决策的重要依据（Steelman et al.，2015；Liu and Jiao，2018；Zhuang et al.，2020）。研究将"您平时获取灾害信息的频率：政府/媒体/亲友（1 = 没有—5 = 经常）"和"您觉得政府/媒体/亲友对灾害的判断可信吗？（1 = 完全不可信—5 = 全部可信）"作为信息频率和信息质量的测度在进一步控制潜在遗漏的可观察变量后，相关系数与先前的估计值相似，并且仍然显著。

在稳健性检验 4 中，研究将基本模型从 Logit 模型修改为 Probit 模型。为了便于我们比较系数的大小，给出了同伴效应的边际效应。在 5% 的概率模型中，相关系数仍然显著为正（w = 0.229），这进一步支持了我们研究结果的稳健性。所有五项检查都证实了表 3 中回归结果的稳健性。

四项检查都证实了表6-4、表6-5 中回归结果的稳健性。

表6-5 稳健性检验

路径	变量	稳健性检验1 相关系数（P值）			稳健性检验2 相关系数（P值）			稳健性检验3 相关系数（P值）			稳健性检验4 Dy/dx.（P值）		
		普通民众应急物品准备	普通民众灾害保险准备	普通民众房屋加固准备	普通民众应急物品准备	普通民众灾害保险准备	普通民众房屋加固准备	普通民众应急物品准备	普通民众灾害保险准备	普通民众房屋加固准备	普通民众应急物品准备	普通民众灾害保险准备	普通民众房屋加固准备
趋同效应	专业人士应急物品准备	0.201*** (0.007)			0.203*** (0.007)			0.205*** (0.007)			0.204*** (0.007)		
	专业人士灾害保险准备		0.317*** (0.000)			0.333*** (0.000)			0.333*** (0.000)			0.337*** (0.000)	
	专业人士房屋加固准备			0.341*** (0.000)			0.305*** (0.000)			0.317*** (0.000)			0.316*** (0.000)
社会学习效应	普通民众知识培训准备	0.116** (0.014)	0.148*** (0.003)	0.065 (0.295)	0.104** (0.027)	0.139*** (0.005)	0.047 (0.435)	0.104** (0.027)	0.139*** (0.005)	0.047 (0.435)	0.099** (0.039)	0.141*** (0.005)	0.046 (0.448)
控制变量	控制变量	是	是	是	是	是	是	是	是	是	是	是	是
	信息频率	—	—	—	是	是	是	—	—	—	—	—	—
	信息质量	—	—	—	是	是	是	是	是	是	—	—	—

注：***表示在1%水平上显著，**表示在5%水平上显著，*表示在10%水平上显著。

六、结论与政策建议

备灾行为与同群效应分别都并非新研究话题，但目前没有研究用同群效应解释居民备灾行为。基于 2019 年中国四川省汶川地震和芦山地震重灾区农户调查数据，本研究在问卷调查基础上从同群效应视角出发用二元 Logit 模型实证探究专业人士与普通民众灾害准备之间的关系。

第一，普通民众避灾准备与专业人士避灾准备存在差异，这与 Yong et al. (2020) 的研究结果一致。这种差异在应急物品准备和知识培训准备上更加明显，得分差异分别是 0.37 和 0.48；专业人士灾害保险准备与房屋加固准备得分也高于普通民众灾害保险准备与房屋加固准备得分，分别高出 0.03 和 0.05。可能的原因是应急物品具有相应保质期，同时，地震灾害具有低频性，随时间推移，普通民众准备的应急物品慢慢过期，而在此期间并未发生地震，故而普通民众不再更新应急物品准备。专业人士受教育年限更高、学习能力更强，普通民众受制于渠道、知识水平、支付能力等，避灾准备不充分（Allen，2006）。同时，中国灾害保险品类较少，居民尚未建立投保意识，故而专业人士与普通民众灾害保险准备都不充分。这表明，如果灾害发生了，大多数居民只能自己承担损失。相反，如果购买了灾害保险，民众的负担会减轻。根据 Kousky（2019）的研究，灾害保险覆盖很大程度改变了灾害恢复的结果。

第二，与假设 H1、假设 H2、假设 H3 一致，在趋同效应作用路径下，专业人士和普通民众避灾准备，在应急物品准备、灾害保险准备和房屋加固准备 3 个指标上均呈显著正相关，即存在同群效应。这一研究结果表明，聚落中的专业人士可带领或影响聚落中普通民众的避灾准备行为选择。在面临地震灾害威胁时，有灾害经历的普通民众灾害风险意识普遍较高（Ao et al.，2020），愿意信任具备防灾抗灾知识技能基础的专业人士。面对复杂的避灾准备决策，权威、可靠的专业人士是普通民众模仿、追随的对象，他们通过模仿专业人士的灾害准备行为提前预防灾害的发生，形成灾害准备行为的"一致性"。这与 Abunyewah et al. (2020) 的结论类似，民众之间以及专家和普通民众之间双向频繁交流灾害信息、避灾准备信息，可提高避灾准备意愿，有助于减少灾害风险。

第三，与假设 H4 和假设 H5 一致，在社会学习作用路径下，普通民众参与专业人士组织的知识技能培训与其应急物品准备、灾害保险准备呈显著正相关，即存在同群效应。实证结果进一步揭示了灾害准备行为的同群效应是模仿和学习双重路径的行为。专业人士通过培训这一个有效沟通平台，直接指导普通民众该进行哪些避灾准备、怎样进行避灾准备，展示了避灾准备的成效，强化了二者之间的信任。这与 Tan et al. (2021) 的结论一致，他指出信息复杂群体的意愿有示范作用，会很大程度上影响同村内处于信息劣势的民众。本研究的专业人士类似于信息复杂群体，普通民众处于信息劣势，培训甚至可以强化这种示范作用。同样，Lian et al. (2021) 也发现，参与灾害知识培训使居民更能接受避灾准备。有趣的是，与假设 H6 不一致，研究发现普通房屋加固准备与其知识技能准备无显著相关关系，而与其直接经济损失呈显著正相关。可能有以下两类原因：一方面，从客观角度分析，考虑到被调查居民经历过中国四川省汶川地震和芦山地震等特大地震灾害的现实，大多数当地居民均遭受了房屋破损或倒塌等直接经济损失（平均为 88867.25 元），专业人士已经在灾后重建工作中指导受灾居民进行了房屋加固或改建，而不是经过系统的培训；另一方面，从主观的角度分析，灾后重建工作结束后，专业人士应从灾害预防的角度组织房屋加固相关培训，为普通民众提供房屋改造的建议。然而，实证结果表明专业人士在房屋加固方面没有进行工作部署或者工作效果不佳。这进一步说明，中国为防灾减灾而执行的"群测群防"体系存在不足。应当注意到，培训并不是一劳永逸的事情，需要有计划的持续开展，面对不同的灾种、不同的灾情应当开展更有针对性的培训。

近 20 年，全球气候灾害数量急剧增长，亚洲遭受的自然灾害最多，提高民众避灾准备水平已经成为紧急事项。理论上而言，民众的地震记忆历久弥新，感受过地震强致灾性、致死性的民众应该采取充分的避灾准备，但经验证据表明情况并非如此。本研究建议：第一，政府应当将专业人士视为关键点，因为普通民众的避灾准备行为会受到同村内专业人士避灾准备行为的显著影响。应当注意到，不同的专业人士存在知识、能力上的差距，这意味着对专业人士的培训应该标准化，培训后或许可以采取考核措施以确保培训效果。避灾知识可以通过培训获得，但也要通过演练、实践进一步转化为个人技能。第二，如何正确评估民众的避灾准备水平也非常重要，医疗、消防、应急管理等多部门应联合组织全面灾害演练，以了解当前避灾准备水平、提升民众逃生能力与心理适应能力（Foo et al.，2021）。第三，相较于发达国家，中国灾害保险覆盖率低，而普通保险又多将地震等特大灾害列为除外责任，故而，对于地震灾害多发区，可考虑建立政府兜底统保加商业保险的分层保障制度。这些建议一定程度上有助于优化中国"群测群防"体系建设，同样适用于幅员辽阔、地形复杂，并且灾害易发地区人口密度较高的国家。

首先，研究结果有助于充分理解民众避灾准备行为驱动机制，也是同群效应在灾害风险管理领域的开拓性研究。此外，本书还存在一定的不足。比如，我们按照对村落的划分把专业人士和普通民众看作相似的群体，但是并未详细讨论到他们之间共有的相似特征，同时研究仅考虑了聚落中专业人士对普通民众的同群效应；而实际上，家庭的避灾准备决策并非是由户主一个人做出的，同一家庭内不同个体间可能还存在着同群效应现象。在未来，我们将深入研究同一家庭内不同个体间可能存在的同群效应。其次，民众的避灾准备是一个复杂的决策，除了专业人士，民众之间也会互相影响，他们存在互为因果的关系，在未来，我们考虑进一步用工具变量法等方法识别因果关系。而且，非同村的人也会对民众避灾准备行为选择产生影响，本研究并未考虑这一点。最后，本文只关注了地震灾害，研究结论是否适用于其他灾害类型（如洪水、滑坡）还需进一步验证。

第四节　能人对普通民众地震避灾准备行为选择的影响

一、研究背景与问题提出

21 世纪以后，极端气候变化和地质板块运动使得泥石流、滑坡、洪水、地震等自然灾害频发（Schipper & Pelling，2006）。其中，地震灾害具有瞬时性、致死性的特点，还会造成火灾、水灾、海啸等次生灾害，是严重威胁人类生命财产安全的灾害之一（Fiedrich et al.，2000；Wang et al.，2013）。近 20 年，全球有 1.18 亿人因地震流离失所、陷入贫困甚至失去生命（Xu et al.，2019b）。中国地处环太平洋地震带与欧亚地震带间，地震活动强度大、震源浅、分布广，是震灾最严重的国家之一。据统计，2020 年中国大陆地区共发生 5.0 级以上地震 20 次，成灾 5 次，造成直接经济损失约 18 亿元（Zhuang et al.，2020）。部分地震灾害多发区又是连片特困地区，经济落后、生存环境恶劣（Xu et al.，2017c），这些贫困地区居民往往被边缘化，风险承受能力更低，灾害发生时更有可能死亡或受伤，难以恢复和重建（Fothergill & Peek，2004；Silbert & Useche，2012），亟须开展相关研究。

现有技术无法对尚未发生，但有可能发生的地震灾害"事先预报"，只能在大地震已发生，但尚未形成严重灾情时做"震时预警"，故而，提前做出有效的避灾准备成为了减少生命财产损失的关键环节（Atreya et al.，2017；Grothmann et al.，2006；Zhuang et al.，2020）。近年来，中国渐渐开始加强了灾害预防宣传，培养民众的防治意识。比如，2020 年确定了 35 项防震减灾公共服务事项和第一批 51 个服务产品，累计参与人数超 2 亿人（中国地震局，2021）。将 8.0 级汶川地震发生时间确定为"5·12"国家公祭日，广泛开展缅怀纪念活动。理论上而言，民众的避灾准备应当处在较高水平，但大量研究得出了相反的结论。比如，Chen et al.（2019）调查了 3541 个中国家庭，发现仅有 9.9%的家庭采取了避灾准备。Onuma et al.（2017）调查来自日本各地的 20000 余户家庭，发现未来发生地震风险较高的地区避灾准备不足。了解地震重灾区民众的避灾准备及其决策机制，有利于进一步制定相关政策提升灾害管理水平。

已有研究发现个体特征（年龄、受教育程度、灾害经历、社会经济地位、地方依恋感）（Lawrence et al.，2014；Lazo et al.，2015；Rostami-Moez et al.，2020；Mishra et al.，2010）、社区灾害管理水平（完善的应急管理方案、组织灾害知识培训）（Arbon et al.，2016；Tomio et al.，2014）、灾害信息特征（信息渠道、信息频率）（Hong et al.，2019；Paton et al.，2017；Zhu et al.，2011）、家庭特征（平均年现金收入、家庭规模、生计策

略）(Kirschenbaum，2006；Nawrotzki et al.，2015）与居民避灾准备有关。然而，由于地方文化、灾种不同，关于这些影响因素是促进还是抑制了民众避灾准备的结论并不统一，其具体作用机制也不统一。回顾相关文献可知，较少有研究探讨社会网络中同伴群体对民众避灾准备的影响。实际上，中国讲究人情世故，有宗族、血缘、地缘关系的居民往往非常熟悉，交流互动频繁，易参照社会群体做出相同或相似的行为决策，即存在同群效应，尤其是在受教育程度普遍不高、信息较闭塞的地震—易返贫交织地区，这种现象更加明显。

同群效应在很多文献中也被称为同伴效应（Duncan et al.，1968）或羊群行为（Banerjee，1992），中国古语称其为"近朱者赤，近墨者黑"，指个体行为受到其所在社会网络内其他主体行为的影响。同群效应最初源于教育领域（Epple & Romano，2011），后衍生至心理学、社会学、公共经济学等领域（Karwowski，2015；Reijneveld et al.，2003；Xiong et al.，2016），逐渐呈现出多学科交叉研究的趋势，但较少涉及灾害风险管理领域。此外，已有研究也进一步剖析了同群效应的产生机制，比如，Bauer et al.（2002）使用墨西哥移民选址的数据，发现民众是有限理性的，拥有有限信息的民众会通过学习和模仿同伴群体的选址决定以减少不确定性。Mao et al.（2019）认为灾害应急疏散过程中，同伴群体间的情绪会互相传染，对疏散行为产生影响。在社会网络中存在能人，具备专业知识且在社会网络中有影响力的能人能够教育和影响美国人关注气候变化并改变他们的行为（Tan et al.，2021），Miuchunku（2015）也认为能人与民众面对面互动，可帮助民众应对气候变化，减少脆弱性。他们充当把关人，可以帮助改变社会规范，加速行为转变（Valente & Pumpuang，2007）。本研究认为避灾准备中的同群效应可能源于趋同效应和社会学习效应。

基于此，本节以2019年四川汶川和芦山地震重灾区调研数据为基础，从同群效应视角出发，通过工具变量法探索同群效应对民众避灾准备的影响及其作用机制。本节的主要创新和贡献在于：第一，理论视角新颖，一定程度上丰富了避灾准备相关研究；第二，为防灾减灾政策制定提供参考。

二、理论分析框架

目前，学术界已经进行了关于洪水（Lawrence et al.，2014；Lindell & Hwang，2008）、火山（Guo，2008；Jones et al.，2013）、飓风（Kim et al.，2010）、野火（Martin et al.，2007）等多种自然灾害威胁下的民众避灾准备的研究。由于地震灾害的突发性、破坏性和不可逆性等特征，避灾准备对于降低地震灾害风险的作用更为显著（Mcclure et al.，2015），所以，本书选择针对地震灾害进行避灾准备行为的研究具备代表性。对于地震灾害而言，民众更倾向于选择能够直接保障生命财产安全的避灾准备行为（Gowan et al.，2014；Pandey，2019），如购买自然灾害保险、加固房屋、重要物品放置和搬迁准备等。具体而言，Miceli et al.（2008）认为居民对地震灾害风险感知程度越高，其选择购买自然灾害保险倾向越明显；Paton（2003）认为灾害准备或调整（如加固房屋）可以减少家庭内伤害和损坏的风险，并促进应对与危险活动相关的临时干扰的能力；Sabbaghtorkan et al.（2020）充分讨论了在面对可预见的灾难时开始预先安排重要物品的最佳时间和地点；Xu et al.（2020b）依据四川省汶川地震的调研数据得出面对地震灾害的威胁，居民有强烈的撤离和安置意愿的结论。避灾准备在本质上不是静态的，而是动态的，需要随着社会环境的变化而随之修改（Perry & Lindell，2003）。由于社会网络的存在，民众的避灾准备行为不可避免地受到同村其他民众或能人行为的影响。理论上而言，避灾准备的同群效应应当广泛存在与地震高风险区域。本书认为，地震高风险区同群效应存在两种作用机制，其一种是同村落的居民会基于相似的灾害风险认知水平做出趋同化的避灾准备，即趋同效应；另一种是信息的不成熟或缺失促使民众向村落中常驻的能人学习，即社会学习效应。

趋同效应认为，群体认知倾向于通过社会互动变得一致，最终导致群体成员内部的行为同化，特别是在模棱两可的情况下（Zimmerman，2003）。具体而言，Alesina 和 La Ferrar（2002）认为，本地互动（Local Interaction）即人与人之间小范围内的相互影响，这就使得个体的心理倾向受到周围人群的影响，而周围人群的影响既可以是正向的也可以是负向的。长期居住于同村落的民众由于地缘、血缘的存在大大提升了彼此之间的互动程度，再加上相同的地震灾害经历，相似的灾害风险认知水平得以形成（Tan et al.，2021）。灾害风险认知水平主要是指民众对于地震破坏性、避灾技能和逃生技能等灾害知识的认知程度（Xu et al.，2018b）。民众之间相似的灾害风险认知水平促使民众对避灾准备行为具有相似的偏好。例如，某个村的大多数均民众认为地震灾害不会轻易发生，没有必要进行房屋加固等较高成本的避灾准备行为，则个别民众会选择跟从大众，达到行为的趋同。基于此，提出以下研究假设：

H1：同伴家庭会通过同群效应中的趋同效应对民众在灾害保险准备上产生正向显著影响。

H2：同伴家庭会通过同群效应中的趋同效应对民众在房屋加固准备上产生正向显著影响。

H3：同伴家庭会通过同群效应中的趋同效应对民众在重要物品放置准备上产生正向显著影响。

H4：同伴家庭会通过同群效应中的趋同效应对民众在搬迁准备上产生正向显著影响。

在信息不够充分的情况下，在同一个群体内的成员个人做选择时往往以群体内部成员的选择作为参照，以形成互动和学习社会学习效应（Festinger，1954）。避灾准备行为在降低灾害风险的同时，需要民众付出时间、资金、人力等代价，然而，在进行避灾准备之前，民众不清楚避灾准备的成本效益，往往纠结于行为选择。面对不确定性的情形，民众通常会采取从能人那里学习经验的策略，以实现更明智的采纳决策（Balaand Goyal，1998）。能人在群众决策中的作用引起了人们的广泛关注。比如，Valente 和 Pum

Puang(2007)认为能人在群众决策中具备一定的权威性，并对提高传播速度和覆盖范围有着积极影响。由于中国存在广泛的"群策群防"体系，地震高风险区域的每个村落都设有2—4名能人，负责规范民众的灾害认知，并部署防灾减灾的各项工作。能人相较于普通民众对灾害信息的掌握更加及时有效，并能依据自己的专业知识选择正确的避灾准备行为。普通民众通过参加能人组织的避灾准备相关培训或直接观察后模仿学习其行为。这种学习机制导致了类似的避灾准备行为选择趋势。基于此，提出以下研究假设：

H5：能人会通过同群效应中的社会学习效应对普通民众在灾害保险准备上产生正向显著影响。

H6：能人会通过同群效应中的社会学习效应对普通民众在房屋加固准备上产生正向显著影响。

H7：能人会通过同群效应中的社会学习效应对普通民众在重要物品放置准备上产生正向显著影响。

H8：能人会通过同群效应中的社会学习效应对普通民众在搬迁准备上产生正向显著影响。

三、变量定义与研究方法

参考前人的研究，本节通过灾害保险准备（Miceli，2008；Peng et al.，2019）、房屋加固准备（Anton & Lawrence，2016a）、重要物品放置准备（Yong et al.，2020）和搬迁准备（Tan et al.，2021）四个指标对避灾准备进行测度。当居民拥有该项避灾准备时，赋值为1，否则赋值为0。

对于趋同效应，本节以除目标家庭以外的同村落其他家庭避灾准备指标的均值作为该目标家庭的同群效应数据，通过目标家庭及其同伴数据这两个主要变量验证趋同效应。对于社会学习效应，本节以能人避灾准备指标均值代替该村所有能人避灾准备（每个村一般有2—4名能人），通过能人避灾准备和普通民众避灾准备这两个主要的变量验证社会学习效应。

同群效应可能存在内生性问题，即目标家庭的避灾准备行为与同村落家庭的避灾准备行为互为因果。考虑到不同避灾准备行为可能存在较大差异，且实现同群效应有两种路径，本节选取同伴家庭户主受教育年限、同伴家庭房屋结构、同伴家庭对自然灾害特性的了解程度、同伴家庭中值钱的固定资产数量（除房屋外）分别作为验证灾害保险准备、房屋加固准备、重要物品放置准备、搬迁准备中趋同效应的工具变量，选取能人家户主的受教育年限、能人家的房屋结构、能人对自然灾害特性的了解程度、能人家中值钱的固定资产数量（除房屋外）分别作为验证灾害保险准备、房屋加固准备、重要物品放置准备、搬迁准备中社会学习效应的工具变量。户主受教育年限越高，可能会具有充分的风险防控意识，能通过购买相应灾害保险转移风险。地震是破坏性极强的灾害，可能导致房屋倒塌，因此房屋结构不稳定的家庭，可能会在地震来临前采取房屋加固措施。

一般而言,若一个人了解自然灾害特性,更可能会提前将重要物品放在安全的地方以帮助其逃生、灾害重建等。值钱的固定资产可能是家庭赖以生存的手段(如农业机械、耕牛等),可能是与生活舒适程度相关的重要因素(如空调、热水器等),直接影响了家庭的搬迁意愿。以上4种工具变量均满足相关性的要求,同时,没有理由认为这四种工具变量会影响到其他家庭的避灾准备行为,满足外生性的要求。

关于控制变量的选择,参考 Tan et al. (2021)、Bonanno et al. (2010)等研究,从家庭特征、同伴群体特征2个维度选取相关指标。包括具有高中以上学历的人数、户主的受教育年限、家中掌握有技能的人数、家庭年现金收入(见表6-6)。

表6-6 变量定义

变量类型	变量	定义	均值	标准差
居民避灾准备	灾害保险准备	您家是否购买了灾害保险?(0=否,1=是)	0.275	0.447
	房屋加固准备	您是否加固了房屋?(0=否,1=是)	0.566	0.496
	重要物品放置准备	您是否将重要物品放置到安全地方?(0=否,1=是)	0.627	0.484
	搬迁准备	您是否准备搬出村子?(0=否,1=是)	0.382	0.487
普通民众避灾准备	普通民众灾害保险准备	您家是否购买了灾害保险?(0=否,1=是)	0.272	0.446
	普通民众房屋加固准备	您是否加固了房屋?(0=否,1=是)	0.561	0.497
	普通民众重要物品放置准备	您是否将重要物品放置到安全地方?(0=否,1=是)	0.629	0.484
	普通民众搬迁准备	您是否准备搬出村子?(0=否,1=是)	0.388	0.488
同群效应1	同伴家庭灾害保险准备	同伴家庭灾害保险准备得分均值	0.275	0.239
	同伴家庭房屋加固准备	同伴家庭房屋加固准备得分均值	0.566	0.217
	同伴家庭重要物品放置准备	同伴家庭重要物品放置准备得分均值	0.628	0.151
	同伴家庭搬迁准备	同伴家庭搬迁准备得分均值	0.539	2.828
同群效应2	能人灾害保险准备	能人灾害保险准备得分均值	0.255	0.375
	能人房屋加固准备	能人房屋加固准备得分均值	0.587	0.428
	能人重要物品放置准备	能人重要物品放置准备得分均值	0.540	0.454
	能人搬迁准备	能人搬迁准备得分均值	0.303	0.365
家庭特征	家庭受教育年限	家庭成员最高受教育年限(年)	0.706	0.893
	户主受教育年限	户主受教育年限(年)	6.500	3.416
	家庭技能	家中掌握了谋生技能的人数	1.076	1.061
	家庭收入(对数)	家庭总年现金收入(对数)	10.66	0.985
同伴家庭特征	同伴家庭受教育年限	同伴家庭成员最高受教育年限(年)	0.730	0.301
	同伴家庭技能	同伴家中掌握了谋生技能的人数	1.233	2.803
	同伴家庭收入(对数)	同伴家庭总年现金收入(对数)	10.98	0.598

变量类型	变量	定义	均值	标准差
普通民众特征	普通民众家庭受教育年限	普通民众家庭成员最高受教育年限(年)	0.670	0.872
	普通民众户主受教育年限	普通民众户主受教育年限(年)	6.331	3.357
	普通民众家庭技能	普通民众家中掌握了谋生技能的人数	1.024	1.013
	普通民众家庭收入(对数)	普通民众家庭总年现金收入(对数)	10.63	0.961
能人同伴特征	能人家庭受教育年限	能人家庭成员最高受教育年限(年)	1.122	0.570
	能人家庭技能	能人家中掌握了谋生技能的人数	1.609	0.637
	能人家庭收入(对数)	能人家庭总年现金收入(对数)	10.90	1.018
工具变量	同伴家庭户主受教育年限	受教育年限 (年)	6.658	2.651
	能人家庭户主受教育年限		8.541	3.032
	同伴家庭房屋结构	您家的房子是什么结构(1=茅草屋,2=土坯房,3=木屋,4=砖屋,5=混凝土屋)取以下三个问题得分的均值:你知道地震、泥石流、山体滑坡等灾害是如何发生的吗?(0=否,1=是);如果你遇到山体滑坡和泥石流等灾害,你知道你应该"横着跑"吗?(0=否,1=是);当地震发生时,你知道该躲在哪里吗?(0=否,1=是)	4.497	2.630
	能人家庭房屋结构		4.366	0.515
	同伴家庭对自然灾害的了解程度		0.839	2.807
	能人家庭对自然灾害的了解程度		0.855	0.210
	同伴家庭值钱固定资产件数	您家有几件值钱的固定资产(主要从以下方面选择:农业机械、电脑、摩托车、汽车、空调、电视、手机、冰箱、洗衣机、太阳能热水器、牛等)	5.895	2.611
	能人家庭值钱固定资产件数		6.354	1.421

由表 6-6 可知,被访者家庭户主的整体受教育年限并不高,家中掌握有技能的人数较少,家庭财富差异较大。就民众特征而言,民众平均每家有高中及以上学历的人数不足 1 人(0.706),户主受教育年限平均为 6.5 年,即小学程度,平均每家有约 1 个人掌握了技能(1.067),家庭平均年现金收入为 66190.62 元。就同伴家庭特征而言,同伴家庭平均每家有高中及以上学历人数也不足 1 人(0.730),户主受教育年限平均为 6.7 年,平均每家约有 1 人掌握了技能(1.2),家庭平均年现金收入为 65751.83 元,房屋结构主要是砖瓦房,83.9%的同伴家庭对自然灾害有了解,平均每家有近 6 件值钱的固定物品。就普通民众特征而言,普通民众每家高中及以上学历的人数不足 1 人(0.670),户主受教育年限平均为 6.3 年,平均每家约有 1 人掌握了技能(1.02),家庭平均年现金收入为 62208.00 元。就能人家庭特征而言,能人平均每家高中及以上学历人数 1 人(1.12),户主受教育年限平均为 8.5 年,家庭平均年现金收入为 83956.43 元,房屋结构主要是砖瓦房,85.5%的能人都对自然灾害有了解,平均每家有 6.3 件值钱的固定物品。

本节采用的方法是工具变量法。

四、结果

(一) 趋同效应

表 6-7 显示了趋同效应模型的估计结果，（1）列、（3）列、（5）列、（7）列是 2SLS 的第一阶段估计结果，（2）列、（4）列、（6）列、（8）列是本研究重点关注的引入工具后的 2SLS 估计结果。

表 6-7　民众避灾准备中的趋同效应

变量	民众灾害保险准备		民众房屋加固准备		民众重要物品放置准备		民众搬迁准备	
	模型 1		模型 2		模型 3		模型 4	
	（1）	（2）	（3）	（4）	（5）	（6）	（7）	（8）
同伴家庭灾害保险准备		0.897*						
		(0.506)						
同伴家庭房屋加固准备				0.748**				
				(0.330)				
同伴家庭重要物品放置准备						1.225***		
						(0.466)		
同伴家庭搬迁准备								0.707*
								(0.405)
家庭受教育年限	0.00915	-0.0256	-0.00328	0.0674*	-0.00974	-0.0213	-0.0282*	0.0245
	(0.0158)	(0.0298)	(0.0125)	(0.0352)	(0.00982)	(0.0351)	(0.0169)	(0.0387)
同伴家庭受教育年限	-0.00532	0.00707	-0.0640	0.0343	-0.245***	-0.0153	-0.557***	0.462*
	(0.00371)	(0.00745)	(0.0566)	(0.151)	(0.0428)	(0.152)	(0.0685)	(0.266)
户主受教育年限	-0.00265	0.0326	0.00186	0.00141	-0.00353	0.0140*	-0.00201	0.00795
	(0.0132)	(0.0249)	(0.00289)	(0.00819)	(0.00231)	(0.00832)	(0.00401)	(0.00894)
家庭技能	0.0845***	-0.00554	0.00387	-0.0425	0.0199**	-0.0375	0.000699	-0.0139
	(0.0157)	(0.0180)	(0.0108)	(0.0303)	(0.00817)	(0.0305)	(0.0141)	(0.0310)
同伴家庭技能	0.0191	0.0149	0.356***	-0.00936	0.292***	-0.0330*	0.796***	-0.718*
	(0.0148)	(0.0299)	(0.0475)	(0.0230)	(0.0351)	(0.0200)	(0.0291)	(0.384)
家庭收入（对数）	0.239***	0.00289	-0.00856	0.0313	-0.000406	0.171***	0.00468	-0.0327
	(0.0269)	(0.117)	(0.0115)	(0.0326)	(0.00919)	(0.0329)	(0.0159)	(0.0351)
同伴家庭收入（对数）	0.00915	-0.0256	-0.200***	-0.128	0.114***	-0.137	-0.542***	0.0499
	(0.0158)	(0.0298)	(0.0340)	(0.137)	(0.0256)	(0.109)	(0.0454)	(0.210)
同伴家庭户主受教育年限	-0.0568***							
	(0.0153)							

续表

变量	民众灾害保险准备		民众房屋加固准备		民众重要物品放置准备		民众搬迁准备	
	模型 1		模型 2		模型 3		模型 4	
	(1)	(2)	(3)	(4)	(5)	(6)	(7)	(8)
同伴家庭房屋结构			-0.413***					
			(0.0481)					
同伴家庭对自然灾害的了解程度					-0.271***			
					(0.0354)			
同伴家庭值钱固定资产件数							0.156***	
							(0.0288)	
常数项	-2.251***	-0.220	4.310***	1.195	-0.563**	-0.436	4.973***	0.295
	(0.283)	(1.265)	(0.322)	(1.612)	(0.262)	(1.026)	(0.443)	(2.170)
变量	327	327	327	327	327	327	327	327
F/Wald	14.82***	31.75***	32.64***	14.97***	47.11***	47.66***	6445.29***	26.34**
弱工具变量检验	13.73***		73.76***		58.80***		29.43***	

注：*** 表示在1%水平上显著，** 表示在5%水平上显著，* 表示在10%水平上显著。

模型 1 显示，同伴家庭灾害保险准备与民众灾害保险准备存在正向显著相关关系。具体而言，若其他条件不变，同伴家庭灾害保险准备每增加 1%，居民灾害保险准备增加 0.897%。民众家中具有高中以上学历人数、户主受教育年限、家中掌握有技能的人数、家庭年现金收入和同伴家庭家中具有高中以上学历人数、同伴家庭家中掌握有技能的人数、同伴家庭年现金收入与民众灾害保险准备相关关系不显著。

模型 2 显示，同伴家庭房屋加固准备与民众房屋加固准备存在正向显著相关关系。具体而言，若其他条件不变，同伴家庭房屋加固准备每增加 1%，居民房屋加固准备增加 0.748%。民众家中具有高中以上学历的人数与民众房屋加固准备也存在正向显著相关关系，表明家中高中以上学历人数越多，越有可能进行房屋加固准备。

模型 3 显示，同伴家庭重要物品放置准备与民众重要物品放置准备存在正向显著相关关系。具体而言，若其他条件不变，同伴家庭重要物品放置准备每增加 1%，居民重要物品放置准备增加 1.225%。民众家中具有户主受教育年限、家庭年现金收入、同伴家庭家中掌握有技能的人数与民众重要物品放置准备存在显著正相关关系，表明户主受教育年限越长、家庭年现金收入越高、同伴家中掌握有技能的人数越多，越有可能进行重要物品放置准备。

模型 4 显示，同伴家庭搬迁准备与民众搬迁准备存在正向显著相关关系。具体而言，若其他条件不变，同伴家庭搬迁准备每增加 1%，居民搬迁准备增加 0.707%。同伴家庭高中以上学历人数、家中掌握有技能的人数也与民众搬迁准备存在正向显著相关关系。表明若同伴家庭高中以上学历人越多、家中掌握有技能的人越多，民众越可能进行搬迁准备。

由模型 1、模型 2、模型 3、模型 4 的一阶段估计结果来看，同伴家庭户主的受教育年限、同伴家庭的房屋结构、同伴家庭对自然灾害特性的了解程度、同伴家庭中值钱的固定资产数量(除房屋外)均在 1% 的水平上显著，工具变量对趋同效应具有较强的解释力。此外，弱工具变量检验中的 F 值都大于 10(13.73、73.76、58.80、29.43)，表明使用的工具变量不是弱工具变量。模型中内生解释变量个数等于工具变量个数时，无须进行过度识别检验。故而，本研究所使用的工具变量是合适的。

(二)社会学习效应

表 6-8 显示了社会学习效应模型的估计结果，(1)列、(3)列、(5)列、(7)列是 2SLS 的第一阶段估计结果，(2)列、(4)列、(6)列、(8)列是本部分重点关注的引入工具后的 2SLS 估计结果。

表 6-8　民众避灾准备社会学习效应

变量	普通民众灾害保险准备		普通民众房屋加固准备		普通民众重要物品放置准备		普通民众搬迁准备	
	模型 1		模型 2		模型 3		模型 4	
	(1)	(2)	(3)	(4)	(5)	(6)	(7)	(8)
能人灾害保险准备		0.605 ***						
		(0.182)						
能人房屋加固准备				0.188 *				
				(0.105)				
能人重要物品放置准备						0.187 *		
						(0.100)		
能人搬迁准备								-0.0663
								(0.355)
普通民众家庭受教育年限	0.0188	-0.0124	0.00887	0.0405	0.0131	-0.0322	0.000880	-0.0257
	(0.0277)	(0.0337)	(0.0239)	(0.0377)	(0.0284)	(0.0366)	(0.0214)	(0.0382)
能人家庭受教育年限	-0.147 ***	-0.0457	0.294 ***	-0.0689	0.267 ***	-0.0629	0.0664 *	-0.0191
	(0.0525)	(0.0741)	(0.0464)	(0.0701)	(0.0525)	(0.0731)	(0.0401)	(0.0787)
普通民众户主受教育年限	-0.0140 **	0.00982	0.00602	-0.000598	0.00262	0.0152 *	0.00626	0.00752
	(0.00647)	(0.00798)	(0.00561)	(0.00887)	(0.00669)	(0.00858)	(0.00506)	(0.00906)
普通民众家庭技能	-0.00373	0.0156	-0.00798	-0.0310	0.0239	-0.0235	0.0105	0.0144
	(0.0234)	(0.0279)	(0.0205)	(0.0325)	(0.0242)	(0.0313)	(0.0183)	(0.0326)
能人家庭技能	0.176 ***	0.124 *	-0.121 ***	-0.0990	-0.457 ***	0.0552	-0.387 ***	-0.0319
能人家庭收入(对数)	(0.0452)	(0.0645)	(0.0403)	(0.0678)	(0.0491)	(0.0652)	(0.0351)	(0.153)
普通民众家庭收入(对数)	0.0110	0.0451	-0.0409 *	0.0115	-0.0353	0.171 ***	-0.0387 *	-0.0449
	(0.0262)	(0.0314)	(0.0229)	(0.0360)	(0.0271)	(0.0350)	(0.0210)	(0.0368)

续表

变量	普通民众灾害保险准备		普通民众房屋加固准备		普通民众重要物品放置准备		普通民众搬迁准备	
	模型1		模型2		模型3		模型4	
	(1)	(2)	(3)	(4)	(5)	(6)	(7)	(8)
能人家庭收入（对数）	-0.00255 (0.0200)	0.00300 (0.0239)	0.157*** (0.0179)	-0.0710** (0.0288)	-0.0525** (0.0267)	-0.0237	-0.106*** (0.0156)	-0.113** (0.0485)
能人家庭户主受教育年限	-0.0465*** (0.00707)						0.000880 (0.0214)	
能人家庭房屋结构			-0.659*** (0.0439)					
能人家庭对自然灾害的了解程度					1.450*** (0.113)			
能人家庭值钱固定资产件数							0.0577*** (0.0115)	
常数项	0.524 (0.325)	-0.615 (0.386)	2.014*** (0.309)	1.349*** (0.441)	0.629* (0.338)	-1.100** (0.449)	2.003*** (0.253)	2.146** (0.894)
变量	294	294	294	294	294	294	294	294
F/Wald	9.17***	42.75***	41.20***	29.48***	25.71***	41.30***	34.13***	20.96**
弱工具变量检验	43.24***		224.73***		163.91***		25.23***	

注：*** 表示在1%水平上显著，** 表示在5%水平上显著，* 表示在10%水平上显著。

模型1显示，能人灾害保险准备与普通民众灾害保险准备存在正向显著相关关系。具体而言，若其他条件不变，能人灾害保险准备每增加1%，普通民众灾害保险准备增加0.605%。能人家中掌握有技能的人数与普通民众灾害保险准备也存在正向显著相关关系，表明能人家中掌握有技能的人数越多，普通民众越有可能进行灾害保险准备。

模型2显示，能人房屋加固准备与普通民众房屋加固准备存在正向显著相关关系。具体而言，若其他条件不变，能人房屋加固准备每增加1%，普通民众房屋加固准备增加0.188%。能人家庭年现金收入与普通民众房屋加固准备也存在正向显著相关关系，表明能人家庭年现金收入越高，普通民众越有可能进行房屋加固准备。

模型3显示，能人重要物品放置准备与普通民众重要物品放置准备存在正向显著相关关系。具体而言，若其他条件不变，能人重要物品放置准备每增加1%，居民房屋加固准备增加0.187%。普通民众户主受教育年限、家庭年现金收入与普通重要物品放置准备也存在正向显著相关关系，表明普通民众户主的受教育年限越长、家庭年现金收入越高，越有可能进行重要物品放置准备。

模型4显示，能人搬迁准备与普通民众搬迁准备无相关关系。

　　由模型1、模型2、模型3的一阶段估计结果来看，能人家户主的受教育年限、能人家的房屋结构、能人对自然灾害特性的了解程度均在1%的水平上显著，工具变量对社会学习效应具有较强的解释力。此外，弱工具变量检验中的F值都大于10（43.24、224.73、163.91），表明使用的工具变量不是弱工具变量。模型中内生解释变量个数等于工具变量个数时，无须进行过度识别检验。故而，本研究所使用的工具变量是合适的。

五、稳健性检验

　　本节增加了"您家是否用互联网查询灾害相关信息？"和"您家是否收到过政府发放的灾害明白卡？"两个信息有关的变量以进行稳健性检验。结论如表6-9所示，相关系数与先前的估计值相似，并且仍然显著。

表6-9　同群效应稳健性检验

路径	变量	灾害保险准备	房屋加固准备	重要物品放置准备	搬迁准备
趋同效应	同伴家庭灾害保险准备	0.854 * （0.505）			
	同伴家庭房屋加固准备		0.778 ** （0.326）		
	同伴家庭重要物品放置准备			1.181 ** （0.466）	
	同伴家庭搬迁准备				0.693 * （0.402）
社会学习效应	能人灾害保险准备	0.439 *** （0.138）			
	能人房屋加固准备		0.270 * （0.145）		
	能人重要物品放置准备			0.268 ** （0.115）	
	能人搬迁准备 能人房屋加固准备				-0.164 （0.352）
	工具变量	控制			
控制变量	原控制变量	控制			
	信息相关变量	控制			

　　注：括号里为标准误；＊、＊＊、＊＊＊表示在10%、5%、1%的水平上显著。

六、结论与政策建议

本研究基于 2019 年中国四川省汶川、芦山地震重灾区农户的调研数据，揭示了同群效应在居民避灾准备中的作用及其作用机制。主要结论如下：

第一，在经历过一次灾害后，80% 以上的民众都对灾害特性有一定了解，但地震重灾区居民的避灾准备水平仍有待提高。民众最常采取的避灾准备行为是重要物品放置准备，有 62.7% 的民众都将重要物品放置到安全的地方，其次是房屋加固准备（56.6%）。然而，灾害保险准备和搬迁准备水平都较低。具体而言，仅有 27.5% 的民众购买了自然灾害保险，这可能是因为自然灾害保险是新产品，此类保险品类不全，民众普遍缺乏投保意识，缺少对灾害保险的了解；仅有 38.2% 的民众愿意搬迁，意见领袖群体的搬迁意愿更低（30.3%）这可能是因为民众在当地生活时间较长，意见领袖往往在村中地位较高，具有浓厚的地方感，即使面临灾害威胁也不愿意离开村庄。

第二，同群效应对民众灾害保险准备、房屋加固准备、重要物品放置准备、搬迁准备有显著正向影响，趋同效应是同伴家庭影响其他家庭避灾准备的关键路径，在趋同效应的影响下，民众观察到同伴家庭的避灾准备行为后，为了缩小差距而趋于采取相同的行为。这一结论证实了 H1、H2、H3、H4，与 Tan 等（2021）"搬迁中的同伴效应不是无意识是趋同产生的"结论并不一致。

第三，在社会学习效应的影响下，普通民众以意见领袖为"风向标"，学习遵循他们的灾害保险准备、房屋加固准备、重要物品放置准备。这表明同群效应是基于模仿与学习两种路径起作用的。这一发现肯定了意见领袖在避灾准备带动方面起到的积极作用。一方面，意见领袖可以主动组织防灾减灾知识培训以强化民众的灾害风险感知，引导其正确应对自然灾害。另一方面，意见领袖作为当地相对有知识有威望的群体，自身的某些行为会引起其他民众的学习遵循。有趣的是，本研究发现普通民众搬迁准备与意见领袖搬迁准备并不存在显著相关关系，说明搬迁并不受社会学习效应的影响。这一结论证实了 H5、H6、H7，拒绝了 H8。

本研究仍然存在一些不足之处，有待进一步研究。比如，研究采用的是横截面数据探索同群效应在居民避灾准备中的作用及其作用机制，然而随着时间的推移，民众的灾害风险感知、行为决策可能会发生变化，故而未来可以继续追访调研样本，形成面板数据进一步探索同群效应的作用。此外，研究关注的是同村落不同家庭之间的模仿和学习，将代表性个体（如户主）的决策作为家庭的决策，实际上家庭是否采取避灾准备行为是综合所有家庭成员意见做出的（尤其是搬迁这种对家庭至关重要的决策），然而本研究并未进一步深入研究同家庭不同个体避灾准备的行为与意愿。

结合中国群测群防体系建设和上述分析，本研究认为未来需要关注同群效应基于模仿和学习两条路径对受灾人口采取避灾准备的影响，并提出如下政策建议供讨论：第一，政府在考虑提升民众避灾准备水平以减少损失时，不应仅从社区备灾、知识普及等角度出发，同伴家庭也是重要的视角。第二，社会学习效应表明意见领袖起到了良好的带动作用，更应防范意见领袖不作为、不主动，尤其是对于覆盖率相当低的灾害保险准备，政府应当有针对性地为意见领袖提供关于灾害保险的宣传讲解等服务，直接增加意见领袖的投保意愿，进而间接增加普通民众的投保意愿。

第五节　风险沟通、认知与防灾意向关系分析

一、农户防灾意向测度及特征

面对灾害风险，农户防灾减灾的意向是其采取具体防御措施的基础。对于居民防灾意向的测算，学者多就居民对某一具体行为响应(如购买灾害保险意向、撤离意向以及防灾投入意向等)进行测度和研究(吴优等，2019；Rod et al.，2012；李莎莎等，2012)。例如，尹衍雨等(2009)研究了灾害损失风险与防灾投资意向之间的关系。Rod et al.(2012)探讨了风险沟通与居民撤离意向的关系；王超(2017)对居民购买地质灾害保险意向影响因素进行探索。而本研究的最终目的是探索多种响应行为的驱动机制，细分的行为动机会造成本研究的内容过于繁杂，不甚清晰。故本研究结合调研所获数据特点，并参考王超(2017)、尹衍雨等(2009)以及 Rod et al.(2012)在测度语句上的设置，研究以"您是否想要为避灾减灾采取一些预防措施(0＝否，1＝是)"来测度农户主动防灾行为的意向。调查结果显示，占样本总数74.92%的农户有意向为避灾减灾采取一些预防措施，表明多数农户对灾害风险的具有防灾意向。然而，这种防灾意向会不会最终转化为具体的行为响应，这有待后续验证。

二、理论分析及假设

理论上而言，风险沟通的各个维度均会对行为响应意向产生影响，但作用方向并不明确。动机被定义为个体行为改变的信念和意向(蔡利等，2019)，是在对现实情况认识的基础上，结合自身的所具备的条件(如个人能力、外部机会等)，进而指导和激励行为选择和响应。灾害的风险沟通本质上是农户认识外部现实环境和自身所具备条件的过程。前面第五章的内容已经表明，灾害风险管理中的各种灾害相关信息会对农户对灾害的风险认知产生显著影响，进而会影响农户的防灾意向。然而，在风险沟通的各种信息中，农户也有可能并没有形成完整的认知水平，但在各种可信的防灾预防信息的传播作用下，同样会产生防灾行为响应的意向。这关键要取决于农户如何解释所获得的信息。如 De Boer et al.(2015)研究发现行动的意向是由情境化的风险信息诱导的。但如前所

述，灾害风险沟通本质在于信息的传递，其过程涉及多种信息，包含着对灾情的介绍、灾害分布以及灾害预防等方面，不同的信息会对信息接收者产生不同的影响（Faulkner & Ball，2007）。即使是同样的沟通内容与方式，不同人群也会从中获取到差异化的信息（Lindell & Perry，2003）。故本研究以探索性思路对农户灾害风险沟通与行为响应意向的相关关系进行实证分析，并作出以下研究假设：

H1：风险沟通的各个维度均会对农户防灾意向产生影响，但作用方向并不明确。

面对灾害风险，农户防灾减灾的意向是其采取具体防御措施的基础。国内外学者多针对居民的购买灾害保险、搬迁以及避险投资等具体的防灾减灾意向（王超，2017）。理论上而言，一方面，居民对灾害事件本身的认知评价（即可能性和威胁性认知）可能会对其防灾意向产生正向促进的结果（Miceli et al.，2008）。居民对灾害的可能性和威胁性认知越高，居民为了避免受到损失，便会倾向采取行为响应，即可能性和威胁性评价会对行为响应意向产生积极的影响（吴优等，2019）。另一方面，较高的灾害的可能性和威胁性认知，可能会导致农户认为即使采取防灾措施也是无用功，削弱农户的行为响应意向，即可能性和威胁性评价会对行为响应意向产生消极的影响。而已有研究的结果也不统一。例如，王超（2017）对居民地质灾害保险意向影响因素进行研究结果发现，社区居民的灾害投保经历、风险认知、感知价值与其投保意向显著正向相关，而感知风险和居民投保意向显著负相关。而吴优（2019）对南江大峡谷景区地质灾害保险支付意向的研究发现，增强风险意识与提高保险支付意向之间具有强关联性。另外，居民对应对灾害风险的自我效能和应对效能评价，表明了居民对灾害风险能够获得缓解程度上的认知，较高的自我效能和应对效能评价显示居民认为灾害风险更有可能采取措施获得缓解，故更可能具有防灾意向。基于此，作出以下研究假设：

H2：农户对灾害风险的可能性和威胁性认知会显著影响其行为响应意向，然而作用方向并不明确。

H3：农户防灾行为响应的自我效能评价和应对效能评价会显著正向影响其行为响应意向。

三、研究变量的选取

研究的因变量是农户应对灾害行为响应的意向，采用个人防灾响应意向来测量。如第五节第一部分所述，研究具体以词条"您是否想要为避灾减灾采取一些预防措施（0＝否，1＝是）"来测度居民农户主动防灾行为的意向。研究的核心变量为居民的灾害风险沟通特征以及灾害风险认知水平。其中灾害风险认知具体包括可能性、威胁性、自我效能以及应对效能4方面。研究的核心变量是灾害风险沟通的各个维度，具体包含沟通内容、沟通渠道、沟通频率以及沟通形式4方面。鉴于此小节研究的因变量为虚拟变量，故可以根据是否具有防灾意向来进行分组，进一步进行均值的差异检验。若两组的风险沟通指标具有显著差异，则表明此指标可能会对农户的防灾意向产生显著影响，以此方法对风险沟通变量进行预筛选。另外，考虑到风险沟通指标的测度语句多为哑变量以及等级数据、样本数量以及不是所有变量均可以满足 T 检验和方差检验的条件（正态性和方差齐性），故研究采用 Mann-Whitney U 非参数检验方法进行预筛选过程，筛选结果显示如表 6-10 所示。结果显示：沟通内容中，风险管理信息（P<0.1）以及亲友对灾害的态度和反应（P<0.05）；反馈信息渠道中，无渠道反馈信息（P<0.1）；沟通形式中，防灾明白卡（P<0.05）和地质灾害警示牌（P<0.1）具有显著差异，故将以上指标纳入模型。

表 6-10　防灾意向分组下风险沟通变量差异分析

风险沟通变量		无防灾意向 （n=82）	有防灾意向 （n=245）	z 统计量	P
沟通内容	防灾知识和技能	3.46	3.74	-1.496	0.135
	风险管理信息	3.89	4.15	-1.695*	0.090
	亲友态度和反应	3.87	4.11	-2.389**	0.017
获取信息渠道	接收信息—政府	0.65	0.74	-1.604	0.109
	接收信息—亲友	0.54	0.62	-1.272	0.203
	接收信息—媒体	0.83	0.76	-1.247	0.213
	接收信息—无渠道	0.02	0.02	-0.47	0.638
反馈信息渠道	反馈信息—政府	0.68	0.64	-0.692	0.489
	反馈信息—亲友	0.24	0.32	-1.272	0.203
	反馈信息—媒体	0.01	0.02	-0.479	0.632
	反馈信息—无渠道	0.06	0.02	-1.844*	0.065
沟通频率	频率—政府	3.27	3.31	-0.173	0.862
	频率—亲友	3.21	3.42	-1.188	0.235
	频率—综合媒体	4.06	4.09	-0.059	0.953
沟通形式	政府灾害预警	0.57	0.6	-0.427	0.669
	灾害逃生演练	0.51	0.56	-0.674	0.5
	灾害相关知识宣传	0.74	0.73	-0.307	0.759
	防灾明白卡	0.49	0.64	-2.447**	0.014
	地质灾害警示牌	0.84	0.91	-1.740*	0.082
	灾害监测员	0.8	0.86	-1.225	0.22

注：*** 表示在 1% 水平上显著，** 表示在 5% 水平上显著，* 表示在 10% 水平上显著。

四、研究方法

本研究的因变量是农户防灾行为响应的意向，根据因变量数据类型特点，本研究拟采用二元 Logit 回归，在控制部分被访者能力、机会和其他控制因素的基础上，逐步加入风险沟通与风险认知变量，探讨其与农户防灾行为响应的意向的相关关系。模型估计在 Stata 13.0 中实现。

五、结果分析

在构建计量经济模型前，为了避免自变量间严重的多重共线性对模型结果造成的影响，研究利用方差膨胀因子(VIF)对变量进行了多重共线性检验，检验结果所有变量的 VIF 均小于 2，表明所有变量之间不存在多重共线性(曹莎，2020)。考虑到此部分目的在于分别探讨居民灾害风险沟通特征、风险认知特征与其防灾意向的关系，即分别探索"风险沟通→防灾意向"与"风险认知→防灾意向"的相关关系，故本研究构建了 3 个回归模型(见表6-11)。其中，第一个模型为仅纳入背景框架的估计结果，第二个模型为在第一个模型上纳入风险沟通变量的模型，第三个模型为在第一个模型中纳入风险认知变量的回归拟合。结果显示，模型 1 与模型 2 的拟合效果不佳；仅有模型 3 的整体显著性较好，在 0.01 水平上显著，表明模型在加入风险认知变量后，显著性明显得到了提升，且整体回归结果显示有效。这也体现了风险认知的部分维度是影响农户防灾意向的关键因素。

首先，模型 1 与模型 2 模型整体均不显著，表明背景框架和风险沟通均不是影响农户防灾意向的主要因素，假设 H1 未能得到证实。其次，在加入风险认知变量后，模型的显著性得到了大幅提升意味着防灾意向主要受到农户风险认知的影响。具体来讲，由模型 3 可知，农户对灾害风险的可能性($P<0.01$)和威胁性认知($P<0.01$)均与其防灾意向显著正相关，假设 H2 得以验证；而自我效能和应对效能的作用并不显著，假设 H3 未能得到证实。这显示出，与居民防灾意向紧密相关的是个体对灾害事件本身的风险认知水平，而非对灾害能够获得缓解程度的评价。最后，对于背景框架，综合 3 个模型结果发现，农户的承压能力($P<0.05$)和金融资本($P<0.05$)均会稳健、显著并正向影响其防灾意向。

表6-11 农户灾害风险沟通、风险认知对其防灾意向的回归估计结果

类别	变量	防灾意向		
		模型 1	模型 2	模型 3
控制因素	性别	1.240	1.279	1.465
	年龄	0.995	0.993	1.005
	居住时长	1.009	1.01	1.006
	居住地址	1.208	1.164	0.968
	社区受灾人数	1.000	1.000	1.000
	经历灾害严重程度	0.97	0.919	0.83
	经历灾害次数	1.018	1.021	1.026 *

类别	变量	防灾意向		
		模型1	模型2	模型3
主观能力	灾害知识得分	1.068	0.976	1.131
	承压信心	1.397 **	1.448 **	1.456 **
客观能力	人力资本	1.270	1.195	1.641 *
物质机会	物质资本	0.999	0.999	0.999
	金融资本	1.639 *	1.621 *	1.808 **
	自然资本	1.000	1.000	1.000
社会机会	社会资本	0.956	0.89	1.004
	社区灾害防治状况	1.195	1.117	1.329 **
风险沟通	风险管理信息		1.056	
	亲友态度和反应		1.204	
	反馈信息—无渠道		0.363	
	防灾明白卡		1.396	
	地质灾害警示牌		1.615	
风险认知	可能性			1.022 ***
	威胁性			1.024 ***
	自我效能			0.995
	应对效能			0.992
常数		0.227	0.096	0.030 **
N		327	327	327
Wald chi^2(χ)		20.006	28.013	38.718 ***
Pseudo R^2		0.054	0.076	0.105

注：表内回归系数值代表对应的 OR 值，大于 1 代表正向影响，小于 1 代表负向影响；*** 表示在 1%水平上显著，** 表示在 5%水平上显著，* 表示在 10%水平上显著。

六、结论与政策建议

本章中，研究测度了样本农户的综合防灾意向。并结合前文完成变量的刻画描述的基础上，构建采用二元 Logit 回归模型，初步实证探索了农户"灾害风险沟通、风险认知→防灾意向"过程，研究发现：就农户防灾意向而言，农户对灾害风险的可能性和威胁性认知均与其防灾意向显著正相关，而风险沟通特征、自我效能和应对效能的作用并不显著。这显示出，与居民防灾意向紧密相关的是个体对灾害事件本身的风险认知水平，而非对灾害能够获得缓解程度的评价及风险沟通特征。

本研究的结果可以从灾害风险沟通和风险认知的角度获得可激励居民个人主动防灾

避灾的一些启示：

第一，重视居民日常风险沟通在灾害风险管理全过程的抓手作用。就整个驱动链条而言，灾害风险沟通不仅可以通过作用于居民风险认知水平进而影响其应灾行为响应，还可以直接作用于行为响应，这体现了风险沟通在灾害风险管理过程中的重要抓手作用。例如，研究结果表明，对政府灾害预警、防灾明白卡、逃生演练、灾害警示牌等多种沟通形式的熟悉程度均会正向促进个人的应灾行为响应。但值得思考的是，如何使风险沟通的形式为更多人熟悉。另外，研究表明性亲友渠道获取灾害相关信息及其频率均会显著负向作用于相应的防灾行为的实施，并且无论是获取或反馈灾害相关信息，亲友渠道虽不是最重要的渠道，但均处于较常选择的渠道，这也意味着亲友渠道作为非官方渠道的不可忽视的作用。故可以考虑将扁平化的社会亲友渠道纳入沟通渠道的利用范围，通过提高全民对灾害风险的客观认识，增加亲友渠道信息的客观真实性，有效地利用亲友渠道达到灾害风险管理的目的。

第二，培养居民对灾害风险自我可应对的能力。本研究的结果表明，个人对灾害风险可应对性的自我效能评价会直接正向作用于行为响应，因而综合效应在风险认知维度中也是最大的，这表明通过提高居民对灾害风险可应对性的认识可以高效率地促进其主动采取应灾行为。鉴于此，进一步思考如何提高居民应对灾害风险的自我效能便是所需要改善的方向，而个人灾害知识水平、对灾害警示牌、逃生演练、灾害知识宣传单以及社会资本等均可正向影响居民的自我效能认知。也就是说，可以从提高居民对多种风险沟通形式的熟悉程度、灾害相关知识水平以及家庭的社会资本等方面入手，进而培养居民应对灾害的自我能力评价。

第三，通过提高居民的防灾意向来促进最终应灾行为的响应。虽然防灾意向并未对部分防灾行为产生作用，但总体上而言，防灾意向对于行为响应的影响均为正向且总体效用最大。这表明可以分布式地先致力于提高居民的防灾意向，再一步考虑防灾意向向具体行为的转化。研究结果表明，防灾意向主要受农户金融资本、对灾害风险的可能性认知及威胁性认知的影响。可能性和威胁性认知是居民对灾害事件本身的认识，在风险管理方面不易改变。而提高居民的金融资本则是一个切实可行的思路。故可以考虑提供在公共服务方面为灾害威胁区居民提供灾害预防的家庭金融保障，如防灾基金、防灾补贴等理论上应可以有效提升居民的防灾意向。

第六节　风险沟通、认知、防灾意向与行为响应关系分析

一、农户防灾行为响应测算及特征

在多灾频发的背景下，农户会以家庭为单位采取多种防灾措施来抵御灾害带来的风

险。面对自然灾害风险，居民可以采取的应对策略一般包括防灾和避灾两方面。而居民对灾害风险的反映一般包括：对此类事件的关注；对此类事件的回避；采取及时和有效的措施使风险减少；以及通过转移和共享风险来减少灾害风险发生的可能性或严重后果，以达到风险分散的效果。综合国内外已有研究以及以上分类来看，针对不同灾害，居民会有不同的防灾行为选择，总结可以分为搜寻灾害相关信息、进行各种防灾物品准备（如急救包、饮用水等），以及购买灾害保险3类（徐定德，2017）。如 Kim 和 Madison（2020）对居民灾害信息搜寻与风险认知之间的关系进行了探索；Mohammad-pajooh 和 Ab（2014）探索了影响吉隆坡居民防灾准备的因素；Thieken et al.（2006）比较了有保险和无保险家庭在洪水风险意识、损失补偿以及缓解措施方面的差异。而避灾则大多是指搬迁到安全的地方去许多学者的研究结果表明，居民的避灾搬迁是其减弱灾害威胁的有效手段之一（Xu et al.，2017b；Lindell，2005；Godschalk et al.，2009）。另外，在调研过程中，较多农户还采取了加固房屋作为防灾的应对措施，然而目前研究少有对此进行单独研究。而且，以上的学者的研究结果可以发现，不同防灾避灾决策的作用机制也存在差别。故本研究综合已有文献以及样本农户的防灾行为特点，设计了防灾物品准备、灾害相关保险、搬迁决策以及房屋加固4个具体的行为响应。另外，在防灾行为响应的目标设计方面需要解释的有两点：其一，研究并未将信息搜寻纳入行为决策，是因为考虑到本研究的另一核心要素为农户的风险沟通，其中包含了大量农户关于灾害信息的搜寻部分，实际上代表着农户信息搜寻的细化过程，故并未将灾害信息搜寻纳入具体的行为响应；其二，由于避灾搬迁行为需要有现实的搬迁安置背景作为支撑，然而调研所选择的样本很难满足这个条件。故研究采用在某种情景设置条件下居民的搬迁决策作为其应灾的搬迁行为响应。虽然，此种方式或许与实际搬迁行为会存在差异，但同样能够表达居民在面对灾害风险时对于搬迁这种行为响应的态度及反应。此外，综合4类防灾避灾行为响应，另外设计了综合响应强度来度量农户的整体的防灾准备。综上所述，对于农户应对灾害的行为响应，研究从防灾物品准备、灾害相关保险、房屋加固、搬迁决策以及综合响应强度5方面进行测度。

首先，对于防灾物品准备，以词条"您家平时是否准备有灾害应急物品？（如应急药箱、应急灯等）（0=否，1=是）"来测度，结果显示仅有占样本农户总量的24.46%农户会准备相应的防灾物品。其次，对于灾害相关保险，研究以"您家是否有自然灾害相关保险（0=否，1=是）"来测度，结果显示有46.48%的农户购买了灾害相关保险。再次，对于房屋加固，以词条"家中的房屋是否加固？（0=否，1=是）"来测算，结果表明55.05%的农户对房屋进行了加固处理。复次，对于搬迁，考虑到一方面样本农户目前并未搬迁，另一方面目前比较广泛的搬迁为政府主导的集中安置情景，故研究以词条"面临灾害威胁，如果政府给一定补贴，您是否搬走？（0=否，1=是）"来测度农户在灾害威胁下的搬迁决策，结果显示79.82%的农户在此情景下同意搬迁。最后，对于综合响应强度，以上述4种行为的总和来度量，结果显示以上4种行为响应均未采取的有17户，仅采取1种的有79户，采取2种的有127户，采取3种的有73户，4种都采取的有30

户，分别占样本总体的 5. 20%、24. 16%、38. 84%、22. 32%以及 9. 17%，基本呈现正态分布。

二、理论分析及假设

事实上，在灾害风险沟通中，农户也有可能并没有形成完整的认知水平，但在各种灾害相关信息的传播作用下，同样会产生行为决策，这是一种非理性行为决策。然而，一方面，行为响应包含着多种具体行为，影响不同行为的因素可能存在差别；另一方面，即使同一种行为响应的实证研究结果，不同学者的研究结果也存在差异。如 Wilmot 和 Mei（2004）研究发现政府官方公布的信息对居民搬迁行为有正向显著影响；然而 Lazo 等（2009）的研究却发现信息获取渠道与其是否搬迁不存在显著相关关系。故本研究以探索性思路对农户灾害风险沟通与具体行为响应的相关关系进行实证分析，并作出以下研究假设：

H1：风险沟通的各个维度均会对农户具体的防灾行为响应产生影响，但作用方向并不明确。

理论上而言，居民对灾害事件本身的认知评价（即可能性和威胁性认知）可能会对其避灾搬迁决策产生正向促进的结果（Miceli et al. , 2008）。居民对灾害的可能性和威胁性认知越高，居民为了避免受到损失，便会倾向采取行为响应，即可能性和威胁性评价会对行为响应产生积极的影响（吴优等，2019）。另外，居民对应对灾害风险的自我效能和应对效能评价，表明了居民对灾害风险能够获得缓解程度上的认知，较高的自我效能和应对效能评价显示居民认为灾害风险更有可能采取措施获得缓解，则居民更有可能采取搬迁这种行为来躲避灾害。故作出以下研究假设：

H2：农户风险认知的 4 个维度均会对其具体的行为响应产生显著正向影响。

根据防护动机理论以及行为决策理论，具有意向动机才能实现或者改变某种行为（Grothmann & Reusswig, 2006）。事实上，具有行为意向的个体，更容易对相应的行为响应，这已有多位学者进行了相关实证（Hong et al. , 2019；陈鹏等，2016；Siegrist & Gutscher, 2008）。如陈鹏等（2016）研究结果表明避难意向在避难自我效能对居民避难行为的影响过程中起着显著的中介作用。故作出以下研究假设：

H3：农户的防灾意向对其具体的行为响应具有显著的正向作用。

三、研究变量的选取

研究的因变量是农户应对灾害响应行为，主要包含应急物品准备、灾害相关保险购买、房屋加固、搬迁决策以及综合响应强度 5 方面。其中，前四个变量分别为哑变量，最后的综合响应强度为以上 4 个具体响应的加和。研究的核心变量为居民的灾害风险沟通特征、灾害风险认知水平以及防灾意向。其中风险沟通的各个维度，具体包含内容、渠道、频率以及形式4方面；灾害风险认知具体包括可能性、威胁性、自我效能以及应对效能4个维度；防灾意向测度的是防灾的综合意向。值得注意的是，此处的防灾行为响应均是以家庭为单位的防灾响应，故在背景框架的控制因素中，应把年龄和性别等个人因素省略。与防灾意向部分相同，鉴于应急物品准备、灾害相关保险购买、房屋加固以及搬迁决策均为虚拟变量，故可以根据是否具有该响应来进行分组。进一步采用Mann-Whitney U非参数检验方法进行均值的差异检验，以对指标较多的风险沟通变量进行预筛选。而对于综合响应强度，因需要对比多组之间的差距，故在检验方差齐性和正态性总体之后，采用方差分析进行预筛选过程。筛选结果如下：

首先，对于防灾应急物品准备，筛选结果（见表6-12）显示：沟通内容中，风险管理信息（P<0.01）、亲友对灾害的态度和反应（P<0.01）以及防灾知识和技能（P<0.01）；反馈信息渠道中，无渠道反馈信息（P<0.1）；沟通频率中，与亲友的沟通频率（P<0.01）；沟通形式中，政府灾害预警（P<0.01）、灾害逃生演练（P<0.01）、灾害相关知识宣传（P<0.05）、防灾明白卡（P<0.01）、地质灾害警示牌（P<0.05）以及灾害监测员（P<0.01）具有显著差异，故将以上指标纳入模型。

表6-12 防灾应急物品准备分组下风险沟通变量差异分析

风险沟通变量	无应急物品准备 （n=247）	有应急物品准备 （n=80）	z统计量	P
风险管理信息	3.960	4.450	−3.794***	0.000
亲友态度和反应	3.960	4.330	−3.157***	0.002
防灾知识和技能	3.520	4.140	−4.143***	0.000
接收信息—政府	0.720	0.690	−0.64	0.522
接收信息—亲友	0.620	0.530	−1.494	0.135
接收信息—媒体	0.769	0.813	−0.81	0.418
接收信息—无渠道	0.020	0.030	−0.509	0.611
反馈信息—政府	0.640	0.680	−0.509	0.610
反馈信息—亲友	0.300	0.310	−0.287	0.774
反馈信息—媒体	0.020	0.010	−0.448	0.654
反馈信息—无渠道	0.040	0.000	−1.825*	0.068
频率—政府	3.28	3.36	−0.535	0.593
频率—亲友	3.48	3.01	−2.856***	0.004
频率—综合媒体	4.085	4.088	−0.043	0.966
政府灾害预警	0.53	0.8	−4.324***	0.000
灾害逃生演练	0.5	0.68	−2.696***	0.007
灾害相关知识宣传	0.7	0.83	−2.181**	0.029
防灾明白卡	0.55	0.78	−3.623***	0.000

续表

风险沟通变量	无应急物品准备 （n=247）	有应急物品准备 （n=80）	z 统计量	P
地质灾害警示牌	0.87	0.96	-2.311**	0.021
灾害监测员	0.81	0.96	-3.295***	0.001

注：*** 表示在1%水平上显著，** 表示在5%水平上显著，* 表示在10%水平上显著。

其次，对于灾害相关保险的购买，筛选结果（见表6-13）显示：沟通内容中，风险管理信息（P<0.01）、亲友对灾害的态度和反应（P<0.01）以及防灾知识和技能（P<0.01）；反馈信息渠道中，向政府反馈信息（P<0.05）；沟通频率中，与政府的沟通频率（P<0.01）；沟通形式中，政府灾害预警（P<0.01）、灾害逃生演练（P<0.01）、灾害相关知识宣传（P<0.1）、防灾明白卡（P<0.05）、地质灾害警示牌（P<0.05）以及灾害监测员（P<0.05）具有显著差异，故将以上指标纳入模型。

表6-13　灾害相关保险分组下风险沟通变量差异分析

风险沟通变量	无保险 （n=174）	有保险 （n=153）	z 统计量	P
风险管理信息	3.86	4.33	-4.165***	0.000
亲友态度和反应	3.89	4.24	-2.844***	0.004
防灾知识和技能	3.44	3.94	-3.882***	0.000
接收信息—政府	0.68	0.76	-1.598	0.110
接收信息—亲友	0.63	0.56	-1.182	0.237
接收信息—媒体	0.799	0.758	-0.884	0.376
接收信息—无渠道	0.03	0.00	-2.315	0.121
反馈信息—政府	0.59	0.72	-2.401**	0.016
反馈信息—亲友	0.24	0.25	-1.655	0.198
反馈信息—媒体	0.03	0.00	-2.315	0.121
反馈信息—无渠道	0.03	0.03	-0.436	0.663
频率—政府	3.02	3.61	-3.681***	0
频率—亲友	3.34	3.39	-0.086	0.931
频率—综合媒体	4.126	4.039	-0.826	0.409
政府灾害预警	0.5	0.7	-3.656***	0
灾害逃生演练	0.47	0.63	-3.048***	0.002
灾害相关知识宣传	0.69	0.78	-1.79*	0.073
防灾明白卡	0.54	0.67	-2.448**	0.014
地质灾害警示牌	0.86	0.93	-2.282**	0.022

风险沟通变量	无保险 （n=174）	有保险 （n=153）	z统计量	P
灾害监测员	0.80	0.9	-2.274**	0.023

注：*** 表示在1%水平上显著，** 表示在5%水平上显著，* 表示在10%水平上显著。

　　再次，对于房屋加固，筛选结果（见表6-14）显示：沟通内容中，亲友对灾害的态度和反应（P<0.1）以及防灾知识和技能（P<0.05）；获取信息渠道中，从媒体获取灾害相关信息（P<0.05）；沟通频率中，与政府的沟通频率（P<0.1）；沟通形式中，政府灾害预警（P<0.01）具有显著差异，故将以上指标纳入模型。

表6-14　房屋加固分组下风险沟通变量差异分析

风险沟通变量	无房屋加固 （n=146）	有房屋加固 （n=181）	z统计量	P
风险管理信息	4.01	4.14	-0.674	0.5
亲友态度和反应	3.97	4.12	-1.880*	0.06
防灾知识和技能	3.48	3.83	-1.997**	0.046
接收信息—政府	0.75	0.69	-1.36	0.174
接收信息—亲友	0.62	0.57	-0.891	0.373
接收信息—媒体	0.836	0.735	-2.184**	0.029
接收信息—无渠道	0.01	0.02	-0.562	0.574
反馈信息—政府	0.65	0.65	-0.024	0.981
反馈信息—亲友	0.29	0.31	-0.426	0.67
反馈信息—媒体	0.01	0.02	-0.562	0.574
反馈信息—无渠道	0.05	0.02	-1.635	0.102
频率—政府	3.49	3.15	-1.928*	0.054
频率—亲友	3.42	3.31	-0.601	0.548
频率—综合媒体	4.103	4.072	-0.126	0.9
政府灾害预警	0.68	0.52	-2.800***	0.005
灾害逃生演练	0.51	0.57	-1.221	0.222
灾害相关知识宣传	0.73	0.73	-0.178	0.859
防灾明白卡	0.57	0.63	-1.125	0.261
地质灾害警示牌	0.89	0.90	-0.134	0.893
灾害监测员	0.85	0.85	-0.100	0.92

注：*** 表示在1%水平上显著，** 表示在5%水平上显著，* 表示在10%水平上显著。

复次，对于避灾搬迁决策，筛选结果（见表6-15）显示：沟通内容中，亲友对灾害的态度和反应（P<0.1）；反馈信息渠道中，向政府和亲友反馈信息（P<0.05）具有显著差异，故将以上指标纳入模型。

表6-15　搬迁决策分组下风险沟通变量差异分析

风险沟通变量	不搬迁 （n=66）	搬迁 （n=261）	z统计量	P
风险管理信息	3.910	4.130	−1.089	0.276
亲友态度和反应	3.850	4.100	−1.671*	0.095
防灾知识和技能	3.580	3.700	−0.814	0.416
接收信息—政府	0.67	0.73	−0.985	0.325
接收信息—亲友	0.58	0.6	−0.381	0.703
接收信息—媒体	0.833	0.766	−1.173	0.241
接收信息—无渠道	0.03	0.02	−0.809	0.419
反馈信息—政府	0.55	0.68	−2.018**	0.044
反馈信息—亲友	0.41	0.27	−2.168**	0.03
反馈信息—媒体	0.00	0.02	−1.241	0.214
反馈信息—无渠道	0.05	0.03	−0.784	0.433
频率—政府	3.05	3.36	−1.565	0.118
频率—亲友	3.29	3.38	−0.661	0.509
频率—综合媒体	4.152	4.069	−0.442	0.659
政府灾害预警	0.55	0.61	−0.884	0.377
灾害逃生演练	0.47	0.56	−1.361	0.174
灾害相关知识宣传	0.68	0.74	−1.005	0.315
防灾明白卡	0.59	0.61	−0.214	0.831
地质灾害警示牌	0.88	0.9	−0.416	0.677
灾害监测员	0.83	0.85	−0.347	0.728

注：*** 表示在1%水平上显著，** 表示在5%水平上显著，* 表示在10%水平上显著。

最后，对于综合响应强度，筛选结果（见表6-16）显示：沟通内容中，风险管理信息（P<0.01）、亲友对灾害的态度和反应（P<0.01）以及防灾知识和技能（P<0.01）；获取信息渠道中，从亲友（P<0.1）和媒体（P<0.05）获取灾害相关信息；沟通形式中，政府灾害预警（P<0.05）、灾害逃生演练（P<0.01）、灾害相关知识宣传（P<0.05）、防灾明白卡（P<0.01）以及地质灾害警示牌（P<0.05）具有显著差异，故将以上指标纳入模型。

表 6-16　综合响应强度分组下风险沟通变量差异分析

风险沟通变量	0 种 （n = 17）	1 种 （n = 79）	2 种 （n = 127）	3 种 （n = 74）	4 种 （n = 30）	F
风险管理信息	3.35	3.89	4.04	4.31	4.63	5.571***
亲友态度和反应	3.41	3.90	3.99	4.36	4.30	5.248***
防灾知识和技能	3.06	3.44	3.54	3.97	4.47	6.814***
接收信息—政府	0.65	0.70	0.75	0.70	0.70	0.319
接收信息—亲友	0.59	0.72	0.56	0.51	0.63	2.060*
接收信息—无渠道	0.06	0.03	0.01	0.03	0	0.847
反馈信息—政府	0.53	0.61	0.65	0.69	0.77	1.002
反馈信息—亲友	0.41	0.34	0.27	0.31	0.23	0.739
反馈信息—媒体	0	0.01	0.04	0	0	1.382
反馈信息—无渠道	0.06	0.04	0.05	0	0	1.269
频率—政府	2.88	3.14	3.37	3.32	3.6	0.997
频率—亲友	3.41	3.33	3.5	3.26	3.13	0.717
频率—综合媒体	4.53	4.03	4.07	4.15	3.9	0.933
政府灾害预警	0.47	0.54	0.57	0.62	0.83	2.441**
灾害逃生演练	0.35	0.49	0.49	0.61	0.87	4.889***
灾害相关知识宣传	0.53	0.75	0.69	0.77	0.9	2.517**
防灾明白卡	0.35	0.53	0.61	0.62	0.87	3.853***
地质灾害警示牌	0.71	0.9	0.87	0.93	0.97	2.445**
灾害监测员	0.76	0.78	0.84	0.89	0.97	1.95

注：*** 表示在 1% 水平上显著，** 表示在 5% 水平上显著，* 表示在 10% 水平上显著。

四、研究方法

（一）二元 Logit 回归

因变量防灾应急物品准备、灾害相关保险、房屋加固以及搬迁决策均为哑变量，根据因变量数据类型特点，本研究拟采用二元 Logit 回归，在控制部分被访者能力、机会和其他控制因素的基础上，逐步分别加入风险沟通、风险认知及防灾意向变量，探讨其与农户防灾行为响应的相关关系。

(二)有序 Logit 回归

因变量综合响应为有序分类变量，故研究拟采用有序 Logit 方法进行计量分析。进一步地，经平行线检验，有序 Logit 回归通过平行线检验，显著性大于 0.1，表明回归系数不会随着分割点而发生改变，适合采用有序 Logit 回归对综合响应的回归拟合。在控制部分被访者能力、机会和其他控制因素的基础上，逐步分别加入风险沟通、风险认知及防灾意向变量，探讨其与农户防灾行为响应的相关关系。

五、结果分析

(一)防灾应急物品准备

在构建计量经济模型前，为了避免自变量间严重的多重共线性对模型结果造成的影响，研究利用方差膨胀因子(VIF)对变量进行了多重共线性检验，检验结果所有变量的 VIF 均小于 3，表明所有变量之间不存在多重共线性(曹莎，2020)。此部分目的在于分别探索"风险沟通—防灾物品准备""风险认知—防灾物品准备""防灾意向—防灾物品准备"的相关关系，本研究构建了 4 个回归模型(见表 6-17)，其中并不包含所有变量纳入的情况。其中，第一个模型为仅纳入背景框架的估计结果，第二个模型为在第一个模型上纳入风险沟通变量的模型，第三个模型为在第一个模型中纳入风险认知变量的模型，第四个模型为在第一个模型上纳入防灾意向的模型。由 Wald 统计量可知，所有模型的整体显著性均通过检验，自变量对因变量变异的解释比例在 9.99% 和 18.84% 之间，表明所有模型的拟合结果在统计意义上均显示有效。

模型回归拟合结果显示(见表 6-17)，农户灾害风险沟通和风险认知的部分指标以及防灾意向均会显著影响其防灾物品的准备。首先，对于风险沟通与防灾物品准备的关系，模型 2 的估计结果发现，农户的某些灾害风险沟通特征会显著影响其防灾物品准备，假设 H1 得以证实。具体来讲，农户与亲友沟通灾害风险的频率与防灾物品准备负向显著相关($P<0.05$)；沟通形式中，农户对政府灾害预警($P<0.01$)防灾明白卡($P<0.1$)以及灾害监测员($P<0.1$)这 3 种沟通形式的而熟悉程度均会显著正向影响其防灾物品准备。其次，对于风险认知与防灾物品准备的关系，模型 3 估计结果发现，农户的风险认知中，仅自我效能认知($P<0.1$)一个维度会显著正向影响其防灾物品准备，而风险认知的其他维度，如可能性、威胁性、应对效能均不显著，故假设 H2 部分得以证实。再次，就农户防灾意向与防灾物品准备的关系而言，模型 4 估计结果显示，农户的防灾意向($P<0.01$)会显著正向影响其防灾物品准备，且其影响 OR 值在所有变量中最大，假设 H3 得以证实。最后，值得注意的是，在所有 4 个模型中，背景框架中的灾害相关知识得分指标均保持稳健显著，这表明灾害相关知识是影响农户准备防灾物品的一个重要因素。

表 6-17　农户灾害风险沟通、认知、防灾意向对其防灾物品准备的回归估计结果

类别	变量	模型 1	模型 2	模型 3	模型 4
控制因素	居住时长	1.002	1.003	1.001	0.999
	居住地址	0.888	0.864	0.915	0.818
	社区受灾人数	0.999	0.999	0.999	0.999
	经历灾害严重程度	0.740*	0.739	0.735*	0.720*
	经历灾害次数	1.006	1.005	1.004	1.003
主观能力	灾害知识得分	1.544***	1.379**	1.438***	1.539***
	承压信心	1.272	1.146	1.204	1.202
客观能力	人力资本	1.406	1.191	1.316	1.327
物质机会	物质资本	1.001	1.001	1.001	1.001
	金融资本	0.881	0.789	0.907	0.810
	自然资本	1.000	1.000	1.000	1.000
社会机会	社会资本	1.063	0.902	0.976	1.072
	社区灾害防治状况	1.093	0.855	1.041	1.056
风险沟通	风险管理信息		1.106		
	亲友态度和反应		1.351		
	防灾知识和技能		1.090		
	反馈信息—无渠道		0.000		
	频率—亲友		0.739**		
	政府灾害预警		2.469***		
	灾害逃生演练		1.034		
	灾害相关知识宣传		0.931		
	防灾明白卡		2.113*		
	地质灾害警示牌		1.265		
	灾害监测员		3.203*		
风险认知	可能性			0.997	
	威胁性			1.001	
	自我效能			1.015*	
	应对效能			1.007	
防灾意向	防灾意向				4.316***
常数		0.071**	0.016**	0.035**	0.043**
N		327	327	327	327
Wald chi²(X)		36.360***	73.194***	40.185**	50.242***
Pseudo R²		0.0999	0.1884	0.1104	0.1381

注：表内回归系数值代表对应的 OR 值，大于 1 代表正向影响，小于 1 代表负向影响；*** 表示在 1% 水平上显著，** 表示在 5% 水平上显著，* 表示在 10% 水平上显著。

(二)灾害相关保险

同样,研究先采用方差膨胀因子(VIF)对变量进行了多重共线性检验,检验结果所有变量的 VIF 均小于 2,表明所有变量之间不存在多重共线性。就灾害相关保险,与防灾物品准备的情况类似,本研究初步构建了 4 个回归模型(见表 6-18)。其中,第一个模型为仅纳入背景框架的估计结果,第二个模型为在第一个模型上纳入风险沟通变量的模型,第三个模型为在第一个模型中纳入风险认知变量的模型,第四个模型为在第一个模型上纳入防灾意向的模型。由 Wald 统计量可知,所有模型的整体显著性均通过检验,自变量对因变量变异的解释比例在 14.35% 和 18.56% 之间,表明模型回归估计拟合结果有效。

表 6-18 农户灾害风险沟通、认知、防灾意向对其灾害保险购买的回归估计

类别	变量	模型 1	模型 2	模型 3	模型 4	模型 5
控制因素	居住时长	1.002	0.999	1.001	1.002	1.002
	居住地址	0.871	0.872	0.931	0.859	0.751
	社区受灾人数	0.997***	0.997***	0.997***	0.997***	0.997***
	经历灾害严重程度	1.168	1.072	1.178	1.170	1.157
	经历灾害次数	0.991	0.990	0.988	0.991	0.994
主观能力	灾害知识得分	1.189*	1.040	1.089	1.186*	1.197*
	承压信心	1.257	1.206	1.232	1.234	1.307
客观能力	人力资本	0.981	0.809	0.868	0.968	0.993
物质机会	物质资本	1.001	1.001	1.001	1.001	1.000
	金融资本	2.117***	2.001**	2.143***	2.084***	2.066***
	自然资本	1.000	1.000	1.000	1.000	1.000
社会机会	社会资本	1.460*	1.300	1.309	1.468*	1.554**
	社区灾害防治状况	1.378***	1.246*	1.285**	1.364**	1.375**
风险沟通	风险管理信息		1.149			
	亲友态度和反应		1.329*			
	防灾知识和技能		1.060			
	反馈信息—政府		1.032			
	频率—政府		1.125			
风险沟通	政府灾害预警		1.655*			
	灾害逃生演练		1.395			
	灾害相关知识宣传		0.912			
	防灾明白卡		1.079			
	地质灾害警示牌		1.349			
	灾害监测员		1.196			

类别	变量	模型 1	模型 2	模型 3	模型 4	模型 5
风险认知	可能性			0.998		
	威胁性			0.992		
	自我效能			1.019 ***		
	应对效能			1.005		
防灾意向	防灾意向				1.334	1.294
交互项	防灾意向×严重性					0.676
	防灾意向×次数					0.935 **
	常数	0.046 ***	0.009 ***	0.033 ***	0.043 ***	0.037 ***
	N	327	327	327	327	327
	Wald chi^2(X)	64.88 ***	96.563 ***	73.414 ***	65.865 ***	75.618 ***
	Pseudo R^2	0.1435	0.1856	0.1624	0.1457	0.1592

注：表内回归系数值代表对应的 OR 值，大于 1 代表正向影响，小于 1 代表负向影响；*** 表示在 1% 水平上显著，** 表示在 5% 水平上显著，* 表示在 10% 水平上显著。

对于风险沟通与灾害相关保险的关系，模型 2 的估计结果发现，农户的某些灾害风险沟通特征会显著影响其灾害保险购买，假设 H1 得以证实。具体来讲，沟通内容中，农户对亲友关于灾害的反映和态度的偏好与购买灾害相关保险正向显著相关（P<0.1）；沟通形式中，农户对政府灾害预警（P<0.1）的熟悉程度均会显著正向影响其购买灾害相关保险。

对于风险认知与灾害相关保险的关系，模型 3 估计结果发现，农户的风险认知中，仅自我效能认知（P<0.1）一个维度会显著正向影响其购买灾害相关保险。即农户的自我效能评价越高，其更有可能购买灾害相关保险。其余所有认知维度的效用均不显著，故假设 H2 部分得到证实。

就农户防灾意向与灾害相关保险的关系而言，模型 4 估计结果显示，农户的防灾意向与其是否购买灾害相关保险无显著关系，假设 H3 未能证实。此处研究做出以下猜想：一方面，调研农户问卷中有词条测度"农户是否听过自然灾害保险"，结果显示 327 户农户中，有 156 户回答从未听过，占样本总数的 47.71%。这可能是导致部分农户有意向却没有购买灾害保险的原因之一；另一方面，大量研究已证明居民的灾害有关经历是其行为响应的重要因素（Onuma et al.，2017），损失不大的灾害经历会使居民的防灾行为响应受阻，是否有可能是农户的灾害经历影响到防灾意向发挥效用？进一步地，研究以灾害经历的次数和严重程度分别与农户的防灾意向构建交互项探究此问题（模型 5）。模型拟合结果显示，灾害经历的次数会对农户的防灾意向（原系数为正向影响）产生显著的调节作用，且交互项符号也为负，显示会对农户的购买灾害保险产生阻碍影响。即在农户灾害经历次数会显著负向影响防灾意向对灾害保险购买的边际效用。也就是说，农户经历的灾害次数越多，反而会负向调节其"意向→行为"的转化。值得注意的是，在所有 5 个模型中，背景框架中的社区受灾人数（P<0.01）、金融资本（P<0.01）以及社区灾害防治状况均会显著影响农户购买灾害保险的行为。其中，除社区受灾人数会显著负向影响购买灾害保险行为，其余两个变量均对灾害保险的购买产生积极的作用。

综上所述，农户关注亲友关于灾害的态度和反应的偏好程度、对灾害预警这类沟通形式的熟悉程度以及风险认知的自我效能维度均会显著正向影响其购买灾害相关保险的行为，即以上因素对购买灾害保险具有促进作用。而在直接作用下，农户的防灾意向并未直接显著影响其购买灾害相关保险的行为。研究假设农户的灾害经历以及严重程度会对其产生调节作用，并进行了相关探索。结果显示，农户灾害会对农户的购买灾害保险产生阻碍影响。样本农户所经历的灾害次数普遍较高可能是农户最终未能由意向转化为行动的原因之一。

(三)房屋加固

就房屋加固，与以上行为响应类似，本研究构建了 4 个回归模型（见表 6-19）。其中，第一个模型为仅纳入背景框架的估计结果，第二个模型为在第一个模型上纳入风险沟通变量的模型，第三个模型为在第一个模型中纳入风险认知变量的模型，第四个模型为在第一个模型上纳入防灾意向的模型。由 Wald 统计量可知，除模型 1 以外，其余所有模型的整体显著性均通过检验，即模型 2—模型 4 的回归估计拟合结果有效，这表明农户加固房屋的行为较少受到背景框架变量的影响，跟多取决于其应对灾害风险的态度（如日常风险沟通特征、认知水平和防灾意向）。拟合效果较好模型自变量对因变量变异的解释比例在 4.67% 和 16.27% 之间。并且结果显示，在加入防灾意向变量后，模型的拟合效果有了显著的提高。

表 6-19 农户灾害风险沟通、认知、防灾意向对其房屋加固的回归估计结果

类别	变量	模型 1	模型 2	模型 3	模型 4
控制因素	居住时长	0.995	0.995	0.995	0.991
	居住地址	1.341	1.379	1.213	1.282
	社区受灾人数	1.000	1.000	1.000	1.000
	经历灾害严重程度	0.813	0.832	0.745 *	0.783
	经历灾害次数	1.022 *	1.025 **	1.030 **	1.021 *
主观能力	灾害知识得分	0.986	0.976	1.058	0.96
	承压信心	1.132	1.040	1.221	0.979
客观能力	人力资本	1.044	0.995	1.173	0.941
物质机会	物质资本	0.999	0.999	0.999	1.000
	金融资本	1.143	1.122	1.183	0.945
	自然资本	1.000	1.000	1.000	1.001

续表

类别	变量	模型 1	模型 2	模型 3	模型 4
社会机会	社会资本	1.021	1.045	1.087	1.049
	社区灾害防治状况	0.949	0.956	1.034	0.873
风险沟通	亲友态度和反应		1.016		
	防灾知识和技能		1.389 ***		
	接收信息—媒体		0.489 **		
	频率—政府		0.860		
	政府灾害预警		0.501 ***		
风险认知	可能性			1.007	
	威胁性			1.013 **	
	自我效能			0.990	
	应对效能			0.984 **	
防灾意向	防灾意向				10.239 ***
常数		2.123	3.408	2.594	1.436
N		327	327	327	327
Wald chi^2(χ)		10.168	34.854 ***	20.937 **	72.913 ***
Pseudo R^2		0.0217	0.0778	0.0467	0.1627

注：表内回归系数值代表对应的 OR 值，大于 1 代表正向影响，小于 1 代表负向影响；*** 表示在 1%水平上显著，** 表示在 5%水平上显著，* 表示在 10%水平上显著。

对于风险沟通与房屋加固的关系，模型 2 的估计结果发现，农户的某些灾害风险沟通特征会显著影响其进行房屋加固，假设 H1 得以证实。具体来讲，沟通内容中，农户对防灾知识技能的偏好与购房屋加固正向显著相关（P<0.01）；沟通渠道中，农户倾向从媒体渠道获取灾害相关信息（P<0.05）会显著负向影响其采取房屋加固来作为对灾害风险的响应。沟通形式中，农户对政府灾害预警（P<0.01）的熟悉程度均会显著正向影响其房屋加固行为。

对于风险认知与房屋加固的关系，模型 3 估计结果发现，农户的风险认知的威胁性认知和应对效能认知与其加固房屋显著相关，假设 H2 部分得到证实。农户对灾害的威胁性认知（P<0.05）会显著正向影响其房屋加固行为，即农户认为周围灾害风险的威胁性越大，则其越可能加固房屋以应对这种灾害风险；而应对效能认知（P<0.05）则会显著负向影响其加固房屋，即农户越认为采取预防措施可以有效减少灾害风险威胁，其越倾向不加固房屋。这可能是因为，目前我国农村防灾以社区防灾为主，在这种环境下，农户可能会更多依赖于社区防灾工程或者治理，其认为已采取的社区防灾措施已能够有效缓解面临的灾害威胁，由此可能造成个体忽视采取家庭层面防灾措施的必要。

就农户防灾意向与加固房屋的关系而言，模型4估计结果显示，农户的防灾意向（P<0.01）会对其加固房屋产生显著正向影响，且其影响OR值在所有变量中最大，假设H3得到证实。在背景框架变量中，综合4个模型的结果，仅灾害经历次数会稳定正向显著影响农户加固房屋的行为，即农户经历灾害次数越多，其越倾向于加固房屋。

综上所述，灾害风险沟通中，农户对防灾知识与技能的偏好程度、选择从媒体渠道获取灾害相关信息以及对灾害预警这类沟通形式的熟悉程度；在灾害风险认知中，威胁性认知与应对效能维度；农户的防灾意向以及灾害经历次数均与其加固房屋的行为显著相关。

(四)政府补助情景下的搬迁决策

就农户在政府补助情境下的搬迁决策而言，本研究初步构建了4个回归模型（见表6-20）。其中，第一个模型为仅纳入背景框架的估计结果，第二个模型为在第一个模型上纳入风险沟通变量的模型，第三个模型为在第一个模型中纳入风险认知变量的模型，第四个模型为在第一个模型上纳入防灾意向的模型。由Wald统计量可知，所有模型的整体显著性均通过检验，拟合效果较好模型自变量对因变量变异的解释比例在10.30%和12.74%之间，表明所有模型的拟合结果在统计意义上均显示有效。

表6-20 农户灾害风险沟通、认知、防灾意向对避灾搬迁决策的回归估计结果

类别	变量	模型1	模型2	模型3	模型4	模型5
控制因素	居住时长	0.996	0.995	0.995	0.995	0.992
	居住地址	2.466***	2.558***	2.465***	2.418***	2.459***
	社区受灾人数	0.999**	0.999*	0.999**	0.999**	0.999**
	经历灾害严重程度	1.370*	1.344	1.333	1.368*	1.239
	经历灾害次数	0.976*	0.974**	0.979	0.975**	0.973**
主观能力	灾害知识得分	1.280**	1.246*	1.375**	1.279**	1.304**
	承压信心	1.062	1.081	1.209	1.038	1.079
客观能力	人力资本	0.672	0.637*	0.704	0.645*	0.590*
物质机会	物质资本	1.002	1.002	1.002	1.002	1.001
	金融资本	0.734	0.719	0.713	0.693	0.637
	自然资本	0.999	0.999	0.999	0.999	0.999
社会机会	社会资本	1.636**	1.592*	1.705**	1.662**	1.673**
	社区灾害防治状况	1.236	1.207	1.332**	1.219	1.208
风险沟通	亲友态度和反应		1.199			
	反馈信息—政府		1.943**			

类别	变量	模型1	模型2	模型3	模型4	模型5
风险认知	可能性			1.007		
	威胁性			0.997		
	自我效能			0.994		
	应对效能			0.974**		
防灾意向	防灾意向				1.715	1.685
交互项	防灾意向×严重性					0.305***
	防灾意向×次数					1.026
常数		0.197	0.078*	0.592	0.166	0.276
N		327	327	327	327	327
Wald chi²(χ)		33.869***	40.010***	41.909***	36.437***	46.923***
Pseudo R²		0.103	0.1216	0.1274	0.1108	0.1427

注：表内回归系数值代表对应的 OR 值，大于 1 代表正向影响，小于 1 代表负向影响；*** 表示在 1%水平上显著，** 表示在 5%水平上显著，* 表示在 10%水平上显著。

对于风险沟通与农户搬迁决策的关系，模型 2 的估计结果发现，仅农户的选择政府渠道反馈灾害风险信息一个指标会显著影响其避灾搬迁决策，假设 H1 得到部分证实。具体来讲，农户选择政府渠道反馈灾害风险信息（P<0.05）会显著正向影响其搬迁决策，即农户越倾向选择政府渠道反馈灾害相关信息，其同意搬迁的可能性越大。

对于风险认知与农户搬迁决策的关系，模型 3 估计结果发现，农户的风险认知中，仅应对效能认知（P<0.05）一个维度与其搬迁决策负向显著相关。即农户越认为可以通过一些预防措施来降低灾害风险，其更有可能选择不搬迁。其余所有认知维度的效用均不显著，故假设 H2 部分得到证实。

就农户防灾意向与农户搬迁决策的关系而言，模型 4 估计结果显示，农户的防灾意向与其是同意搬迁无显著关系，假设 H3 未能证实。与灾害相关保险部分类似，研究以灾害经历的次数和严重程度分别与农户的防灾意向构建交互项探究此问题（模型 5）。模型拟合结果显示，灾害经历的严重程度会对农户的防灾意向（原系数为正向影响）产生显著的调节作用，且交互项符号也为负，显示会对农户的搬迁决策产生阻碍影响。即在农户灾害经历严重程度会显著负向影响防灾意向对搬迁决策的边际效用。也就是说，农户经历的灾害越严重，反而会负向调节其"意向—行为"的转化。这可能的原因是，农户经历过更严重的灾害，并且目前还生活在当地，表明农户已适应与灾害风险共存的情况，这可能会产生幸存者侥幸心理（陈容等，2013），进而抑制其同意搬迁的决策。另外，在所有 5 个模型中，背景框架中的居住地址（P<0.01）、社区受灾害威胁人数（P<0.05）、在灾害经历次数（P<0.05）、灾害相关知识得分（P<0.05）以及社会资本（P<0.05）均会显著影响农户的搬迁决策。其中，农户的家庭居住地址是否在灾害威胁区，无论是在显著

性,还是在影响效用方面,均为所有指标中最大,这表明居民与灾害点的位置关系,在居民搬迁决策中发挥着尤为重要的作用。

综上所述,风险沟通中的选择政府渠道反馈灾害相关信息、风险认知的应对效能维度均会显著影响其避灾搬迁决策。而在直接作用下,农户的防灾意向并未直接与其搬迁决策显著相关。研究假设农户的灾害经历以及严重程度会对其产生调节作用,并进行了相关探索。结果显示,农户经历灾害的严重程度会对农户的搬迁决策产生显著的阻碍效用。在农户防灾意向保持固定的情况下,农户经历的灾害越严重,其越倾向选择不搬迁此地。样本农户所经历的灾害严重性普遍较高可能是农户最终未能由意向转化为行动的原因之一。

(五)综合响应强度

就农户综合响应强度而言,根据因变量有序多分类的特点,研究采用有序 Logistic 模型进行回归。具体而言,本研究构建了4个回归模型(见表6-21)。其中,第一个模型为仅纳入背景框架的估计结果,第二个模型为在第一个模型上纳入风险沟通变量的模型,第三个模型为在第一个模型中纳入风险认知变量的模型,第四个模型为在第一个模型上纳入防灾意向的模型。由 Wald 统计量可知,所有模型的整体显著性均通过检验,拟合效果较好模型自变量对因变量变异的解释比例在4.94%和10.25%之间,表明所有模型的拟合结果在统计意义上均显示有效。

表6-21 农户灾害风险沟通、认知、防灾意向对综合响应强度的回归估计结果

类别	变量	模型1	模型2	模型3	模型4
控制因素	居住时长	-0.005	-0.005	-0.005	-0.007
	居住地址	0.257	0.201	0.223	0.232
	社区受灾人数	-0.001***	-0.002***	-0.002***	-0.002***
	经历灾害严重程度	-0.052	-0.093	-0.109	-0.011
	经历灾害次数	0.002	0.004	0.005	-0.001
主观能力	灾害知识得分	0.272***	0.145*	0.253***	0.272***
	承压信心	0.213*	0.197	0.268**	0.119
客观能力	人力资本	0.032	-0.193	0.005	-0.032
物质机会	物质资本	-0.000	-0.000	-0.000	-0.000
	金融资本	0.182	0.088	0.174	0.017
	自然资本	-0.000	-0.000	-0.000	-0.000
社会机会	社会资本	0.320*	0.224	0.291*	0.367**
	社区灾害防治状况	0.149	0.071	0.172*	0.104

类别	变量	模型1	模型2	模型3	模型4
风险沟通	风险管理信息		0.182		
	亲友态度和反应		0.263**		
	防灾知识和技能		0.106		
	接收信息—亲友		-0.389*		
	接收信息—媒体		-0.496*		
	政府灾害预警		0.137		
	灾害逃生演练		0.404*		
	灾害相关知识宣传		-0.075		
	防灾明白卡		0.474*		
	地质灾害警示牌		0.152		
风险认知	可能性			0.003	
	威胁性			0.000	
	自我效能			0.006	
	应对效能			-0.012*	
防灾意向	防灾意向				1.782***
	N				
	Wald chi²(X)	45.83***	77.01***	50.61***	95.12***
	Pseudo R²	0.0494	0.0829	0.0545	0.1025

注：*** 表示在1%水平上显著，** 表示在5%水平上显著，* 表示在10%水平上显著。

对于风险沟通与农户综合响应强度的关系，模型2的估计结果发现，农户对亲友关于灾害风险态度的关注程度（P<0.05）、选择亲友渠道（P<0.1）和媒体渠道（P<0.1）获取灾害相关信息、对逃生演练（P<0.1）和防灾明白卡（P<0.1）这类沟通形式的熟悉程度，均会显著影响农户的综合响应强度，假设H1得以部分证实。具体来讲，农户对亲友关于灾害风险态度的关注程度以及对逃生演练和防灾明白卡这类沟通形式的熟悉程度均会显著正向影响农户的综合响应强度；而选择亲友渠道和媒体渠道获取灾害相关信息均会显著降低农户的综合响应强度。

对于风险认知与农户综合响应强度的关系，模型3估计结果发现，农户的风险认知中，仅应对效能认知（P<0.1）一个维度与其综合响应强度负向显著相关，其余所有认知维度的效用均不显著，故假设H2部分得到证实。即农户越认为可以通过一些预防措施来降低灾害风险，其综合响应反而越小。这可能的解释与灾害保险部分类似：目前我国农村防灾以社区防灾为主，在这种环境下，农户可能会更多依赖于社区防灾工程或者治理，其认为已采取的社区防灾措施已能够有效缓解面临的灾害威胁，故进而造成农户忽视采取家庭层面防灾措施的必要。

就农户防灾意向与综合响应强度关系而言，模型4估计结果显示，农户的防灾意向与其综合响应强度显著正向相关，假设H3得到证实。且其影响OR值在所有变量中最大，这表明相较于其他因素，农户防灾意向越强，其综合灾害响应强度能够得到较大幅度的提升。另外，在背景框架变量中，综合4个模型，社区受灾害威胁人数、灾害相关知识得分以及社会资本均会显著影响其综合响应强度。

综上所述，风险沟通中，对亲友关于灾害风险态度的关注程度、选择亲友渠道和媒体渠道获取灾害相关信息、对逃生演练和防灾明白卡这类沟通形式的熟悉程度；风险认知的应对效能维度；农户的防灾意向以及背景框架中的社区受灾害威胁人数、灾害相关知识得分以及社会资本，均会显著影响其综合响应强度。

六、结论与政策建议

本部分构建计量经济模型，分步推进式地探索了农户风险沟通特征、认知水平、防灾意向与其行为响应两两之间的相关关系。并在"防灾意向→行为响应"探讨了灾害经历因素对防灾意向最终转化为确实行动的调节作用，得到的结果如下：

第一，农户灾害风险沟通特征会显著影响其应灾行为响应。就农户防灾响应行为整体而言，农户灾害风险沟通的多个特征与行为响应均显著相关，且与不同响应行为相关的风险沟通特征不甚相同。对于防灾物品准备，农户与亲友沟通灾害风险的频率与防灾物品准备负向显著相关；沟通形式中，农户对政府灾害预警、防灾明白卡以及灾害监测员这3种沟通形式的熟悉程度均会显著正向影响其防灾物品准备。对于灾害保险购买，沟通内容中，农户对亲友关于灾害的反映和态度的偏好与购买灾害相关保险正向显著相关；沟通形式中，农户对政府灾害预警的熟悉程度均会显著正向影响其购买灾害相关保险。对于房屋加固，沟通内容中，农户对防灾知识技能的偏好与购房屋加固正向显著相关；沟通渠道中，农户倾向从媒体渠道获取灾害相关信息会显著负向影响其采取房屋加固来作为对灾害风险的响应。沟通形式中，农户对政府灾害预警的熟悉程度均会显著正向影响其房屋加固行为。对于避灾搬迁决策，农户选择政府渠道反馈灾害风险信息会显著正向影响其搬迁决策。对于综合响应强度，农户对亲友关于灾害风险态度的关注程度以及对逃生演练和防灾明白卡这类沟通形式的熟悉程度均会显著正向影响综合响应强度；而选择亲友渠道和媒体渠道获取灾害相关信息均会显著负向影响农户的综合响应强度。

第二，农户灾害风险认知水平与其应灾行为响应显著相关。就农户防灾响应行为整体而言，农户灾害风险认知对防灾行为响应的影响主要体现在自我效能和应对效能方面，而与可能性和威胁性认知关系不显著。防灾物品准备方面，风险认知中，仅自我效能认知一个维度会显著正向影响其防灾物品准备，而风险认知的其他维度，如可能性、威胁性、应对效能均不显著。灾害保险购买方面，风险认知中仅自我效能认知一个维度会显著正向影响其购买灾害相关保险。即农户的自我效能评价越高，其更有可能购买灾害相关保险。关于房屋加固，农户对灾害的威胁性认知会显著正向影响其房屋加固行为；而应对效能认知则会显著抑制其加固房屋。关于避灾搬迁决策，仅应对效能认知一个维度与其搬迁决策负向显著相关。关于综合响应强度，研究结果显示应对效能认知与其搬迁决策负向显著相关，而其余所有认知维度的作用均不显著。对比风险认知对防灾意向和行为响应的影响，可以发现传统认知测度的可能性和威胁性影响的是个体的防灾意向，而自我效能和应对效能则和具体的行为响应联系更加紧密。

第三，农户防灾意向会显著影响部分应灾行为响应的实现，但并未对所有行为响应生效。研究实证探讨了个体的防灾意向最终是否会转化为具体的行为响应或决策，综合结果显示，防灾意向会显著正向影响农户的防灾物品准备、房屋加固以及综合响应强度，而与灾害保险的购买和政府补助情境下的搬迁决策关系并不显著。进一步地，通过查阅相关文献（Onuma et al., 2017），研究提出灾害经历可能会影响意向—行为转化实现的猜想，并以灾害经历的次数和严重程度分别与农户的防灾意向构建交互项探究此问题。研究结果显示：对于灾害保险的购买，农户灾害经历次数会显著负向影响防灾意向对灾害保险购买的边际效用。也就是说，农户经历的灾害次数越多，反而越会负向调节其意向到行为的转化；农户灾害经历严重程度会显著负向影响防灾意向对搬迁决策的边际效用。也就是说，农户经历的灾害越严重，反而越会负向调节其意向—行为的转化。

第 七 章

结论、启示与研究展望

第一节 研究结论

自然灾害作为最难预测且破坏力最强的灾害类型之一，一直是人类关注的焦点（刘宽斌等，2020；张晓东等，2022）。我国是一个灾害频发的国家，而且是世界上自然灾害损失最严重的少数国家之一。多发频发的自然灾害（如地震、滑坡、泥石流等）对灾区居民的生命和财产造成了严重威胁。同时，由于山区特殊的自然和人文环境，这一现象在我国山区尤为明显，特别是以四川为代表的地震灾害大省"聚落—灾害体"共生现象极为普遍，而有效的避灾准备是广大地震灾害高风险区聚落农户应对外部风险冲击，稳固脱贫攻坚成果和实现乡村振兴的关键。因此，有必要系统揭示地震灾害威胁区居民对灾害风险时的行为响应驱动机制。本书围绕地震灾害威胁区居民避灾准备、农户生计、风险认知、风险沟通与同群效应四大方面进行展开，主要得到如下结论：

（1）避灾准备篇

结论包括：①普通民众和专业人士在避灾物品准备上存在显著差异，普通民众和专业人士在知识技能准备上存在显著差异，普通民众和专业人士在物理防灾准备上不存在显著差异。②面临地震灾害威胁，居民具有强烈的撤离和搬迁意愿，农村居民生计资本与居民撤离意愿没有显著关系。③在社会关系推动避灾搬迁决策的情境下，农户分别以"风险沟通→风险认知→避灾搬迁"决策和"风险沟通→避灾搬迁"决策，两条作用路径对其避灾搬迁决策进行驱动。对于政府推动的搬迁决策情景，农户仅以"风险沟通→避灾搬迁"决策一条作用链条对其避灾搬迁决策进行驱动。④地方依赖和地方认同没有直接影响居民的撤离意愿，但可以通过反应效能的介导对撤离意愿产生影响，并且自我效能和反应效能都对撤离意愿有显著正向影响。地方依赖对搬迁意愿有显著负向影响，同时，地方依赖和地方认同也可以通过反应效能对搬迁意愿产生影响，并且反应效能也能直接影响搬迁意愿。⑤居民总体灾害风险认知处于中等水平，社区韧性防灾能力与居民灾害风险认知间存在显著相关关系。⑥防灾减灾培训能够促进农户采取地震避灾准备行为，并且防灾减灾培训还能提高农户采用地震避灾准备行为的程度。⑦总体来说，居民具有较强的灾害知识。居民具备的地震知识会显著影响不同时段居民的避灾行为决策。

（2）农户生计篇

结论包括：①通过分析生计风险与生计资本发现，农户面临的生计风险会对其生计资本产生不同影响。具体而言，健康风险与自然资本正向显著相关，环境风险与人力资本负向显著相关，与自然资本正向显著相关，金融风险与生计资本、人力资本、物质资本和社会资本正向显著相关，社会风险与人力资本和物质资本正向显著相关。②通过分析生计风险与贫困发现，不同贫困类型农户受到生计风险不同程度的冲击。具体而言，与绝对贫困型农户相比，相对贫困型农户受到社会风险的冲击更严重，然而受到健康风险、环境风险和金融风险的冲击差异不显著；与非贫困型农户相比，相对贫困型农户受到4种生计风险的冲击差异不显著。③通过分析生计风险与生计策略发现，面临健康风险时，农户更偏好选择外出务工生计适应策略；面临环境风险时，农户更偏好选择等待政府救济生计适应策略；面临金融风险时，农户选择6种生计适应策略之间的区别不显著；面临社会风险时，农户更偏好选择动用储蓄生计适应策略。④通过分析生计韧性与生计策略发现，农村居民生计策略分为非农、兼业和纯农业类型，非农是地震灾害威胁区农村居民采取的主要生计策略。农村居民生计韧性可分为缓冲能力、自组织能力、学习能力和防灾减灾能力，而农村居民生计韧性主要为防灾减灾能力。就生计韧性与生计策略的相关性而言，生计韧性中的缓冲能力越强，农村居民越倾向于从事非农业生产活动获取收入。⑤通过分析生计压力与生计适应性发现，调整型生计策略与扩张型生计策略相比，健康压力越大和物资资本越高的农户，其更倾向于选择扩张型生计策略；收缩型生计策略与扩张型生计策略相比，健康压力越大和金融资本越高的农户，其更倾向于选择收缩型生计策略；援助型生计策略与扩张型生计策略相比，经济压力越大的农户越倾向于选择扩张型生计策略，健康压力越大的农户越倾向于选择援助型生计策略。

(3)灾害风险认知篇

结论包括：①汶川地震极重灾区农户具有相对较高的风险认知水平、防灾减灾意识和地震知识技能，同时具有强烈的保险购买意愿和搬迁意愿。农户灾害风险认知过程模型结果表明，农户地震灾害知识技能、灾害风险认知和防灾减灾意识除了会直接影响其灾害保险购买意愿和避灾搬迁意愿外，还可通过各自内部维度的相互作用间接影响灾害保险购买意愿和避灾搬迁意愿。②在金融准备与灾害风险感知的相关性方面，农户家庭现金总收入越高，资产多样性越高，当发生地震等灾难时农户可以向亲戚朋友借钱时，他们对灾难发生可能性的感知越低，资产多样性越高。当农村家庭在发生地震等灾难时能够从银行贷款时，他们对灾难发生的严重性的感知就越强。在经验与可能灾害风险感知的相关性方面，灾害经验越严重，对灾害发生严重程度的感知越强。同时，居民灾害经历严重性与灾害发生可能性无显著相关关系。③媒体传播与灾害发生可能性和严重性均存在负向显著相关关系。传统媒体传播仅与灾害发生严重性负向显著相关，新媒体传播仅与灾害发生可能性负向显著相关。灾害经历严重性均与灾害发生可能性和严重性正向显著相关。④农户社会网络的载体特征会显著影响其灾害风险感知，而社会网络整体特征的作用并不显著。信任的不同维度会对农户灾害风险感知产生差异化影响。相较于社会网络变量，信任与灾害风险的感知水平的相关关系更为密切，这尤其体现在对自我效能、应对效能及综合感知的影响方面。⑤农户灾害风险沟通几乎作用于其自我风险管理的全过程，与其风险认知水平及应灾响应显著相关。对于灾害风险的认知水平，灾害风险沟通多方特征(沟通内容、渠道以及形式的多个指标)均与其风险认知（除对灾害风险的可能性认知之外）稳健显著相关，这在自我效能评价中作用尤为明显。另外，农户对利益相关方的沟通信任程度会对"风险沟通→风险认知"的过程产生显著的调节效应。

(4) 风险沟通与同群效应篇

结论包括：①在灾害信息获取时间链条上，居民获取信息的频率呈现递增趋势，但增长率呈现波动状态。具体而言，政府、大众媒体和社交媒体渠道获取信息的频率呈递增趋势；亲友渠道获取信息的频率呈总体递增趋势，但在灾害结束后返家后这一阶段有小幅度下降。亲友和政府信息获取渠道在决定撤离时的增长率最高。大众媒体与社交媒体信息获取渠道在灾害结束返家前的增长率最高。亲友、政府、大众媒体、社交媒体四种信息获取渠道在灾害结束后返家后的增长率最低。②普通民众避灾准备与专业人士避灾准备存在差异。在趋同效应作用路径下，专业人士和普通民众避灾准备，在应急物品准备、灾害保险准备和房屋加固准备3个指标上均呈显著正相关。在社会学习作用路径下，普通民众参与专业人士组织的知识技能培训与其应急物品准备、灾害保险准备呈显著正相关，即存在同群效应。③同群效应对民众灾害保险准备、房屋加固准备、重要物品放置准备、搬迁准备有显著正向影响，趋同效应是同伴家庭影响其他家庭避灾准备的关键路径，在趋同效应的影响下，民众观察到同伴家庭的避灾准备行为后，为了缩小差距而趋于采取相同的行为。④就农户防灾意向而言，农户对灾害风险的可能性和威胁性认知均与其防灾意向显著正相关，而风险沟通特征、自我效能和应对效能的作用并不显著。⑤农户灾害风险沟通特征会显著影响其应灾行为响应。农户灾害风险认知水平与其应灾行为响应显著相关。农户防灾意向会显著影响部分应灾行为响应的实现，但并未对所有行为响应生效。

第二节 研究启示

地震重灾区居民灾害风险管理是区域韧性防灾体系建设的重要内容。在我国山区居民面临严峻的灾害风险的现实下，位于灾害高发区的管理部门和当地居民时刻面临着防灾减灾的任务和挑战。为了抵御严峻的灾害风险，适应这种客观的人地关系，我们还需要不断提升组织和个人应对各种灾害和风险的意识和能力，形成共担责任的风险应对机制以及勇担责任的风险价值理念。这是一个漫长的过程，需要每个人和每个群体都参与到风险决策和风险应对之中。因此，本书的结果可以从不同的角度获得可激励组织和居民个人主动防灾避灾的一些启示：

(1) 培养居民应对灾害威胁的能力

第一，要重视居民日常风险沟通在灾害风险管理全过程的抓手作用。灾害风险沟通不仅可以通过作用于居民风险认知水平进而影响其应灾行为响应，还可以直接作用于行为响应，这意味着风险沟通不可忽视的作用。但值得思考的是，如何使风险沟通的形式为更多人熟悉，因此可以考虑将扁平化的社会亲友渠道纳入沟通渠道的利用范围，通过提高全民对灾害风险的客观认识，增加亲友渠道信息的客观真实性，有效地利用亲友渠道到灾害风险管理的目的。

第二，提升居民的灾害知识水平。居民的灾害知识水平是影响其防灾行为的重要因素，居民对灾害风险的客观知识水平是应当着力提升的关键要点。并且居民的灾害知识水平与风险管理信息、灾害警示牌等多种沟通手段有显著相关性，故灾害知识水平的提高也可以通过相关的灾害风险沟通手段来实施，这也再次凸显了灾害风险沟通的重要作用。

第三，通过提高居民的防灾意向来促进最终应灾行为的响应。研究结果表明，防灾意向主要受农户金融资本、对灾害风险的可能性认知及威胁性认知的影响。可能性和威胁性认知是居民对灾害事件本身的认识，在风险管理方面不易改变。而提高居民的金融资本则是一个切实可行的思路。故可以考虑提供在公共服务方面为灾害威胁区居民提供灾害预防的家庭金融保障，如防灾基金、防灾补贴等理论上应可以有效提升居民的防灾意向。

（2）加强家庭应对灾害威胁的能力

第一，拓宽农户增收渠道，缓解外部生计压力冲击。灾害威胁区农户普遍呈现出经济压力大而金融资本适应能力差的特点，因此政府可通过加大职业技术培训、发展特色产业等手段拓宽农户增收渠道，通过收入的提升来带动其金融资本的提升和降低经济压力。同时农户面临的社会压力相对较小，其社会资本适应能力相对较强，政府可进一步采取措施促进农户地缘、血缘、业缘关系的维护和延伸，通过社会关系网络来有效缓解外部生计压力的冲击。

第二，重视家庭防灾与韧性防灾社区的建设相结合。本研究发现社区灾害防治状况会有效促进居民灾害保险的购买，但在目前社区防灾为主的环境下，居民可能会更多依赖于社区防灾工程或者治理，可能会造成个体忽视采取家庭层面防灾措施的必要。因此，要避免家庭过度依赖于社区防灾而削弱家庭层面采取防灾措施的积极性。换言之，可以考虑适当控制防灾社区的投入力度，同时宣传家庭防灾的必要性，以将家庭防灾与韧性防灾社区的建设相结合。

（3）提高村落庭应对灾害威胁的能力

第一，加强信息基础设施建设，提升灾害数据质量与共享水平。充分利用国家应急管理信息化基础设施，不断增强灾区地震信息化基础设施支撑能力，实现信息化基础设施资源统建共享；对接应急管理大数据中心，建设国家地震大数据中心，汇集防震减灾所需社会数据，整合信息资源，面向地震灾害威胁区应急人员及农户，提供及时有效的灾害信息数据。同时，加强地震新媒体政务信息数据服务平台建设，改进地震系统门户网站，发挥微博、微信和客户端等新媒体的作用，强化数据挖掘、人工智能、区块链、5G等新兴信息技术在地震监测预警、灾害风险调查评估等领域的应用。加快地震业务系统更新换代，持续提升地震业务信息化和智能化水平。建议灾区政府按照应急管理部要求开展工作，提供全链条震情灾情信息保障服务；开展地震重点监视防御区地震灾害损失预评估、调查评估，加强地震监测，充实地震应急数据，做好地震应急准备；震时提供地震速报、烈度速报等地震紧急快报信息。强化灾情信息专报，震后快速提供灾情速报、趋势判定、灾情评估结果和灾情实时动态信息，提出精准化辅助决策建议。

第二，建立巨灾保险长效机制，减小保险公司所承担的风险；利用政府公信力的天然优势开展巨灾保险宣传工作，让农户了解巨灾保险作用，提高农户对巨灾保险的认可度和接受度；确定政府最优保费补贴水平。政府保费补贴在巨灾保险发展初期必不可少，合理的补贴水平对于减轻政府财政压力及促进巨灾保险市场化发展具有重要意义。当地政府对巨灾保险的保费补贴应与投保者所遭受的灾害类型及损失相结合，具体情况具体分析，细化补贴措施。

第三，完善村落韧性防灾体系建设。建议坚持"以防为主，防抗救相结合"的方针，开展村落灾害风险识别与评估，新建或改扩建村落应急避难场所，加强村落灾害应急预案编制，开展常态化应急疏散演练。建议强化防灾减灾责任落实到人，提高基层干部灾害风险管理水平，支持引导村落农户开展风险隐患排查和治理，积极推进安全风险网格化管理。建议加强落救灾应急物资储备，推动制定家庭防灾减灾与应急物资储备指南，鼓励和支持以家庭为单元储备灾害应急物品，提升家庭和邻里自救互救能力。另外，也可借助防灾减灾宣传教育基地和基层综合性文化服务中心等文化平台，创新知识科普方式，从教育、培训入手，通过教育一个孩子，带动一个家庭的方式，切实增强农户的防灾减灾意识。建议加强防灾减灾人才队伍建设，优化队伍结构，完善队伍管理，提高队伍素质。建议统一规划布局、整合力量，加快推进多灾种综合防控的科学研究和技术推广应用。

第三节　研究不足与展望

首先，本书只针对四川省地震威胁区居民的防灾行为进行研究，不同省份的农户可能存在不同的文化、教育和经济背景，这些因素都可能会对避灾行为产生影响。如果只研究四川省的农户，就难以了解不同区域甚至全国范围内农户避灾行为的特征。另外，本书关注的是四川地震的极重灾区，而研究结果和结论能否适用于其他区域（如同样是地震灾害威胁区，但不是极重灾区）和其他灾害类型（如泥石流、滑坡）尚未可知，亟须进一步验证。

其次，理论上，风险沟通的过程中应该涉及多个群体，如管理者、专家、亲友等。当前研究是以农户视角进行相关研究，且我国农村居民在灾害风险管理中更多是处于自上而下地单方向获取的角色，故本书较少涉及与其他群体的交互过程。研究不同主体之间风险沟通的交互过程可以从多个视角为政策的制定及落实提供有益的参考。故后续研究可以进一步探索不同群体间的风险沟通如何交互影响最终效果，进而为多向的风险沟通提供理论支持。

再次，本书探索的是静态情况下，农户生计、灾害风险沟通、认知及行为响应的关系。在已形成的居民灾害风险相关特征的前提下，采用此方法可以探索不同部分之间的相互关系。然而，仅采用一期的静态数据无法验证本研究得到的结论是否确有促进居民个人防灾的效用。故在今后的研究中，需要采用多期面板数据探索农户核心变量的内部反馈过程，能更进一步精确探索各要素之间的作用关系，对风险沟通措施和策略的制定、居民风险认知水平的提高、个人和家庭应对灾害主动性的提高乃至精细化的韧性社区建设均有深远的意义。

最后，目前我国防灾体系建设以社区防灾为主，然而，社区防灾与个人和家庭防灾之间的相互关系如何，是一个值得继续探讨的问题。本研究在讨论部分猜想对社区防灾的重视和投入，反而会降低居民个人和家庭的应灾行为。但是限于研究主题和篇幅，研究并未对此进行部分展开分析。故后续研究中可以就不同尺度下灾害风险管理措施及效果之间的相互影响关系而进行探讨。

参考文献

［1］Abid, M. , Schneider, U. A. , Scheffran, J. Adaptation to climate change and its impacts on food productivity and crop income: Perspectives of farmers in rural Pakistan［J］. Journal of Rural Studies, 2016(47): 254-266.

［2］Abunyewah, M. , Gajendran, T. , Maund, K. , et al. Strengthening the information deficit model for disaster preparedness: Mediating and moderating effects of community participation［J］. International Journal of Disaster Risk Reduction, 2020(46): 101492.

［3］Addison, J. , Brown, C. A multi-scaled analysis of the effect of climate, commodity prices and risk on the livelihoods of Mongolian pastoralists［J］. Journal of Arid Environments, 2014(109): 54-64.

［4］Adeola, F. O. Katrina Cataclysm: Doesduration of residency and prior experience affect impacts, evacuation, and adaptation behavior among survivors? ［J］. Environment and Behavior, 2009, 41(4): 459-489.

［5］Adger, W. N. Social and ecological resilience: Are they related? ［J］. Progress in Human Geography, 2000, 24(3): 347-364.

［6］Adger, W. N. , Kelly, P. M. Social vulnerability to climate change and the architecture of entitlements［J］. Mitigation and adaptation strategies for global change, 1999, 4(3): 253-266.

［7］Adger, W. N. , Hughes, T. P. , Folke, C. , et al. Social-ecological resilience to coastal disasters［J］. Science , 2005, 309(5737): 1036-1039.

［8］Ado, A. M. , Savadogo, P. , Abdoul-Azize, H. T. Livelihood strategies and household resilience to food insecurity: Insight from a farming community in Aguie district of Niger ［J］. Agriculture and Human Values, 2019, 36(4): 747-761.

［9］Ahmed, M. T. , Bhandari, H. , Gordoncillo, P. U. , et al. Factors affecting extent of rural livelihood diversification in selected areas of Bangladesh［J］. SAARC Journal of Agriculture, 2018, 16(1): 7-21.

［10］Ahmed, Y. A. , Ahmad, M. N. , Ahmad, N. , et al. Social media for knowledge-sharing: A systematic literature review［J］. Telematics and Informatics, 2019(37): 72-112.

［11］Ainuddin, S. , Routray, J. K. Earthquake hazards and community resilience in Baluchistan［J］. Natural Hazards, 2012, 63(2): 909-937.

［12］ Airriess, C. A. , Li, W. , Leong, K. J. , et al. Church－based social capital, networks and geographical scale: Katrina evacuation, relocation, and recovery in a New Orleans Vietnamese American community［J］. Geoforum, 2008, 39(3): 1333-1346.

［13］ Akbar, Z. Community learningcentre in improving disasters awareness through environmental education ［C］. IOP Conference Series Earth and Environmental Science, 2021, 683(1): 012032.

［14］ Alam, G. M. , Alam, K. , Mushtaq, S. Influence of institutional access and social capital on adaptation decision: Empirical evidence from hazard－prone rural households in Bangladesh［J］. Ecological Economics, 2016(130): 243-251.

［15］ Alary, V. , Messad, S. , Aboul－Naga, A. , et al. Livelihood strategies and the role of livestock in the processes of adaptation to drought in the Coastal Zone of Western Desert (Egypt)［J］. Agricultural Systems, 2014(128): 44-54.

［16］ Aldrich, D. P. Social, not physical, infrastructure: The critical role of civil society after the 1923 Tokyo earthquake［J］. Disasters, 2012, 36(3): 398-419.

［17］ Aldrich, D. P. , Meyer, M. A. Social Capital and Community Resilience ［J］. American Behavioral Scientist, 2015, 59(2): 254-269.

［18］ Aldrich, H. , Whetten, D. A Organization－sets, action－sets, and networks: Making the most of simplicity［J］. Handbook of Organizational Design, 1981(1): 385-408.

［19］ Alem, D. , Bonilla－Londono, H. F. , Barbosa－Povoa, A. P. , et al. Building disaster preparedness and response capacity in humanitarian supply chains using the Social Vulnerability Index［J］. European Journal of Operational Research, 2021, 292(1): 250-275.

［20］ Alesina, A. , La Ferrara, E. Who trusts others? ［J］. Journal of Public Economics, 2002, 85(2): 207-234.

［21］ Allen, K. M. Community － based disaster preparedness and climate adaptation: Local capacity－building in the Philippines［J］. Disasters, 2006, 30(1): 81-101.

［22］ Almeida, R. K. , Galasso, E. Jump－startingself－employment? Evidence for welfare participants in argentina［J］. World Development, 2010, 38(5): 742-755.

［23］ Alvarez, S. A. , Barney, J. B. , Newman A M B. The poverty problem and the industrialization solution［J］. Asia Pacific Journal of Management, 2015(32): 23-37.

［24］ An, M. Y. , Kiefer, N. M. Local externalities and societal adoption of technologies ［J］. Journal of Evolutionary Economics, 1995(5): 103-117.

［25］ Anacio, D. B. , Hilvano, N. F. , Burias, I. C. , et al. Dwelling structures in a flood－prone area in the Philippines: Sense of place and its functions for mitigating flood experiences［J］. International Journal of Disaster Risk Reduction, 2016(15): 108-115.

［26］ Anton, C. E. , Lawrence, C. The relationship between place attachment, the theory of plannedbehaviour and residents' response to place change［J］. Journal of Environmental Psychology, 2016(47): 145-154.

［27］Anton, C. E., Lawrence C. Does place attachment predict wildfire mitigation and preparedness? A comparison of wildland-urban interface and rural communities［J］. Environmental management, 2016(57): 148-162.

［28］Anton, C. E., Lawrence, C. Does place attachment predict wildfire mitigation and preparedness? A comparison of wildland-urban interface and rural communities［J］. Environmental Management, 2016a, 57(1), 148-162.

［29］Anzellini, B., Desai, C. Leduc. Global report on internal displacement (2020)［M］. Switzerland: The Internal Displacement Monitoring Centre, 2020: 1.

［30］Appleby-Arnold, S., Brockdorff, N., Callus, C. Developing a "culture of disaster preparedness": The citizens' view［J］. International Journal of Disaster Risk Reduction, 2021(56): 102133.

［31］Arbon, P., Steenkamp, M., Cornell, V., et al. Measuring disaster resilience in communities and households［J］. International Journal of Disaster Resilience in the Built Environment, 2016, 7(2): 201-215.

［32］Ariccio, S., Petruccelli, I., Cancellieri, U. G., et al. Loving, leaving, living: Evacuation site place attachment predicts natural hazard coping behavior［J］. Journal of Environmental Psychology, 2020(70): 101431.

［33］Armaş, I. Earthquake risk perception in Bucharest, Romania［J］. Risk Analysis, 2006, 26(5): 1223-1234.

［34］Armaş, I., Cretu, R. Z., Ionescu, R. Self-efficacy, stress, and locus of control: The psychology of earthquake risk perception in Bucharest, Romania［J］. International Journal of Disaster Risk Reduction, 2017(22): 71-76.

［35］Atreya, A., Czajkowski, J., Botzen, W., et al. Adoption of flood preparedness actions: A household level study in rural communities in Tabasco, Mexico［J］. International Journal of Disaster Risk Reduction, 2017(24): 428-438.

［36］Babcicky, P., Seebauer, S.. The two faces of social capital in private flood mitigation: Opposing effects on risk perception, self-efficacy and coping capacity［J］. Journal of Risk Research, 2017, 20 (8): 1017-1037.

［37］Babulo, B., Muys, B., Nega, F., et al. Household livelihood strategies and forest dependence in the highlands of Tigray, Northern Ethiopia［J］. Agricultural Systems, 2008, 98(2): 147-155.

［38］Baig, I. A., Ashfaq, M., Hassan, I., et al. Economic impacts of wastewater irrigation in Punjab, Pakistan［J］. Journal of Agricultural Research, 2011, 49(2), 261-270.

［39］Bala, V., Goyal, S. Learning from neighbours［J］. The Review of Economic Studies, 1998, 65(3): 595-621.

[40] Bandura, A. Social cognitive theory: An agentic perspective[J]. Asian journal of social psychology, 1999, 2(1): 21-41.

[41] Bandura, A. Social cognitive theory of mass communication[J]. Media Psychology, 2001, 3(3): 265-299.

[42] Banerjee, A. V. A simple model of herd behavior[J]. The Quarterly Journal of Economics, 1992, 107(3): 797-817.

[43] Barr, J. Investigation of livelihood strategies and resource use patterns in floodplain production systems in Bangladesh[J]. DFID-NRSP Project, 2000, 6756

[44] Barrett, C. B., Reardon, T., Webb, P. Nonfarm income diversification and household livelihood strategies in rural Africa: Concepts, dynamics, and policy implications [J]. Food Policy, 2001, 26(4): 315-331.

[45] Basnyat, B. Post-earthquake Nepal: Acute-on-chronic problems[J]. The National Medical Journal of India, 2016, 29(1): 27.

[46] Basolo, V., Steinberg, L. J., Burby, R. J., et al. The effects of confidence in government and information on perceived and actual preparedness for disasters[J]. Environment and Behavior, 2009, 41(3): 338-364.

[47] Battarra, M., Balcik, B., Xu, H. Disaster preparedness using risk-assessment methods from earthquake engineering[J]. European Journal of Operational Research, 2018, 269(2): 423-435.

[48] Bauer, T. K., Epstein, G. S., Gang, I. N. Herd effects or migration networks? The location choice of Mexican immigrants in the US[J]. The Location Choice of Mexican Immigrants in the US(August 2002), 2002.

[49] Becker, J. S., Paton, D., Johnston, D. M., et al. A model of household preparedness for earthquakes: How individuals make meaning of earthquake information and how this influences preparedness[J]. Natural Hazards, 2012, 64(1): 107-137.

[50] Becker, J. S., Paton, D., Johnston, D. M., et al. The role of prior experience in informing and motivating earthquake preparedness[J]. International Journal of Disaster Risk Reduction, 2017(22): 179-193.

[51] Beniston, M. Climatic change in mountain regions: A review of possible impacts [J]. Climatic Change, 2003, 59(1-2): 5-31.

[52] Bergstrand, K., Mayer, B., Brumback, B., et al. Assessing the relationship between social vulnerability and community resilience to hazards[J]. Social Indicators Research, 2015, 122(2): 391-409.

[53] Beringer, J. Community fire safety at the urban/rural interface: The bushfire risk [J]. Fire Safety Journal, 2000, 35(1): 1-23.

[54] Bernardini, G., D'Orazio, M., Quagliarini, E. Towards a "behavioural design"

approach for seismic risk reduction strategies of buildings and their environment[J]. Safety Science, 2016(86): 273-294.

[55] Bernardo, F. Impact of place attachment on risk perception: Exploring the multidimensionality of risk and its magnitude[J]. Estudios de Psicología, 2013, 34(3): 323-329.

[56] Berre, D., Corbeels, M., Rusinamhodzi, L., et al. Thinking beyond agronomic yield gap: Smallholder farm efficiency under contrasted livelihood strategies in Malawi[J]. Field Crops Research, 2017(214): 113-122.

[57] Betts, J. R., Morell, D. The determinants of undergraduate grade point average: The relative importance of family background, high school resources, and peer group effects [J]. Journal of Human Resources, 1999: 268-293.

[58] Fan, I., Bevere, L. Natural catastrophes in times of economic accumulation and climate change[R]. Sigma, 2020, 2.

[59] Bhavan, A., Mishra, R., Sinha, P. P., et al. Investigating political herd mentality: A community sentiment based approach [C]. In Proceedings of the 57th Annual Meeting of the Association for Computational Linguistics: Student Research Workshop, 2019: 281-287.

[60] Bicchieri, C. The grammar of society: The nature and dynamics of social norms [M]. Cambridge University Press, 2006.

[61] Billig, M. Is my home my castle? Place attachment, risk perception, and religious faith[J]. Environment and behavior, 2006, 38(2): 248-265.

[62] Binder, S. B., Baker, C. K., Barile, J. P. Rebuild or relocate? Resilience and postdisaster decision-making after Hurricane Sandy[J]. American Journal of Community Psychology, 2015, 56(1): 180-196.

[63] Bjorklund, D. F. How Children Invented Humanity: Therole of development in human evolution [M]. Oxford University Press, 2020.

[64] Bollen, K. A. The general model, Part I: Latent variable and measurement models combined[J]. Structural equations with latent variables, 1989: 319-394.

[65] Bonaiuto, M., Alves, S., De Dominicis, S., et al. Place attachment and natural hazard risk: Research review and agenda[J]. Journal of Environmental Psychology, 2016(48): 33-53.

[66] Bonanno, G. A., Brewin, C. R., Kaniasty, K., et al. Weighing the costs of disaster: Consequences, risks, and resilience in individuals, families, and communities[J]. Psychological Science in The Public Interest, 2010, 11(1): 1-49.

[67] Boon, H. J. Disaster resilience in a flood-impacted rural Australian town [J]. Natural hazards, 2014, 71(1): 683-701.

[68] Botzen, W. J. W., Aerts, J. C. J. H., J. C. J. M. van den Bergh. Dependence of flood risk perception on socioeconomic and objective risk factors [J]. Water Resources

Research, 2009, 45(10): 455-464.

[69] Bourque, L. B., Siegel, J. M., Kano, M., et al. Weathering the storm: The impact of hurricanes on physical and mental health[J]. The Annals of the American Academy of Political and Social Science, 2006, 604(1): 129-151.

[70] Bradley, G. L., Babutsidze, Z., Chai, A., et al. The role of climate change risk perception, response efficacy, and psychological adaptation in pro-environmental behavior: A two nation study[J]. Journal of Environmental Psychology, 2020(68): 101410.

[71] Braun, A., Rusminingsih, D. Social responsibility and human resource management in the hotel industry in malaysia[J]. Splash Magz, 2021, 1(2): 234-239.

[72] Brenkert-Smith, H., Champ, P. A., Flores, N. Trying not to get burned: Understanding homeowners' wildfire risk-mitigation behaviors[J]. Environmental Management, 2012, 50(6): 1139-1151.

[73] Brenkert-Smith, H., Dickinson, K. L., Champ, P. A., et al. Social amplification of wildfire risk: The role of social interactions and information sources[J]. Risk Analysis, 2012, 33(5): 800-817.

[74] Bricker, K. S., Kerstetter, D. L. Level of specialization and place attachment: An exploratory study of whitewater recreationists[J]. Leisure Sciences, 2000, 22(4): 233-257.

[75] Bronfman, N. C., Cisternas, P. C., López-Vázquez, E., et al. Trust and risk perception of natural hazards: Implications for risk preparedness in Chile[J]. Natural Hazards, 2016, 81(1): 307-327.

[76] Brown, D. R., Stephens, E. C., Ouma, J. O., et al. Livelihood strategies in the rural Kenyan highlands[J]. African Journal of Agricultural and Resource Economics, 2006, 1(311-2016-5503): 21-36.

[77] Browne, M. J., Hofmann, A., Richter, A., et al. Peer effects in risk preferences: Evidence from Germany[J]. Annals of Operations Research, 2021, 299(1): 1129-1163.

[78] Bubeck, P., Botzen, W. J. W., Aerts, J. C. A review of risk perceptions and other factors that influence flood mitigation behavior[J]. Risk Analysis: An International Journal, 2012, 32(9): 1481-1495.

[79] Buckert, M., Oechssler, J., Schwieren, C. Imitation under stress[D]. Discussion Papers, Research Unit: Economics of Change, WZB Berlin Social Science Centel, 2014.

[80] Buikstra, E., Ross, H., King, C. A., et al. The components of resilience—perceptions of an Australian rural community[J]. Journal of Community Psychology, 2010, 38(8): 975-991.

[81] Bukvic, A., Owen, G. Attitudes towards relocation following Hurricane Sandy: should we stay or should we go? [J]. Disasters, 2017, 41(1): 101-123.

［82］ Bukvic, A. , Smith, A. , Zhang, A. Evaluating drivers of coastal relocation in Hurricane Sandy affected communities［J］. International Journal of Disaster Risk Reduction, 2015 (13): 215-228.

［83］ Bunce, S. , Partridge, H. , Davis, K. Exploring information experience using social media during the 2011 Queensland floods: A pilot study［J］. The Australian Library Journal, 2012, 61(1): 34-45.

［84］ Burger, J. , Gochfeld, M. , Jeitner, C. , et al. Trusted information sources used during and after superstorm sandy: TV and radio were used more often than social media［J］. Journal of Toxicology and Environmental Health, Part A, 2013, 76(20): 1138-1150.

［85］ Burns, R. , Robinson, P. , Smith, P. From hypothetical scenario to tragic reality: A salutary lesson in risk communication and the Victorian 2009 bushfires［J］. Australian and New Zealand journal of public health, 2010, 34(1): 24-31.

［86］ Burnside, R. , Miller, D. S. , Rivera, J. D. The impact of information and risk perception on the hurricane evacuation decision-making of greater New Orleans residents［J］. Sociological Spectrum, 2007, 27(6): 727-740.

［87］ Bursztyn, L. , Ederer, F. , Ferman, B. , et al. Understanding mechanisms underlying peer effects: Evidence from a field experiment on financial decisions［J］. Econometrica, 2014, 82(4): 1273-1301.

［88］ Burt, R. S. Social contagion and innovation: Cohesion versus structural equivalence ［J］. American Journal of Sociology, 1987, 92(6): 1287-1335.

［89］ Burton, C. G. A validation of metrics for community resilience to natural hazards and disasters using the recovery from Hurricane Katrina as a case study［J］. Annals of the Association of American Geographers, 2014, 105(1): 67-86.

［90］ Cao, M. , Xu, D. , Xie, F. , et al. The influence factors analysis of households' poverty vulnerability in southwest ethnic areas of China based on the hierarchical linear model: A case study of Liangshan Yi autonomous prefecture［J］. Applied Geography, 2016(66): 144-152.

［91］ Carpenter, S. , Walker, B. , Anderies, J. M. , et al. From metaphor to measurement: resilience of what to what? ［J］. Ecosystems, 2001, 4(8): 765-781.

［92］ Cecchini, S. , Madariaga, A. Conditional cash transferprogrammes: the recent experience in Latin America and the Caribbean［J］. Cuadernos de la CEPAL, 2011, 95.

［93］ Chamlee-Wright, E. , Storr, V. H. "There's no place like New Orleans": sense of place and community recovery in the Ninth Ward after Hurricane Katrina［J］. Journal of Urban Affairs, 2009, 31(5): 615-634.

［94］ Chan, E. Y. Y. , Man, A. Y. T. , Lam, H. C. Y. Scientific evidence on natural disasters and health emergency and disaster risk management in Asian rural-based area［J］.

British Medical Bulletin, 2019, 129(1): 91.

[95] Chen, C. Y., Xu, W., Dai, Y., et al. Household preparedness for emergency events: A cross-sectional survey on residents in four regions of China[J]. BMJ Open, 2019, 9(11): e032462.

[96] Chen, H., Wang, J., Huang, J. Policy support, social capital, and farmers' adaptation to drought in China[J]. Global Environmental Change, 2014(24): 193-202.

[97] Chen, Y., Zhou, L. A. The long-term health and economic consequences of the 1959-1961 famine in China[J]. Journal of Health Economics, 2007, 26(4): 659-681.

[98] Chou, J. S., Wu, J. H. Success factors of enhanced disaster resilience in urban community[J]. Natural hazards, 2014, 74(2): 661-686.

[99] Christensen, L., Krogman, N. Social thresholds and their translation into social-ecological managementpracticesc[J]. Ecology and Society, 2012, 17(1): 293-303.

[100] Cialdini, R. B., Reno, R. R., Kallgren, C. A. A focus theory of normative conduct: Recycling the concept of norms to reduce littering in public places[J]. Journal of Personality and Social Psychology, 1990, 58(6): 1015.

[101] Collins, T. W. What influences hazard mitigation? Household decision making about wildfire risks in Arizona's White Mountains[J]. The Professional Geographer, 2008, 60(4): 508-526.

[102] Comes, T. Designing fornetworked community resilience[J]. Procedia Engineering, 2016(159): 6-11.

[103] Conchie, S. M., Burns C. Trust andrisk communication in high - risk organizations: A test of principles from social risk research[J]. Risk analysis, 2008, 28(1): 141-149.

[104] Cong, Z., Nejat, A., Liang, D., et al. Individual relocation decisions after tornadoes: A multi-level analysis[J]. Disasters, 2008, 42(2): 233-250.

[105] Cooper, S. J., Wheeler, T. Rural household vulnerability to climate risk in Uganda[J]. Regional Environmental Change, 2017, 17(3): 649-663.

[106] Covello, V. T., Peters, R. G., Wojtecki, J. G., et al. Risk communication, the West Nile virus epidemic, and bioterrorism: Responding to the commnication challenges posed by the intentional or unintentional release of a pathogen in an urban setting[J]. Journal of Urban Health, 2001, 78(2): 382-391.

[107] Covello, V. T., Slovic, P., Von Winterfeldt, D. Risk communication: A review of the literature[J]. Risk Abstracts, 1986(3): 171-182.

[108] Cowan, R. Hoskins. Information preferences of women receiving chemotherapy for breast cancer[J]. European Journal of Cancer Care, 2007, 16(6): 543-550.

[109] Crandell, A. E. Psychosocial capacity building in response to disasters [M]. New

York: Columbia University Press, 2012.

[110] Cretikos, M., Eastwood, K., Dalton, C., et al. Household disaster preparedness and information sources: Rapid cluster survey after a storm in New South Wales, Australia[J]. BMC Public Health, 2008, 8(1): 1-9.

[111] Cui, K., Han, Z., Wang, D. Resilience of anearthquake-stricken rural community in southwest China: Correlation with disaster risk reduction efforts[J]. International Journal of Environmental Research and Public Health , 2018, 15(3): 407.

[112] Cutter, S. L., Derakhshan, S. Temporal and spatial change in disaster resilience in US counties, 2010-2015[J]. Environmental Hazards, 2018: 1-20.

[113] Cutter, S. L., Ash, K. D., Emrich, C. T. The geographies of community disaster resilience[J]. Global Environmental Change, 2014(29): 65-77.

[114] Cutter, S. L., Boruff, B. J. Shirley, W. L. Social vulnerability to environmental hazards[J]. Social Science Quarterly 2003, 84(2): 242-261.

[115] Dabner, N. "Breaking Ground" in the use of social media: A case study of a university earthquake response to inform educational design with Facebook[J]. The Internet and Higher Education, 2012, 15(1): 69-78.

[116] Dai, R., Fan, Z., Pan, Z. Avirtual reality training system for flood security [J]. In Transactions on Edutainment XVI, 2020: 126-134.

[117] Damm, A., Eberhard, K., Sendzimir, J., et al. Perception of landslides risk and responsibility: A case study in eastern Styria, Austria[J]. Natural Hazards, 2013, 69 (1): 165-183.

[118] Darlington, J. D. Interorganizational relations for disaster preparedness: Three community networks examined [M]. Colorado State University, 1995.

[119] Dash, N., Gladwin, H. Evacuation decision making and behavioral responses: Individual and household[J]. Natural Hazards Review, 2007, 8(3): 69-77.

[120] David, J., Griggs, Maria, Noguer. Climate change 2001: The scientific basis. Contribution of working group I to the third assessment report of the intergovernmental panel on climate change[J]. Weather, 2002, 57(8): 267-269.

[121] Davidson, D. J. The applicability of the concept of resilience to social systems: some sources of optimism and nagging doubts[J]. Society and Natural Resources, 2010, 23 (12): 1135-1149.

[122] De Boer, J., Wouter Botzen, W. J., Terpstra, T. More than fear induction: Toward an understanding of people's motivation to be well-prepared for emergencies in flood-prone areas[J]. Risk Analysis, 2015, 35(3): 518-535.

[123] De Dominicis, S., Fornara, F., Cancellieri, U. G., et al. We are at risk, and so what? Place attachment, environmental risk perceptions and preventive coping behaviours

[J]. Journal of Environmental Psychology, 2015(43): 66-78.

[124] De Roode, A. F., Martinac, I., Kayo, G. High-performance and energy resilient communities: Disaster prevention through community engagement[J]. IOP Conference Series: Earth and Environmental Science, 2019, 294(1): 012026.

[125] Delfino, A., Marengo, L., Ploner, M. I did it your way. An experimental investigation of peer effects in investment choices[J]. Journal of Economic Psychology, 2016 (54): 113-123.

[126] Demuth, J. L., Morss, R. E., Lazo, J. K., et al. The effects of past hurricane experiences on evacuation intentions through risk perception and efficacy beliefs: A mediation analysis[J]. Weather, Climate, and Society, 2016(8): 327-344.

[127] Deng, X., Xu, D., Zeng, M., et al. Does Internet use help reduce rural cropland abandonment? Evidence from China[J]. Land Use Policy, 2019a(89): 104243.

[128] Deng, X., Xu, D., Zeng, M., et al. Does early-life famine experience impact rural land transfer? Evidence from China[J]. Land Use Policy, 2019b(81): 58-67.

[129] Dercon, S. Assessing vulnerability[J]. Publication of the Jesus College and CSAE, Department of Economics, Oxford University, 2001.

[130] Devine-Wright, P., Howes, Y. Disruption to place attachment and the protection of restorative environments: A wind energy case study[J]. Journal of Environmental Psychology, 2010, 30(3): 271-280.

[131] Douglas Paton David Johnston. Disasters and communities: Vulnerability, resilience and preparedness[J]. Disaster Prevention and Management: An International Journal, 2001, 10 (4): 270-277.

[132] Doyle, E. E., McClure, J., Potter, S. H., et al. Motivations to prepare after the 2013 Cook Strait Earthquake, NZ[J]. International Journal of Disaster Risk Reduction, 2018(31): 637-649.

[133] Drolet, J., Dominelli, L., Alston, M., et al. Women rebuilding lives post-disaster: Innovative community practices for building resilience and promoting sustainable development[J]. Gender & Development, 2015, 23(3): 433-448.

[134] Duncan, O. D., Haller, A. O., Portes, A. Peer influences on aspirations: A reinterpretation[J]. American Journal of Sociology, 1968, 74(2): 119-137.

[135] Dunning, D., Fetchenhauer, D., Schlosser, T. M. Trust as a social and emotional act: Noneconomic considerations in trust behavior[J]. Journal of Economic Psychology, 2012, 33(3): 686-694.

[136] Durage, S. W., Kattan, L., Wirasinghe, S. C., et al. Evacuation behaviour of households and drivers during a tornado[J]. Natural Hazards, 2014, 71(3): 1495-1517.

[137] Eiser, J. R., Bostrom, A., Burton, I., Johnston, D. M., et al. Risk inter-

pretation and action: A conceptual framework for responses to natural hazards[J]. International Journal of Disaster Risk Reduction, 2012(1): 5-16.

[138] Elliott, J. R., Haney, T. J., Sams-Abiodun, P. Limits to social capital: Comparing network assistance in two New Orleans neighborhoods devastated by Hurricane Katrina [J]. The Sociological Quarterly, 2010, 51(4): 624-648.

[139] Ellis, N. R., Albrecht, G. A. Climate change threats to family farmers' sense of place and mental wellbeing: A case study from the Western Australian Wheatbelt[J]. Social Science & Medicine, 2017(175): 161-168.

[140] Ellwood, D. T., Adams, E. K. Medicaid mysteries: Transitional benefits, medicaid coverage, and welfare exits[J]. Health Care Financing Review, 1990(Suppl): 119-131.

[141] Epple, D., Romano, R. E. Peer effects in education: A survey of the theory and evidence[J]. Handbook of Social Economics. North-Holland, 2011(1): 1053-1163.

[142] Espina, E., Teng-Calleja, M. A social cognitive approach to disaster preparedness [J]. Philippine Journal of Psychology, 2015, 48(2): 161-74.

[143] Eyles, J. Senses of place [M]. Silverbrook Press, 1985.

[144] Fang, Y. P., Fan, J., Shen, M. Y., et al. Sensitivity of livelihood strategy to livelihood capital in mountain areas: Empirical analysis based on different settlements in the upper reaches of the Minjiang River, China[J]. Ecological Indicators, 2014(38): 225-235.

[145] Faulkner, H., Ball, D. Environmental hazards and risk communication [M]. Taylor & Francis, 2007.

[146] Faulkner, H. P., Ball, D. J. Environmental hazards and risk communication[J]. Environmental Hazards , 2007, 7(2): 71-78.

[147] Feng, Z., González, V. A., Mutch, C., et al. Towards a customizable immersive virtual reality serious game for earthquake emergency training[J]. Advanced Engineering Informatics, 2020(46): 101134.

[148] Feria-Domínguez, J., Paneque, P., Gil-Hurtado, M. Risk perceptions on hurricanes: evidence from the U.S. stock market[J]. International Journal of Environmental Research and Public Health, 2017, 14(6): 600-618.

[149] Fernandez, G., Tun, A. M., Okazaki, K., et al. Factors influencing fire, earthquake, and cyclone risk perception in Yangon, Myanmar[J]. International Journal of Disaster Risk Reduction, 2018(28): 140-149.

[150] Festinger, L. (1954). A theory of social comparison processes[J]. Human Relations, 1954, 7(2): 117-140.

[151] Fiedrich, F., Gehbauer, F., Rickers, U. Optimized resource allocation for emergency response after earthquake disasters[J]. Safety Science, 2000, 35(1-3): 41-57.

[152] Fischer, A. P. Reducing hazardous fuels on nonindustrial private forests: Factors influencing landowner decisions[J]. Journal of Forestry, 2011, 109(5): 260-266.

[153] Fleming, K., Thorson, E., Zhang, Y. Going beyond exposure to local news media: An information-processing examination of public perceptions of food safety[J]. Journal of Health Communication, 2006, 11(8): 789-806.

[154] Flint, C. G., Stevenson, J. Building community disaster preparedness with volunteers: Community emergency response teams in Illinois[J]. Natural Hazards Review, 2010, 11(3): 118-124.

[155] Folke, C. Resilience: the emergence of a perspective for social-ecological systems analyses[J]. Global Environmental Change, 2006, 16(3): 253-267.

[156] Foo, N. P., So, E. C., Lu, N. C., et al. A 36-hour unplugged full-scale exercise: Closing the gaps in interagency collaboration between the disaster medical assistance team and urban search and rescue team in disaster preparedness in Taiwan[J]. Emergency Medicine International, 2021.

[157] Fornell, C., Larcker, D. F. Evaluating structural equation models with unobservable variables and measurement error[J]. Journal of Marketing Research, 1981, 18(1): 39-50.

[158] Forster, J., Lake, I. R., Watkinson, A. R., et al. Marine dependent livelihoods and resilience to environmental change: A case study of Anguilla[J]. Marine Policy, 2014 (45): 204-212.

[159] Fothergill, A., Peek, L. A. Poverty and disasters in the United States: A review of recent sociological findings[J]. Natural Hazards, 2004, 32(1): 89-110.

[160] Fraser J C, Doyle M W, Young H. Creating effective flood mitigation policies[J]. Eos, Transactions American Geophysical Union, 2006, 87(27): 265-270.

[161] Freduah, G., Fidelman, P., Smith, T. F. The impacts of environmental and socio-economic stressors on small scale fisheries and livelihoods of fishers in Ghana[J]. Applied Geography, 2017(89): 1-11.

[162] Fried, M.. Grieving for a lost home [M]. The urban condition, 1963: 151-171.

[163] Fuchs, C. The antagonistic self-organization of modern society[J]. Studies in Political Economy, 2004, 73(1): 183-209.

[164] Godschalk, D. R., Rose, A., Mittler, E., et al. Estimating the value of foresight: aggregate analysis of natural hazard mitigation benefits and costs[J]. Journal of Environmental Planning and Management, 2009, 52(6): 739-756.

[165] Goldsmith-Pinkham, P., Imbens, G. W. Social networks and the identification of peer effects[J]. Journal of Business & Economic Statistics, 2013, 31(3): 253-264.

[166] Goswick, J., Macgregor, C. J., Hurst, B., et al. Lessons identified by the Joplin School Leadership after responding to a Catastrophic Tornado[J]. Journal of Contingencies

and Crisis Management, 2017, 26(4): 544-553.

[167] Gowan, M. E. , Kirk, R. C. , Sloan, J. A. Building resiliency: A cross-sectional study examining relationships among health-related quality of life, well-being, and disaster preparedness[J]. Health and Quality of Life Outcomes, 2014, 12(1): 1-17.

[168] Gray-Scholz, D. , Haney, T. J. , MacQuarrie, P. Out of sight, out of mind? Geographic and social predictors of flood risk awareness[J]. Risk analysis, 2019, 39(11): 2543-2558.

[169] Greenberg, M. R. , Lahr, M. , Mantell, N. Understanding the economic costs and benefits of catastrophes and their aftermath: A review and suggestions for the US federal government[J]. Risk Analysis: An International Journal, 2007, 27(1): 83-96.

[170] Grothmann, T. , Reusswig, F. People at risk of flooding: Why some residents take precautionary action while others do not[J]. Natural Hazards, 2006, 38(1): 101-120.

[171] Guillie, F. French insurance and flood risk: Assessing the impact of prevention through the rating of action programs for flood prevention[J]. International Journal of Disaster Risk Science, 2017, 8(3): 284-295.

[172] Guo, S. L. , Li, C. J. , Wei, Y. L. , et al. Impact of land expropriation on farmers' livelihoods in the mountainous and hilly regions of Sichuan, China[J]. Journal of Mountain Science, 2019a, 16(11): 2484-2501.

[173] Guo, S. , Lin, L. , Liu, S. , et al. Interactions between sustainable livelihood of rural household and agricultural land transfer in the mountainous and hilly regions of Sichuan, China[J]. Sustainable Development, 2019b, 27(4): 725-742

[174] Guo, S. , Liu, S. , Peng, L. , et al. The impact of severe natural disasters on the livelihoods of farmers in mountainous areas: A case study of Qingping township, Mianzhu city[J]. Natural Hazards, 2014, 73(3): 1679-1696.

[175] Guo, X. H. , Ge, D. Q. Characteristics of price fluctuation of agricultural products in China[J]. Asian Agricultural Research, 2009, 1(3): 1-5.

[176] Halpenny, E. A. Pro-environmentalbehaviours and park visitors: The effect of place attachment[J]. Journal of Environmental Psychology, 2010, 30(4): 409-421.

[177] Han, Z. , Hu, X. , Nigg, J. How does disaster relief works affect the trust in local government? A study of the Wenchuan earthquake[J]. Risk, Hazards & Crisis in Public Policy, 2011, 2(4): 1-20.

[178] Han, Z. , Lu, X. , Hörhager, E. I. , et al. The effects of trust in government on earthquake survivors' risk perception and preparedness in China[J]. Natural Hazards, 2017a, 86(1): 437-452.

[179] Han, Z. , Wang, H. , Du, Q. , et al. Natural hazards preparedness in Taiwan: A comparison between households with and without disabled members[J]. Health Security,

2017b, 15(6): 575-581.

[180] Han, Z., Wang, L., Cui, K. Trust in stakeholders and social support: Risk perception and preparedness by the Wenchuan earthquake survivors [J]. Environmental Hazards, 2020: 1-14.

[181] Haraoka, T., Ojima, T., Murata, C., et al. Factors influencing collaborative activities between non-professional disaster volunteers and victims of earthquake disasters[J]. Plos One, 2012, 7(10), e47203.

[182] Harmon, B. E., Nigg, C. R., Long, C., et al. What matters when children play: Influence of social cognitive theory and perceived environment on levels of physical activity among elementary-aged youth[J]. Psychology of Sport and Exercise, 2014, 15(3): 272-279.

[183] Hasegawa, M., Murakami, M., Takebayashi, Y., et al. Social capital enhanced disaster preparedness and health consultations after the 2011 Great East Japan Earthquake and nuclear power station accident[J]. International Journal of Environmental Research and Public Health, 2018, 15(3): 516.

[184] He, L., Aitchison, J. C., Hussey, K., et al. Accumulation of vulnerabilities in the aftermath of the 2015 Nepal earthquake: Household displacement, livelihood changes and recovery challenges[J]. International Journal of Disaster Risk Reduction, 2018(31): 68-75.

[185] He, M. Thoughts on "peer effect" based on the review and evaluation of the peer effect[J]. World Scientific Research Journal, 2019, 5(10): 1-9.

[186] He, M., Zhou, B. Reflections onlivelihood issue in post-disaster reconstruction planning of wenchuan earthquake[J]. Applied Mechanics and Materials, 2012: 253-255, 233-243.

[187] Heaney, C. A., Israel, B. A. Social networks and social support[J]. Health Education & Behavior, 2008, 3(2): 189-210.

[188] Heiner, R. A. The origin of predictable behavior[J]. The American Economic Review, 1983, 73(4): 560-595.

[189] Heller, K., Alexander, D. B., Gatz, M., et al. Social and personal factors as predictors of earthquake preparation: The role of support provision, network discussion, negative affect, age, and education 1[J]. Journal of Applied Social Psychology, 2005, 35(2): 399-422.

[190] Henrich, L., McClure, J., Crozier, M. Effects of risk framing on earthquake risk perception: Life-time frequencies enhance recognition of the risk[J]. International Journal of Disaster Risk Reduction, 2015(13): 145-150.

[191] Henry, J. Return or relocate? An inductive analysis of decision-making in a disaster[J]. Disasters, 2013, 37(2): 293-316.

［192］Hidalgo, M. C., Hernandez, B. Place attachment: Conceptual and empirical questions［J］. Journal of Environmental Psychology, 2001, 21(3): 273-281.

［193］Hisali, E., Birungi, P., Buyinza, F. Adaptation to climate change in Uganda: Evidence from micro level data［J］. Global Environmental Change , 2011, 21(4): 1245-1261.

［194］Hoffmann, R., Muttarak, R. Learn from the past, prepare for the future: Impacts of education and experience on disaster preparedness in the Philippines and Thailand ［J］. World Development , 2017(96): 32-51.

［195］Holling, C. S. Resilience and stability of ecological systems［J］. Annual Review of Ecology and Systematics , 1973, 4(1): 1-23.

［196］Holling, C. S. Understanding the complexity of economic, ecological, and social systems［J］. Ecosystems, 2001, 4(5): 390-405.

［197］Hong, Y., Kim, J. S., Xiong, L. Media exposure and individuals' emergency preparedness behaviors for coping with natural and human-made disasters［J］. Journal of Environmental Psychology , 2019(63): 82-91.

［198］Hori, T., Shaw, R. Global climate change perception, local risk awareness, and community disaster risk reduction: A case study of Cartago City, Costa Rica［J］. Risk Hazards & Crisis in Public Policy, 2013, 3(4): 77-104.

［199］Horney, J. A., MacDonald, P. D., Van Willigen, M., et al. Individual actual or perceived property flood risk: Did it predict evacuation from Hurricane Isabel in North Carolina, 2003? ［J］. Risk Analysis: An International Journal , 2010, 30(3): 501-511.

［200］Houston, J. B., Schraedley, M. K., Worley, M. E., et al. Disaster journalism: Fostering citizen and community disaster mitigation, preparedness, response, recovery, and resilience across the disaster cycle［J］. Disasters , 2019, 43(3): 591-611.

［201］Huang, K., Deng, X., Liu, Y., et al. Does off-farm migration of female laborers inhibit land transfer? Evidence from Sichuan Province, China［J］. Land, 2020, 9(1).

［202］Huang, L., Zhou, Y., Han, Y., et al. Effect of the Fukushima nuclear accident on the risk perception of residents near a nuclear power plant in China［J］. Proceedings of the National Academy of Sciences, 2013, 110(49): 19742-19747.

［203］Huang, S. K., Lindell, M. K., Prater, C. S. Who leaves and who stays? A review and statistical meta-analysis of hurricane evacuation studies［J］. Environment and Behavior, 2016, 48(8): 991-1029.

［204］Huang, S. K., Lindell, M. K., Prater, C. S., et al. Household evacuation decision making in response to Hurricane Ike［J］. Natural Hazards Review, 2012, 13(4): 283-296.

［205］Hunter, L. M. Migration and environmental hazards［J］. Population and Environment, 2005, 26(4): 273-302.

[206] Hyvärinen, J., Vos, M. Developing a conceptual framework for investigating communication supporting community resilience[J]. Societies, 2015, 5(3): 583-597.

[207] Ickert J, Stewart I S. Earthquake risk communication as dialogue-insights from a workshop in Istanbul's urban renewalneighbourhoods[J]. Natural Hazards and Earth System Sciences, 2016, 16: 1157-1173.

[208] Ickert, J., Stewart, I. S. Earthquake risk communication as dialogue - insights from a workshop in Istanbul's urban renewalneighbourhoods[J]. Natural Hazards and Earth System Sciences, 2016, 16(5): 1157-1173.

[209] IDS. Building Climate Change Resilient Cities [R]. IDS in Focus Issue 02. 6, 2007.

[210] Iglesias, A. Climate change and agriculture: An economic analysis of global impacts, adaptation and distributional effects[J]. European Review of Agricultural Economics, 2010, 37(3): 421-423.

[211] Iiyama, M., Kariuki, P., Kristjanson, P., et al. Livelihood diversification strategies, incomes and soil management strategies: A case study from Kerio Valley, Kenya[J]. Journal of International Development: The Journal of the Development Studies Association, 2008, 20(3): 380-397.

[212] Inal, E., Altintas, K. H., Dogan, N. The Development of a general disaster preparedness belief scale using the health belief model as a theoretical framework[J]. International Journal of Assessment Tools in Education, 2018, 5(1): 146-158.

[213] Iorio, M., Corsale, A. Rural tourism and livelihood strategies in Romania[J]. Journal of Rural Studies, 2010, 26(2): 0-162.

[214] Ipong, L. G., Ongy, E. E., Bales, M. C. Impact of magnitude 6. 5 earthquake on the lives and livelihoods of affected communities: The case of barangay lake Danao, Ormoc city, Leyte, Philippines[J]. International Journal of Disaster Risk Reduction, 2020, 101520.

[215] Islam, R., Walkerden, G. How do links between households and NGOs promote disaster resilience and recovery?: A case study of linking social networks on the Bangladeshi coast[J]. Natural Hazards, 2015, 78(3): 1707-1727.

[216] Jagnoor, J., Rahman, A., Cullen, P., et al. Exploring the impact, response and preparedness to water-related natural disasters in the Barisal division of Bangladesh: A mixed methods study[J]. BMJ Open, 2019, 9(4): e026459.

[217] Jaiswal, K. S., Wald, D. J., Earle, P. S., et al. (2011). Earthquake casualty models within the USGS Prompt Assessment of Global Earthquakes for Response(PAGER) system [M]. Human casualties in earthquakes: Progress in modelling and mitigation. Dordrecht: Springer Netherlands, 2010: 83-94.

[218] Jansen, S. J. Place attachment, distress, risk perception and coping in a case of

earthquakes in the Netherlands[J]. Journal of Housing and The Built Environment, 2020, 35(2): 407-427.

[219] Jena, R., Pradhan, B., Beydoun, G. Earthquake vulnerability assessment in Northern Sumatra province by using a multi-criteria decision-making model[J]. International Journal of Disaster Risk Reduction, 2020, 101518.

[220] Jezeer, R. E., Verweij, P. A., Boot, R. G., et al. Influence of livelihood assets, experienced shocks and perceived risks on smallholder coffee farming practices in Peru[J]. Journal of Environmental Management, 2019(242): 496-506.

[221] Jianjun, J., Yiwei, G., Xiaomin, W., et al. Farmers' risk preferences and their climate change adaptation strategies in the Yongqiao District, China[J]. Land Use Policy, 2015(47): 365-372.

[222] Joffe, H., Potts, H. W., Rossetto, T., et al. The Fix-it face-to-face intervention increases multihazard household preparedness cross-culturally[J]. Nature Human Behaviour, 2019, 3(5): 453-461.

[223] Jones, E. C., Faas, A. J., Murphy, A. D., et al. Cross-cultural and site-based influences on demographic, well-being, and social network predictors of risk perception in hazard and disaster settings in Ecuador and Mexico[J]. Human Nature, 2013, 24(1): 5-32.

[224] Jones, E. C., Faas A J, Murphy A, et al. Social networks and disaster risk perception in Mexico and Ecuador [M]. Preventing Health and Environmental Risks in Latin America. Cham: Springer International Publishing, 2018: 151-166.

[225] Jones, L., Tanner, T. "subjective resilience": Using perceptions to quantify household resilience to climate extremes and disasters[J]. Regional Environmental Change, 2017, 17(1): 229-243.

[226] Jorgensen, B. S., Stedman, R. C. Sense of place as an attitude: Lakeshore owners attitudes toward their properties[J]. Journal of Environmental Psychology, 2001, 21(3): 233-248.

[227] Jung, J. Y., Moro, M. Multi-level functionality of social media in the aftermath of the Great East Japan Earthquake[J]. Disasters, 2014, 38(2): 123-143.

[228] Kaltenborn, B. P. Effects of sense of place on responses to environmental impacts: A study among residents in Svalbard in the Norwegian high Arctic[J]. Applied Geography, 1998, 18(2): 169-189.

[229] Kaltenborn, B. P., Bjerke, T. Associations between landscape preferences and place attachment: A study in Røros, Southern Norway[J]. Landscape Research, 2002, 27(4): 381-396.

[230] Kalubowila, P., Lokupitiya, E., Halwatura, D., et al. Threshold rainfall ranges for landslide occurrence in Matara district of Sri Lanka and findings on community emergency pre-

paredness[J]. International Journal of Disaster Risk Reduction, 2021(52): 101944.

[231] Kapucu, N. Culture of preparedness: household disaster preparedness [J]. Disaster Prevention and Management: An International Journal, 2008, 17(4): 526-535.

[232] Karwowski, M. Peer effect on students' creative self-concept[J]. The Journal of Creative Behavior, 2015, 49(3): 211-225.

[233] Kasperson, R. E., Renn, O., Slovic, P., et al. The social amplification of risk: A conceptual framework[J]. Risk analysis, 1988, 8(2): 177-187.

[234] Kassie, G. W. The Nexus between livelihood diversification and farmland management strategies in rural Ethiopia[J]. Cogent Economics & Finance, 2017, 5(1): 1275087.

[235] Kavota, J. K., Kamdjoug, J. R. K., Wamba, S. F. Social media and disaster management: Case of the north and south Kivu regions in the Democratic Republic of the Congo [J]. International Journal of Information Management, 2020(52): 102068.

[236] Kawawaki, Y. Role of social networks in resisting disparities in post-disaster life recovery: Evidence from 2011 Great East Japan Earthquake [J]. International Journal of Disaster Risk Reduction, 2020(50): 101867.

[237] Keil, A., Zeller, M., Wida, A., Sanim, B., Birner, R. What determines farmers' resilience towards ENSO - related drought? An empirical assessment in Central Sulawesi, Indonesia[J]. Climatic Change, 2008, 86(3): 291-307.

[238] Kellens, W., Zaalberg, R., Neutens, T., et al. An analysis of the public perception of flood risk on the Belgian coast[J]. Risk Analysis: An International Journal, 2011, 31(7): 1055-1068.

[239] Keshavarz, M., Maleksaeidi, H., Karami, E. Livelihood vulnerability to drought: A case of rural Iran [J]. International Journal of Disaster Risk Reduction, 2107 (21): 223-230.

[240] Khan, G., Qureshi, J. A., Khan, A., et al. The role of sense of place, risk perception, and level of disaster preparedness in disaster vulnerable mountainous areas of Gilgit-Baltistan, Pakistan[J]. Environmental Science and Pollution Research, 2020, 27(35): 44342-44354.

[241] Khanal, U., Wilson, C., Lee, B. L., et al. Climate change adaptation strategies and food productivity in Nepal: A counterfactual analysis[J]. Climatic Change, 2018, 148(4): 575-590.

[242] Kievik, M., Gutteling, J. M. Yes, we can: Motivate Dutch citizens to engage in self-protective behavior with regard to flood risks[J]. Natural Hazards, 2011, 59(3): 1475.

[243] Kievik, M., Giebels, E., Gutteling, J. M. The key to risk communication success. The longitudinal effect of risk message repetition on actual self-protective behavior of primary school children[J]. Journal of Risk Research, 2020, 23(12): 1525-1540.

［244］ Kim, D. K. D. , Madison, T. P. Public risk perception attitude and information-seeking efficacy on floods: A formative study for disaster preparation campaigns and policies ［J］. International Journal of Disaster Risk Science, 2020, 11(5): 592-601.

［245］ Kim, J. , Hastak, M. Social network analysis: Characteristics of online social networks after a disaster［J］. International Journal of Information Management, 2018, 38(1): 86-96.

［246］ Kim, Y. C. , Ball-Rokeach, S. J. Civic engagement from a communication infrastructure perspective［J］. Communication Theory, 2006, 16(2): 173-197.

［247］ Kim, Y. -C. , Kang, J. Communication, neighbourhood belonging and household hurricane preparedness［J］. Disasters, 2010, 34(2): 470-488.

［248］ Kinsella, J. , Wilson, S. , De Jong, F. , et al. Pluriactivity as a livelihood strategy in Irish farm households and its role in rural development［J］. Sociologia Ruralis, 2000, 40(4): 481-496.

［249］ Kirschenbaum, A. Families and disaster behavior: A reassessment of family preparedness［J］. International Journal of Mass Emergencies and Disasters, 2006, 24(1): 111.

［250］ Kirschenbaum, A. Disaster preparedness: A conceptual and empirical reevaluation ［J］. International Journal of Mass Emergencies Disasters, 2002, 20(1): 5-28.

［251］ Klein, R. J. , Nicholls, R. J. , Thomalla, F. Resilience to natural hazards: How useful is this concept? ［J］. Global environmental change part B: environmental hazards, 2003, 5(1): 35-45.

［252］ Knutsson, P. , Ostwald, M. A process-oriented sustainable livelihoods approach-a tool for increased understanding of vulnerability, adaptation and resilience［J］. Mitigation and Adaptation Strategies for Global Change, 2006.

［253］ Kohn, S. , Eaton, J. L. , Feroz, S. , et al. Personal disaster preparedness: An integrative review of the literature［J］. Disaster Medicine and Public Health Preparedness, 2012, 6(3): 217-231.

［254］ Koku, E. , Felsher, M. The effect of social networks and social constructions on HIV risk perceptions［J］. AIDS and Behavior, 2020, 24(1): 206-221.

［255］ Kousky, C. The role of natural disaster insurance in recovery and risk reduction ［J］. Annual Review of Resource Economics, 2019(11): 399-418.

［256］ Kuang, F. , Jin, J. , He, R. , et al. Farmers' livelihood risks, livelihood assets and adaptation strategies in Rugao City, China［J］. Journal of Environmental Management, 2020(264): 110463.

［257］ Kuang, F. , Jin, J. , He, R. , et al. Influence of livelihood capital on adaptation strategies: Evidence from rural households in Wushen Banner, China［J］. Land Use Policy, 2019(89): 104228.

［258］Kuhl, L., Kirshen, P. H., Ruth, M., et al. Evacuation as a climate adaptation strategy for environmental justice communities［J］. Climatic change, 2014, 127(3): 493-504.

［259］Kusumastuti, R. D., Arviansyah, A., Nurmala, N., et al. Knowledge management and natural disaster preparedness: A systematic literature review and a case study of East Lombok, Indonesia［J］. International Journal of Disaster Risk Reduction, 2021 (58): 102223.

［260］Lavigne, F., De Coster, B., Juvin, N., et al. People's behaviour in the face of volcanic hazards: Perspectives from Javanese communities, Indonesia［J］. Journal of Volcanology and Geothermal Research, 2008, 172(3-4): 273-287.

［261］Lawrence, J., Quade, D., Becker, J. Integrating the effects of flood experience on risk perception with responses to changing climate risk［J］. Natural Hazards, 2014, 74 (3): 1773-1794.

［262］Lay T, Kanamori H, Ammon C J, et al. The great Sumatra-Andaman earthquake of 26december 2004［J］. Science, 2005, 308(5725): 1127-1133.

［263］Lazo, J. K., Bostrom, A., Morss, R. E., et al. Factors affecting hurricane evacuation intentions［J］. Risk Analysis, 2015, 35(10): 1837-1857.

［264］Lazo, J. K., Waldman, D. M., Morrow, B. H., et al. Household evacuation decision making and the benefits of improved hurricane forecasting: Developing a framework for assessment［J］. Weather and Forecasting, 2009, 25(1): 207-219.

［265］Le Dang, H., Li, E., Nuberg, I., et al. Farmers' assessments of private adaptive measures to climate change and influential factors: A study in the Mekong Delta［J］, Vietnam. Natural Hazards, 2014, 71(1): 385-401.

［266］Lee, J. E., Lemyre, L. A social-cognitive perspective of terrorism risk perception and individual response in Canada［J］. Risk Analysis: An international Journal, 2009, 29(9): 1265-1280.

［267］Lee, J., Lee, J. N., Tan, B. C. Y. Emotional trust and cognitive distrust: From a cognitive-affective personality system theory perspective［J］. PACIS 2010 Proceedings, 2010 (7): 9-12.

［268］Lee, K. The role of media exposure, social exposure andbiospheric value orientation in the environmental attitude-intention-behavior model in adolescents［J］. Journal of Environmental Psychology, 2011, 31(4): 301-308.

［269］Lewicka, M. Ways to make people active: The role of place attachment, cultural capital, and neighborhood ties［J］. Journal of Environmental Psychology, 2005, 25(4): 381-395.

［270］Lewicka, M. What makes neighborhood different from home and city? Effects of place scale on place attachment［J］. Journal of Environmental Psychology, 2010, 30(1): 35-51.

［271］ Lewicka, M. Place attachment: How far have we come in the last 40 years? ［J］. Journal of Environmental Psychology, 2011, 31(3): 207-230.

［272］ Li, L., Zhang, Q., Tian, J., et al. Characterizing information propagation patterns in emergencies: A case study with Yiliang Earthquake［J］. International Journal of Information Management, 2018, 38(1): 34-41.

［273］ Li, S., Juhász-Horváth, L., Harrison, P. A., et al. Relating farmer's perceptions of climate change risk to adaptation behaviour in Hungary［J］. Journal of Environmental Management, 2017(185): 21-30.

［274］ Li, W., Airriess, C. A., Chen, A. C. C., et al. Katrina and migration: Evacuation and return by African Americans and Vietnamese Americans in an eastern New Orleans suburb［J］. The Professional Geographer, 2010, 62(1): 103-118.

［275］ Lian, P., Zhuo, Z., Qi, Y., et al. The Impacts of training on farmers' preparedness behaviors of earthquake disaster—evidence from earthquake-prone settlements in rural China［J］. Agriculture, 2021, 11(8): 726.

［276］ Lim, M. B. B., Lim, H. R., Piantanakulchai, M., et al. A household-level flood evacuation decision model in Quezon City, Philippines［J］. Natural Hazards, 2016, 80(3): 1539-1561.

［277］ Lim, S., Nakazato, H. Co-evolving supportive networks and perceived community resilience across disaster-damaged areas after the Great East Japan Earthquake: Selection, influence, or both? ［J］. Journal of Contingencies and Crisis Management, 2019, 27(2): 116-129.

［278］ Lindell M. North American cities at risk: Household responses to environmental hazards ［M］. Cities at risk: Living with perils in the 21st century. Dordrecht: Springer Netherlands, 2013: 109-130.

［279］ Lindell, M. K., Hwang, S. N. Households' perceived personal risk and responses in amultihazard environment［J］. Risk Analysis, 2008, 28(2): 539-556.

［280］ Lindell, M. K., Perry R W. Communicating environmental risk in multiethnic communities ［M］. Sage Publications, 2003.

［281］ Lindell, M. K., Perry, R. W. The protective action decision model: theoretical modifications and additional evidence［J］. Risk Analysis: An International Journal, 2012, 32(4): 616-632.

［282］ Lindell, M. K., Whitney, D. J. Correlates of household seismic hazard adjustment adoption［J］. Risk Analysis , 2000, 20(1): 13-26.

［283］ Lindell, M. K., Arlikatti, S., Prater, C. S. Why people do what they do to protect against earthquake risk: Perceptions of hazard adjustment attributes［J］. Risk Analysis, 2009, 29(8): 1072-1088.

［284］ Lindell, M. K., Lu, J. C., Prater, C. S. Household decision making and evacuation in response to hurricane Lili[J]. Natural Hazards Review, 2005, 6(4): 171-179.

[285] Lindell, M. K., Prater, C. S., Wu, H. C., et al. Immediate behavioural responses to earthquakes in Christchurch, New Zealand, and Hitachi, Japan[J]. Disasters, 2016, 40(1): 85-111.

[286] Liu, B. F., Austin, L., Jin, Y. How publics respond to crisis communication strategies: The interplay of information form and source[J]. Public relations review, 2011, 37(4): 345-353.

[287] Liu, J., Lu, Y., Xu, Q., et al. Public health insurance, non-farm labor supply, and farmers' income: Evidence from new rural cooperative medical scheme[J]. International Journal of Environmental Research and Public Health, 2019, 16(23): 4865.

[288] Liu, T., Jiao, H. How does information affect fire risk reduction behaviors? Mass Mediating effects of cognitive processes and subjective knowledge[J]. Natural Hazards, 2018, 90(3): 1461-1483.

[289] Liu, W., Li, J., Ren, L., et al. Exploring livelihood resilience and its impact on livelihood strategy in rural China[J]. Social Indicators Research, 2020, 150(3): 977-998.

[290] Lo, A. Y., Cheung, L. T. O. Seismic risk perception in the aftermath of Wenchuan earthquakes in Southwestern China[J]. Natural Hazards, 2015, 78(3): 1979-1996.

[291] Lokonon, B. O. K. Flood impacts on household's welfare and maximal acceptable flood risk in Cotonou[J]. Ethiopian Journal of Environmental Studies and Management, 2013, 6(4): 381-389.

[292] López-Marrero T. An integrative approach to study and promote natural hazards adaptive capacity: A case study of two flood-prone communities in Puerto Rico[J]. The Geographical Journal, 2010, 176: 150-163.

[293] Lundborg, P. Having the wrong friends? Peer effects in adolescent substance use[J]. Journal of Health Economics, 2006, 25(2): 214-233.

[294] Ma, S., Jiang, J. Discrete dynamical pareto optimization model in the risk portfolio for natural disaster insurance in China[J]. Natural Hazards, 2018, 90(1): 445-460.

[295] Ma, W., Abdulai, A. Does cooperative membership improve household welfare? Evidence from apple farmers in China[J]. Food Policy, 2016, 58: 94-102.

[296] Ma, Z., Guo, S., Deng, X., et al. Community resilience and resident's disaster preparedness: Evidence from China's earthquake-stricken areas[J]. Natural Hazards, 2021: 1-25.

[297] Maharjan, S., Shrestha, S. Disasterrisk management: From preparedness to response in Thecho of Kathmandu Valley, Nepal[J]. The Third Pole: Journal of Geography Education, 2017(17): 99-108.

[298] Maidl, E., Buchecker, M. Raising risk preparedness by flood risk communication

[J]. Natural Hazards and Earth System Sciences, 2015, 15(7): 1577-1595.

[299] Mann, S., Harris, K., Busolo, D., et al. Become aware, get equipped, be prepared: Disaster preparedness [C]. Apha Meeting Exposition, 2009.

[300] Manyena, B., O'Brien, G., O'Keefe, P., et al. Disaster resilience: A bounce back or bounce forward ability? [J]. Local Environment: The International Journal of Justice and Sustainability, 2011, 16(5): 417-424.

[301] Mao, Y., Fan, Z., Zhao, J., et al. An emotional contagion based simulation for emergency evacuation peer behavior decision [J]. Simulation Modelling Practice and Theory, 2019(96): 101936.

[302] Marotta, L. Peer effects in early schooling: Evidence from Brazilian primary schools[J]. International Journal of Educational Research, 2017(82): 110-123.

[303] Marsh, G., Buckle, P. Community: the concept of community in the risk and emergency management context [J]. Australian Journal of Emergency Management, The, 2001, 16(1): 5-7.

[304] Martin, I. M., Bender, H., Raish, C. What motivates individuals to protect themselves from risks: The case of wildland fires[J]. Risk Analysis: An International Journal, 2007, 27(4): 887-900.

[305] Maser, B., Weicrmair, K. Travel decision-making: From the vantage point of perceived risk and information preferences[J]. Journal of Travel & Tourism Marketing, 1998, 7(4): 107-121.

[306] Mayo, R. Cognition is a matter of trust: Distrust tunes cognitive processes[J]. European Review of Social Psychology, 2015, 26(1): 283-327.

[307] McAlister, A., Johnson, W., Guenther-Grey, C., et al. Behavioral journalism for HIV prevention: Community newsletters influence risk-related attitudes and behavior[J]. Journalism & Mass Communication Quarterly, 2000, 77(1): 143-159.

[308] McClure, J., Johnston, D., Henrich, L., et al. When a hazard occurs where it is not expected: Risk judgments about different regions after the Christchurch earthquakes [J]. Natural Hazards, 2015, 75(1): 635-652.

[309] McNeill, I. M., Dunlop, P. D., Heath, J. B., et al. Expecting the unexpected: Predicting physiological and psychological wildfire preparedness from perceived risk, responsibility, and obstacles[J]. Risk Analysis, 2013, 33(10): 1829-1843.

[310] Mekuyie, M., Jordaan, A., Melka, Y. Understanding resilience of pastoralists to climate change and variability in the Southern Afar Region, Ethiopia[J]. Climate Risk Management, 2018(20): 64-77.

[311] Mendelsohn, R., Nordhaus, W. D., Shaw, D. The impact of global warming on agriculture: A Ricardian analysis[J]. The American Economic Review, 1994: 753-771.

［312］ Mertens, K., Jacobs, L., Maes, J., et al. Disaster risk reduction among households exposed to landslide hazard: A crucial role for self-efficacy? ［J］. Land Use Policy, 2018(75): 77-91.

［313］ Miceli R., Sotgiu, I., Settanni, M. Disaster preparedness and perception of flood risk: A study in an alpine valley in Italy［J］. Journal of Environmental Psychology, 2008, 28(2): 164-173.

［314］ Michie, S., Stralen, M. M. V., West R. The Behaviour Change Wheel: A new method for characterising and designing behaviour change interventions［J］. Implementation Science, 2011, 6(1): 42.

［315］ Milestad, R., Darnhofer, I. Building farm resilience: The prospects and challenges of organic farming［J］. Journal of Sustainable Agriculture, 2003, 22(3): 81-97.

［316］ Mileti, D. Disasters by design: A reassessment of natural hazards in the United States ［M］. Joseph Henry Press, 1999.

［317］ Mileti, D. S., Sorensen, J. H. Communication of emergency public warnings: A social science perspective and state-of-the-art assessment ［R］. Oak Ridge National Lab., TN(USA), 1990.

［318］ Mileti, D. S., Bandy, R., Bourque, L. B., et al. Annotated bibliography for public risk communication on warnings for public protective actions response and public education * (revision 4)［J］. Natural Hazards Centre, University of Colorado at Boulder, 2006.

［319］ Miller, B., Morris, R. G. Virtual peer effects in social learning theory ［J］. Crime & Delinquency, 2016, 62(12): 1543-1569.

［320］ Miller, E., Buys, L. The impact of social capital on residential water-affecting behaviors in a drought-prone Australian community［J］. Society and Natural Resources, 2008, 21(3), 244-257.

［321］ Mimura, N., Yasuhara, K., Kawagoe, S., et al. Damage from the Great East Japan Earthquake and Tsunami-a quick report［J］. Mitigation and Adaptation Strategies for Global Change, 2011, 16(7): 803-818.

［322］ Mishra, S., Mazumdar, S., Suar, D. Place attachment and flood preparedness ［J］. Journal of Environmental Psychology, 2010, 30(2): 187-197.

［323］ Misra, S., Goswami, R., Mondal, T., et al. Social networks in the context of community response to disaster: Study of a cyclone-affected community in Coastal West Bengal, India［J］. International Journal of Disaster Risk Reduction, 2017(22): 281-296.

［324］ Miuchunku, I. G. Opinion leadership strategies for communicating adaptive climate change information to residents of Kitui Central Constituency in Kenya［D］. 2015.

［325］ Mohammad-Pajooh, E., Ab Aziz, K. Investigating factors for disaster preparedness among residents of Kuala Lumpur［J］. Natural Hazards and Earth System Sciences Discussions,

2014, 2(5): 3683-3709.

[326] Morrissey, M. Curriculum innovation for natural disaster reduction: lessons from the Commonwealth Caribbean [M]. International perspectives on natural disasters: Occurrence, mitigation, and consequences. Dordrecht: Springer Netherlands, 2007: 385-396.

[327] Mottaleb, K. A., Ali, A. Rural livelihood diversification strategies and household welfare in Bhutan[J]. The European Journal of Development Research, 2018, 30(4): 718-748.

[328] Muhammad, A. I. Risk perception, risk management strategies, and empirical research on poverty of cotton farmers in Pakistan[D]. Huazhong Agricultural University, Wuhan, China, 2016.

[329] Mulilis, J. P., Lippa, R. Behavioral change in earthquake preparedness due to negative threat appeals: A test of protection motivation theory[J]. Journal of Applied Social Psychology, 1990, 20(8): 619-638.

[330] Mulwa, C., Marenya, P., Kassie, M. Response to climate risks among smallholder farmers in Malawi: A multivariate probit assessment of the role of information, household demographics, and farm characteristics[J]. Climate Risk Management, 2017(16): 208-221.

[331] Murphy, S. T., Cody, M., Frank, L. B., et al. Predictors of emergency preparedness and compliance[J]. Disaster Med Public Health Prep, 2009, 3(2): 1-10.

[332] Murray, M., Watson, P. K. Adoption of natural disaster preparedness and risk reduction measures by businessorganisations in Small Island Developing States—A Caribbean case study[J]. International Journal of Disaster Risk Reduction, 2019(39): 101115.

[333] Muttarak, R., Lutz, W. Is education a key to reducing vulnerability to natural disasters and hence unavoidable climate change? [J]. Ecology and Society, 2014: 19(1).

[334] Nah, S., Yamamoto, M. civic technology and community building: Interaction effects between integrated connectedness to a storytelling network(ICSN) and internet and mobile uses on civic participation[J]. Journal of Computer-Mediated Communication, 2017, 22(4): 179-195.

[335] Nawrotzki, R. J., Riosmena, F., Hunter, L. M., et al. Amplification or suppression: Social networks and the climate change—migration association in rural Mexico[J]. Global Environmental Change, 2015(35): 463-474.

[336] Netten, N., van Someren, M. Improving communication in crisis management by evaluating the relevance of messages[J]. Journal of Contingencies and Crisis Management, 2011, 19(2): 75-85.

[337] Newnham, E. A., Balsari, S., Lam, R. P. K., et al. Self-efficacy and barriers to disaster evacuation in Hong Kong[J]. International Journal of Public Health, 2017, 62(9):

1051-1058.

[338] Nguyen, A. T., Nguyen, H. H., Van Ta, H., et al. Rural livelihood diversification of Dzao farmers in response to unpredictable risks associated with agriculture in Vietnamese Northern Mountains today[J]. Environment, Development and Sustainability, 2020, 22(6): 5387-5407.

[339] Norris, F. H., Stevens, S. P., Pfefferbaum, B., et al. Community resilience as a metaphor, theory, set of capacities, and strategy for disaster readiness[J]. American Journal of Community Psychology, 2008, 41(1): 127-150.

[340] Nunkoo, R., Ramkissoon, H. Power, trust, social exchange and community support[J]. Annals of Tourism Research, 2012, 39(2): 997-1023.

[341] Obrist, B., Pfeiffer, C., Henley, R. Multi-layered social resilience: A new approach in mitigation research[J]. Progress in Development Studies, 2010, 10(4), 283-293.

[342] O'keefe, P., Westgate, K., Wisner, B. Taking the naturalness out of natural disasters[J]. Nature, 1976, 260 (5552): 566-567.

[343] Onuma, H., Shin, K. J., Managi, S. Household preparedness for natural disasters: Impact of disaster experience and implications for future disaster risks in Japan[J]. International Journal of Disaster Risk Reduction, 2017(21): 148-158.

[344] Ooi, S., Tanimoto, T., Sano, M. Virtual reality fire disaster training system for improving disaster awareness [C]. Proceedings of the 2019 8th International Conference on Educational and Information Technology, 2019: 301-307.

[345] Orr, A., Mwale, B. Adapting to adjustment: Smallholder livelihood strategies in Southern Malawi[J]. World Development, 2001, 29(8): 1325-1343.

[346] Osti, R., Hishinuma, S., Miyake, K., et al. Lessons learned from statistical comparison of flood impact factors among southern and eastern Asian countries[J]. Journal of Flood Risk Management, 2011, 4(3): 203-215.

[347] Palm, R. Urban earthquake hazards: The impacts of culture on perceived risk and response in the USA and Japan[J]. Applied Geography, 1998, 18(1): 35-46.

[348] Pandey, C. L. Making communities disaster resilient: Challenges and prospects for community engagement in Nepal[J]. Disaster Prevention and Management: An International Journal, 2019, 28(1): 106-118.

[349] Paton, D. Disaster preparedness: A social-cognitive perspective [J]. Disaster Prevention and Management: An International Journal, 2003, 12(3): 210-216.

[350] Paton, D. Disaster risk reduction: Psychological perspectives on preparedness[J]. Australian journal of psychology, 2019, 71(4): 327-341.

[351] Paton, D., Bajek, R., Okada, N., et al. Predicting community earthquake

preparedness: A cross-cultural comparison of Japan and New Zealand[J]. Natural Hazards, 2010, 54(3): 765-781.

[352] Paton, D., Johnston, D., Rossiter, K., et al. Community understanding of tsunami risk and warnings in Australia[J]. Australian Journal of Emergency Management, The, 2017, 32(1): 54-59.

[353] Patterson, O., Weil, F., Patel, K. The role of Community in disaster response: Conceptual models[J]. Population Research and Policy Review, 2010, 29(2): 127-141.

[354] Paul, A., Deka, J., Gujre, N., et al. Does nature of livelihood regulate the urban community's vulnerability to climate change? Guwahati city, a case study from North East India[J]. Journal of Environmental Management, 2019(251): 109591.

[355] Paul, B. K., Bhuiyan, R. H. Urban earthquake hazard: Perceived seismic risk and preparedness in Dhaka City, Bangladesh[J]. Disasters, 2010, 34(2): 337-359.

[356] Paul, C. J., Weinthal, E. S., Bellemare, M. F., et al. Social capital, trust, and adaptation to climate change: Evidence from rural Ethiopia[J]. Global Environmental Change, 2016(36): 124-138.

[357] Payton, M. A., Fulton, D. C., Anderson, D. H. Influence of place attachment and trust on civic action: A study at Sherburne National Wildlife Refuge[J]. Society and Natural Resources, 2005, 18(6): 511-528.

[358] Peacock, W. G., Brody, S. D., Highfield, W. Hurricane risk perceptions among Florida's single family homeowners[J]. Landscape and Urban Planning, 2005, 73(2-3): 120-135.

[359] Peers, J. B., Lindell, M. K., Gregg, C. E., et al. Multi-hazard perceptions at Long Valley Caldera, California, USA[J]. International Journal of Disaster Risk Reduction, 2021(52): 101955.

[360] Peng, L., Xu, D., Wang, X. Vulnerability of rural household livelihood to climate variability and adaptive strategies in landslide-threatened western mountainous regions of the Three Gorges Reservoir Area, China[J]. Climate and Development, 2019b, 11(6): 469-484.

[361] Peng, L., Lin, L., Liu, S., et al. Interaction between risk perception and sense of place in disaster-prone mountain areas: A case study in China's Three Gorges Reservoir area[J]. Natural Hazards, 2017, 85(2): 777-792.

[362] Peng, L., Tan, J., Lin, L., et al. Understanding sustainable disaster mitigation of stakeholder engagement: Risk perception, trust in public institutions, and disaster insurance [J]. Sustainable Development, 2019a, 27(5): 885-897.

[363] Perkins, D. D., Brown, B. B., Taylor, R. B. The ecology of empowerment: Predicting participation in community organizations[J]. Journal of Social Issues, 1996(52): 85-110.

[364] Perry, R. W. Evacuation decision-making in natural disasters[J]. Mass Emergencies, 1979, 4(1): 25-38.

[365] Perry, R. W., Lindell, M. K. Principles for managing community relocation as a hazard mitigation measure[J]. Journal of Contingencies and Crisis Management, 1997, 5(1): 49-59.

[366] Petrolia, D. R., Landry, C. E., Coble, K. H. Risk preferences, risk perceptions, and flood insurance[J]. Land Economics, 2013, 89(2): 227-245.

[367] Pfefferbaum, R. L., Pfefferbaum, B., Van Horn, R. L., et al. The communities advancing resilience toolkit(CART): An intervention to build community resilience to disasters [J]. Journal of Public Health Management and Practice, 2013, 19(3): 250-258.

[368] Phibbs, S., Kenney, C., Severinsen, C., et al. Synergising public health concepts with the Sendai framework for disaster risk reduction: A conceptual glossary[J]. International Journal of Environmental Research and Public Health, 2016, 13(12): 1241.

[369] Plümper, T., Flores, A. Q., Neumayer, E. The double-edged sword of learning from disasters: Mortality in the Tohoku tsunami[J]. Global Environmental Change, 2017(44): 49-56.

[370] Poussin, J. K., Botzen, W. W., Aerts, J. C. Factors of influence on flood damage mitigation behaviour by households[J]. Environmental Science & Policy, 2014(40): 69-77.

[371] Prayag, G., Ryan, C. Antecedents of tourists' loyalty to Mauritius: The role and influence of destination image, place attachment, personal involvement, and satisfaction[J]. Journal of Travel Research, 2012, 51(3): 342-356.

[372] Pruitt, J. R., Tonsor, G. T., Brooks, K. R., et al. End user preferences for USDA market information[J]. Food Policy, 2014, 47: 24-33.

[373] Quaglio, G., Karapiperis, T., Van Woensel, L., et al. Austerity and health in Europe[J]. Health policy, 2013, 113(1-2): 13-19.

[374] Quinn, C. H., Huby, M., Kiwasila, H., et al. Local perceptions of risk to livelihood in semi-arid Tanzania[J]. Journal of Environmental Management, 2003, 68(2): 111-119.

[375] Rana, I. A., Routray, J. K. Multidimensional model for vulnerability assessment of urban flooding: An empirical study in Pakistan[J]. International Journal of Disaster Risk Science, 2018, 9(3): 359-375.

[376] Reijneveld, S. A., Crone, M. R., Verhulst, F. C., et al. The effect of a severe disaster on the mental health of adolescents: A controlled study[J]. The Lancet, 2003, 362 (9385): 691-696.

[377] Reinhardt G Y. First-hand experience and second-hand information: Changing trust across three levels of government[J]. Review of Policy Research, 2015, 32(3): 345-

364.

[378] Reutlinger, S. Malnutrition: A poverty or a food problem? [J]. World Development, 1977, 5(8): 715-724.

[379] Reynolds, A. J., Temple, J. A., Ou, S. R. Preschool education, educational attainment, and crime prevention: Contributions of cognitive and non-cognitive skills[J]. Children and Youth Services Review, 2010, 32(8): 1054-1063.

[380] Rezaei-Malek, M., Torabi, S. A., Tavakkoli-Moghaddam, R. Prioritizing disaster-prone areas for large-scale earthquakes' preparedness: Methodology and application[J]. Socio-Economic Planning Sciences, 2019(67): 9-25.

[381] Ringle, C. M., Sarstedt, M., Straub, D. W. Editor's comments: A critical look at the use of PLS-SEM in "MIS Quarterly" [J]. MIS quarterly, 2012: iii-xiv.

[382] Rod, S. K., Botan, C., Holen, A. Risk communication and the willingness to follow evacuation instructions in a natural disaster[J]. Health Risk & Society, 2012, 14(1): 87-99.

[383] Roder, G., Ruljigaljig, T., Lin, C. W., et al. Natural hazards knowledge and risk perception of Wujie indigenous community in Taiwan[J]. Natural Hazards, 2016, 81(1): 641-662.

[384] Rogers, R. W., Prentice-Dunn, S. Protection motivation theory [M]. Handbook of health behavior research 1: Personal and social determinants. New York, NY, US: Plenum Press, 1997: 113-132.

[385] Rostami-Moez, M., Rabiee-Yeganeh, M., Shokouhi, M., et al. Earthquake preparedness of households and its predictors based on health belief model[J]. BMC Public Health, 2020(20): 1-8.

[386] Ruiz, C., Hernández, B. Emotions and coping strategies during an episode of volcanic activity and their relations to place attachment[J]. Journal of Environmental Psychology, 2014(38): 279-287.

[387] Rundblad, G., Knapton, O., Hunter, P. R. Communication, perception and behaviour during a natural disaster involving a "Do Not Drink" and a subsequent "Boil Water" notice: A postal questionnaire study[J]. BMC Public Health, 2010, 10(1): 1-12.

[388] Russell, L. A., Goltz, J. D., Bourque, L. B. Preparedness and hazard mitigation actions before and after two earthquakes[J]. Environment and Behavior, 1995, 27(6): 744-770.

[389] Sabbaghtorkan, M., Batta, R., He, Q. Prepositioning of assets and supplies in disaster operations management: Review and research gap identification[J]. European Journal of Operational Research, 2020, 284(1): 1-19.

[390] Said, A. M., Mahmud, A. R., Abas, F. Community preparedness for tsunami

disaster: A case study[J]. Disaster Prevention and Management: An International Journal, 2011, 20(3): 266-280.

[391] Sakurai, A., Sato, T., Murayama, Y. Impact evaluation of a school-based disaster education program in a city affected by the 2011 great East Japan earthquake and tsunami disaster[J]. International Journal of Disaster Risk Reduction, 2020(47): 101632.

[392] Salvati, P., Bianchi, C., Fiorucci, F., et al. Perception of flood and landslide risk in Italy: A preliminary analysis[J]. Natural Hazards and Earth System Sciences, 2014, 14(9): 2589-2603.

[393] Samaddar, S., Chatterjee, R., Misra, B., et al. Outcome-expectancy and self-efficacy: Reasons or results of flood preparedness intention? [J]. International Journal of Disaster Risk Reduction, 2014(8): 91-99.

[394] Samaddar, S., Misra, B. A., Chatterjee, R., et al. Understanding community's evacuation intention development process in a flood prone micro-hotspot, mumbai[J]. IDRiM Journal, 2012, 2(2): 89-107.

[395] Santos-Reyes, J. Using Llogistic regression to identify leading factors to prepare for an earthquake emergency during daytime and nighttime: The case of mass earthquake drills[J]. Sustainability, 2020, 12(23): 10009.

[396] Sarker, M. N. I., Wu, M., Alam, G. M., et al. Life in riverine islands in Bangladesh: Local adaptation strategies of climate vulnerable riverine island dwellers for livelihood resilience[J]. Land Use Policy, 2020(94): 104574.

[397] Sattler, D. N., Kaiser, C. F., Hittner, J. B. Disaster preparedness: Relationships among prior experience, personal characteristics, and distress 1[J]. Journal of Applied Social Psychology, 2000, 30(7): 1396-1420.

[398] Sawitri, D. R., Hadiyanto, H., Hadi, S. P. Pro-environmental behavior from a social cognitive theory perspective[J]. Procedia Environmental Sciences, 2015(23): 27-33.

[399] Saxton M. A peer counseling training program for disabled women: A tool for social and individual change[J]. J. Soc. & Soc. Welfare, 1981(8): 334.

[400] Scannell, L., Gifford, R. Defining place attachment: A tripartite organizing framework[J]. Journal of Environmental Psychology, 2010, 30(1): 1-10.

[401] Scherer, C. W., Cho, H. A social network contagion theory of risk perception [J]. Risk Analysis: An International Journal, 2003, 23(2): 261-267.

[402] Schipper, L., Pelling, M. Disaster risk, climate change and international development: Scope for, and challenges to, integration[J]. Disasters, 2006, 30(1): 19-38.

[403] Schramski, S., Keys, E. Smallholder response to hurricane Dean: Creating new human ecologies through charcoal production[J]. Natural Hazards Review, 2013, 14(4): 211-219.

[404] Scolobig, A., De Marchi, B., Borga, M. The missing link between flood risk awareness and preparedness: Findings from case studies in an Alpine Region[J]. Natural hazards, 2012, 63(2): 499-520.

[405] Shan, B., Zheng, Y., Liu, C., et al. Coseismic Coulomb failure stress changes caused by the 2017 M 7. 0 Jiuzhaigou earthquake, and its relationship with the 2008 Wenchuan earthquake[J]. Science China Earth Sciences, 2017, 60(12): 2181-2189.

[406] Shklovski, I., Palen, L., Sutton, J. Finding community through information and communication technology in disaster response [C]. Proceedings of the 2008 ACM conference on Computer supported cooperative work, 2008: 127-136.

[407] Shumaker, S. A., Taylor, R. B. Toward a clarification of people-place relationships: A model of attachment to place[J]. Environmental Psychology: Directions and Perspectives, 1983(2): 19-25.

[408] Siebeneck, L. K., Cova, T. J. Risk communication after disaster: Return entry following the 2008 Cedar River flood[J]. Natural Hazards Review, 2014, 15(2): 158-166.

[409] Siegrist, M., Gutscher, H. Flooding risks: A comparison of lay people's perceptions and expert's assessments in Switzerland[J]. Risk Analysis, 2006, 26(4): 971-979.

[410] Siegrist, M., Gutscher, H. Natural hazards and motivation for mitigation behavior: People cannot predict the affect evoked by a severe flood[J]. Risk Analysis: An International Journal, 2008, 28(3): 771-778.

[411] Silbert, M., Useche, M. Repeated natural disasters and poverty in Island nations: A decade of evidence from Indonesia[D]. University of Florida Department of Economics, 2012.

[412] Simon, H. A. Invariants of human behavior[J]. Annual Review of Psychology, 1990, 41(1): 1-20.

[413] Simpson, D. M. Community emergency response training (CERTs): A recent history and review[J]. Natural Hazards Review, 2001, 2(2): 54-63.

[414] Simtowe, F. Land Redistribution Impacts on Livelihood Diversification: The case of a market-assisted land redistribution programme in Malawi[J]. Development, 2015, 58 (2): 366-384.

[415] Singhal, A, Rogers E. Entertainment-education: A communication strategy for social change[M]. Routledge, 2012.

[416] Skees, J. R., Varangis, P., Larson, D. F., Siegel, P. B. Can financial markets be tapped to help poor people cope with weather risks? [J]. Available at SSRN 636095, 2002.

[417] Skoufias, E. Economic crises and natural disasters: Coping strategies and policy implications[J]. World Development, 2003, 31(7): 1087-1102.

[418] Slovic, P. The perception of risk[M]. Routledge, 2016.

[419] Slovic, P., Fischhoff, B., Lichtenstein, S. Why study risk perception? [J].

Risk Analysis, 1982, 2(2): 83-93.

[420] Smith, A. H., Lingas, E. O., Rahman, M. Contamination of drinking-water by arsenic in Bangladesh: A public health emergency[J]. Bulletin of the World Health Organization, 2000(78): 1093-1103.

[421] Smith, L. C., Frankenberger, T. R. Does resilience capacity reduce the negative impact of shocks on household food security? Evidence from the 2014 floods in Northern Bangladesh[J]. World Development, 2018(102): 358-376.

[422] Solberg, C., Rossetto, T., Joffe, H. The social psychology of seismic hazard adjustment: Re-evaluating the international literature[J]. Natural Hazards and Earth System Sciences, 2010, 10(8): 1663-1677.

[423] Solomon, S., Manning, M., Marquis, M., et al. Climate change 2007-the physical science basis: Working group I contribution to the fourth assessment report of the IPCC [M]. Cambridge University Press, 2007.

[424] Speranza, C. I., Wiesmann, U., Rist, S. An indicator framework for assessing livelihood resilience in the context of social-ecological dynamics [J]. Global Environmental Change, 2014(28): 109-119.

[425] Spittal, M. J., McClure, J., Siegert, R. J., et al. Optimistic bias in relation to preparedness for earthquakes[J]. Australasian Journal of Disaster and Trauma Studies, 2005.

[426] Spittal, M. J., Walkey, F. H., McClure, J., et al. The earthquake readiness scale: The development of a valid and reliable unifactorial measure [J]. Natural Hazards, 2006, 39(1): 15-29.

[427] Srar, M., Khan, H., Jan, D., Ahmad, N. Livelihood diversification: A streatagy for rural income enhancement[J]. Journal of Finance and Economics, 2014, 2(5): 194-198.

[428] Stain, H. J., Kelly, B., Carr, V. J., et al. The psychological impact of chronic environmental adversity: Responding to prolonged drought[J]. Social Science & Medicine, 2011 73(11): 1593-1599.

[429] Stancu, A., Ariccio, S., De Dominicis, S., et al. The better the bond, the better we cope. The effects of place attachment intensity and place attachment styles on the link between perception of risk and emotional and behavioral coping[J]. International Journal of Disaster Risk Reduction, 2020(51): 101771.

[430] Stedman, R. C. Toward a social psychology of place: Predicting behavior from place-based cognitions, attitude, and identity [J]. Environment and Behavior, 2002, 34(5): 561-581.

[431] Steelman, T. A., McCaffrey, S. M., Velez, A. L. K., et al. What information do people use, trust, and find useful during a disaster? Evidence from five large wildfires[J]. Natural Hazards, 2015, 76(1): 615-634.

［432］Steffen, W. , Sanderson, R. A. , Tyson, P. D. , et al. Global change and the earth system: A planet under pressure［M］. Springer Science & Business Media, 2005.

［433］Stein, R. , Buzcu-Guven, B. , Dueñas-Osorio, L. , et al. How risk perceptions influence evacuations from hurricanes and compliance with government directives［J］. Policy Studies Journal, 2013, 41(2): 319-342.

［434］Steinberg, L. J. , Basolo, V. , Burby, R. , et al. Joint seismic and technological disasters: Possible impacts and community preparedness in an urban setting［J］. Natural Hazards Review, 2004, 5(4): 159-169.

［435］Su, F. , Saikia, U. , Hay, I. Impact of perceived livelihood risk on livelihood strategies: A case study in Shiyang River Basin, China［J］. Sustainability, 2019, 11(12): 33-49.

［436］Suboski, M. D. , Templeton, J. J. Life skills training for hatchery fish: Social learning and survival［J］. Fisheries Research, 1989, 7(4): 343-352.

［437］Sullins, E. S. Emotional contagion revisited: Effects of social comparison and expressive style on mood convergence［J］. Personality and Social Psychology Bulletin, 1991, 17(2), 166-174.

［438］Sun, L. , Xue, L. Does non-destructive earthquake experience affect risk perception and motivate preparedness? ［J］. Journal of Contingencies and Crisis Management, 2020, 28(2): 122-130.

［439］Sun, Y. , Han, Z. Climate change risk perception in Taiwan: Correlation with individual and societal factors［J］. International Journal of Environmental Research and Public Health, 2018, 15(1): 91.

［440］Sun, Y. , Sun, J. Perception, preparedness, and response to tsunami risks in an aging society: Evidence from Japan［J］. Safety Science, 2019(118): 466-474.

［441］Swapan, M. S. H. , Sadeque, S. Place attachment in natural hazard-prone areas and decision to relocate: Research review and agenda for developing countries ［J］. International Journal of Disaster Risk Reduction, 2020: 101937.

［442］Tahsin, S. Endogenous risk perception, geospatial characteristics and temporal variation in hurricane evacuation behavior［J］. FIU Electronic Theses and Dissertations, 2014.

［443］Takahashi, K. , Kitamura, Y. Disaster anxiety and self-assistancebehaviours among persons with cervical cord injury in Japan: A qualitative study［J］. BMJ Open, 2016, 6(4): e009929.

［444］Tan, J. , Zhou, K. , Peng, L. et al. The role of social networks in relocation induced by climate-related hazards: An empirical investigation in China［J］. Climate and Development, 2021: 1-12.

［445］Tang, J. S. , Feng, J. Y. Residents ' disaster preparedness after themeinong taiwan earthquake: A test of protection motivation theory[J]. International Journal of Environmental Research and Public Health, 2018, 15(7): 1434.

[446] Tao, T. C., Wall, G. Tourism as a sustainable livelihood strategy[J]. Tourism Management, 2009, 30(1): 90-98.

[447] Teo, M., Goonetilleke, A., Ahankoob, A., et al. Disaster awareness and information seeking behaviour among residents from low socio-economic backgrounds[J]. International Journal of Disaster Risk Reduction, 2018(31): 1121-1131.

[448] Terpstra, T., Lindell, M. K., Gutteling, J. M. Does communicating(flood) risk affect(flood) risk perceptions? Results of a quasi-experimental study[J]. Risk Analysis: An International Journal, 2009, 29(8): 1141-1155.

[449] Thieken, A. H., Petrow, T., Kreibich, H., Merz, et al. Insurability and mitigation of flood losses in private households in Germany[J]. Risk Analysis: An International Journal, 2006, 26(2): 383-395.

[450] Thomas, T. N., Sobelson, R. K., Wigington, C. J., et al. Applying instructional design strategies and behavior theory to household disaster preparedness training[J]. Journal of Public Health Management and Practice, 2018, 24(1): e16-e25.

[451] Thompson, R. R., Garfin, D. R., Silver, R. C. Evacuation from natural disasters: A systematic review of the literature[J]. Risk Analysis, 2016, 37(4): 812-839.

[452] Thorvaldsdóttir, S. Sigbjörnsson, R. Framing the 2010 Eyjafjallajökull volcanic eruption from a farming-disaster perspective[J]. Natural Hazards, 2015, 77(3): 1619-1653.

[453] Thulstrup, A. W. Livelihood resilience and adaptive capacity: Tracing changes in household access to capital in Central Vietnam[J]. World Development, 2015(74): 352-362.

[454] Tian, L., Yao, P., Jiang, S. J. Perception of earthquake risk: A study of the earthquake insurance pilot area in China[J]. Natural hazards, 2014, 74(3): 1595-1611.

[455] Tierney, K. J., Lindell, M. K., Perry, R. W. Facing the unexpected: Disaster preparedness and response in the United States[J]. Disaster Prevention and Management: An International Journal, 2002, 11(3): 222.

[456] Tobin, G. A., Whiteford, L. M., Jones, E. C., et al. The role of individual well-being in risk perception and evacuation for chronic vs. acute natural hazards in Mexico[J]. Applied Geography, 2011, 31(2): 700-711.

[457] Tomio, J., Sato, H., Matsuda, Y., et al. Household and community disaster preparedness in Japanese provincial city: A population-based household survey[J]. Advances in Anthropology, 2014.

[458] Tourenq, S., Boustras, G., Gutteling, J. M. Risk communication policy design: Cyprus compared to France and the Netherlands[J]. Journal of Risk Research, 2017, 20(4): 533-550.

［459］ Trinh, T. Q. , Rañola Jr, R. F. , Camacho, L. D. , et al. Determinants of farmers' adaptation to climate change in agricultural production in the central region of Vietnam［J］. Land Use Policy, 2018(70): 224-231.

［460］ Turvey, C. G. , Kong, R. Business and financial risks of small farm households in China［J］. China Agricultural Economic Review, 2009, 1(2): 155-172.

［461］ Tveiten, C. K. , Albrechtsen, E. , Wærø, I. , et al. Building resilience into emergency management［J］. Safety Science, 2012, 50(10): 1960-1966.

［462］ Twigger-Ross, C. L. , Uzzell, D. L. Place and identity processes［J］. Journal of Environmental Psychology, 1996, 16(3): 205-220.

［463］ UNDRR (The United Nations Office for Disaster Risk Reduction). The global targets in sendai framework for disaster risk reduction 2015-2030［EB/OL］.2008, https: // sendaimonitor. undrr. org/analytics/country-global-targets/14? countries=36.

［464］ Ungar, M. The social ecology of resilience: addressing contextual and cultural ambiguity of a nascent construct［J］. American Journal of Orthopsychiatry, 2011, 81(1): 1.

［465］ UNISDR. Sendai framework for disaster risk reduction 2015-2020［J］. United Nations Office for Disaster Risk Reduction: Geneva, Switzerland, 2015.

［466］ Uprety, P. , Poudel, A. Earthquake risk perception among citizens in Kathmandu, Nepal［J］. Australasian Journal of Disaster and Trauma Studies, 2012, 2012(1): 3-10.

［467］ Vaccarelli, A. , Ciccozzi, C. , Fiorenza, A. Resilience, social relations, and pedagogic intervention five years after the earthquake occurred in L'Aquila(Central Italy) in 2009: an action-research in the primary schools［J］. Epidemiologia e Prevenzione, 2016, 40(2 Suppl 1): 98-103.

［468］ Valente, T. W. , Pumpuang, P. Identifying opinion leaders to promote behavior change［J］. Health Education & Behavior, 2007, 34(6): 881-896.

［469］ Van Ecke, Y. Immigration from an attachment perspective［J］. Social Behavior and Personality: An International Journal, 2005, 33(5): 467-476.

［470］ Vasey, K. , Bos, O. , Nasser, F. , et al. Water bodies: VR interactive narrative and gameplay for social impact ［C］. Proceedings of the 17th International Conference on Virtual-Reality Continuum and its Applications in Industry, 2019: 1-2.

［471］ Vaske, J. J. , Kobrin, K. C. Place attachment and environmentally responsible behavior［J］. The Journal of Environmental Education, 2001, 32(4): 16-21.

［472］ Wachinger, G. , Keilholz, P. , O'Brian, C. The difficult path from perception to precautionary action: Participatory modeling as a practical tool to overcome the risk perception paradox in flood preparedness［J］. International Journal of Disaster Risk Science, 2008, 9(4): 472-485.

［473］ Wachinger, G. , Renn, O. , Begg, C. , et al. The risk perception paradox—implications for governance and communication of natural hazards[J]. Risk Analysis, 2013, 33 (6): 1049-1065.

[474] Wang, J., Gu, X., Huang, T. Using Bayesian networks in analyzing powerful earthquake disaster chains[J]. Natural Hazards, 2013, 68(2): 509-527.

[475] Wang, X., Peng, L., Xu, D., et al. Sensitivity of rural households' livelihood strategies to livelihood capital in poor mountainous areas: An empirical analysis in the upper reaches of the min river, China[J]. Sustainability, 2019, 11(8): 2193.

[476] Wang, Y., Zou, Z., Li, J. Influencing factors of households disadvantaged in post-earthquake life recovery: A case study of the Wenchuan earthquake in China[J]. Natural Hazards, 2015, 75(2): 1853-1869.

[477] Wang, Z. A preliminary report on the Great Wenchuan Earthquake [J]. Earthquake Engineering and Engineering Vibration, 2008, 7(2): 225-234.

[478] Weinstein, N. D. Why it won't happen to me: Perceptions of risk factors and susceptibility[J]. Health Psychology, 1984, 3(5): 431.

[479] Weldegebriel, Z. B., Prowse, M. Climate-change adaptation in Ethiopia: To what extent does social protection influence livelihood diversification? [J]. Development Policy Review, 2013(31): o35-o56.

[480] Whitehead, J. C., Edwards, B., Van Willigen, M., et al. Heading for higher ground: Factors affecting real and hypothetical hurricane evacuation behavior[J]. Global Environmental Change Part B: Environmental Hazards, 2000, 2(4): 133-142.

[481] Wiegman, O., Gutteling, J. M. Risk appraisal and risk communication: Some empirical data from the Netherlands reviewed[J]. Basic and Applied Social Psychology, 1995, 16 (1-2): 227-249.

[482] Williams, D. R., Roggenbuck, J. W. Measuring place attachment: Some preliminary results [C]. NRPA Symposium on Leisure Research, San Antonio, TX, 1989: 9.

[483] Williams, D. R., Vaske, J. J. The measurement of place attachment: Validity and generalizability of a psychometric approach[J]. Forest Science, 2003, 49(6): 830-840.

[484] Wilmot, C. G., Mei, B. Comparison of alternative trip generation models for hurricane evacuation[J]. Natural Hazards Review, 2004, 5(4): 170-178.

[485] Winsemius, H. C., Jongman, B., Veldkamp, T. I. E., et al. Disaster risk, climate change, and poverty: assessing the global exposure of poor people to floods and droughts [J]. Environment and Development Economics, 2018, 23 (3): 328-348.

[486] Witvorapong, N., Muttarak, R., Pothisiri, W. Social participation and disaster risk reduction behaviors in tsunami prone areas[J]. PLoS One, 2015, 10(7): e0130862.

[487] Wood, M. M., Mileti, D. S., Kano, M., et al. Communicating actionable risk for terrorism and other hazards[J]. Risk Analysis: An International Journal, 2012, 32(4):

601-615.

[488] Wooldridge, J. M. Introductory econometrics: A modern approach[M]. Cengage AU, 2012.

[489] Wray, R. J., Kreuter, M. W., Jacobsen, H., et al. Theoretical perspectives on public communication preparedness for terrorist attacks[J]. Family & community health, 2004, 27(3): 232-241.

[490] Wu, C. H., Chen, S. H., Weng, L. J., et al. Social relations and PTSD symptoms: A prospective study on earthquake-impacted adolescents in Taiwan[J]. Journal of Traumatic Stress, 2009, 22(5): 451-459.

[491] Wu, G., Han, Z., Xu, W., et al. Mapping individuals' earthquake preparedness in China[J]. Natural Hazards and Earth System Sciences, 2018, 18(5): 1315-1325.

[492] Wu, H. C., Lindell, M. K., Prater, C. S. Process tracing analysis of hurricane information displays[J]. Risk Analysis, 2015, 35(12): 2202-2220.

[493] Wu, X., Li, X. Effects of mass media exposure and social network site involvement on risk perception of and precautionary behavior toward the haze issue in China[J]. International Journal of Communication, 2017(11): 23.

[494] Xie, F., Liu, S., Xu, D. Gender difference in time-use of off-farm employment in rural Sichuan, China[J]. Journal of Rural Studies, 2022(93): 487-495.

[495] Xiong, H., Payne, D., Kinsella, S. Peer effects in the diffusion of innovations: Theory and simulation[J]. Journal of Behavioral and Experimental Economics, 2016(63): 1-13.

[496] Xu, D. D., Cao, S., Wang, X. X., et al. Influences of labor migration on rural household land transfer: A case study of Sichuan Province, China[J]. Journal of Mountain Science, 2018a: 15(9).

[497] Xu, D., Deng, X., Guo, S., et al. Sensitivity of livelihood strategy to livelihood capital: An empirical investigation using nationally representative survey data from rural China[J]. Social Indicators Research, 2019c, 144(1): 113-131.

[498] Xu, D., Guo, S., Xie, F., et al. The impact of rural laborer migration and household structure on household land use arrangements in mountainous areas of Sichuan Province, China[J]. Habitat International, 2017a(70): 72-80.

[499] Xu, D., Liu, E., Wang, X., et al. Rural households' livelihood capital, risk perception, and willingness to purchase earthquake disaster insurance: Evidence from southwestern China[J]. International Journal of Environmental Research and Public Health, 2018b, 15(7): 1319.

[500] Xu, D., Liu, Y., Deng, X., et al. Earthquake disaster risk perception process model for rural households: A pilot study from southwestern China[J]. International Journal of Environmental Research and Public Health, 2019b, 16(22): 4512.

[501] Xu, D., Ma, Z., Deng, X., et al. Relationships between land management scale and livelihood strategy selection of rural households in China from the perspective of family life cycle[J]. Land, 2020c, 9(1): 11.

[502] Xu, D., Peng, L., Liu, S., et al. Influences of risk perception and sense of place on landslide disaster preparedness in southwestern China[J]. International Journal of Disaster Risk Science, 2018c, 9(2): 167-180.

[503] Xu, D., Peng, L., Liu, S., et al. Influences of migrant work income on the poverty vulnerability disaster threatened area: A case study of the Three Gorges Reservoir area, China[J]. International Journal of Disaster Risk Reduction, 2017b(22): 62-70.

[504] Xu, D., Peng, L., Liu, S., et al. Influences of sense of place on farming households' relocation willingness in areas threatened by geological disasters: Evidence from China[J]. International Journal of Disaster Risk Science, 2017c, 8(1): 16-32.

[505] Xu, D., Peng, L., Su, C., et al. Influences of mass monitoring and mass prevention systems on peasant households' disaster risk perception in the landslide-threatened Three Gorges Reservoir area, China[J]. Habitat international, 2016(58): 23-33.

[506] Xu, D., Qing, C., Deng, X., et al. Disaster risk perception, sense of pace, evacuation willingness, and relocation willingness of rural households in earthquake-stricken areas: Evidence from Sichuan Province, China[J]. International Journal of Environmental Research and Public Health, 2020b, 17(2): 602.

[507] Xu, D., Yong, Z., Deng, X., et al. Financial preparation, disaster experience, and disaster risk perception of rural households in earthquake-stricken areas: Evidence from the Wenchuan and Lushan earthquakes in China's Sichuan Province[J]. International Journal of Environmental Research and Public Health, 2019a, 16(18): 3345.

[508] Xu, D., Yong, Z., Deng, X., et al. Rural-urban migration and its effect on land transfer in rural China[J]. Land, 2020a, 9(3): 81.

[509] Xu, D., Zhang, J., Rasul, G., et al. Household livelihood strategies and dependence on agriculture in the mountainous settlements in the Three Gorges Reservoir Area, China[J]. Sustainability, 2015, 7(5): 4850-4869.

[510] Xu, J., Lu, Y. Towards an earthquake-resilient world: from post-disaster reconstruction to pre-disaster prevention[J]. Environmental Hazards, 2018, 17(4): 269-275.

[511] Xue, K., Guo, S., Liu, Y., et al. Social networks, trust, and disaster-risk perceptions of rural residents in a multi-disaster environment: Evidence from Sichuan, China[J]. International Journal of Environmental Research and Public Health, 2021, 18(4): 2106.

[512] Yan, J.Z., Yu, O., WU, Y.Y. Livelihood vulnerability Assessment of farmers and herdsmen in the eastern Tibetan Plateau[J]. Geography, 2011(7): 858-867.

[513] Yang, L., Tang, X. Research of C2C e-business trust evaluation model based on

entropy method[C]. 2008 International Symposium on Electronic Commerce and Security. IEEE, 2008: 599-602.

[514] Yin, Y., Wang, F., Sun, P. Landslide hazards triggered by the 2008 Wenchuan earthquake, Sichuan, China[J]. Landslides, 2009, 6(2): 139-152.

[515] Yong, Z., Zhuang, L., Liu, Y., et al. Differences in the disaster-preparedness behaviors of the general public and professionals: Evidence from Sichuan Province, China[J]. International Journal of Environmental Research and Public Health, 2020, 17(14): 5254.

[516] Yu, J., Cruz, A.M., Hokugo, A. Households' risk perception and behavioral responses to Natech accidents[J]. International Journal of Disaster Risk Science, 2017, 8(1): 1.

[517] Yu, J., Sim, T., Guo, C., et al. Household adaptation intentions to earthquake risks in rural China[J]. International Journal of Disaster Risk Reduction, 2019(40): 101253.

[518] Yu, X.Q., Vishwanath, T. Providing social protection and livelihood support during post-earthquake recovery[C]. The World Bank Working Paper Series No. 15, 2008.

[519] Zaalberg, R., Midden, C.J. Living behind dikes: mimicking flooding experiences [J]. Risk Analysis, 2013, 33(5): 866-876.

[520] Zaalberg, R., Midden, C., Meijnders, A., et al. Prevention, adaptation, and threat denial: Flooding experiences in the Netherlands [J]. Risk Analysis: An International Journal, 2009, 29(12): 1759-1778.

[521] Zaidi, S., Kamal, A., Baig-Ansari, N. Targeting vulnerability after the 2005 earthquake: Pakistan's Livelihood Support Cash Grantsprogramme[J]. Disasters, 2010, 34(2): 380-401.

[522] Zhang, H., Zhuang, T., Zeng, W. Impact of household endowments on response capacity of farming households to natural disasters[J]. International Journal of Disaster Risk Science, 2012, 3(4): 218-226.

[523] Zhang, Q., Lu, Q., Zhong, D., et al. The pattern of policy change on disaster management in China: A bibliometric analysis of policy documents, 1949-2016[J]. International Journal of Disaster Risk Science, 2018, 9(1): 55-73.

[524] Zhang, W., Xu, X., Chen, X. Social vulnerability assessment of earthquake disaster based on the catastrophe progression method: A Sichuan Province case study[J]. International Journal of Disaster Risk Reduction, 2017(24): 361-372.

[525] Zhang, Y., Gao, H. Research on the construction of resilient community disaster prevention system [C]. IOP Conference Series: Materials Science and Engineering. IOP Publishing, 2018, 439(3): 032042.

[526] Zhao, H., Seibert, S.E., Hills, G.E. The mediating role of self-efficacy in the

development of entrepreneurial intentions[J]. Journal of applied psychology, 2005, 90(6): 1265.

[527] Zhou, H., Wang, J. A., Wan, J., et al. Resilience to natural hazards: a geographic perspective[J]. Natural Hazards, 2010, 53(1): 21-41.

[528] Zhou, W., Guo, S., Deng, X., et al. Livelihood resilience and strategies of rural residents of earthquake - threatened areas in Sichuan Province, China [J]. Natural Hazards, 2021, 106(1): 255-275.

[529] Zhu, D., Xie, X., Gan, Y. Information source and valence: How information credibility influences earthquake risk perception [J]. Journal of Environmental Psychology, 2011, 31(2): 129-136.

[530] Zhu, W., Yao, N. Public risk perception and intention to take actions on city smog in China[J]. Human and Ecological Risk Assessment: An International Journal, 2018, 25(6): 1531-1546.

[531] Zhu, X., Sun, B. Study on earthquake risk reduction from the perspectives of the elderly[J]. Safety Science, 2017(91): 326-334.

[532] Zhuang, L., He, J., Yong, Z., et al. Disaster information acquisition by residents of China's earthquake - stricken areas [J]. International Journal of Disaster Risk Reduction, 2020(51): 101908.

[533] Zimmerman, D. J. Peer effects in academic outcomes: Evidence from a natural experiment[J]. Review of Economics and Statistics, 2003, 85(1): 9-23.

[534] Zimmermann, M., Keiler, M. International Frameworks for Disaster Risk Reduction: Useful Guidance for Sustainable MountainDevelopment? [J]. Mountain Research and Development, 2015, 35(2): 195-202.

[535] 蔡利, 单岩, 杜理平等. 国外行为改变轮理论的概述与实践[J]. 解放军护理杂志, 2019, 36(7): 59-62.

[536] 曹洪华, 闫晓燕, 黄剑. 主体功能区人口聚集与布局的研究——以云南省为例[J]. 西北人口, 2008, 34(1): 27-29.

[537] 曹莎. 四川省山丘区家庭结构、代际支持与农村老年健康的关系研究[D]. 中国科学院大学(中国科学院水利部成都山地灾害与环境研究所), 2020.

[538] 柴彦威, 塔娜. 中国行为地理学研究近期进展[J]. 干旱区地理, 2011, 34(1): 1-11.

[539] 陈传波, 丁士军. 对农户风险及其处理策略的分析[J]. 中国农村经济, 2003(11): 67-72.

[540] 陈传波. 农户风险与脆弱性: 一个分析框架及贫困地区的经验[J]. 农业经济问题, 2005(8): 47-50.

[541] 陈德亮. 气候变化背景下中国重大农业气象灾害预测预警技术研究[J]. 科技导报, 2012, 30(19): 3.

[542] 陈鹏，张继权，张立峰，孙滢悦等．城市暴雨内涝灾害居民避难行为研究[J]．安全与环境工程，2016，23(1)：100-105.

[543] 陈烨烽，王艳慧，赵文吉等．中国贫困村致贫因素分析及贫困类型划分[J]．地理学报，2017，72(10)：1827-1844.

[544] 陈勇，陈国阶，王益谦．山区人口与环境互动关系的初步研究[J]．地理科学，2002，22(3)：282-287.

[545] 陈勇，谭燕，茹长宝．山地自然灾害，风险管理与避灾扶贫移民搬迁[J]．灾害学，2013，28(2)：136-142.

[546] 陈勇，谭燕．山区农村灾后移民搬迁安置面临的主要问题与对策建议[J]．决策咨询，2014(6)：26-28.

[547] 陈治国，杜金华，杨生博等．基于中国家庭追踪调查数据的农业自然灾害对农户家庭福利的实证影响研究[J]．北方园艺，2019(2)：178-186.

[548] 程林，王法辉，修春亮．城市银行网点及其与人口—经济活动关系的空间分析——以长春市中心城区为例[J]．人文地理，2015，30(4)：72-78.

[549] 程欣，帅传敏，王静等．生态环境和灾害对贫困影响的研究综述[J]．资源科学，2018，40(4)：676-697.

[550] 崔鹏．中国山地灾害研究进展与未来应关注的科学问题[J]．地理科学进展，2014，33(2)：145-152.

[551] 丁士军，张银银，马志雄．被征地农户生计能力变化研究——基于可持续生计框架的改进[J]．农业经济问题，2016，37(6)：25-34+110-111.

[552] 冯艳飞，贺丹．基于熵值法的区域循环经济发展综合评价[J]．环境科学与管理，2006(6)：177-179.

[553] 高庆华，苏桂武．中国自然灾害综合研究的进展[J]．中国人口·资源与环境，2001(2)：127-128.

[554] 郭怿琳．山区农户对强降水灾害的感知与生计策略研究[D]．福建农林大学，2018.

[555] 国家统计局．中国统计年鉴[M]．北京：中国统计出版社，2018.

[556] 国家统计局．中国统计年鉴[M]．北京：中国统计出版社，2019.

[557] 国务院办公厅．国家防震减灾规划(2006—2020)[M]．北京：国务院办公厅，2007.

[558] 韩小孩，张耀辉，孙福军等．基于主成分分析的指标权重确定方法[J]．四川兵工学报，2012，33(10)：124-126.

[559] 郝亚光．生产社会化：农户的社会风险与政府服务[J]．华中师范大学学报(人文社会科学版)，2009，48(1)：8-12.

[560] 贺帅，杨赛霓，李双双等．自然灾害社会脆弱性研究进展[J]．灾害学，2014，29(3)：168-173.

[561] 贾利军,陈一琳,葛继元等.极端气候对西部生态脆弱区农民农业收入的影响[J].世界农业,2019(8):96-103.

[562] 靳乐山,魏同洋,胡振通.牧户对气候变化的感知与适应——以内蒙古四子王旗查干补力格苏木为例[J].自然资源学报,2014,29(2):211-222.

[563] 孔寒凌,吴杰.农户生计风险研究:以江西乐安县为例[J].广西民族大学学报(哲学社会科学版),2007(6):55-59.

[564] 乐章.他们在担心什么:风险与保障视角中的农民问题[J].农业经济问题,2006(2):26-35+79.

[565] 李大胜,吕述宝.关于农民收入、农业增长与农业投入的几点认识[J].南方农村,2002(4):9-12.

[566] 李慧.四川省农村贫困问题及反贫困对策研究[J].安徽农业科学,2012,40(32):15963-15965+15981.

[567] 李立娜,何仁伟,李平等.典型山区农户生计脆弱性及其空间差异——以四川凉山彝族自治州为例[J].山地学报,2018,36(5):792-805.

[568] 李明,刘良明.基于公众旱灾风险认知的灾害风险沟通研究[J].防灾科技学院学报,2011,13(3):97-102.

[569] 李莎莎,翟国方,吴云清等.居民防治城市内涝灾害支付意愿研究——以南京"7·18"城市内涝灾害为例[C]//中国灾害防御协会风险分析专业委员会.风险分析和危机反应的创新理论和方法——中国灾害防御协会风险分析专业委员会第五届年会论文集.南京大学地理与海洋科学学院;南京大学建筑与城市规划学院;南京工业大学测绘学院,2012:5.

[570] 李小敏.风险沟通研究:以风险认知的视角[J].文史博览(理论),2014(8):61-63.

[571] 李小云,张悦,李鹤.地震灾害对农村贫困的影响——基于生计资产体系的评价[J].贵州社会科学,2011(3):81-85.

[572] 李远阳,张渝,马瑛.新疆典型牧区牧户生计风险及其影响因素分析——以奇台县为例[J].山东农业科学,2019,51(8):160-166.

[573] 李忠斌,文晓国,李军明.农产品价格波动成因与对策研究[J].中国农业科技导报,2013,15(1):176-184.

[574] 林洁.生命至上 安全第一——聚焦第31个国际减灾日[J].湖南安全与防灾,2020,535(10):12.

[575] 刘呈庆,魏玮,李萱.生态高危区预防性移民迁移意愿影响因素研究——基于甘肃定西地区4村落的调查[J].中国地质大学学报(社会科学版),2015,15(6):22-29+167.

[576] 刘恩来,徐定德,谢芳婷,曹梦甜,刘邵权.基于农户生计策略选择影响因素的生计资本度量——以四川省402户农户为例[J].西南师范大学学报(自然科学版),

2015，40（12）：59-65．

［577］刘宽斌，熊雪，聂凤英．贫困地区农户对自然灾害风险规避和响应分析［J］．中国农业资源与区划，2020，41（1）：289-296．

［578］刘良明，徐琪，胡玥等．利用非线性 NDSI 模型进行积雪覆盖率反演研究［J］．武汉大学学报（信息科学版），2012，37（5）：534-536．

［579］刘璐璐，李锋瑞．黄土高原退耕农户生计资本对生计策略的影响——以甘肃会宁县为例［J］．中国沙漠，2020，40（1）：233-244．

［580］刘睿文，封志明，杨艳昭等．基于人口集聚度的中国人口集疏格局［J］．地理科学进展，2010，29（10）：1171-1177．

［581］刘伟，黎洁，李聪等．移民搬迁农户的贫困类型及影响因素分析——基于陕南安康的抽样调查［J］．中南财经政法大学学报，2015（6）：41-48．

［582］刘文方，肖盛燮，隋严春等．自然灾害链及其断链减灾模式分析［J］．岩石力学与工程学报，2006（S1）：2675-2681．

［583］刘自远，刘成福．综合评价中指标权重系数确定方法探讨［J］．中国卫生质量管理，2006，13（2）：44-46+48．

［584］陆思锡，王帅，李必鑫等．城市社区自然灾害应急管理存在的问题及对策［J］．中国储运，2020（5）：117-118．

［585］罗成德，罗利群．四川的自然灾害与可持续发展［J］．地域研究与开发，2003，22（2）：70-74．

［586］马红丽．应急物资保障需要全面智慧统筹［J］．中国信息界，2020（5）：43-47．

［587］潘晓坤，罗蓉．我国农户可持续生计的研究综述［J］．中国集体经济，2018，（28）：75-76．

［588］潘孝榜，徐艳晴．公众参与自然灾害应急管理若干思考［J］．人民论坛，2013（32）：123-125．

［589］庞贞燕，刘磊．期货市场能够稳定农产品价格波动吗——基于离散小波变换和 GARCH 模型的实证研究［J］．金融研究，2013（11）：126-139．

［590］尚志海．自然灾害风险沟通的研究现状与进展［J］．安全与环境工程，2017，24（6）：30-36．

［591］苏宝财，陈祥，林春桃等．茶农生计资本、风险感知及其生计策略关系分析［J］．林业经济问题，2019，39（5）：552-560．

［592］苏芳，田欣，郑亚萍．生计风险对农户应对策略的影响分析［J］．中国农业大学学报，2018，23（10）：226-240．

［593］苏芳，徐中民，尚海洋．可持续生计分析研究综述［J］．地球科学进展，2009，24（1）：61-69．

［594］苏芳．农户生计风险对其生计资本的影响分析——以石羊河流域为例［J］．农业技术经济，2017（12）：87-97．

[595] 苏筠，尹衍雨，高立龙等．影响公众震灾风险认知的因素分析——以新疆喀什、乌鲁木齐地区为例[J]．西北地震学报，2009，31(1)：51-56.

[596] 苏巧梅，陶伟恒，章诗芳．基于点空间格局法的地表地质灾害点格局研究——以汾西煤矿为例[J]．太原理工大学学报，2020，51(5)：649-654.

[597] 孙业红，周洪建，魏云洁．旅游社区灾害风险认知的差异性研究——以哈尼梯田两类社区为例[J]．旅游学刊，2015，30(12)：46-54.

[598] 万文玉，赵雪雁，王伟军等．高寒生态脆弱区农户的生计风险识别及应对策略——以甘南高原为例[J]．经济地理，2017，37(5)：149-157+190.

[599] 王超．居民地质灾害保险意愿影响因素研究[D]．兰州大学，2017.

[600] 王劲峰．空间分析[M]．北京：科技出版社，2006.

[601] 王晟哲．中国自然灾害的空间特征研究[J]．中国人口科学，2016(6)：68-77+127.

[602] 王兴中，郑国强，李贵才．行为地理学导论[M].西安：陕西人民出版社，1988.

[603] 吴优，杨根兰，向喜琼．景区地质灾害保险支付意愿研究——以南江大峡谷景区为例[J]．水利科技与经济，2019，25(5)：53-59.

[604] 喜超，张焱，赵鸭桥．云南边境山区少数民族农户贫困评价与治理——基于风险冲击和生计资本的调查[J]．云南行政学院学报，2018，20(6)：15-24.

[605] 谢晖．新农村建设中的农户搬迁意愿影响因素分析——以江苏省东台市安丰镇为例[J]．小城镇建设，2008(3)：52-54.

[606] 谢晓非，郑蕊．风险沟通与公众理性[J]．心理科学进展，2003，11(4)：375-381.

[607] 徐定德，张继飞，刘邵权等.西南典型山区农户生计资本与生计策略关系研究[J]．西南大学学报(自然科学版)，2015，37(9)：118-126.

[608] 徐定德．山地灾害威胁区农户能力、认知及行为响应研究——以三峡库区为例[D]．中国科学院大学(中国科学院水利部成都山地灾害与环境研究所)，2017.

[609] 徐梦珍，王兆印，漆力健．汶川地震引发的次生灾害链[J]．山地学报，2012，30(4)：502-512.

[610] 许汉石，乐章．生计资本、生计风险与农户的生计策略[J]．农业经济问题，2012，33(10)：100-105.

[611] 杨成凤，韩会然，李伟等．四川省人口分布的时空演化特征研究[J]．经济地理，2014，34(7)：12-19.

[612] 杨眉．汶川地震5年后四川省汉源县灾区居民生存质量调查[J]．中国循证医学杂志，2014，14(4)：376-379.

[613] 尹衍雨，苏筠，叶琳．公众灾害风险可接受性与避灾意向的初探——以川渝地区旱灾风险为例[J]．灾害学，2009，24(4)：118-124.

［614］余瀚，王静爱，柴玫等．灾害链灾情累积放大研究方法进展［J］．地理科学进展，2014，33（11）：1498-1511.

［615］袁东波，陈美球，廖彩荣等．土地转出农户的生计资本分化及其生计策略变化［J］．水土保持研究，2019，26（4）：349-354+362.

［616］翟盘茂．气候变化与灾害［M］．北京：气象出版社，2009.

［617］张芙颖，顾鑫炳，彭毅等．中国灾害风险认知研究的知识图谱分析［J］．安全与环境工程，2019，26（2）：32-37.

［618］张美华，苏筠，钟景鼐．区域减灾能力信任与公众水灾风险认知——基于社会调查及分析［J］．灾害学，2008（4）：70-75.

［619］张宗毅．基于农户行为的农药使用效率、效果和环境风险影响因素研究［D］．南京农业大学，2011.

［620］赵晶，李建亮．汶川地震应急管理与灾后重建中的四川经验［J］．中国应急救援，2018（6）：22-26.

［621］赵恬，杜君楠．生计资本，风险承担能力对农户贷款方式选择的影响［J］．金融与经济，2020（9）：51-59.

［622］赵雪雁，赵海莉，刘春芳．石羊河下游农户的生计风险及应对策略——以民勤绿洲区为例［J］．地理研究，2015（5）：922-932.

［623］中国地震局．2020年法治政府建设年度报告［R/OL］.（2021-12-10）［2023-11-17］. https：//www.cea.gov.cn/cea/zwgk/5453656/5509691/5569322/5579756/index.html.

［624］中华人民共和国国家统计局.2008年国民经济和社会发展统计公报［M］.北京：中国统计出版社，2008.

［625］中华人民共和国国家统计局.2018年国民经济和社会发展统计公报［M］.北京：中国统计出版社，2018

［626］钟景鼐，叶琳．基于公众对区域水灾感知的灾害风险沟通探讨［J］．防灾科技学院学报，2009，11（4）：16-20.

［627］钟祥浩，余大富，郑霖等．山地学概论与中国山地研究［M］.成都：四川科学技术出版社，2000.

［628］周侃，刘宝印，樊杰．汶川Ms8.0地震极重灾区的经济韧性测度及恢复效率［J］．地理学报，2019，74（10）：2078-2091.

［629］宗边．国家发展改革委、中国地震局联合印发《防震减灾规划（2016—2020年）》［J］．工程建设标准化，2016（12）：35-35.

后　记

在本书即将付梓之际，我感觉有很多话可以说，但又不知从何说起。本书50多万字，是我从硕士阶段接触应急管理研究近10年的一个成果集成，也是我主持的国家自然科学基金青年项目的核心成果。如果从博士毕业进入高校工作开始计算，一般而言一个人可以在一线工作30年。前10年可能在天马行空地想象，小心谨慎地求证；中间10年在逐渐地凝练方向，逐渐在自己专注的领域成为一个小有名气的专家，输出一些可供学术界和政界思考的观点；最后10年如果还在学术一线，可能在基础的原创性理论上有所突破，成为一个领域响当当的学者，引领一个学科的发展。写到此处时，实际上我的内心是五味杂陈的，因为我的研究重心慢慢地从应急管理转向其他方向，这里面原因有很多。同时，关于这本书的出版，中间也有很多的插曲。实际上2021年国家自然科学基金青年项目快结题时初稿就基本出来，中间各种周转，最后有幸在经济管理出版社出版，算是在成果时效范围内出版出来，也算是给自己前10年学术研究生涯的一个交代。

现在回过头来看自己及团队这些年在应急管理方面的相关研究，实际上都在做一件事，即如何提升灾害威胁区农户的避灾准备能力，保障其生计的可持续性。要解析这个话题，少不了要剖析农户避灾准备特征(时间和空间变化特征)，少不了要剖析其核心驱动机制，少不了要剖析这部分特殊的群体其可持续生计特征及内部作用机制。所以这本书的第二章至第四章的核心就在避灾准备特征和驱动机制的解析上，在可持续生计分析框架内各个核心变量的特征和相互关系的探索上(如探究生计风险与生计策略的关系)。在此基础上，随着研究的深入，我们逐渐发现灾害威胁区农户避灾准备不足的核心原因在于风险沟通的不顺畅(这涉及政府的培训，灾害信息传递的渠道、频率、质量等)，农户自身的灾害风险认知和专家视角下的灾害风险划定存在差异，户与户间避灾准备行为趋同，缺乏好的榜样。故而，我们进一步往回寻找，拓展了两大篇章，即灾害风险认知篇和风险沟通与同群效应篇。在这两大篇章内做了很多尝试性的探索，比如，灾害风险认知的形成机制、灾害风险认知和风险沟通的关系、同群效应在农户避灾准备决策中的作用机制等。

关于本书的出版，我有太多的感谢，有太多的感恩，有太多的回忆。感谢我的家人，尤其是我的岳母和爱人，没有他(她)们的默默支持，很多工作怕是难以开展；感谢在成都山地灾害与环境研究所求学时的两位恩师刘邵权研究员和苏春江研究员，没有两位恩师一路的提携和帮助，就没有今天的我；感谢刘门和苏门的各位同门，尤其感谢彭立师兄，是他带我进入了应急管理研究的大门，很怀念一起在所里做研究的日子；感谢参与此国家自然科学基金青年项目研究的各位同学、师门同人,他们有的人帮忙收集数据,有的人深度参与到具体的研究中;感谢四川农业大学一直关心我成长的各位师长和同人,是大家的帮助、鼓励和鞭策成就了今天的我;最后,感谢那群最可爱的人(访谈调研的村干部和农户),虽面临自然灾害的威胁,有的人甚至遭受了灾害的冲击,却依然乐观、坚强,从你们身上我感受到了什么是韧性的力量。我会继续秉持各位恩师和同人的教诲,多做一些有问题意识和有意义的研究,并将这些理念进一步地传递给我的学生。

徐定德

2023 年 8 月